CAD/CAM/CAE 微视频讲解大系

U0167196

中文版 AutoCAD 2020 家具设计从入门到精通

（实战案例版）

15 小时同步微视频讲解　174 个实例案例分析

☑疑难问题集　☑应用技巧集　☑典型练习题　☑认证考题　☑常用图块集　☑大型图纸案例及视频

天工在线　编著

中国水利水电出版社
www.waterpub.com.cn
·北京·

内 容 提 要

《中文版 AutoCAD 2020 家具设计从入门到精通（实战案例版）》是一本 AutoCAD 家具设计的基础教程、视频教程，该教程以 AutoCAD 2020 为软件平台，讲述不同家具的设计方法和技巧。全书共 3 篇 22 章，其中第 1 篇为基础知识篇，主要介绍了家具设计的理论知识和 AutoCAD 2020 软件的基本操作；第 2 篇为家具设计实例篇，主要介绍了椅凳类、沙发类、桌台类、储物类、床类等不同类型家具设计实例以及办公楼和酒店客房家具布置图设计实例；第 3 篇为三维家具设计篇，详细介绍了三维造型基础知识、三维曲面造型、三维实体建模和三维造型编辑等。知识点的讲解结合具体的实例，可以使读者更容易理解和掌握知识点的应用，还可以提高读者的动手能力。

《中文版 AutoCAD 2020 家具设计从入门到精通（实战案例版）》一书配备了极为丰富的学习资源，其中配套资源包括：① 15 小时的同步微视频讲解，扫描二维码，可以随时随地看视频，超方便；② 全书实例的源文件和初始文件可以直接调用、查看和对比学习，效率更高。附赠资源包括：① AutoCAD 疑难问题集、AutoCAD 应用技巧集、AutoCAD 常用图块集、AutoCAD 常用填充图案集、AutoCAD 常用快捷命令速查手册、AutoCAD 常用快捷键速查手册、AutoCAD 常用工具按钮速查手册等；② 9 套大型图纸设计方案及同步视频讲解，可以开阔视野；③ AutoCAD 2020 认证考试大纲和认证考试样题库。

《中文版 AutoCAD 2020 家具设计从入门到精通（实战案例版）》适合 AutoCAD 家具设计从入门到提高、到精通的各层次的读者使用，也适合作为应用型高校或相关培训机构的 AutoCAD 家具设计教材，还可作为家具设计工程技术人员的参考工具书。本书也适用于 AutoCAD 2019、AutoCAD 2018、AutoCAD 2016 等较低版本。

图书在版编目（CIP）数据

中文版 AutoCAD 2020 家具设计从入门到精通：实战案例版 / 天工在线编著. -- 北京：中国水利水电出版社，2020.10
（CAD/CAM/CAE 微视频讲解大系）
ISBN 978-7-5170-8394-8

Ⅰ. ①中... Ⅱ. ①天... Ⅲ. ①家具－计算机辅助设计－AutoCAD 软件 Ⅳ. ①TS664.01-39

中国版本图书馆 CIP 数据核字（2020）第 027402 号

丛 书 名	CAD/CAM/CAE 微视频讲解大系
书 名	中文版 AutoCAD 2020 家具设计从入门到精通（实战案例版） ZHONGWENBAN AutoCAD 2020 JIAJU SHEJI CONG RUMEN DAO JINGTONG
作 者	天工在线 编著
出版发行	中国水利水电出版社 （北京市海淀区玉渊潭南路 1 号 D 座 100038） 网址：www.waterpub.com.cn E-mail: zhiboshangshu@163.com 电话：（010）62572966-2205/2266/2201（营销中心）
经 售	北京科水图书销售中心（零售） 电话：（010）88383994、63202643、68545874 全国各地新华书店和相关出版物销售网点
排 版	北京智博尚书文化传媒有限公司
印 刷	河北华商印刷有限公司
规 格	203mm×260mm 16 开本 32 印张 810 千字 2 插页
版 次	2020 年 10 月第 1 版 2020 年 10 月第 1 次印刷
印 数	0001—5000 册
定 价	99.80 元

前　言

家具设计是指用图形（或模型）和文字说明等方法表达家具的造型、功能、尺度与尺寸、色彩、材料和结构。家具设计既是一门艺术，又是一门应用科学，所以在设计时既要考虑到家具外形的美观性，又要考虑制作时的可行性，还要考虑使用时的舒适性等。AutoCAD 作为目前最为流行的计算机辅助设计软件，在家具设计中应用非常广泛。随着计算机技术的发展，软件版本的不断升级，AutoCAD 功能不断完善和发展，操作更加便利和智能。本书将以目前最新版本 AutoCAD 2020 为基础进行讲解。

本书特点

↳　内容合理，适合自学

本书定位以家具设计初学者为主，并充分考虑到初学者的特点，先讲解家具设计的基础知识，然后再开始 AutoCAD 软件操作的相关介绍，内容讲解由浅入深，循序渐进，能引领读者快速入门。在知识点上不求面面俱到，但求够用，学好本书，能满足家具设计工作中所需要的全部重点技术。

↳　视频讲解，通俗易懂

为了提高学习效率，本书中的大部分实例都录制了教学视频。视频录制模仿实际授课的形式，在各知识点的关键处给出解释、提醒和需注意事项。通过专业知识和经验的提炼，让读者高效学习的同时更多地体会绘图的乐趣。

↳　内容全面，实例丰富

本书主要介绍了 AutoCAD 2020 在家具设计中的使用方法和编辑技巧，其中第 1 篇为基础知识篇，主要介绍了家具设计的基本理论知识和 AutoCAD 2020 软件的基本操作方法；第 2 篇为家具设计实例篇，主要介绍了椅凳类、沙发类、桌台类、储物类、床类等不同类型家具设计实例以及办公楼和酒店客房家具布置实例；第 3 篇为三维家具设计篇，详细介绍了三维造型基础知识、三维曲面造型、三维实体建模和三维造型编辑等。知识点的讲解结合具体的实例应用，可以使读者更容易理解、掌握和运用，提高读者的动手能力。

↳　栏目设置，精彩关键

根据需要并结合实际工作经验，作者在书中穿插了大量的"注意""说明""教你一招"等小栏目，给读者以关键提示。为了让读者更多地动手操作，书中还设置了"动手练"模块，让读者在快速理解相关知识点后动手练习，达到举一反三的效果。

本书显著特色

❯ **体验好，随时随地学习**

二维码扫一扫，随时随地看视频。 书中大部分实例都提供了二维码，读者朋友可以通过手机微信扫一扫，随时随地观看相关的教学视频。（若个别手机不能播放，请参考前言中的"本书学习资源列表及获取方式"，在计算机上下载观看。）

❯ **资源多，全方位辅助学习**

从配套到拓展，资源库一应俱全。 本书提供了几乎所有实例的配套视频和源文件，还提供了应用技巧集、疑难问题集、常用图块集、全套工程图纸案例、各种快捷命令速查手册、认证考试练习题等，学习资源一网打尽！

❯ **实例多，用实例学习更高效**

案例丰富详尽，边做边学更快捷。 跟着大量实例去学习，边学边做，从做中学，可以使学习更深入、更高效。

❯ **入门易，全力为初学者着想**

遵循学习规律，入门与实战相结合。 本书编写采用"基础知识+实例"的模式，内容由浅入深，循序渐进，入门与实战相结合。

❯ **服务快，让你学习无后顾之忧**

提供 QQ 群在线服务，随时随地可交流。 提供公众号、网站下载等多渠道贴心服务。

本书学习资源列表及获取方式

为了让读者朋友在最短的时间里学会并精通 AutoCAD 辅助绘图技术，本书提供了极为丰富的学习配套资源。具体如下。

❯ **配套资源**

（1）为方便读者学习，本书所有实例均录制了视频讲解文件（可扫描二维码直接观看或下载后观看）。

（2）用实例学习更专业，本书包含中小实例共 174 个（素材和源文件下载后参考和使用）。

❯ **拓展学习资源**

（1）AutoCAD 应用技巧集（100 条）

（2）AutoCAD 疑难问题集（180 问）

（3）AutoCAD 认证考试练习题（256 道）

（4）AutoCAD 常用图块集（600 个）

（5）AutoCAD 常用填充图案集（671 个）

（6）AutoCAD 大型设计图纸视频及源文件（9 套）

（7）AutoCAD 常用快捷命令速查手册（1 部）

（8）AutoCAD 常用快捷键速查手册（1 部）

（9）AutoCAD 常用工具按钮速查手册（1 部）

（10）AutoCAD 2020 工程师认证考试大纲（2 部）

以上资源的获取及联系方式。（注意：本书不配带光盘，以上提到的所有资源均需通过下面的方法下载后使用。）

（1）用手机微信扫描下方的二维码，获取本书的各类资源。

（2）读者可加入 QQ 群 1059217543，与作者和广大读者在线交流学习（若群满，会创建新群，请注意加群时的提示，并根据提示加入相应的群）。

特别说明（新手必读）：

在学习本书或按照本书上的实例进行操作之前，请先在计算机中安装 AutoCAD 2020 中文版操作软件，您可以在 Autodesk 官网下载该软件试用版本（或购买正版），也可在当地电脑城、软件经销商处购买安装软件。

关于作者

本书由天工在线组织编写。天工在线是一个 CAD/CAM/CAE 技术研讨、工程开发、培训咨询和图书创作的工程技术人员协作联盟，包含 40 多位专职和众多兼职 CAD/CAM/CAE 工程技术专家。

天工在线负责人由 Autodesk 中国认证考试中心首席专家担任，全面负责 Autodesk 中国官方认证考试大纲制定、题库建设、技术咨询和师资力量培训工作，成员精通 Autodesk 系列软件。其创作的许多教材成为国内具有引导性的旗帜作品，在国内相关专业方向图书创作领域具有举足轻重的地位。

致谢

本书能够顺利出版，是作者、编辑和所有审校人员共同努力的结果，在此表示深深的感谢。同时，祝福所有读者在通往优秀设计师的道路上一帆风顺。

编　者

目　录

Contents

第 1 篇　基础知识篇

第2篇　家具设计实例篇

第3篇　三维家具设计篇

1

家具的产生和发展有着悠久的历史，并随着时间的推移不断地更新完善。家具在方便人们生活的基础上，也承载着不同地域、不同时代人们的不同审美情趣，具有丰富的文化内涵。

第1篇　基础知识篇

本篇主要介绍室内家具设计与 AutoCAD 2020 的基础知识，包括家具设计基本理论、AutoCAD 2020 入门、基本绘图设置、简单和复杂二维绘图命令、简单和高级编辑命令、文字与表格、尺寸标注及辅助绘图工具等内容。通过本篇的学习，读者可以了解 AutoCAD 绘图基础，为后面具体的室内家具设计进行必要的知识准备。

第1章　家具设计基本理论

内容简介

家具是人们生活中极为常见且必不可少的器具，家具设计经历了一个根据经验随意设计的手工制作阶段到现在严格按照相关理论和标准进行工业化、标准化生产的阶段。

为了对后面的家具设计实践进行必要的理论指导，本章简要介绍家具设计的基本理论和设计标准。

内容要点

- ↘ 家具设计概述
- ↘ 图纸幅面及其格式
- ↘ 标题栏
- ↘ 比例
- ↘ 字体
- ↘ 图线
- ↘ 剖面符号
- ↘ 尺寸标注法

案例效果

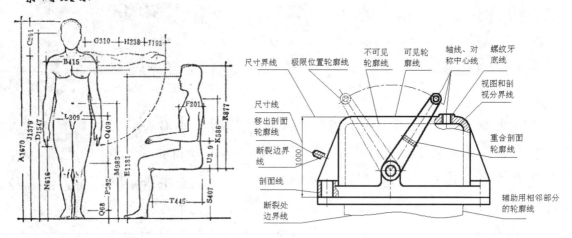

1.1　家具设计概述

家具是家用器具的总称，其形式多样、种类繁多，是人类日常生活中不可或缺的组成部分。家具的产生和发展有着悠久的历史，并随时间的推移不断地更新完善。家具在方便人们生活的同时，具有丰富的文化内涵，承载着不同地域、不同时代人们的不同审美情趣。家具的设计材料丰富，结构形式多样，下面对其所涉及的一些基本知识进行简要介绍。

1.1.1　家具的分类

家具形式多样，下面按不同的分类标准进行简要的分类。

1．按使用的材料

按使用材料的不同，家具可以分为以下几种。

- 木制家具；
- 钢制家具；
- 藤制家具；
- 竹制家具；
- 合成材料家具。

2．按基本功能

按基本功能的不同，家具可以分为以下几种。

- 支承类家具；
- 储物类家具；
- 辅助人体活动类家具。

3．按结构形式

按结构形式的不同，家具可以分为以下几种。

- 椅凳类家具；
- 桌案类家具；
- 橱柜类家具；
- 床榻类家具；
- 其他类家具。

4．按使用场所

按使用场所的不同，家具可以分为以下几种。

- 办公家具；
- 实验室家具；
- 医院家具；
- 商业服务家具；
- 会场、剧院家具；
- 交通工具家具；
- 居家家具；
- 学校家具。

5．按放置形式

按放置形式的不同，家具可以分为以下几种。

- ↘ 自由式家具；
- ↘ 镶嵌式家具；
- ↘ 悬挂式家具。

6．按外观特征

按外观特征的不同，家具可以分为以下几种。

- ↘ 仿古家具；
- ↘ 现代家具。

7．按地域特征

不同地域、不同民族的人群，由于生活环境和文化习惯不同，产生的家具特色也不同，可以粗略分为以下几种。

- ↘ 南方家具；
- ↘ 北方家具；
- ↘ 汉族家具；
- ↘ 少数民族家具；
- ↘ 中式家具；
- ↘ 西式家具。

8．按结构特征

按结构特征的不同，家具可以分为以下几种。

- ↘ 装配式家具；
- ↘ 通用部件式家具；
- ↘ 组合式家具；
- ↘ 支架式家具；
- ↘ 折叠式家具；
- ↘ 多用家具；
- ↘ 曲木家具；
- ↘ 壳体式家具；
- ↘ 板式家具；
- ↘ 简易卡装家具。

1.1.2　家具的尺度

家具的尺度是保证家具实现功能效果的最适宜的尺寸，是家具功能设计的具体体现。例如，餐桌较高而餐椅不配套，就会令人坐得不舒服；写字桌过高而椅子过低，就会使人形成趴伏的姿势，缩短了视距，久而久之容易造成脊椎弯曲变形和眼睛近视。为此，日常使用的家具一定要合乎标准。

1．家具尺度确定的原理和依据

不同的家具有不同的功能特性，但不管是什么家具，都是为人的生活或工作服务的，所以其特性必须最大可能地满足人们的需要。家具功能尺寸的确定必须符合人体工效学的基本原理，首先必须保证家具尺寸与人体尺度或人体动作尺度相一致。例如，某大学学生食堂提供的整体式餐桌椅的桌面高度只有 70cm，而学生坐下后胸部的高度达 90cm，学校提供的是钢制大餐盘，无法用单手托起，这样学生就必须把餐盘放在桌上弯着腰低头吃饭，非常不舒服，这就是一个家具不符合人体尺度的典型例子。从这里可以看出，这套整体式餐桌椅设计得非常失败。

据研究，不同性别或不同地区的人的上身长度均相差不大，身高的不同主要在于腿长的差异。一般男子的下身长度和横向活动尺度比女子大，所以在决定家具尺度时应考虑男女身体的不同特点，力求使每一件家具最大限度地适合不同地区的男女人体尺度的需要。例如，有的人盲目崇拜欧式家具，殊不知，欧式家具是按欧洲人的人体尺度设计的，欧洲人的尺度一般比亚洲人的尺度略大。其结果就是花费了大量的金钱购买不适合的家具，实际使用效果并不好。

我国中等人体地区（长江三角洲地区）的成年人人体各部分的基本尺寸如图 1-1 所示，不同地区人体各部分平均尺寸如表 1-1 所示。

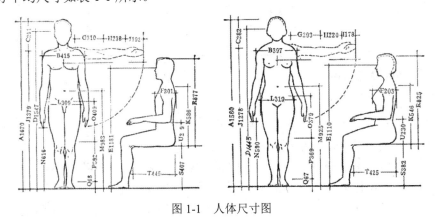

图 1-1　人体尺寸图

注：本图为中等人体身高的地区（长江三角洲地区）的成人人体各部位的平均尺寸。人体站立时高度加鞋及头发厚度尺寸：男人为 1710，
　　女人为 1600（所注尺寸均以 mm 为单位）。

表 1-1　不同地区人体各部分平均尺寸

单位：mm

编　号	部　位	较高人体地域（冀、鲁、辽）		中等人体地域（长江三角洲地区）		较矮人体地域（四川）	
		男	女	男	女	男	女
A	人体高度	1690	1580	1670	1560	1630	1530
B	肩宽度	420	387	415	397	414	386
C	肩峰到头顶高度	293	285	291	282	285	269
D	正立时眼的高度	1573	1474	1547	1443	1512	1420
E	正坐时眼的高度	1203	1140	1181	1110	1144	1078
F	胸部前后径	200	200	201	203	205	220
G	上臂长度	308	291	310	293	307	289
H	前臂长度	238	220	238	220	245	220

续表

编 号	部　位	较高人体地域（冀、鲁、辽）		中等人体地域（长江三角洲地区）		较矮人体地域（四川）	
		男	女	男	女	男	女
I	手长度	196	184	192	178	190	178
J	肩峰高度	1397	1295	1379	1278	1345	1261
K	上身高度	600	561	586	546	565	524
L	臀部宽度	307	307	309	319	311	320
M	肚脐高度	992	948	983	925	980	920
N	指尖至地面高度	633	612	616	590	606	575
O	上腿长度	415	395	409	379	403	378
P	下腿长度	397	373	392	369	391	365
Q	脚高度	68	63	68	67	67	65
R	坐高	893	846	877	825	850	793
S	腓骨头的高度	414	390	407	382	402	382
T	大腿平均长度	450	435	445	425	443	422
U	肘下尺寸	243	240	239	230	220	216

2．椅凳类家具尺度的确定

1）座高

座高是指座板前沿的高度，是桌椅尺寸中的设计基准，且靠背高度、扶手高度以及桌面高度等一系列尺寸是由座高决定的，所以座高是一个关键尺寸。

座高与人体小腿的高度有着密切的关系。按照人体功效学原理，座高应小于人体坐姿时小腿腘窝到地面的高度（实测腓骨头到地面的高度）。这样可以保证大腿前部不至于紧压椅面，否则会因大腿受压而影响下肢血液循环。同时，决定座高还得考虑鞋跟的高度，所以座高可以按照下式确定：

$$座高（H_1）=腓骨头至地面高（H_1'）+鞋跟厚-适当间隙$$

鞋跟厚一般取 25～35mm，大腿前部下面与座前高之间的适当间隙可取 10～20mm，这样可以保证小腿有一定的活动余地，如图1-2所示。

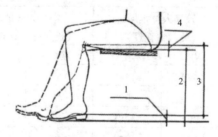

图1-2　座高的确定

1—鞋跟厚　2—座前高　3—小腿高　4—小腿活动余地

国家标准规定，椅凳类家具的座面高度可以有 400mm、420mm、440mm 3个规格。

2）靠背高

椅子的靠背能使人身体保持一定的姿态，而且分担部分人体重量。靠背的高度一般在肩胛骨以下为宜，这样可以使背部肌肉得到适当的休息，同时也便于上肢活动。对于工作椅，为了方便上肢活动，靠背以低于腰椎骨上沿为宜。对于专用于休息的椅子，靠背应加高至颈部或头部，以供人躺靠。为了维持稳定的坐姿，缓和背部和颈部肌肉的紧张状态，常在腰椎的弯曲部分增加一个垫腰。实验证明，对大多数人而言，垫腰的高度以 250mm 为佳。

3）座深

座深（座面的深度）对人体的舒适感影响也很大，座面深度的确定通常根据人体大腿水平长度（腘窝至臀部后端的距离）来确定。基本原则是座面深度应小于坐姿时大腿水平长，否则会导致小腿内侧受到压迫或靠背失去作用。所以座面深度应为人体处于坐姿时，大腿水平长度的平均值减去椅座前沿到腘窝之间大约 60mm 的空隙，如图 1-3 所示。

图 1-3　座深过长的不良效果及合理座深的确定
1—小腿内侧受压　2—靠背失去作用　3—座深　4—大腿水平长

一般地，对于普通椅子，在通常就座的情况下，由于腰椎到盘骨之间接近垂直状态，其座深可以浅一点。对于倾斜度较大的专供休息用的靠椅和躺椅，就座时人体腰椎至盘骨也呈倾斜状态，故座深要加深一些。为了不使肌肉紧张，有时也可以将座面与靠背连成一个曲面。

4）座面斜度与靠背倾角

座面呈水平或靠背呈垂直状态的椅子，坐和倚靠都不舒服，所以椅子的座面应有一定的后倾角（座面与水平面之间的夹角 α），靠背表面也应适当后倾（椅背与水平面之间的夹角 β，一般大于 90°），如图 1-4 所示。这样可以使身体稍向后倾，将体重移至背的下半部与大腿部分，从而把身体全部托住，以免身体向前滑动，致使背的下半部失去稳定和支持，造成背部肌肉紧张，产生疲劳。α 和 β 这两个角度互为关联，β 的大小主要取决于椅子的使用功能要求。

5）扶手的高和宽

休息椅和部分工作椅还应设有扶手，其作用是减轻两臂和背部的疲劳，有助于上肢肌肉的休息。扶手的高度应与人体坐骨节点到自然垂下的肘部下端的垂直距离相近。过高，双肩不能自然下垂；过低，两肘不能自然落在扶手上，两种情况都容易使两肘肌肉活动度增加，使肘部产生疲劳。按照我国人体骨骼比例的实际情况，坐面到扶手上表面的垂直距离以 200～500mm 为宜，同时扶手前端还应稍高一些。随着座面与靠背倾角的变化，扶手的倾斜角度一般为 ±（10°～20°）。

为了减少肌肉的活动度，两扶手内侧之间的间距在 420～440mm 之间较为理想。直扶手前端之间的间隙还应比后端间隙稍宽，一般是两扶手分别向外侧张开 10° 左右。同时还必须考虑到人体穿着冬衣的宽度而加上一定的间隙，间隙通常为 48mm 左右，再宽则会产生肩部疲劳现象。扶手的内宽确定后，实际上也就将椅子的总宽、座面宽和靠背宽确定了，如图 1-5 所示。

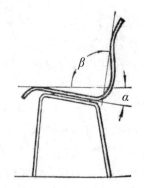

图 1-4　座面斜度与靠背倾角

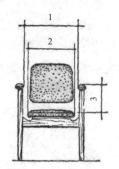

图 1-5　扶手的高和内宽

1—扶手内宽　2—座宽　3—扶手高

6）其他因素

椅凳设计除了上述功能尺寸外，还应考虑座板的表面形状和软椅的材料及其搭配。

椅子的座板形状应以略呈弯曲或平直为宜，不宜过弯。因为平直平面的压力分布比过于弯曲座面的压力分布要合理。

要获得舒适的效果，软椅用材及材料的搭配也是一个不可忽视的问题。工作用椅不宜过软，以半软或稍硬些为好。休息用椅软垫弹性的搭配也要合理。为了获得合理的体压分布，便于肌肉的松弛和起坐动作，应该使靠背比座板软一些。在靠背的做法上，腰部宜硬些，背部则要软一些。设计时应以弹性体下沉后稳定下来的外部形态作为尺寸计核的依据。

至于沙发类尺寸，国标规定单人沙发座前宽不应小于480mm，小于这个尺寸，人即使能勉强坐进去，也会感觉狭窄。座面的深度应为 480～600mm，过深则小腿无法自然下垂，腿肚将受到压迫；过浅，就会感觉坐不住。座面的高度应为 360～420mm，过高就像坐在椅子上，感觉不舒服；过低，坐下去再站起来就会感觉困难。

3. 桌台类家具功能尺寸的确定

1）桌面高度

因为桌面高（H_2）与座面高（H_1）关系密切，所以桌面高常用桌椅高差（H_3）来衡量。如图 1-6 所示，$H_3=H_2-H_1$。这一尺寸对于写字、阅读、听讲兼做笔记等作业的人员来说是非常重要的。它应使坐者长期保持正确的坐姿，即躯体正直，前倾角不大于 30°，肩部放松，肘弯近 90°，且能保持 35～40cm 的视距。合理的桌椅高差应等于人坐姿时上体高（H_4）的 1/3，所以桌面高（H_2）应按下式计算：

$$H_2 = H_1 + H_3 = H_1 + \frac{1}{3}H_4$$

人体坐立时，上体高的平均值约为 873mm，桌椅高差（H_3）约为290mm，即桌面高（H_2）应为700mm，这与国际标准中推荐的尺寸相同。

图 1-6　桌椅高度的关系

桌子过高或过低，将使坐骨与曲肘不能处于合适位置，形成肩部高耸或下垂，从而造成起坐不便，影响视力和健康。据日本学者研究，过高的桌子（740mm）易导致办公人员的肌肉疲劳，而身体各部位的疲劳百分比，女人又比男人高两倍左右，显然女人更不适应过高的桌椅。长期使用过高的桌面还会造成脊柱侧弯、视力下降等毛病。对于长年伏案工作的中老年人，甚至会导致颈椎肥大等疾病。

对于桌台类家具的高度，国家已有标准规定。其中，桌类家具高度尺寸标准可以有 700mm、720mm、740mm、760mm 4 个规格。

2）桌面宽度和深度

桌面的宽度和深度是根据人的视野、手臂的活动范围以及桌上放置物品的类型和方式来确定的。手臂的活动范围与桌面宽度如图 1-7 所示。

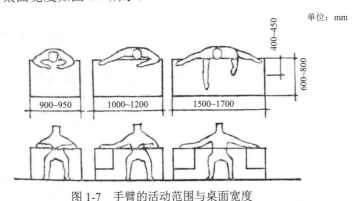

图 1-7　手臂的活动范围与桌面宽度

3）容膝和踏脚空间

正确的桌椅高度应该能使人在座时保持两个基本垂直：一是当两脚平放在地面时，大腿与小腿能够基本垂直，这时，座面前沿不能对大腿下平面形成压迫；二是当两臂自然下垂时，上臂与小臂基本垂直，这时座面高度应该刚好与小臂下平面接触，这样就可以使人保持正确的坐姿和书写姿势。如果桌椅高度搭配得不合理，会直接影响人的坐姿，不利于使用者的健康。对容膝空间的尺寸要求是必须保证下腿直立，膝盖不受约束并略有空隙。既要限制桌面的高度，又要保证有充分的容膝空间，那么膝盖以上桌面以下的尺寸就是有限的，其间抽屉的高度必须合适。也就是说，不能根据抽屉功能的要求决定其尺寸，而只能根据有限空间的范围决定抽屉的高度，所以此抽屉普遍较薄，甚至取消该抽屉。容膝空间的高度也是以座面高为基准点，以座面高至抽屉底的垂直距离（H_5）来表示（见图 1-6），要求 H_5 限制在 160～170mm 之间，不得更小。

腿踏空间主要是身体活动时，腿能自由放置的空间，并无严格规定，一般高（H_6）为 100mm，深为 100mm 即可（见图 1-6）。

国家标准规定了桌椅配套使用标准尺寸，桌椅高度差应控制在 280～320mm 范围内。写字桌台面下的空间高不小于 580mm，空间宽度不小于 520mm，这是为了保证人在使用时两腿能有足够的活动空间。

4. 床的功能尺度的确定

1）床的长度

床的长度应以较高的人体作为标准较为适宜，因为对于较矮的人，床长一点从生理学的角度来看是毫无影响的。但过长也不适宜，一是浪费材料；二是占地面积大，所以床的长度必须适宜。决定床长的主要因素有：人体卧姿，应以仰卧为准，因为仰卧时人体比侧卧时要长；人体高度（H），应在人体平均身高的基准上再增加 5%，即相当于较高人体的身高；人体身高早晚变化尺度（C），据观测，在一天中早上最高，傍晚时略缩减10～20mm，C 可适当放大，取 20～30mm；头部放枕头的尺度（A），取 75mm；脚端折被长度（B），也取 75mm。所以床内长的计算公式为

$$L=(1+0.05)H+C+A+B$$

2）床的宽度

床的宽度同人们睡眠的关系最为密切，确定床宽要考虑保持人体良好的睡姿、翻身的动作和熟睡程度等生理和心理因素，同时也得考虑与床上用品，如床单等的规格尺寸相配合。床宽的决定常以仰卧姿态为标准，以床宽（b）为仰卧时肩宽（W）的 2.5～3 倍为宜，即

$$单人床宽（b）=2.5～3W$$

增加的 1.5～2 倍肩宽主要是用于睡觉时翻身活动所需要的宽度以及放置床上用品的余量。据观测，正常情况下，一般人睡在 900mm 宽的床上每晚翻身次数为 20～30 次，有利于进入熟睡；当睡在 500mm 宽的窄床上时，翻身次数则会显著减少。初入睡时，担心掉下来，翻身次数要减少 30%，从而大大影响熟睡程度，在火车上睡过卧铺的人都有这种体会。所以单人床的床宽应不小于 700mm，最好是 900mm。双人床的宽度不等于两个单人床的宽度，但也不小于 1200mm，最好是 1350mm 或 1500mm。

3）床高

床高（床面的高度）可参照凳椅座面高的确定原理和具体尺寸，不仅要考虑既可睡又可坐的因素，也要考虑为穿衣穿鞋、就寝起床等活动创造便利条件。对于双层床还必须考虑两层之间的净高不小于 900～1000mm，否则将影响睡下铺的人的正常活动，同时也是考虑到床面弹簧可能的下垂深度。

5．储物类家具功能尺度的确定

储物类家具主要是指各种橱、柜、箱、架等。对这类家具的一般功能要求是能很好地存放物品，存放数量最充分，存在方式最合理，方便人们的存取，满足使用要求，有利于提高使用效率，占地面积小，又能充分利用室内空间，还要容易搬动，有利于清洁卫生。为了实现上述目的，储物类家具设计时应注意以下几点。

首先需要明确的是橱柜类家具是以内部储存空间的尺寸作为功能尺寸，以所存放的物品为原型，先确定内部尺寸，再由里向外推算出产品的外形尺寸。

在确定储物类家具的功能尺寸以前，还必须确定相应物品的存放方式。如对于衣柜，首先必须确定衣服是折叠平摆还是用衣架悬挂；又如对书刊文献，特别是线装书，还要考虑是平放还是竖放，在此基础上方可决定储物类家具内部平面和空间尺寸。

有些物品是斜置的，如期刊陈列架或鞋柜。这时要有要求倾斜的程度和物品规格尺寸，方可定出隔板的平面尺寸和主体的外形尺寸。

储物类家具的设计还必须满足不同物品的存放条件和使用要求。如食物的储存，在没有电冰箱的条件下，一般人家都是用碗柜、菜柜储存生、熟菜食，这类产品要求通风条件好，防止发馊变质，所以一般是装窗纱而不是装玻璃；又如电视柜除了具备散热条件外，还必须符合电视机的使用条件，使其便于观看和调整。对于家庭用的电视柜，其高度应符合以下条件，即电视柜屏幕中心至地板表面的垂直距离等于人坐着时的平均视高 1181mm，然后根据电视机的规格尺寸决定电视机隔板的高度。合理的视距范围可以避免视力下降。

柜类产品主要尺度的确定方法如下。

1）高度

柜类产品的高度原则上按人体高度来确定，一般控制最高层应在两手便于到达的高度和两眼合

理的视线范围之内。对于不同类的柜子，则有不同的要求。如墙面柜（固定于墙面的大壁柜）高度通常是与室内墙高一致；对于悬挂柜，其下底的高度应比人略高，以便于人们在下面有足够的活动空间，如悬挂柜下面还有其他家具陈设，其高度可适当降低，以方便使用；对于一般不固定的柜类产品，最大高度控制在 1.8m 左右。如果要利用柜子上表面放置生活用品，如茶杯、热水瓶等，则其最大高度不得大于 1.2~1.3m，否则不方便使用；拉门、拉手、抽屉等零部件的高度也要与人体尺度一致。

挂衣柜类的高度，国家标准规定，挂衣杆上沿至柜顶板的距离为 40~60mm，大了浪费空间，小了则放不进挂衣架；挂衣杆下沿至柜底板的距离，挂长大衣不应小于 1350mm，挂短外衣不应小于 850mm。

2）宽度

柜子的宽度是根据储存物品的种类、大小、数量和布置方式决定的。内部宽度决定后，再加上两旁板及中间隔板的厚度，便是产品的外形宽度。对于荷重较大的物品柜，如电视机柜、书柜等，还需根据隔板断面的形状和尺寸、材料的力学性能、载荷的大小等限制其宽度。

3）深度

柜子的深度主要按隔板的深度而定，隔板的深度又按存放物品的规格形式而定。如果一个柜子内有多种深度规格的隔板，则应按最大规格的深度决定，并使门与隔板之间略有间隙。同时还应考虑柜门反面是否挂放物品，如伞、镜框、领结等，以便于适当增加深度。

从使用要求出发，柜深最大不得超过 600~800mm，否则存取物品不便，柜内光线也差。但隔板过深或部分隔板深度大于其他隔板时，在存放条件允许的前提下，可将隔板设计成具有一定的倾斜度，达到在有限的深度范围内，既满足存放尺寸较大的物品的需要，又符合视线要求。

衣柜的深度主要考虑人的肩宽因素，一般为 600mm，不应小于 500mm，否则就只有斜挂才能关上柜门。对书柜类也有标准，国际标准规定隔板的层间高度不应小于220mm。小于该尺寸，就放不进 32 开本的普通书籍。考虑到摆放杂志、影集等规格较大的物品，隔板层间高度一般选择 300~350mm。

4）隔板的高度

隔板的高度是根据人体的身高，以及处于某一姿态时手可能达到的高度位置来确定的。例如，人站立时可以达到的高度，男子为 2100mm，女子为 2000mm；站立时工作方便的高度，男子为 850mm，女子为 800mm；站立时手能达到的最低限度，男子为 650mm，女子为 600mm。

1.2　图纸幅面及其格式

图纸幅面及其格式在 GB/T 14689—2008 中有详细的规定，现进行简要介绍。

为了加强我国与世界各国的技术交流，依据国际标准化组织（ISO）制定的国际标准制定了我国国家标准《机械制图》，自 1993 年以来相继发布了"图纸幅面和格式""比例""字体""投影法""表面粗糙度符号、代号及其注法"等标准，于 1994 年 7 月 1 日开始实施，并陆续进行了修订更新。

国家标准简称国标，代号为 GB，斜杠后的字母为标准类型，其后的数字为标准号，由顺序号和发布的年代号组成，如表示比例的标准代号为 GB/T 14690—1993。

1.2.1 图纸幅面

绘图时应优先采用表 1-2 中规定的基本幅面。图幅代号为 A0、A1、A2、A3、A4，必要时可按规定加长幅面，如图 1-8 所示。

表 1-2 图纸幅面　　　　　　　　　　　　　　　　　　　　　　单位：mm

幅 面 代 号	A0	A1	A2	A3	A4
$B \times L$	841×1189	594×841	420×594	297×420	210×297
e	20			10	
c	10			5	
a	25				

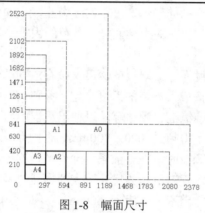

图 1-8　幅面尺寸

1.2.2 图框格式

在图纸上必须用粗实线画出图框，其格式分不留装订边（见图 1-9）和留装订边（见图 1-10）两种，具体尺寸如表 1-2 所示。

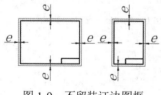

图 1-9　不留装订边图框

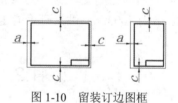

图 1-10　留装订边图框

同一产品的图样只能采用同一种格式。

1.3 标 题 栏

国标《技术制图 标题栏》（GB/T 10609.1—2008）规定每张图纸上都必须画出标题栏，标题栏的位置位于图纸的右下角，与看图方向一致。

标题栏的格式和尺寸由 GB/T 10609.1—2008 规定，装配图中明细栏由 GB/T 10609.2—2009 规定，如图 1-11 所示。

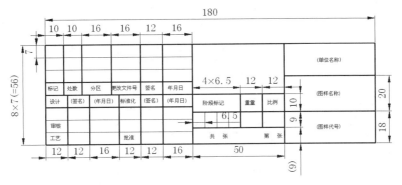

图 1-11 标题栏

在学习过程中，有时为了方便，对零件图和装配图的标题栏、明细栏内容进行简化，使用如图 1-12 所示的格式。

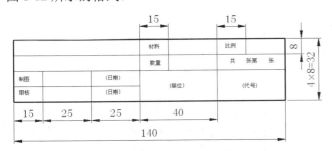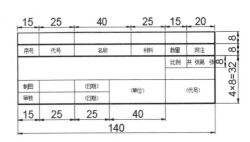

（a）零件图标题栏　　　　　　　　　　　　（b）装配图标题栏

图 1-12 简化标题栏

1.4 比　　例

比例为图样中图形与其实物相应要素的线性尺寸比，分为原值比例、放大比例、缩小比例 3 种。

需要按比例制图时，从表 1-3 规定的系列中选取适当的比例，必要时也允许选取表 1-4（GB/T 14690—1993）规定的比例。

表 1-3 标准比例系列

种　类	比　例
原值比例	$1:1$
放大比例	$5:1$　　$2:1$　　$5\times10n:1$　　$2\times10n:1$　　$1\times10n:1$
缩小比例	$1:2$　　$1:5$　　$1:10$　　$1:2\times10n$　　$1:5\times10n$　　$1:1\times10n$

注：n 为正整数。

表1-4 可用比例系列

种 类	比 例			
放大比例	$4:1$	$2.5:1$	$4×10n:1$	$2.5×10n:1$
缩小比例	$1:1.5$	$1:2.5$	$1:3$ $1:4$ $1:6$	
	$1:1.5×10n$	$1:2.5×10n$	$1:3×10n$	$1:4×10n$ $1:6×10n$

✎ 说明：

（1）比例一般标注在标题栏中，必要时可在视图名称的下方或右侧标出。

（2）不论采用哪种比例绘制图样，尺寸数值按原值标出。

1.5 字 体

在家具设计制图的过程中有时需要标注文字，国家标准中对文字的字体的规范也指定了相关标准，下面简要讲述。

1.5.1 一般规定

按 GB/T 14691—1993 规定，对字体有以下一般要求。

（1）图样中书写字体必须做到：字体工整、笔画清楚、间隔均匀、排列整齐。

（2）汉字应写成长仿宋体，并应采用国家正式公布推行的简化字。汉字的高度不应小于 3.5mm，其字宽一般为 $h/\sqrt{2}$（h 表示字高）。

（3）字体的号数即字体的高度，其公称尺寸系列为 1.8mm、2.5mm、3.5mm、5mm、7mm、10mm、14 mm、20mm。如需书写更大的字，其字体高度应按 $\sqrt{2}$ 的比率递增。

（4）字母和数字分为 A 型和 B 型。A 型字体的笔画宽度 d 为字高 h 的 1/14；B 型字体的笔画宽度 d 对应为字高的 1/10。同一图样上，只允许使用一种形式。

（5）字母和数字可写成斜体和直体。斜体字字头向右倾斜，与水平基准线约成 75° 角。

1.5.2 字体示例

1. 汉字——长仿宋体

字体工整　笔画清楚　间隔均匀　排列整齐

22号字

横平竖直　注意起落　结构均匀　填满方格

14号字

技术制图　机械电子　汽车航空　船舶土木　建筑矿山　井坑港口　纺织服装

10.5 号字

螺纹齿轮　端子接线　飞行指导　驾驶舱位　挖填施工　饮水通风　闸阀坝　棉麻化纤

9 号字

2．拉丁字母

ABCDEFGHIJKLMNOP

A 型大写斜体

abcdefghijklmnop

A 型小写斜体

ABCDEFGHIJKLMNOP

B 型大写斜体

3．希腊字母

ΑΒΓΕΖΗΘΙΚ

A 型大写斜体

αβγδεζηθικ

A 型小写直体

4．阿拉伯数字

1234567890

斜体

1234567890

直体

1.5.3　图样中书写规定

图样中有以下书写规定。

（1）用作指数、分数、极限偏差、注脚等的数字及字母，一般应采用小一号字体。

（2）图样中的数字符号、物理量符号、计量单位符号以及其他符号、代号应分别符合有关规定。

1.6 图 线

GB/T 4457.4—2003 中对图线的相关使用规则进行了详细的规定，现进行简要介绍。

1.6.1 图线型式及应用

国标规定了各种图线的名称、型式、宽度以及在图上的一般应用，如表 1-5 和图 1-13 所示。

表 1-5 图线型式

图 线 名 称	线 型	线 宽	主 要 用 途
粗实线	——————	b	可见轮廓线、可见过渡线
细实线	————	约 $b/2$	尺寸线、尺寸界线、剖面线、引出线、弯折线、牙底线、齿根线、辅助线等
细点画线	— — — —	约 $b/2$	轴线、对称中心线、齿轮节线等
虚线	————	约 $b/2$	不可见轮廓线、不可见过渡线
波浪线	～～～～	约 $b/2$	断裂处的边界线、剖视与视图的分界线
双折线	∿∿∿	约 $b/2$	断裂处的边界线
粗点画线	▬ ▬ ▬ ▬	b	有特殊要求的线或面的表示线
双点画线	— — — —	约 $b/2$	相邻辅助零件的轮廓线、极限位置的轮廓线、假想投影的轮廓线

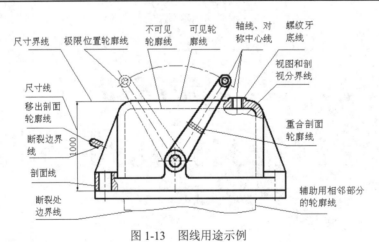

图 1-13 图线用途示例

1.6.2 图线宽度

图线分粗、细两种，粗线的宽度 b 应按图的大小和复杂程度在 0.5～2mm 之间选择。图线宽度的推荐系列为 0.18mm、0.25mm、0.35mm、0.5mm、0.7mm、1mm、1.4mm 和 2mm。

1.6.3　图线画法

对于图线画法，一般有以下规定。

（1）同一图样中，同类图线的宽度应基本一致。虚线、点画线及双点画线的线段和间隔应各自大致相等。

（2）两条平行线（包括剖面线）之间的距离应不小于粗实线的两倍宽度，其最小距离不得小于 0.7mm。

（3）绘制圆的对称中心线时，圆心应为线段的交点。点画线和双点画线的首末两端应是线段而不是短划。建议中心线超出轮廓线 2~5mm，如图 1-14 所示。

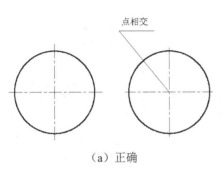

（a）正确　　　　　　　　　　（b）错误

图 1-14　点画线画法

（4）在较小的图形上画点画线或双点画线有困难时，可用细实线代替。

为保证图形清晰，各种图线相交、相连时的习惯画法如图 1-15 所示。

点画线、虚线与粗实线相交以及点画线、虚线彼此相交时，均应交于点画线或虚线的线段处。虚线与粗实线相连时，应留间隙；虚直线与虚半圆弧相切时，在虚直线处留间隙，而虚半圆弧画到对称中心线为止，如图 1-15（a）所示。

（5）由于图样复制中所存在的困难，应尽量避免采用 0.18mm 的线宽。

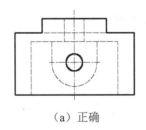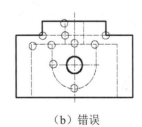

（a）正确　　　　　　　　　　（b）错误

图 1-15　图线画法

1.7　剖面符号

除了传统的木质家具外，现代家具采用各种各样的材质，在绘制剖视和剖面图时，不同的材质应采用不同的符号，这方面国家标准也有详细规定。

在剖视和剖面图中，应采用表 1-6 中所规定的剖面符号（GB/T 4457.5—2013）。

表 1-6　剖面符号

材　质	符　号	材　质	符　号
金属材料（已有规定剖面符号除外）		纤维材料	
绕圈绕组元件		基础周围的泥土	
转子、电枢、变压器和电抗器等迭钢片		混凝土	
非金属材料（已有规定剖面符号者除外）		钢筋混凝土	
型砂、填砂、粉末冶金、砂轮、陶瓷刀片、硬质合金刀片等		砖	
玻璃及供观察用的其他透明材料		格网（筛网、过滤网等）	
木材　纵剖面		液体	
木材　横剖面			

注：1. 剖面符号仅表示材料类别，材料的名称和代号必须另行注明。
　　2. 迭钢片的剖面线方向应与束装中迭钢片的方向一致。
　　3. 液面用细实线绘制。

1.8　尺寸标注法

图样中，除需表达零件的结构形状外，还需标注尺寸，以确定零件的大小。GB/T 4458.4—2003 中对尺寸标注的基本方法做了一系列规定，必须严格遵守。

1.8.1　基本规定

尺寸标注法的基本规定如下。

（1）图样中的尺寸，以毫米为单位时，不需注明计量单位代号或名称。若采用其他单位，则必须标注相应计量单位或名称（如 35° 30′）。

（2）图样上所标注的尺寸数值是零件的真实大小，与图形大小及绘图的准确度无关。

（3）零件的每一尺寸在图样中一般只标注一次。

（4）图样中标注的尺寸是该零件最后完工时的尺寸，否则应另加说明。

1.8.2　尺寸要素

一个完整的尺寸包含下列 5 个尺寸要素。

1. 尺寸界线

尺寸界线用细实线绘制，如图 1-16（a）所示。尺寸界线一般是图形轮廓线、轴线或对称中心线的延伸线，超出箭头约 2～3mm，也可直接用轮廓线、轴线或对称中心线作尺寸界线。

尺寸界线一般与尺寸线垂直，必要时允许倾斜。

2. 尺寸线

尺寸线用细实线绘制，如图 1-16（a）所示。尺寸线必须单独画出，不能用图上任何其他图线代替，也不能与图线重合或在其延长线上［如图 1-16（b）中尺寸 3 和 8 的尺寸线］，并应尽量避免尺寸线之间及尺寸线与尺寸界线之间相交。

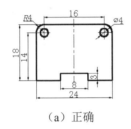
（a）正确

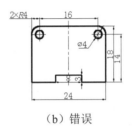
（b）错误

图 1-16　尺寸标注

标注线性尺寸时，尺寸线必须与所标注的线段平行，相同方向的各尺寸线间距要均匀，间隔应大于 5mm。

3. 尺寸线终端

尺寸线终端有两种形式：箭头和细斜线，如图 1-17 所示。

（a）箭头终端　　　　　　　　　　　　（b）细斜线终端

图 1-17　尺寸线终端

箭头适用于各种类型的图形，箭头尖端与尺寸界线接触，不得超出也不得断开，如图 1-18 所示。

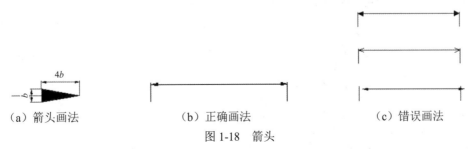

（a）箭头画法　　　　（b）正确画法　　　　（c）错误画法

图 1-18　箭头

当尺寸线终端采用箭头形式时，若位置不够，允许用圆点或细斜线代替箭头，如表 1-7 中狭小部位图所示；当尺寸线终端采用斜线形式时，尺寸线与尺寸界线必须相互垂直。同一图样中只能采用一种尺寸线终端形式。

4．尺寸数字

线性尺寸的数字一般标注在尺寸线上方或尺寸线中断处。同一图样内大小一致，位置不够时可引出标注。

线性尺寸数字方向按图 1-19（a）所示方向进行注写，并尽可能避免在图示 30°范围内标注尺寸，当无法避免时，可按图 1-19（b）所示标注。

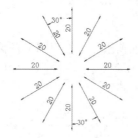

（a）尺寸数字注写方向

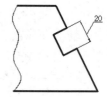

（b）特殊情况注写方式

图 1-19　尺寸数字

5．符号

图中用符号区分不同类型的尺寸。

- ↘　Φ 表示直径；
- ↘　R 表示半径；
- ↘　S 表示球面；
- ↘　δ 表示板状零件厚度；
- ↘　□表示正方形；
- ↘　∠表示斜度；
- ↘　◁表示锥度；
- ↘　±表示正负偏差；
- ↘　×表示参数分隔符，如 M10×1、槽宽×槽深等；
- ↘　—表示连字符，如 M10×1－6H 等。

表 1-7 中列出了国标所规定尺寸标注的一些图例。

表 1-7　尺寸标注法示例

标注内容	图　　例		说　　明
角度	64° 65° 51° 15° 4° 30° 20° 20° 5° 90°	50°	（1）角度尺寸线沿径向引出； （2）角度尺寸线画成圆弧，圆心是该角顶点； （3）角度尺寸数字一律写成水平方向

标 注 内 容	图　　例	说　　明
圆的直径		（1）直径尺寸应在尺寸数字前加注符号 Φ； （2）尺寸线应通过圆心，尺寸线终端画成箭头； （3）整圆或大于半圆标注直径
大圆弧	 （a）　　　　　　（b）	当圆弧半径过大，在图纸范围内无法标出圆心位置时按图（a）形式标注；若不需标出圆心位置时按图（b）形式标注
圆弧半径		（1）半径尺寸数字前加注符号 R； （2）半径尺寸必须注在投影为圆弧的图形上，且尺寸线应通过圆心； （3）半圆或小于半圆的圆弧标注半径尺寸
狭小部位		在没有足够位置画箭头或注写数字时，允许用圆点或细斜线的形式标注

续表

标注内容	图 例	说 明
对称机件		当对称机件的图形只画出一半或略大于一半时，尺寸线应略超过对称中心线或断裂处的边界线，并在尺寸线一端画出箭头
正方形结构		表示表面为正方形结构尺寸时，可在正方形边长尺寸数字前加注符号"□"，或用 14×14 代替 □14
板状零件		标注板状零件厚度时，可在尺寸数字前加注符号 δ
光滑过渡处		(1) 在光滑过渡处标注尺寸时，需用实线将轮廓线延长，从交点处引出尺寸界线； (2) 当尺寸界线过于靠近轮廓线时，允许倾斜画出
弦长和弧长		(1) 标注弧长时，应在尺寸数字上方加符号"⌒"［见图（a）］； (2) 弦长及弧的尺寸界线应平行该弦的垂直平分线，当弧长较大时，可沿径向引出［见图（b）］

标 注 内 容	图　　例	说　　明
球 面	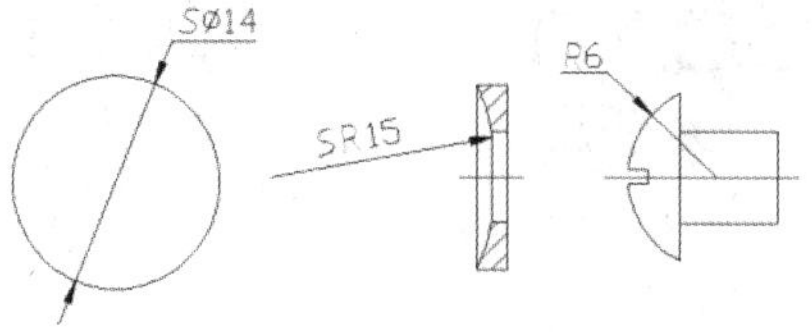 （a）　　　（b）　　　（c）	（1）标注球面直径或半径时，应在 Φ 或 R 前再加注符号 S［见图（a）、图（b）］； （2）对标准件、轴及手柄的端部，在不致引起误解的情况下，可省略 S［见图（c）］
斜 度 和 锥 度	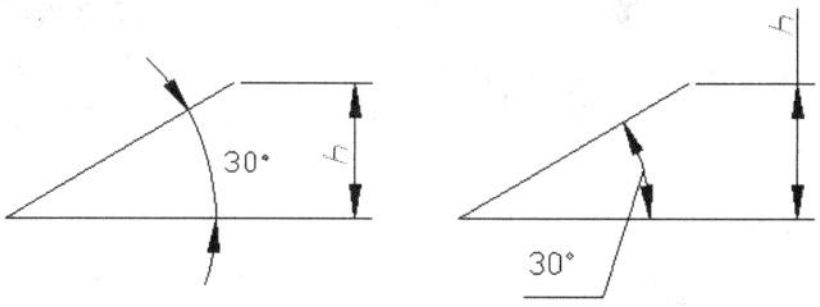 （a） 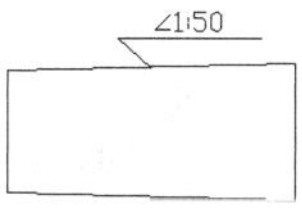 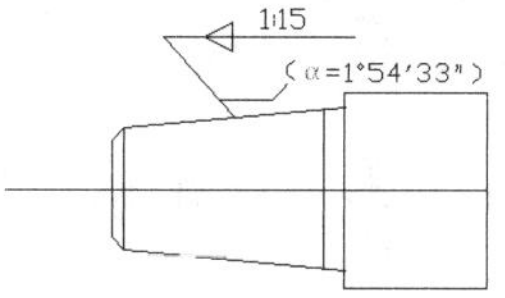 （b）　　　　　　（c）	（1）斜度和锥度的标注，其符号应与斜度、锥度的方向一致； （2）符号的线宽为 $h/10$，画法如图（a）所示； （3）必要时，在标注锥度的同时，在括号内注出其角度值［见图（c）］

23

第 2 章　AutoCAD 2020 入门

内容简介

本章学习 AutoCAD 2020 绘图的基本知识，了解如何设置图形的系统参数、样板图，熟悉创建新的图形文件、打开已有文件的方法等，为进入系统学习做准备。

内容要点

- ➥ 操作环境简介
- ➥ 文件管理
- ➥ 基本输入操作
- ➥ 模拟认证考试

案例效果

2.1　操作环境简介

操作环境是指和本软件相关的操作界面、绘图系统设置等一些涉及软件的最基本的界面和参数。本节将进行简要介绍。

2.1.1　操作界面

AutoCAD 操作界面是 AutoCAD 显示、编辑图形的区域。一个完整的草图与注释操作界面如图 2-1 所示，包括标题栏、功能区、绘图区、十字光标、导航栏、坐标系图标、命令行窗口、状态栏、布局标签和快速访问工具栏等。

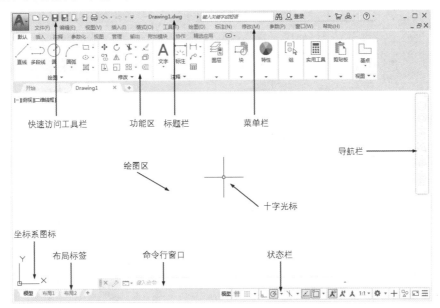

图 2-1　AutoCAD 2020 中文版的操作界面

扫一扫，看视频

动手学——设置"明"界面

安装 AutoCAD 2020 后，默认的界面如图 2-2 所示。

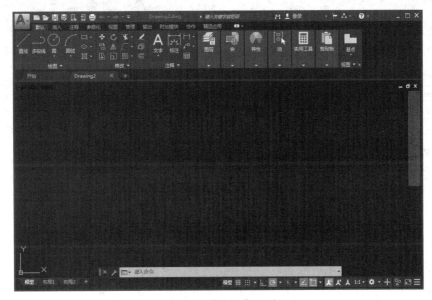

图 2-2　默认操作界面

操作步骤

（1）在绘图区中右击，打开快捷菜单，选择"选项"命令，如图 2-3 所示。

（2）打开"选项"对话框，选择"显示"选项卡，在"窗口元素"选项组的"颜色主题"中选择"明"，然后单击"确定"按钮，如图 2-4 所示。完成设置的"明"界面如图 2-5 所示。

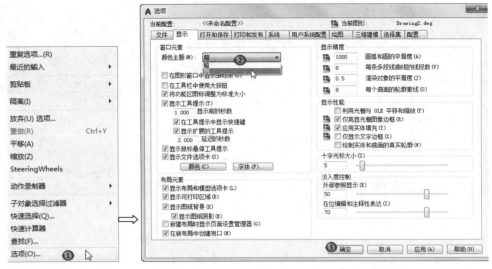

| 图 2-3　快捷菜单 | 图 2-4　"选项"对话框 |

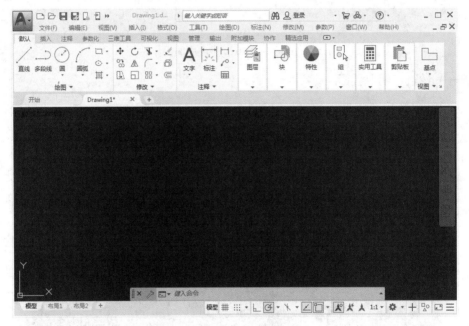

图 2-5　"明"界面

1. 标题栏

AutoCAD 2020 中文版操作界面的最上端是标题栏。在标题栏中，显示了系统当前正在运行的应用程序和用户正在使用的图形文件。在第一次启动 AutoCAD 2020 时，在标题栏中将显示 AutoCAD 2020 在启动时创建并打开的图形文件 Drawing1.dwg，如图 2-1 所示。

📢 注意：

　　需要将 AutoCAD 的工作空间切换到"草图与注释"模式下（单击操作界面右下角的"切换工作空间"按钮，在弹出的菜单中选择"草图与注释"命令），才能显示如图 2-1 所示的操作界面。本书中的所有操作均在"草图与注释"模式下进行。

2．菜单栏

菜单栏同其他 Windows 程序一样，AutoCAD 的菜单也是下拉形式的，并在菜单中包含子菜单。AutoCAD 的菜单栏中包含 12 个菜单，即"文件""编辑""视图""插入""格式""工具""绘图""标注""修改""参数""窗口"和"帮助"。这些菜单几乎包含了 AutoCAD 的所有绘图命令，后面的章节将对这些菜单功能进行详细讲解。

扫一扫，看视频

动手学——设置菜单栏

操作步骤

（1）单击 AutoCAD 快速访问工具栏右侧的下拉按钮❶，在弹出的下拉菜单中选择"显示菜单栏"命令❷，如图 2-6 所示。

图 2-6　下拉菜单

（2）调出的菜单栏位于操作界面的上方❸，如图 2-7 所示。

图 2-7　菜单栏显示界面

（3）在图 2-6 所示下拉菜单中选择"隐藏菜单栏"命令，则关闭菜单栏。

一般来讲，AutoCAD 下拉菜单中的命令有以下 3 种。

（1）带有子菜单的菜单命令。这种类型的菜单命令后面带有小三角形。例如，选择菜单栏中的"绘图"→"圆"命令，系统就会进一步显示出"圆"子菜单中所包含的命令，如图 2-8 所示。

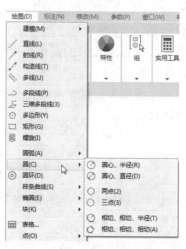

图 2-8　带有子菜单的菜单命令

（2）打开对话框的菜单命令。这种类型的命令后面带有省略号。例如，选择菜单栏中的"格式"→"表格样式..."命令（见图 2-9），系统就会打开"表格样式"对话框，如图 2-10 所示。

图 2-9　打开对话框的菜单命令

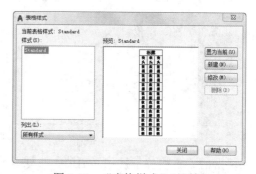

图 2-10　"表格样式"对话框

（3）直接执行操作的菜单命令。这种类型的命令后面既不带小三角形，也不带省略号，选择该命令将直接进行相应的操作。例如，选择菜单栏中的"视图"→"重画"命令，系统将刷新所有视口。

3. 工具栏

工具栏是一组工具按钮的集合，AutoCAD 2020 提供了几十种工具栏。

动手学——设置工具栏

操作步骤

（1）选择菜单栏中的"工具" ① →"工具栏" ② → AutoCAD ③ 命令，单击某一个未在界面中显示的工具栏的名称 ④（见图 2-11），系统将自动在界面中打开该工具栏，如图 2-12 所示；反之，

扫一扫，看视频

则关闭工具栏。

图 2-11　调出工具栏

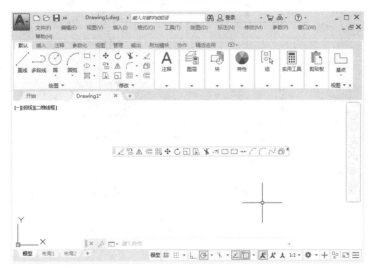

图 2-12　浮动工具栏

（2）把光标移动到某个按钮上，稍停片刻即在该按钮的一侧显示相应的功能提示，此时单击该按钮就可以启动相应的命令。

（3）工具栏可以在绘图区浮动显示（见图 2-12），此时显示该工具栏标题，并可关闭该工具栏。可以拖动浮动工具栏到绘图区边界，使其变为固定工具栏，此时该工具栏标题被隐藏。也可以把固定工具栏拖出，使其成为浮动工具栏。

有些工具栏按钮的右下角带有一个小三角形，单击这类按钮会打开相应的工具栏；将光标移动到某一按钮上并单击，该按钮就变为当前显示的按钮；单击当前显示的按钮，即可执行相应的命令，如图 2-13 所示。

图 2-13　打开工具栏

4．快速访问工具栏和交互信息工具栏

（1）快速访问工具栏。该工具栏包括"新建""打开""保存""另存为""打印""放弃""重做"和"工作空间"等几个常用的工具按钮。用户也可以单击此工具栏后面的下拉按钮，在弹出的下拉菜单中选择需要的常用工具。

（2）交互信息工具栏。该工具栏包括"搜索"、Autodesk A360、Autodesk App Store、"保持连接"和"帮助"等几个常用的数据交互访问工具按钮。

5．功能区

在默认情况下，功能区包括"默认""插入""注释""参数化""视图""管理""输出""附加模块""协作""精选应用" 10 个选项卡，如图 2-14 所示。用户可以通过相应的设置，显示所有的选项卡，如图 2-15 所示。每个选项卡都是由若干功能面板组成，集成了大量相关的操作工具，极大地方便了用户的使用。单击功能区选项卡后面的 ▣▾ 按钮，可以控制功能区的展开与收缩。

图 2-14　默认情况下出现的选项卡

图 2-15　所有的选项卡

【执行方式】

➥ 命令行：RIBBON（或 RIBBONCLOSE）。
➥ 菜单栏：选择菜单栏中的"工具"→"选项板"→"功能区"命令。

动手学——设置功能区

操作步骤

（1）在面板中任意位置处右击，在打开的快捷菜单中选择"显示选项卡"，如图 2-16 所示。单击某一个未在功能区显示的选项卡名，系统自动在功能区打开该选项卡；反之，则关闭选项卡（调出面板的方法与调出选项板的方法类似，这里不再赘述）。

扫一扫，看视频

图 2-16 快捷菜单

（2）面板可以在绘图区浮动，如图 2-17 所示。将光标放到浮动面板的右上角，将显示"将面板返回到功能区"提示，如图 2-18 所示。单击此处，使其变为固定面板。也可以把固定面板拖出，使其成为浮动面板。

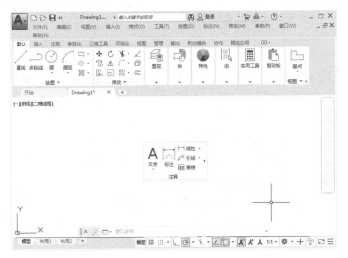

图 2-17 浮动面板

图 2-18 "将面板返回到功能区"提示

6．绘图区

绘图区是指在标题栏下方的大片空白区域，用于绘制图形，用户要完成一幅设计图形，其主要工作都是在绘图区中完成。

7．坐标系图标

在绘图区的左下角有一个箭头指向的图标，称为坐标系图标，表示用户绘图时正使用的坐标系样式。坐标系图标的作用是为点的坐标确定一个参照系。根据工作需要，用户可以选择将其关闭。

【执行方式】

↘ 命令行：UCSICON。

↘ 菜单栏：选择菜单栏中的"视图" → "显示" → "UCS 图标" → "开"命令，如图 2-19 所示。

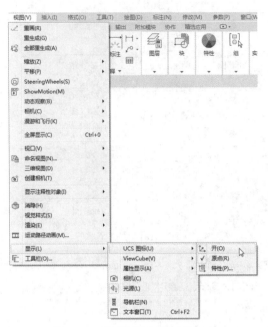

图 2-19　显示坐标系图标的方式

8．命令行窗口

命令行窗口是输入命令名和显示命令提示的区域，默认命令行窗口布置在绘图区下方，由若干文本行构成。对于命令行窗口，有以下几点需要说明。

（1）移动拆分条，可以扩大或缩小命令行窗口。

（2）可以拖动命令行窗口，布置在绘图区的其他位置。默认情况下在图形区的下方。

（3）对当前命令行窗口中输入的内容，可以按 F2 键用文本编辑的方法进行编辑，如图 2-20 所示。AutoCAD 文本窗口和命令行窗口相似，可以显示当前 AutoCAD 进程中命令的输入和执行过程。在执行 AutoCAD 的某些命令时，会自动切换到 AutoCAD 文本窗口，列出有关信息。

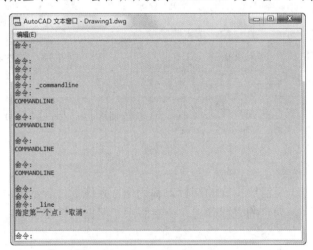

图 2-20　AutoCAD 文本窗口

（4）AutoCAD 通过命令行窗口反馈各种信息，也包括出错信息，因此，用户要时刻关注在命令行窗口中出现的信息。

9. 状态栏

状态栏显示在屏幕的底部，依次有"坐标""模型空间""栅格""捕捉模式""推断约束""动态输入""正交模式""极轴追踪""等轴测草图""对象捕捉追踪""二维对象捕捉""线宽""透明度""选择循环""三维对象捕捉""动态 UCS""选择过滤""小控件""注释可见性""自动缩放""注释比例""切换工作空间""注释监视器""单位""快捷特性""锁定用户界面""隔离对象""图形特性""全屏显示""自定义"30 个功能按钮，如图 2-21 所示。单击部分开关按钮，可以实现这些功能的开关。通过部分按钮也可以控制图形或绘图区的状态。

✍ 技巧：

> 默认情况下，不会显示所有工具，可以通过状态栏中最右侧的按钮选择要从"自定义"菜单显示的工具。状态栏中显示的工具可能会发生变化，具体取决于当前的工作空间以及当前显示的是"模型"还是"布局"。

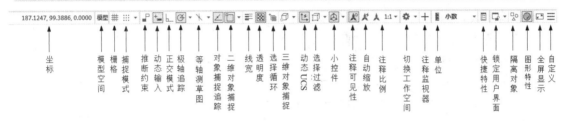

图 2-21　状态栏

下面对状态栏中的按钮进行简单介绍。

（1）坐标：显示工作区鼠标放置点的坐标。

（2）模型空间：在模型空间与布局空间之间进行转换。

（3）栅格：栅格是覆盖整个坐标系（UCS）XY 平面的直线或点组成的矩形图案。使用栅格类似于在图形下放置一张坐标纸。利用栅格可以对齐对象并直观显示对象之间的距离。

（4）捕捉模式：对象捕捉对于在对象上指定精确位置非常重要。不论何时提示输入点，都可以指定对象捕捉。默认情况下，当光标移到对象的对象捕捉位置时，将显示标记和工具提示。

（5）推断约束：自动在正在创建或编辑的对象与对象捕捉的关联对象或点之间应用约束。

（6）动态输入：在光标附近显示出一个提示框（称为"工具提示"），工具提示中显示出对应的命令提示和光标的当前坐标值。

（7）正交模式：将光标限制在水平或垂直方向上移动，以便于精确地创建和修改对象。当创建或移动对象时，可以使用"正交"模式将光标限制在相对于用户坐标系（UCS）的水平或垂直方向上。

（8）极轴追踪：使用极轴追踪，光标将按指定角度进行移动。创建或修改对象时，可以使用"极轴追踪"来显示由指定的极轴角度所定义的临时对齐路径。

（9）等轴测草图：通过设定"等轴测捕捉/栅格"，可以很容易地沿三个等轴测平面之一对齐对象。尽管等轴测图形看似三维图形，但它实际上是由二维图形表示。因此不能期望提取三维距离和面积、从不同视点显示对象或自动消除隐藏线。

（10）对象捕捉追踪：使用对象捕捉追踪，可以沿着基于对象捕捉点的对齐路径进行追踪。已获取的点将显示一个小加号（+），一次最多可以获取 7 个追踪点。获取点之后，在绘图路径上移动光标，将显示相对于获取点的水平、垂直或极轴对齐路径。例如，可以基于对象端点、中点或者对象的交点，沿着某个路径选择一点。

（11）二维对象捕捉：使用执行对象捕捉设置（也称为对象捕捉），可以在对象上的精确位置指定捕捉点。选择多个选项后，将应用选定的捕捉模式，以返回距离靶框中心最近的点。按 Tab 键以在这些选项之间循环。

（12）线宽：分别显示对象所在图层中设置的不同宽度，而不是统一线宽。

（13）透明度：使用该命令，调整绘图对象显示的明暗程度。

（14）选择循环：当一个对象与其他对象彼此接近或重叠时，准确地选择某一个对象是很困难的，使用选择循环命令，单击鼠标左键，弹出"选择集"列表框，里面列出了鼠标单击周围的图形，然后在列表中选择所需的对象。

（15）三维对象捕捉：三维中的对象捕捉与在二维中工作的方式类似，不同之处在于在三维中可以投影对象捕捉。

（16）动态 UCS：在创建对象时使 UCS 的 XY 平面自动与实体模型上的平面临时对齐。

（17）选择过滤：根据对象特性或对象类型对选择集进行过滤。当按下图标后，只选择满足指定条件的对象，其他对象将被排除在选择集之外。

（18）小控件：帮助用户沿三维轴或平面移动、旋转或缩放一组对象。

（19）注释可见性：当图标亮显时，表示显示所有比例的注释性对象；当图标变暗时，表示仅显示当前比例的注释性对象。

（20）自动缩放：注释比例更改时，自动将比例添加到注释对象。

（21）注释比例：单击右下角的下拉按钮，在弹出的下拉列表中可以根据需要选择适当的注释比例，如图 2-22 所示。

（22）切换工作空间：进行工作空间的转换。

（23）注释监视器：打开仅用于所有事件或模型文档事件的注释监视器。

图 2-22　注释比例

（24）单位：指定线性和角度单位的格式和小数位数。

（25）快捷特性：控制快捷特性面板的使用与禁用。

（26）锁定用户界面：按下该按钮，锁定工具栏、面板和可固定窗口的位置和大小。

（27）隔离对象：当选择隔离对象时，在当前视图中显示选定对象，所有其他对象都暂时隐藏；当选择隐藏对象时，在当前视图中暂时隐藏选定对象，所有其他对象都可见。

（28）图形特性：设定图形卡的驱动程序以及设置硬件加速的选项。

（29）全屏显示：该选项可以清除 Windows 窗口中的标题栏、功能区和选项板等界面元素，使 AutoCAD 的绘图窗口全屏显示，如图 2-23 所示。

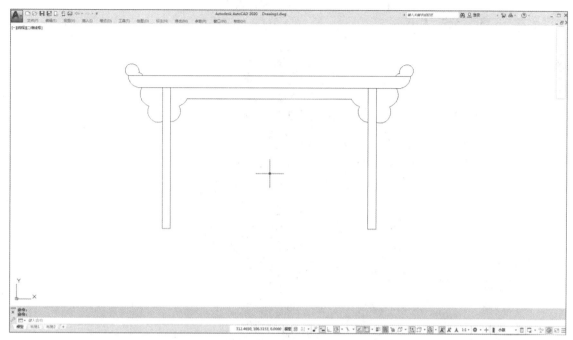

图 2-23　全屏显示

（30）自定义：状态栏可以提供重要信息，而无须中断工作流。使用 MODEMACRO 系统变量可将应用程序所能识别的大多数数据显示在状态栏中。使用该系统变量的计算、判断和编辑功能可以完全按照用户的要求构造状态栏。

10．布局标签

AutoCAD 系统默认设定一个"模型"空间和"布局 1""布局 2"两个图样空间布局标签，这里有两个概念需要解释一下。

（1）布局。布局是系统为绘图设置的一种环境，包括图样大小、尺寸单位、角度设定、数值精确度等，在系统预设的 3 个标签中，这些环境变量都按默认设置。用户可以根据实际需要改变变量的值，也可以设置符合自己要求的新标签。

（2）模型。AutoCAD 的空间分为模型空间和图样空间两种。模型空间是通常绘图的环境，而在图样空间中，用户可以创建浮动视口，以不同视图显示所绘图形，还可以调整浮动视口并决定所包含视图的缩放比例。如果用户选择图样空间，可打印多个视图，也可以打印任意布局的视图。AutoCAD 系统默认打开模型空间，用户可以通过单击操作界面下方的布局标签选择需要的布局。

11．光标大小

在绘图区中，有一个作用类似光标的"十"字线，其交点坐标反映了光标在当前坐标系中的位置。在 AutoCAD 中，将该"十"字线称为十字光标，如图 2-1 所示。

✍ 技巧：

> AutoCAD 通过十字光标坐标值显示当前点的位置。十字光标的方向与当前用户坐标系的 X、Y 轴方向平行，其长度系统预设为绘图区大小的 5%，用户可以根据绘图的实际需要修改其大小。

动手学——设置光标大小

操作步骤

（1）选择菜单栏中的"工具"→"选项"命令，打开"选项"对话框。

（2）选择"显示"选项卡，在"十字光标大小"文本框中直接输入数值，或拖动文本框后面的滑块，即可对十字光标的大小进行调整，如图 2-24 所示。

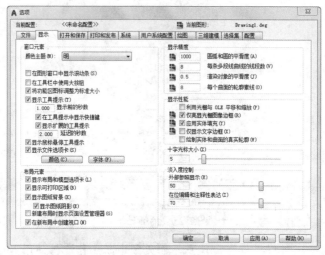

图 2-24　"显示"选项卡

此外，还可以通过设置系统变量 CURSORSIZE 的值修改其大小，命令行提示与操作如下。

```
命令：CURSORSIZE✓
输入 CURSORSIZE 的新值 <5>：5
```

在提示下输入新值即可修改光标大小，默认值为绘图区大小的 5%。

2.1.2　绘图系统

每台计算机所使用的显示器、输入设备和输出设备的类型不同，用户喜好的风格及计算机的目录设置也不同。一般来讲，使用 AutoCAD 2020 的默认配置就可以绘图，但为了方便用户使用定点设备或打印机，以及提高绘图的效率，推荐用户在作图前进行必要的配置。

【执行方式】

➥　命令行：PREFERENCES。

➥　菜单栏：选择菜单栏中的"工具"→"选项"命令。

➥　快捷菜单：在绘图区右击，在弹出的快捷菜单中选择"选项"命令，如图 2-25 所示。

图 2-25　快捷菜单

动手学——设置绘图区的颜色

操作步骤

在默认情况下，AutoCAD 的绘图区是黑色背景、白色线条，这不符合大多数用户的习惯，因此修改绘图区颜色是大多数用户都要进行的操作。

（1）选择菜单栏中的"工具"→"选项"命令，打开"选项"对话框，选择如图 2-26 所示的"显示"选项卡，再单击"窗口元素"选项组中的"颜色"按钮①，打开如图 2-27 所示的"图形窗口颜色"对话框。

图 2-26　"显示"选项卡

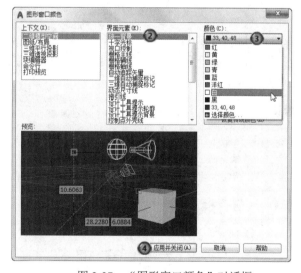

图 2-27　"图形窗口颜色"对话框

✍ 技巧：

> 设置实体显示精度时请务必注意，精度越高（显示质量越高），计算机计算的时间越长，建议不要将精度设置得太高，将显示质量设定在一个合理的程度即可。

（2）在"界面元素"列表框中选择要更换颜色的元素，这里选择"统一背景"元素②，然后在"颜色"下拉列表框中选择需要的窗口颜色③（通常按视觉习惯选择白色为窗口颜色），单击"应用并关闭"按钮④，此时 AutoCAD 的绘图区就变换了背景色，结果如图 2-1 所示。

【选项说明】

选择"选项"命令后，系统打开"选项"对话框。用户可以在该对话框中设置有关选项，对绘图系统进行配置。下面就其中主要的两个选项卡加以说明，其他配置选项在后面用到时再做具体说明。

（1）系统配置。"选项"对话框中的第 5 个选项卡为"系统"选项卡，如图 2-28 所示。该选项卡用来设置 AutoCAD 系统的相关特性。其中，"常规选项"选项组确定是否选择系统配置的基本选项。

图 2-28　"系统"选项卡

（2）显示配置。"选项"对话框中的第 2 个选项卡为"显示"选项卡。该选项卡用于控制 AutoCAD 系统的外观，可设定滚动条、文件选项卡等显示与否，设置绘图区颜色、十字光标大小、AutoCAD 的版面布局设置、各实体的显示精度等。

动手练——熟悉操作界面

思路点拨：

> 了解操作界面各部分的功能，掌握改变绘图区颜色和十字光标大小的方法，能够熟练地打开、移动、关闭工具栏。

2.2　文 件 管 理

本节介绍有关文件管理的一些基本操作方法，包括新建文件、打开已有文件、保存文件、删除文件等，这些都是应用 AutoCAD 2020 最基础的知识。

2.2.1　新建文件

当启动 AutoCAD 的时候，AutoCAD 软件会自动新建一个文件 Drawing1，如果想新画一幅图，可以再新建一个文件。

【执行方式】

- ↘　命令行：NEW。
- ↘　菜单栏：选择菜单栏中的"文件"→"新建"命令。
- ↘　主菜单：选择主菜单下的"新建"命令。
- ↘　工具栏：单击标准工具栏中的"新建"按钮□或单击快速访问工具栏中的"新建"按钮□。
- ↘　快捷键：Ctrl+N。

【操作步骤】

执行上述操作后，系统打开如图 2-29 所示的"选择样板"对话框。选择适当的模板，单击"打开"按钮，即可新建一个图形文件。

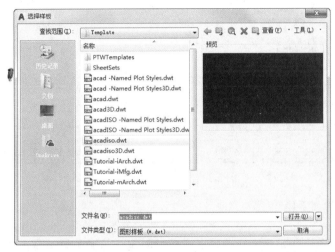

图 2-29　"选择样板"对话框

✍ 技巧：

> AutoCAD 最常用的模板文件有两个：acad.dwt 和 acadiso.dwt，一个是英制的，一个是公制的。

2.2.2　快速新建文件

如果用户不愿意每次新建文件时都选择样板文件，可以在系统中预先设置默认的样板文件，从而快速创建图形，该功能是创建新图形最快捷的方法。

【执行方式】

命令行：QNEW。

动手学——快速创建图形设置

操作步骤

要想使用快速创建图形功能，必须首先进行以下设置。

扫一扫，看视频

（1）在命令行输入 FILEDIT，按 Enter 键，设置系统变量为 1；在命令行输入 STARTUP，按 Enter 键，设置系统变量为 0。

（2）选择菜单栏中的"工具"→"选项"命令，在弹出的"选项"对话框中选择"文件"选项卡，单击"样板设置"前面的"+"图标，在展开的选项列表中选择"快速新建的默认样板文件名"选项，如图 2-30 所示。单击"浏览"按钮，打开"选择文件"对话框，然后选择需要的样板文件即可。

图 2-30 "文件"选项卡

（3）在命令行进行如下操作。

命令：QNEW✓

执行上述命令后，系统立即从所选的图形样板中创建新图形，而不显示任何对话框或提示。

2.2.3 保存文件

画完图或画图过程中都可以保存文件。

【执行方式】

- ↘ 命令名：QSAVE（或 SAVE）。
- ↘ 菜单栏：选择菜单栏中的"文件"→"保存"命令。
- ↘ 主菜单：选择主菜单下的"保存"命令。
- ↘ 工具栏：单击标准工具栏中的"保存"按钮 🖫 或单击快速访问工具栏中的"保存"按钮 🖫。
- ↘ 快捷键：Ctrl+S。

执行上述操作后，若文件已命名，则系统自动保存文件；若文件未命名（即为默认名 Drawing1 .dwg），则系统打开如图 2-31 所示的"图形另存为"对话框，在"文件名"文本框中重新命名，在"保存于"下拉列表框中指定保存文件的路径，在"文件类型"下拉列表框中指定保存文件的类型，然后单击"保存"按钮，即可将文件以新的名称保存。

图 2-31 "图形另存为"对话框

扫一扫，看视频

✍ **技巧：**

> 为了让用低版本软件的用户能正常打开文件，也会保存成低版本格式的文件。
>
> AutoCAD 每年一个版本，但文件格式不是每年都变，而差不多每 3 年一变。

动手学——自动保存设置

操作步骤

（1）在命令行输入 SAVEFILEPATH，按 Enter 键，设置所有自动保存文件的位置，如 D:\HU\。

（2）在命令行输入 SAVEFILE，按 Enter 键，设置自动保存文件名。该系统变量存储的文件名文件是只读文件，用户可以从中查询自动保存的文件名。

（3）在命令行输入 SAVETIME，按 Enter 键，指定在使用自动保存时多长时间保存一次图形，单位是"分"。

📢 **注意：**

> 在本实例中输入 SAVEFILEPATH 命令后，若设置文件保存位置为 D:\HU\，则在 D 盘下必须有 HU 文件夹，否则保存无效。

在没有相应的保存文件路径时，命令行提示与操作如下。

```
命令: SAVEFILEPATH✓
输入 SAVEFILEPATH 的新值，或输入"."表示无<"C:\Documents and Settings\Administrator\
local settings\temp\">: d:\hu\ (输入文件路径)
SAVEFILEPATH 无法设置为该值
*无效*
```

2.2.4 另存文件

已保存的图纸也可以另存为新的文件名。

【执行方式】

➤ 命令行：SAVEAS。

- ↘ 菜单栏：选择菜单栏中的"文件"→"另存为"命令。
- ↘ 主菜单：选择主菜单下的"另存为"命令。
- ↘ 工具栏：单击快速访问工具栏中的"另存为"按钮 🖫。

执行上述操作后，打开"图形另存为"对话框，将文件重命名并保存。

2.2.5 打开文件

可以打开之前保存的文件继续编辑，也可以打开其他人保存的文件进行学习或借用图形，在绘图过程中可以随时保存画图的成果。

【执行方式】

- ↘ 命令行：OPEN。
- ↘ 菜单栏：选择菜单栏中的"文件"→"打开"命令。
- ↘ 主菜单：选择主菜单下的"打开"命令。
- ↘ 工具栏：单击标准工具栏中的"打开"按钮 📂 或单击快速访问工具栏中的"打开"按钮 📂。
- ↘ 快捷键：Ctrl+O。

【操作步骤】

执行上述操作后，打开"选择文件"对话框，如图 2-32 所示。

图 2-32 "选择文件"对话框

【选项说明】

在"文件类型"下拉列表框中可选择".dwg"".dwt"".dxf"和".dws"文件格式。".dws"文件是包含标准图层、标注样式、线型和文字样式的样板文件；".dxf"文件是用文本形式存储的图形文件，能够被其他程序读取，许多第三方应用软件都支持".dxf"格式。

✎ 技巧：

高版本 AutoCAD 可以打开低版本 DWG 文件，低版本 AutoCAD 无法打开高版本 DWG 文件。

如果只是自己画图，可以完全不理会版本，直接取完文件名选择"保存"命令即可。如果需要把图纸传给其他人，就需要根据对方使用的 AutoCAD 版本来选择保存的版本。

2.2.6　退出

绘制完图形后，若不继续绘制，则可以直接退出软件。

【执行方式】

↘　命令行：QUIT 或 EXIT。

↘　菜单栏：选择菜单栏中的"文件"→"退出"命令。

↘　主菜单：选择主菜单下的"关闭"命令。

↘　按钮：单击 AutoCAD 操作界面右上角的"关闭"按钮 ✕。

执行上述操作后，若用户对图形所做的修改尚未保存，则会打开如图 2-33 所示的系统警告对话框。单击"是"按钮，系统将保存文件，然后退出；单击"否"按钮，系统将不保存文件；若用户对图形所做的修改已经保存，则直接退出。

图 2-33　系统警告对话框

动手练——管理图形文件

图形文件管理包括文件的新建、打开、保存、加密、退出等。本练习要求读者熟练掌握 DWG 文件的命名保存、自动保存、加密及打开的方法。

思路点拨：

（1）启动 AutoCAD 2020，进入操作界面。

（2）打开一幅已经保存过的图形。

（3）进行自动保存设置。

（4）尝试在图形上绘制任意图线。

（5）将图形以新的名称保存。

（6）退出该图形。

2.3　基本输入操作

绘制图形的要点在于快和准，即图形尺寸绘制准确并节省绘图时间。本节主要介绍不同命令的操作方法，读者在后面章节中学习绘图命令时，应尽可能掌握多种方法，从中找出适合自己且快速的方法。

2.3.1　命令输入方式

AutoCAD 交互绘图必须输入必要的指令和参数，AutoCAD 有多种命令输入方式，下面以绘制直线为例进行介绍。

（1）在命令行输入命令名。命令字符可不区分大小写，例如，命令 LINE。执行命令时，在命令行提示中经常会出现命令选项。在命令行输入绘制直线命令 LINE 后，命令行提示与操作如下。

```
命令：LINE✓
指定第一个点：（在绘图区指定一点或输入一个点的坐标）
指定下一点或 [放弃(U)]：
```

命令行中不带括号的提示为默认选项（如上面的"指定下一点或"），因此可以直接输入直线的起点坐标或在绘图区指定一点，如果要选择其他选项，则应该首先输入该选项的标识字符与"放弃"选项的标识字符 U，然后按系统提示输入数据即可。在命令选项的后面有时还带有尖括号，尖括号内的数值为默认数值。

（2）在命令行输入命令缩写字，如 L（LINE）、C（CIRCLE）、A（ARC）、Z（ZOOM）、R（REDRAW）、M（MOVE）、CO（COPY）、PL（PLINE）、E（ERASE）等。

（3）选择"绘图"菜单栏中对应的命令，在命令行窗口中可以看到对应的命令说明及命令名。

（4）单击"绘图"工具栏中对应的按钮，从命令行窗口中也可以看到对应的命令说明及命令名。

（5）在绘图区打开快捷菜单。如果在前面刚使用过要输入的命令，可以在绘图区右击，打开快捷菜单，在"最近的输入"子菜单中选择需要的命令，如图 2-34 所示。"最近的输入"子菜单中存储了最近使用的命令，如果经常重复使用某个命令，这种方法就比较快捷。

（6）在命令行直接按 Enter 键。如果用户要重复使用上次使用的命令，可以直接在命令行按 Enter 键，则系统立即重复执行上次使用的命令。这种方法适用于重复执行某个命令。

图 2-34　绘图区快捷菜单

2.3.2　命令的重复、撤销和重做

在绘图过程中经常会重复使用相同命令或者用错命令，下面介绍命令的重复、撤销和重做操作。

1．命令的重复

按 Enter 键，可重复调用上一个命令，不管上一个命令是完成了还是被取消了。

2．命令的撤销

在命令执行的任何时刻都可以取消或终止命令。

【执行方式】

⤷　命令行：UNDO。

- ➤ 菜单栏：选择菜单栏中的"编辑"→"放弃"命令。
- ➤ 工具栏：单击标准工具栏中的"放弃"按钮  或单击快速访问工具栏中的"放弃"按钮 。
- ➤ 快捷键：Esc。

3. 命令的重做

已被撤销的命令要恢复重做，可以恢复撤销的最后一个命令。

【执行方式】

- ➤ 命令行：REDO（快捷命令：RE）。
- ➤ 菜单栏：选择菜单栏中的"编辑"→"重做"命令。
- ➤ 工具栏：单击标准工具栏中的"重做"按钮 或单击快速访问工具栏中的"重做"按钮 。
- ➤ 快捷键：Ctrl+Y。

AutoCAD 2020 可以一次执行多重放弃和重做操作。单击快速访问工具栏中的"放弃"按钮 或"重做"按钮 后面的下拉按钮，在弹出的下拉菜单中可以选择要放弃或重做的操作，如图 2-35 所示。

图 2-35 多重放弃选项

2.4 模拟认证考试

1. 下面不可以拖动的是（ ）。
   A．命令行　　　　　　B．工具栏　　　　　C．工具选项板　　　D．菜单
2. 打开和关闭命令行的快捷键是（ ）。
   A．F2　　　　　　　　B．Ctrl+F2　　　　　C．Ctrl+ F9　　　　　D．Ctrl+ 9
3. 文件有多种输出格式，下列的格式输出不正确的是（ ）。
   A．dwfx　　　　　　　B．wmf　　　　　　　C．bmp　　　　　　D．dgx
4. 在 AutoCAD 中，若光标悬停在命令或控件上时，首先显示的提示是（ ）。
   A．下拉菜单　　　　　　　　　　　　　B．文本输入框
   C．基本工具提示　　　　　　　　　　D．补充工具提示
5. 在"全屏显示"状态下，以下（ ）不显示在绘图界面中。
   A．标题栏　　　　　　B．命令窗口　　　　　C．状态栏　　　　　D．功能区
6. 重复使用刚执行的命令，按（ ）键。
   A．Ctrl　　　　　　　B．Alt　　　　　　　C．Enter　　　　　D．Shift
7. 要恢复用 U 命令放弃的操作，应该用（ ）命令。
   A．REDO（重做）　　　　　　　　　B．REDRAWALL（重画）
   C．REGEN（重生成）　　　　　　　D．REGENALL（全部重生成）

8. 在 AutoCAD 中，如何设置光标悬停在命令上基本工具提示与显示扩展工具提示之间显示的延迟时间？（　　）

    A. 在"选项"对话框的"显示"选项卡中进行设置

    B. 在"选项"对话框的"文件"选项卡中进行设置

    C. 在"选项"对话框的"系统"选项卡中进行设置

    D. 在"选项"对话框的"用户系统配置"选项卡中进行设置

第 3 章　基本绘图设置

内容简介

本章学习二维绘图的参数设置知识，使读者了解图层、基本绘图参数的设置并熟练掌握，进而应用到图形绘制过程中。

内容要点

- ↘ 基本绘图参数
- ↘ 显示图形
- ↘ 图层
- ↘ 综合演练——设置样板图绘图环境
- ↘ 模拟认证考试

案例效果

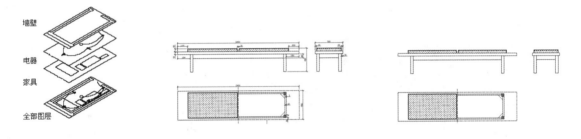

3.1　基本绘图参数

绘制一幅图形时，需要设置一些基本参数，如图形单位、图形界限等，这里进行简要介绍。

3.1.1　设置图形单位

在 AutoCAD 中对于任何图形而言，总有其大小、精度和所采用的单位，屏幕上显示的仅为屏幕单位，但屏幕单位应该对应一个真实的单位，不同的单位其显示格式也不同。

【执行方式】

- ↘ 命令行：DDUNITS（或 UNITS，快捷命令：UN）。
- ↘ 菜单栏：选择菜单栏中的"格式"→"单位"命令。

扫一扫，看视频

动手学——设置图形单位

操作步骤

（1）在命令行中输入快捷命令 UN，系统打开"图形单位"对话框，如图 3-1 所示。

（2）在长度"类型"下拉列表框中选择"小数"，在"精度"下拉列表框中选择 0.0000。

（3）在角度"类型"下拉列表框中选择"十进制度数"，在"精度"下拉列表框中选择 0。

（4）其他采用默认设置，单击"确定"按钮，完成图形单位的设置。

【选项说明】

（1）"长度"与"角度"选项组：指定测量的长度与角度的当前单位及精度。

（2）"插入时的缩放单位"选项组：控制插入到当前图形中的块和图形的测量单位。如果块或图形创建时使用的单位与该选项指定的单位不同，则在插入这些块或图形时，将对其按比例进行缩放。插入比例是原块或图形使用的单位与目标图形使用的单位之比。如果插入块时不按指定单位缩放，则在其下拉列表框中选择"无单位"选项。

（3）"输出样例"选项组：显示用当前单位和角度设置的例子。

（4）"光源"选项组：控制当前图形中光度控制光源的强度的测量单位。为创建和使用光度控制光源，必须从下拉列表框中指定非"常规"的单位。如果"插入时的缩放单位"选项组中的"用于缩放插入内容的单位"设置为"无单位"，则将显示警告信息，通知用户渲染输出可能不正确。

（5）"方向"按钮：单击该按钮，在弹出的"方向控制"对话框中可进行方向控制设置，如图 3-2 所示。

图 3-1　"图形单位"对话框

图 3-2　"方向控制"对话框

3.1.2　设置图形界限

绘图界限用于标明用户的工作区域和图纸的边界，为了便于用户准确地绘制和输出图形，避免绘制的图形超出某个范围，可使用 AutoCAD 的图形界限功能。

【执行方式】

↳ 命令行：LIMITS。

↳ 菜单栏：选择菜单栏中的"格式"→"图形界限"命令。

动手学——设置 A4 图形界限

操作步骤

在命令行中输入 LIMITS，设置图形界限为 297×210。命令行提示与操作如下。

```
命令：LIMITS✓
重新设置模型空间界限：
指定左下角点或 [开(ON)/关(OFF)] <0.0000,0.0000>：（输入图形边界左下角的坐标后按 Enter 键）
指定右上角点 <12.0000,90000>:297,210（输入图形边界右上角的坐标后按 Enter 键）
```

【选项说明】

（1）开(ON)：使图形界限有效。系统在图形界限以外拾取的点将视为无效。

（2）关(OFF)：使图形界限无效。用户可以在图形界限以外拾取点或实体。

（3）动态输入角点坐标：可以直接在绘图区的动态文本框中输入角点坐标，输入了横坐标值后，按"，"键，接着输入纵坐标值，如图 3-3 所示；也可以按光标位置直接单击，确定角点位置。

图 3-3 动态输入

✍ **技巧：**

在命令行中输入坐标时，请检查此时的输入法是否是英文输入状态。如果是中文输入法，例如输入"150，20"，则由于逗号"，"的原因，系统会认定该坐标输入无效。这时，只需将输入法改为英文重新输入即可。

动手练——设置绘图环境

在绘制图形之前，先设置绘图环境。

📄 **思路点拨：**

（1）设置图形单位。
（2）设置 A4 图形界限。

3.2 显 示 图 形

恰当地显示图形的最常用方法就是缩放和平移命令。使用这两个命令可以在绘图区域放大或缩小图形显示，或者改变图形观察位置。

3.2.1 图形缩放

利用"缩放"命令将图形放大或缩小显示，以便观察和绘制图形。该命令并不改变图形实际位置和尺寸，只是变更视图的比例。

【执行方式】

↘ 命令行：ZOOM。

↘ 菜单栏：选择菜单栏中的"视图"→"缩放"→"实时"命令。

↘ 工具栏：单击标准工具栏中的"实时缩放"按钮±。。

↘ 功能区：单击"视图"选项卡"导航"面板中的"实时"按钮±。，如图3-4所示。

图3-4 单击"实时"按钮

【操作步骤】

命令：ZOOM
指定窗口的角点，输入比例因子（nX 或 nXP），或者[全部(A)/中心(C)/动态(D)/范围(E)/上一个(P)/比例(S)/窗口(W)/对象(O)] <实时>：

【选项说明】

（1）输入比例因子：根据输入的比例因子以当前的视图窗口为中心，将视图窗口显示的内容放大或缩小输入的比例倍数。nX 是指根据当前视图指定比例，nXP 是指定相对于图纸空间单位的比例。

（2）全部(A)：缩放以显示所有可见对象和视觉辅助工具。

（3）中心(C)：缩放以显示由中心点和比例值/高度所定义的视图。高度值较小时增加放大比例，高度值较大时减小放大比例。

（4）动态(D)：使用矩形视图框进行图形平移和缩放。视图框表示视图，可以更改它的大小，或在图形中移动。移动视图框或调整它的大小，将其中的视图平移或缩放，以充满整个视口。

（5）范围(E)：缩放以显示所有对象的最大范围。

（6）上一个(P)：缩放显示上一个视图。

（7）窗口(W)：缩放显示矩形窗口指定的区域。

（8）对象(O)：缩放以便尽可能大地显示一个或多个选定的对象并使其位于视图的中心。

（9）实时：交互缩放以更改视图的比例，光标将变为带有加号和减号的放大镜。

☞ 教你一招：

> 在 AutoCAD 绘制过程中大家都习惯于用滚轮来缩放和放大图纸，但在缩放图纸的时候经常会遇到这样的情况，滚动滚轮，而图纸无法继续放大或缩小，这时状态栏会提示："已无法进一步缩小"或"已无法进一步缩放"，这时视图缩放并不满足我们的要求，还需要继续缩放，AutoCAD 出现这种现象的原因是什么呢？
>
> （1）AutoCAD 在打开显示图纸的时候，首先读取文件里写的图形数据，然后生成用于屏幕显示数据，生成显示数据的过程在 AutoCAD 里叫重生成，很多人应该经常用 RE 命令。
>
> （2）当用滚轮放大或缩小图形到一定倍数的时候，AutoCAD 判断需要重新根据当前视图范围来生成显示数据，因此就会提示无法继续缩小或缩放。直接输入 RE 命令，按 Enter 键，然后就可以继续缩放了。
>
> （3）如果想显示全图，最好就不要用滚轮，直接输入 Zoom 命令，按 Enter 键，输入 E 或 A，按 Enter 键就行，AutoCAD 在全图缩放时会根据情况自动进行重生成。

3.2.2 图形平移

利用平移命令，可通过单击和移动光标重新放置图形。

【执行方式】

❧ 命令行：PAN。
❧ 菜单栏：选择菜单栏中的"视图"→"平移"→"实时"命令。
❧ 工具栏：单击标准工具栏中的"实时平移"按钮🖐。
❧ 功能区：单击"视图"选项卡"导航"面板中的"平移"按钮🖐，如图 3-5 所示。

图 3-5　"导航"面板

执行上述操作后，移动手形光标即可平移图形。当移动到图形的边沿时，光标将变成三角形的形状。

另外，在 AutoCAD 2020 中，为显示控制命令设置了一个右键快捷菜单，如图 3-6 所示。在该菜单中，用户可以在显示命令执行的过程中透明地进行切换。

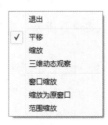

图 3-6　右键快捷菜单

动手学——查看图形细节

调用素材：*初始文件\第 3 章\长凳平面图.dwg*

本实例查看如图 3-7 所示的长凳平面图的细节。

扫一扫，看视频

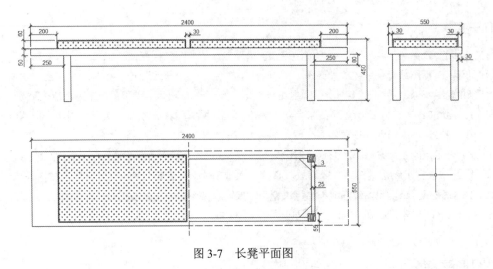

图3-7　长凳平面图

操作步骤

（1）打开随书光盘中或通过扫码下载的"初始文件\第 3 章\长凳平面图.dwg"文件，如图 3-7 所示。

（2）单击"视图"选项卡"导航"面板中的"平移"按钮，用鼠标将图形向左拖动，如图 3-8 所示。

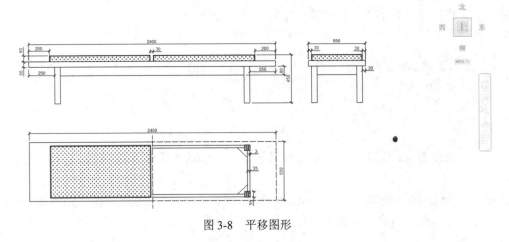

图3-8　平移图形

（3）右击鼠标，系统打开快捷菜单，选择其中的"缩放"命令，如图 3-9 所示。

图3-9　快捷菜单

绘图平面出现缩放标记，向上拖动鼠标，将图形实时放大。单击"视图"选项卡"导航"面板中的"平移"按钮，将图形移动到中间位置，结果如图 3-10 所示。

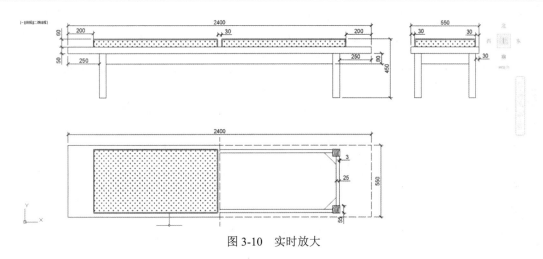

图 3-10　实时放大

（4）单击"视图"选项卡"导航"面板中的"窗口"按钮，用鼠标拖出一个缩放窗口，如图 3-11 所示。单击确认，窗口缩放结果如图 3-12 所示。

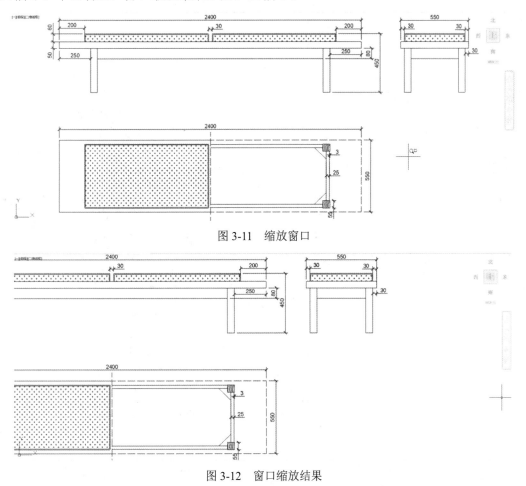

图 3-11　缩放窗口

图 3-12　窗口缩放结果

（5）单击"视图"选项卡"导航"面板中的"圆心"按钮，在图形上要查看的大体位置指定一个缩放中心点，如图 3-13 所示。在命令行提示下输入缩放比例"2X"，缩放结果如图 3-14 所示。

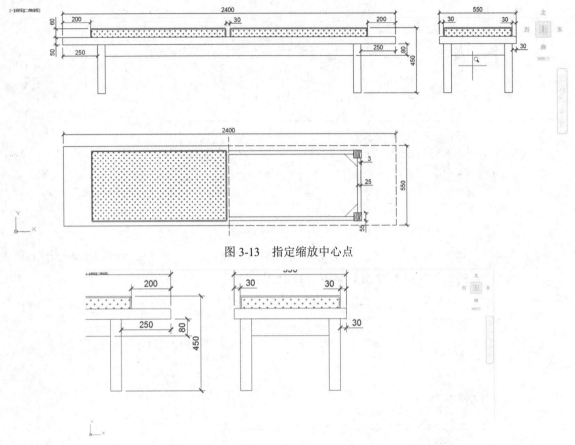

图 3-13 指定缩放中心点

图 3-14 中心缩放结果

（6）单击"视图"选项卡"导航"面板中的"上一个"按钮，系统自动返回上一次缩放的图形窗口，即中心缩放前的图形窗口。

（7）单击"视图"选项卡"导航"面板中的"动态"按钮，这时图形平面上会出现一个中心有小叉的显示范围框，如图 3-15 所示。

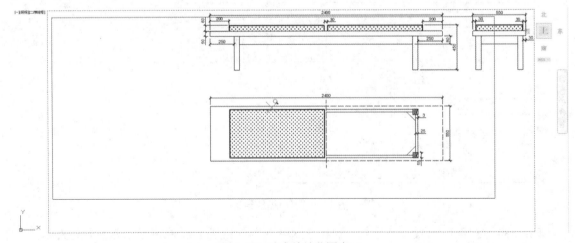

图 3-15 动态缩放范围窗口

（8）单击鼠标左键，会出现右边带箭头的缩放范围显示框，如图 3-16 所示。拖动鼠标，可以看出带箭头的范围框大小在变化，如图 3-17 所示。再次单击鼠标左键，范围框又变成带小叉的形式，可以再次单击鼠标左键平移显示框，如图 3-18 所示。按 Enter 键，则系统显示动态缩放后的图形，结果如图 3-19 所示。

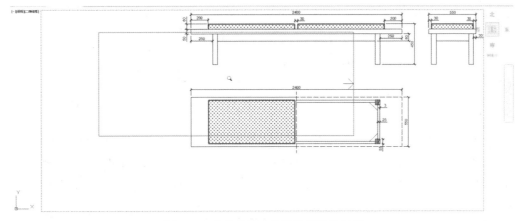

图 3-16　右边带箭头的缩放范围显示框

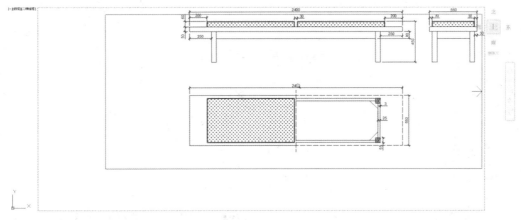

图 3-17　变化的范围框

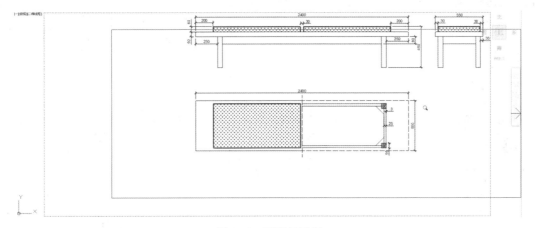

图 3-18　平移显示框

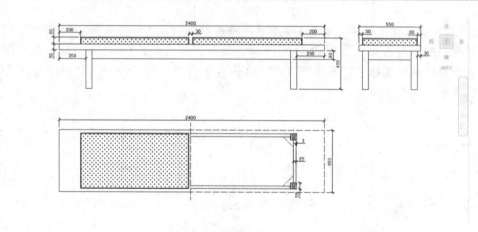

图 3-19　动态缩放结果

（9）单击"视图"选项卡"导航"面板中的"全部"按钮，系统将显示全部图形画面，最终结果如图 3-20 所示。

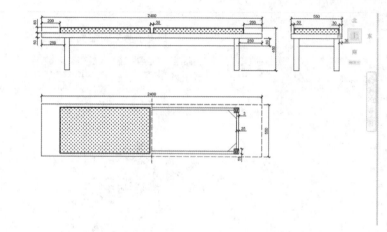

图 3-20　缩放全部图形

（10）单击"视图"选项卡"导航"面板中的"对象"按钮，并框选图 3-21 中虚线框所示的范围，系统进行对象缩放，最终结果如图 3-22 所示。

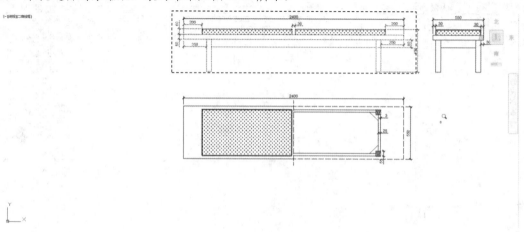

图 3-21　选择对象

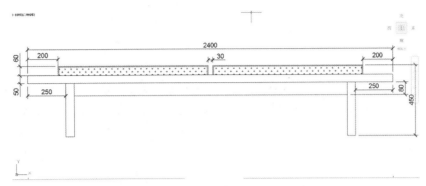

图 3-22　缩放对象结果

动手练——查看家具图细节

本练习要求用户熟练地掌握各种图形显示工具的使用方法。

思路点拨：

利用"平移"工具和"缩放"工具移动和缩放图形，如图 3-23 所示。

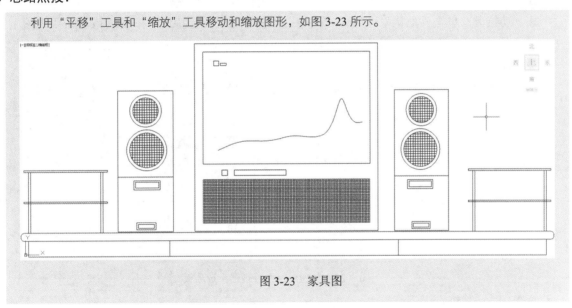

图 3-23　家具图

3.3　图　　层

图层的概念类似投影片，将不同属性的对象分别放置在不同的投影片（图层）上。例如，将图形的主要线段、中心线、尺寸标注等分别绘制在不同的图层上，每个图层可设定不同的线型、线条颜色，然后把不同的图层堆叠在一起成为一张完整的视图，这样可使视图层次分明，方便图形对象的编辑与管理。一个完整的图形就是由它所包含的所有图层上的对象叠加在一起构成的，如图 3-24 所示。

图 3-24　图层效果

3.3.1 图层的设置

在用图层功能绘图之前，首先要对图层的各项特性进行设置，包括建立和命名图层、设置当前图层、设置图层的颜色和线型、设置图层是否关闭、设置图层是否冻结、设置图层是否锁定和删除图层等。

1. 利用对话框设置图层

AutoCAD 2020 提供了详细直观的"图层特性管理器"选项板，用户可以方便地通过对该选项板中的各选项及其二级选项板进行设置，从而实现创建新图层、设置图层颜色及线型的各种操作。

【执行方式】

- ↳ 命令行：LAYER。
- ↳ 菜单栏：选择菜单栏中的"格式"→"图层"命令。
- ↳ 工具栏：单击"图层"工具栏中的"图层特性管理器"按钮。
- ↳ 功能区：单击"默认"选项卡"图层"面板中的"图层特性"按钮或单击"视图"选项卡"选项板"面板中的"图层特性"按钮。

【操作步骤】

执行上述操作后，系统打开如图 3-25 所示的"图层特性管理器"选项板。

图 3-25 "图层特性管理器"选项板

【选项说明】

（1）"新建特性过滤器"按钮：单击该按钮，打开"图层过滤器特性"对话框。从中可以基于一个或多个图层特性创建图层过滤器，如图 3-26 所示。

（2）"新建组过滤器"按钮：单击该按钮，可以创建一个"组过滤器"，其中包含用户选定并添加到该过滤器的图层。

（3）"图层状态管理器"按钮：单击该按钮，打开"图层状态管理器"对话框，如图 3-27 所示。从中可以将图层的当前特性设置保存到命名图层状态中，以后可以再恢复这些设置。

（4）"新建图层"按钮：单击该按钮，图层列表中出现一个新的图层名称"图层 1"，用户可使用此名称，也可改名。要想同时创建多个图层，可选中一个图层名后，输入多个名称，各名称之间以逗号分隔。图层的名称可以包含字母、数字、空格和特殊符号，AutoCAD 2020 支持长达 222 个字符的图层名称。新的图层继承了创建新图层时所选中的已有图层的所有特性（颜色、线型、开/关状态等），如果新建图层时没有图层被选中，则新图层具有默认的设置。

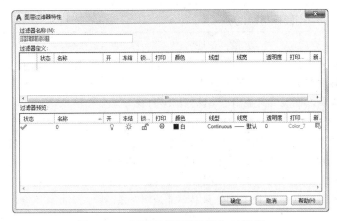

图 3-26　"图层过滤器特性"对话框　　　　图 3-27　"图层状态管理器"对话框

（5）"在所有视口中都被冻结的新图层视口"按钮：单击该按钮，将创建新图层，然后在所有现有布局视口中将其冻结。可以在"模型"空间或"布局"空间上访问此按钮。

（6）"删除图层"按钮：在图层列表中选中某一图层，然后单击该按钮，则把该图层删除。

（7）"置为当前"按钮：在图层列表中选中某一图层，然后单击该按钮，则把该图层设置为当前图层，并在"当前图层"列中显示其名称。当前图层的名称存储在系统变量 CLAYER 中。另外，双击图层名也可把其设置为当前图层。

（8）"搜索图层"文本框：输入字符时，按名称快速过滤图层列表。关闭图层特性管理器时并不保存此过滤器。

（9）过滤器列表：显示图形中的图层过滤器列表。单击 « 和 » 按钮可展开或收拢过滤器列表。当"过滤器"列表处于收拢状态时，请使用位于图层特性管理器左下角的"展开或收拢弹出图层过滤器树"按钮 来显示过滤器列表。

（10）"反转过滤器"复选框：选中该复选框，显示所有不满足选定图层特性过滤器中条件的图层。

（11）图层列表区：显示已有的图层及其特性。要修改某一图层的某一特性，单击它所对应的图标即可。右击空白区域或利用快捷菜单可快速选中所有图层。列表区中各列的含义如下。

① 状态：指示项目的类型，有图层过滤器、正在使用的图层、空图层或当前图层 4 种。

② 名称：显示满足条件的图层名称。如果要对某图层修改，首先要选中该图层的名称。

③ 状态转换图标：在"图层特性管理器"选项板的图层列表中有一列图标，单击这些图标，可以打开或关闭相应的功能，如图 3-28 所示。各图标的功能说明如表 3-1 所示。

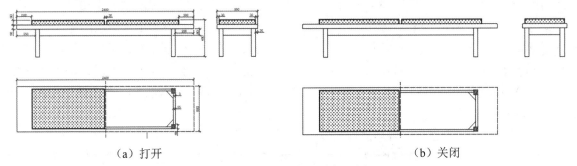

（a）打开　　　　　　　　　　（b）关闭

图 3-28　打开或关闭尺寸标注图层

表 3-1 图标功能说明

图 标	名 称	功 能 说 明
♀/♀	开/关闭	将图层设定为打开或关闭状态。当呈现关闭状态时，该图层上的所有对象将隐藏不显示，只有处于打开状态的图层会在绘图区上显示或由打印机打印出来。因此，绘制复杂的视图时，先将不编辑的图层暂时关闭，可降低图形的复杂性。如图 3-28（a）和图 3-28（b）分别表示尺寸标注图层打开和关闭的情形
☼/❀	解冻/冻结	将图层设定为解冻或冻结状态。当图层呈现冻结状态时，该图层上的对象均不会显示在绘图区上，也不能由打印机打出，而且不会执行重生（REGEN）、缩放（ZOOM）、平移（PAN）等命令的操作，因此，若将视图中不编辑的图层暂时冻结，可加快执行绘图编辑的速度。而♀/♀（开/关闭）功能只是单纯地将对象隐藏，因此并不会加快执行速度
☐/🔒	解锁/锁定	将图层设定为解锁或锁定状态。被锁定的图层仍然显示在绘图区，但不能编辑修改被锁定的对象，只能绘制新的图形，这样可防止重要的图形被修改
🖶/🖶	打印/不打印	设定该图层是否可以打印图形
☐/☐	新视口冻结/视口解冻	仅在当前布局视口中冻结选定的图层。如果图层在图形中已冻结或关闭，则无法在当前视口中解冻该图层

④ 颜色：显示和改变图层的颜色。如果要改变某一图层的颜色，单击其对应的颜色图标，AutoCAD 系统打开如图 3-29 所示的"选择颜色"对话框，用户可从中选择需要的颜色。

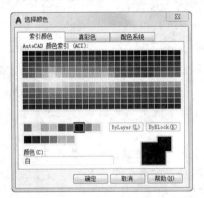 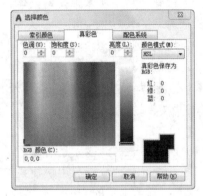

（a）索引颜色   （b）真彩色

图 3-29 "选择颜色"对话框

⑤ 线型：显示和修改图层的线型。如果要修改某一图层的线型，单击该图层的"线型"列，在弹出的"选择线型"对话框中列出了当前可用的线型，用户可从中选择，如图 3-30 所示。

⑥ 线宽：显示和修改图层的线宽。如果要修改某一图层的线宽，单击该图层的"线宽"列，打开"线宽"对话框，如图 3-31 所示。其中"线宽"列表框中列出了当前可用的线宽，用户可从中选择需要的线宽；"旧的"选项显示了前面赋予图层的线宽，当创建一个新图层时，采用默认线宽（其值为 0.01in，即 0.22mm），默认线宽的值由系统变量 LWDEFAULT 设置；"新的"选项显示了赋予图层的新线宽。

⑦ 打印样式：打印图形时各项属性的设置。

图 3-30　"选择线型"对话框

图 3-31　"线宽"对话框

✍ 技巧：

> 合理利用图层，可以事半功倍。我们在开始绘制图形时，可预先设置一些基本图层，每个图层锁定自己的专门用途，这样我们只需绘制一份图形文件，就可以组合出许多需要的图纸，需要修改时也可针对各个图层进行。

2. 利用面板设置图层

AutoCAD 2020 提供了一个"特性"面板，如图 3-32 所示。单击下拉按钮，展开该面板，可以快速地查看和改变所选对象的图层、颜色、线型和线宽等特性。"特性"面板上的图层颜色、线型、线宽和打印样式的控制增强了查看和编辑对象属性的功能。在绘图区中选择任何对象，都将在该面板中自动显示它所在的图层、颜色、线型等属性。"特性"面板各部分的功能介绍如下。

图 3-32　"特性"面板

（1）"对象颜色"下拉列表框：单击右侧的向下箭头，用户可从打开的下拉列表框中选择一种颜色，使之成为当前颜色，如果选择"更多颜色"选项，系统打开"选择颜色"对话框以选择其他颜色。修改当前颜色后，不论在哪个图层上绘图都采用这种颜色，但对各个图层的颜色没有影响。

（2）"线型"下拉列表框：单击右侧的向下箭头，用户可从打开的下拉列表框中选择一种线型，使之成为当前线型。修改当前线型后，不论在哪个图层上绘图都采用这种线型，但对各个图层的线型设置没有影响。

（3）"线宽"下拉列表框：单击右侧的向下箭头，用户可从打开的下拉列表框中选择一种线宽，使之成为当前线宽。修改当前线宽后，不论在哪个图层上绘图都采用这种线宽，但对各个图层的线宽设置没有影响。

（4）"打印样式"下拉列表框：单击右侧的向下箭头，用户可从打开的下拉列表框中选择一种打印样式，使之成为当前打印样式。

☞ 教你一招：

> 图层的设置有哪些原则？
>
> （1）在够用的基础上越少越好。不管是什么专业、什么阶段的图纸，图纸上的所有的图元可以按照一定的规律来组织整理，比如说，建筑专业的平面图，就按照柱、墙、轴线、尺寸标注、一般汉字、门窗墙线、家具等来定义图层，然后在画图的时候，根据类别把该图元放到相应的图层中去。

（2）0层的使用。很多人喜欢在0层上画图，因为0层是默认层，白色是0层的默认色，因此，有时候看上去屏幕上白花花一片，这样不可取。不建议在0层上随意画图，而是建议用来定义块。定义块时，先将所有图元均设置为0层，然后再定义块。这样，在插入块时，插入时是哪个层，块就是哪个层。

（3）图层颜色的定义。图层有很多属性，在设置图层时，还应该定义好相应的颜色、线型和线宽。图层的颜色定义要注意两点：一是不同的图层一般要用不同的颜色；二是颜色的选择应该根据打印时线宽的粗细来选择。打印时，线型设置越宽的图层，颜色就应该选用越亮的。

3.3.2 颜色的设置

AutoCAD 绘制的图形对象都具有一定的颜色。为了更清晰地表达绘制的图形，可把同一类的图形对象用相同的颜色绘制，从而使不同类的对象具有不同的颜色，以示区分，这样就需要适当地对颜色进行设置。AutoCAD 允许用户设置图层颜色，为新建的图形对象设置当前颜色，还可以改变已有图形对象的颜色。

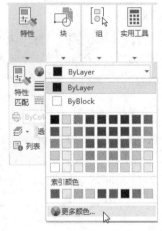

图 3-33 "颜色控制"下拉列表框

【执行方式】

❯ 命令行：COLOR（快捷命令：COL）。

❯ 菜单栏：选择菜单栏中的"格式"→"颜色"命令。

❯ 功能区：在"默认"选项卡中展开"特性"面板，打开"颜色控制"下拉列表框，从中选择"●更多颜色"选项，如图 3-33 所示。

【操作步骤】

执行上述操作后，系统打开如图 3-29 所示的"选择颜色"对话框。

【选项说明】

1．"索引颜色"选项卡

选择此选项卡，可以在系统所提供的 244 种颜色索引表中选择所需要的颜色，如图 3-29（a）所示。

（1）"AutoCAD 颜色索引"列表框：依次列出了 244 种索引色，在此列表框中选择所需要的颜色。

（2）"颜色"文本框：所选择的颜色代号值显示在"颜色"文本框中，也可以直接在该文本框中输入自己设定的代号值来选择颜色。

（3）ByLayer 和 ByBlock 按钮：单击这两个按钮，颜色分别按图层和图块设置。这两个按钮只有在设定了图层颜色和图块颜色后才可以使用。

2．"真彩色"选项卡

选择此选项卡，可以选择需要的任意颜色，如图 3-29（b）所示。可以拖动调色板中的颜色指示光标和亮度滑块选择颜色及其亮度。也可以通过"色调""饱和度""亮度"的调节钮来选择需要的颜色。所选颜色的红、绿、蓝值显示在下面的"RGB颜色"文本框中，也可以直接在该文本框中输入自己设定的红、绿、蓝值来选择颜色。

在此选项卡中还有一个"颜色模式"下拉列表框，默认的颜色模式为 HSL 模式，即如图 3-29（b）所示的模式。RGB 模式也是常用的一种颜色模式，如图 3-34 所示。

3. "配色系统"选项卡

选择此选项卡，可以从标准配色系统（如 Pantone）中选择预定义的颜色，如图 3-35 所示。在"配色系统"下拉列表框中选择需要的系统，然后拖动右边的滑块来选择具体的颜色，所选颜色编号显示在下面的"颜色"文本框中，也可以直接在该文本框中输入编号值来选择颜色。

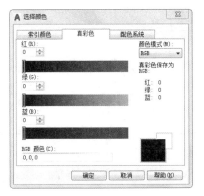

图 3-34 RGB 模式

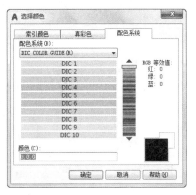

图 3-35 "配色系统"选项卡

3.3.3 线型的设置

在国家标准 GB/T 17450—1998 中，对技术制图中使用的各种图线名称、线型、线宽以及在图样中的应用做了规定，见第 1 章的表 1-5。其中常用的图线有 4 种，即粗实线、细实线、虚线、细点画线。图线分为粗、细两种，粗线的宽度 b 应按图样的大小和图形的复杂程度在 0.2～2mm 之间选择，细线的宽度约为 $b/2$。

1. 在"图层特性管理器"选项板中设置线型

单击"默认"选项卡"图层"面板中的"图层特性"按钮，打开"图层特性管理器"选项板，如图 3-25 所示。在图层列表的"线型"列下单击线型名，系统打开"选择线型"对话框，如图 3-30 所示。该对话框中各项的含义如下。

（1）"已加载的线型"列表框：显示在当前绘图中加载的线型，可供用户选用，其右侧显示线型的形式。

（2）"加载"按钮：单击该按钮，打开"加载或重载线型"对话框，用户可通过此对话框加载线型并把它添加到线型列中。但要注意，加载的线型必须在线型库（LIN）文件中定义过。标准线型都保存在 acad.lin 文件中。

2. 直接设置线型

【执行方式】

➥ 命令行：LINETYPE。

➥ 功能区：在"默认"选项卡中展开"特性"面板，打开"线型控制"下拉列表框，从中选择"其他"选项，如图 3-36 所示。

【操作步骤】

在命令行输入上述命令后按 Enter 键，系统打开"线型管理器"对话框，如图 3-37 所示，用户可在该对话框中设置线型。该对话框中的选项含义与前面介绍的选项含义相同，此处不再赘述。

图 3-36 "线型"下拉菜单

图 3-37 "线型管理器"对话框

3.3.4 线宽的设置

在国家标准 GB/T 17450—1998 中，对技术制图图样中使用的各种图线的线宽做了规定，图线分为粗、细两种，粗线的宽度 b 应按图样的大小和图形的复杂程度在 0.2～2mm 之间选择，细线的宽度约为 $b/2$。AutoCAD 提供了相应的工具帮助用户来设置线宽。

1．在"图层特性管理器"中设置线型

按照 3.3.1 小节讲述的方法，打开"图层特性管理器"选项板，如图 3-25 所示。单击该图层的"线宽"列，打开"线宽"对话框，其中列出了 AutoCAD 设定的线宽，用户可从中选取。

2．直接设置线宽

【执行方式】

➥ 命令行：LINEWEIGHT。

➥ 菜单栏：选择菜单栏中的"格式"→"线宽"命令。

➥ 功能区：在"默认"选项卡中展开"特性"面板，打开"线宽控制"下拉列表框，从中选择"线宽设置"选项，如图 3-38 所示。

【操作步骤】

在命令行输入上述命令后，系统打开"线宽"对话框，该对话框与前面讲述的相关知识相同，此处不再赘述。

图 3-38 "线宽控制"下拉菜单

☞教你一招：

有的读者设置了线宽，但在图形中显示不出效果，出现这种情况一般有以下两种原因。

（1）没有打开状态上的"显示线宽"按钮。

（2）线宽设置不够宽，AutoCAD 只能显示出线宽为 0.30mm 以上的线，如果宽度低于 0.30mm，就无法显示出效果。

3.4　综合演练——设置样板图绘图环境

打开".dwg"格式的图形文件，设置图形单位与图形界限，最后将设置好的文件保存成".dwt"格式的样板图文件。绘制过程中要用到"打开""单位""图形界限"和"保存"等命令。

操作步骤

（1）打开文件。单击快速访问工具栏中的"打开"按钮 ，打开光盘中的"源文件\第 3 章\A3 样板图.dwg"文件。

（2）设置单位。选择菜单栏中的"格式"→"单位"命令，打开"图形单位"对话框，如图 3-39 所示。设置"长度"的"类型"为"小数"、"精度"为 0，"角度"的"类型"为"十进制度数"、"精度"为 0，系统默认逆时针方向为正，"用于缩放插入内容的单位"设置为"毫米"。

图 3-39　"图形单位"对话框

（3）设置图形边界。国标对图纸的幅面（图幅）大小做了严格规定，如表 3-2 所示。

表 3-2　图幅国家标准

幅 面 代 号	A0	A1	A2	A3	A4
宽×长（mm×mm）	841×1189	594×841	420×594	297×420	210×297

在这里，不妨按国标 A3 图纸幅面设置图形边界，A3 图纸的幅面为 420mm×297mm。

选择菜单栏中的"格式"→"图形界限"命令，设置图幅。命令行提示与操作如下。

命令：LIMITS
重新设置模型空间界限：

```
指定左下角点或 [开(ON)/关(OFF)] <0.0000,0.0000>:0,0
指定右上角点 <420.0000,297.0000>: 420,297
```

本实例准备设置一个样板图，图层设置如表 3-3 所示。

表 3-3　图层设置

图 层 名	颜 色	线 型	线 宽	用 途
0	7（白色）	CONTINUOUS	b	图框线
CEN	2（黄色）	CENTER	$1/2b$	中心线
HIDDEN	1（红色）	HIDDEN	$1/2b$	隐藏线
BORDER	5（蓝色）	CONTINUOUS	b	可见轮廓线
TITLE	6（洋红）	CONTINUOUS	b	标题栏名称
T－NOTES	4（青色）	CONTINUOUS	$1/2b$	标题栏注释
NOTES	7（白色）	CONTINUOUS	$1/2b$	一般注释
LW	5（蓝色）	CONTINUOUS	$1/2b$	细实线
HATCH	5（蓝色）	CONTINUOUS	$1/2b$	填充剖面线
DIMENSION	3（绿色）	CONTINUOUS	$1/2b$	尺寸标注

　　（4）设置图层名称。单击"默认"选项卡"图层"面板中的"图层特性"按钮，打开"图层特性管理器"选项板，如图 3-25 所示。在该选项板中单击"新建"按钮，在图层列表中出现一个默认名为"图层 1"的新图层，如图 3-40 所示。用鼠标单击该图层名，将其改为 CEN，如图 3-41 所示。

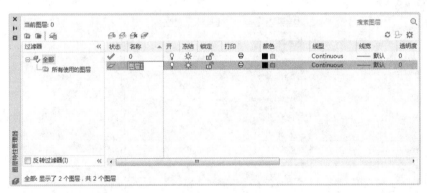

图 3-40　新建图层

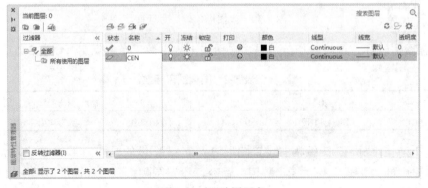

图 3-41　更改图层名

（5）设置图层颜色。为了区分不同图层上的图线，增加图形不同部分的对比性，可以为不同的图层设置不同的颜色。单击刚建立的 CEN 图层"颜色"列下的颜色色块，AutoCAD 打开"选择颜色"对话框，如图 3-42 所示。在该对话框中选择黄色，单击"确定"按钮。在"图层特性管理器"选项板中可以发现 CEN 图层的颜色变成了黄色，如图 3-43 所示。

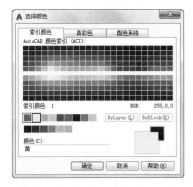

图 3-42 "选择颜色"对话框

图 3-43 更改颜色

（6）设置线型。在常用的工程图纸中，通常要用到不同的线型，这是因为不同的线型表示不同的含义。在上述"图层特性管理器"选项板中单击 CEN 图层"线型"列下的线型选项，AutoCAD 打开"选择线型"对话框，如图 3-30 所示。单击"加载"按钮，打开"加载或重载线型"对话框，如图 3-44 所示。在该对话框中选择 CENTER 线型，单击"确定"按钮。系统回到"选择线型"对话框，这时在"已加载的线型"列表框中就出现了 CENTER 线型，如图 3-45 所示。选择 CENTER 线型，单击"确定"按钮，在"图层特性管理器"选项板中可以发现 CEN 图层的线型变成了 CENTER，如图 3-46 所示。

图 3-44 "加载或重载线型"对话框

图 3-45 加载线型

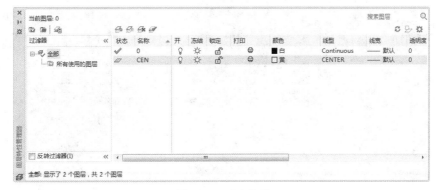

图 3-46 更改线型

（7）设置线宽。在工程图中，不同的线宽也表示不同的含义，因此也要对不同图层的线宽进行设置。单击上述"图层特性管理器"选项板中 CEN 图层"线宽"列下的选项，AutoCAD 打开"线宽"对话框，如图 3-47 所示。在该对话框中选择适当的线宽（如 0.15mm），单击"确定"按钮，在"图层特性管理器"选项板中可以发现 CEN 图层的线宽变成了 0.15mm，如图 3-48 所示。

图 3-47　"线宽"对话框

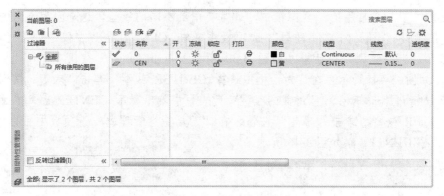

图 3-48　更改线宽

✍ 技巧：

> 应尽量按照新国标的相关规定，保持细线与粗线之间的比例大约为 1：2。

用同样的方法建立不同图层名的新图层，这些不同的图层可以分别存放不同的图线或图形的不同部分。最后完成设置的图层如图 3-49 所示。

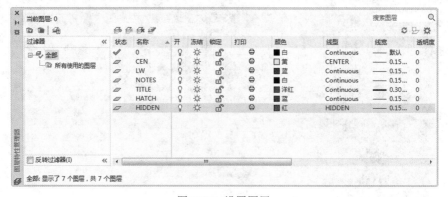

图 3-49　设置图层

（8）保存成样板图文件。单击快速访问工具栏中的"另存为"按钮，打开"图形另存为"对话框，如图 3-50 所示。在"文件类型"下拉列表框中选择"AutoCAD 图形样板（*.dwt）"选项，在"文件名"文本框中输入文件名"A3 样板图"，单击"保存"按钮。在弹出的如图 3-51 所示"样板选项"对话框中接收默认的设置，单击"确定"按钮，保存文件。

图 3-50　"图形另存为"对话框

图 3-51　"样板选项"对话框

3.5　模拟认证考试

1．要使图元的颜色始终与图层的颜色一致，应将该图元的颜色设置为（　　）。

A．BYLAYER　　　　　　　　　　B．BYBLOCK

C．COLOR　　　　　　　　　　　D．RED

2．当前图形有 5 个图层，分别为图层 0、A1、A2、A3、A4，如果 A3 图层为当前图层，并且图层 0、A1、A2、A3、A4 都处于打开状态且没有被冻结，下面说法正确的是（　　）。

A．除了 0 层，其他层都可以冻结　　B．除了 A3 层外，其他层都可以冻结

C．可以同时冻结 5 个层　　　　　　D．一次只能冻结一个层

3．如果某图层的对象不能被编辑，但能在屏幕上可见，且能捕捉该对象的特殊点和标注尺寸，该图层状态为（　　）。

A．冻结　　　　　B．锁定　　　　　C．隐藏　　　　　D．块

4．对某图层进行锁定后，则（　　）。

A．图层中的对象不可编辑，但可添加对象

B．图层中的对象不可编辑，也不可添加对象

C．图层中的对象可编辑，也可添加对象

D．图层中的对象可编辑，但不可添加对象

5．不可以通过"图层过滤器特性"对话框中过滤的特性是（　　）。

A．图层名、颜色、线型、线宽和打印样式

B. 打开还是关闭图层

    C. 锁定还是解锁图层

    D. 图层是 ByLayer 还是 ByBlock

6. 用（　　）命令可以设置图形界限。

    A. SCALE   B. EXTEND   C. LIMITS   D. LAYER

7. 在日常工作中贯彻办公和绘图标准时，下列（　　）方式最为有效。

    A. 应用典型的图形文件   B. 应用模板文件

    C. 重复利用已有的二维绘图文件   D. 在"启动"对话框中选取公制

8. 绘制图形时，需要一种前面没有用到过的线型，请给出解决步骤。

第 4 章 简单二维绘图命令

内容简介

本章学习简单二维绘图的基本知识，了解直线类、圆类、平面图形、点命令，将读者带入绘图知识的殿堂。

内容要点

➦ 直线类命令
➦ 圆类命令
➦ 点类命令
➦ 平面图形
➦ 面域
➦ 模拟认证考试

案例效果

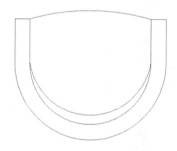 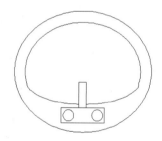 

4.1 直线类命令

直线类命令包括直线、射线和构造线，这几个命令是 AutoCAD 中最简单的绘图命令。

4.1.1 直线

无论多么复杂的图形都是由点、直线、圆弧等按不同的粗细、间隔、颜色组合而成的。其中直线是 AutoCAD 绘图中最简单、最基本的一种图形单元，连续的直线可以组成折线，直线与圆弧的组合又可以组成多段线。直线在机械制图中常用于表达物体棱边或平面的投影，在建筑制图中则常用于建筑平面投影。

扫一扫，看视频

【执行方式】

↳ 命令行：LINE（快捷命令：L）。

↳ 菜单栏：选择菜单栏中的"绘图"→"直线"命令。

↳ 工具栏：单击"绘图"工具栏中的"直线"按钮／。

↳ 功能区：单击"默认"选项卡"绘图"面板中的"直线"按钮／。

动手学——方餐桌

源文件：源文件\第4章\方餐桌.dwg

利用"直线"命令绘制如图4-1所示方餐桌。

操作步骤

（1）单击"默认"选项卡"绘图"面板中的"直线"按钮／，绘制连续线段。命令行提示与操作如下。

```
命令: _LINE
指定第一个点: 0,0
指定下一点或 [放弃(U)]: @1200,0
指定下一点或 [放弃(U)]: @0,1200
指定下一点或 [闭合(C)/放弃(U)]: @-1200,0
指定下一点或 [闭合(C)/放弃(U)]: C
```

绘制的图形如图4-2所示。

图4-1　方餐桌　　　　　　　　　　　图4-2　绘制连续线段

（2）单击"默认"选项卡"绘图"面板中的"直线"按钮／，命令行提示与操作如下。

```
命令: _LINE
指定第一个点: 20,20✓
指定下一点或 [放弃(U)]: @1160,0✓
指定下一点或 [放弃(U)]: @0,1160✓
指定下一点或 [闭合(C)/放弃(U)]: @-1160,0✓
指定下一点或 [闭合(C)/放弃(U)]: C✓
```

结果如图4-1所示，一个简易的方餐桌就绘制完成了。

 注意：

（1）输入坐标时，逗号必须是在英文状态下输入，否则会出现错误。

（2）一般每个命令有4种执行方式，这里只给出了命令行执行方式，其他三种执行方式的操作方法与命令行执行方式相同。如果选择菜单栏、工具栏或功能区方式，命令行会显示该命令，并在前面加下划线。例如，通过菜单栏、工具栏或功能区方式执行"直线"命令时，命令行会显示"_LINE"。

【选项说明】

（1）若采用按Enter键响应"指定第一个点"提示，系统会把上次绘制图线的终点作为本次图线的起始点。若上次操作为绘制圆弧，按Enter键响应后绘出通过圆弧终点并与该圆弧相切的直线段，该线段的长度为光标在绘图区指定的一点与切点之间线段的距离。

（2）在"指定下一点"提示下，用户可以指定多个端点，从而绘出多条直线段。但是，每一段直线都是一个独立的对象，可以进行单独的编辑操作。

（3）绘制两条以上直线段后，若采用输入选项"C"响应"指定下一点"提示，系统会自动连接起始点和最后一个端点，从而绘出封闭的图形。

（4）若采用输入选项"U"响应提示，则删除最近一次绘制的直线段。

（5）若设置正交方式（单击状态栏中的"正交模式"按钮 └ ），只能绘制水平线段或垂直线段。

✍ 技巧：

（1）由直线组成的图形，每条线段都是独立的对象，可对每条直线进行单独编辑。

（2）在结束直线命令后，再次执行直线命令，根据命令行提示，直接按 Enter 键，则以上次最后绘制的线段或圆弧的终点作为当前线段的起点。

（3）在命令行中输入三维点的坐标，则可以绘制三维直线。

4.1.2　数据输入法

在 AutoCAD 2020 中，点的坐标可以用直角坐标、极坐标、球面坐标和柱面坐标表示，每一种坐标又分别具有两种坐标输入方式，即绝对坐标和相对坐标。其中，直角坐标和极坐标最为常用，具体输入方法如下。

（1）直角坐标法。用点的 X、Y 坐标值表示的坐标，称为直角坐标。

在命令行中输入点的坐标"15,18"，则表示输入了一个 X、Y 的坐标值分别为 15、18 的点，此为绝对坐标输入方式，表示该点的坐标是相对于当前坐标原点的坐标值，如图 4-3（a）所示。如果输入"@10,20"，则为相对坐标输入方式，表示该点的坐标是相对于前一点的坐标值，如图 4-3（c）所示。

（2）极坐标法。极坐标是指用长度和角度表示的坐标，只能用来表示二维点的坐标。

① 在绝对坐标输入方式下，表示为"长度<角度"，如"25<50"，其中，长度表示该点到坐标原点的距离，角度表示该点到原点的连线与 X 轴正向的夹角，如图 4-3（b）所示。

② 在相对坐标输入方式下，表示为"@长度<角度"，如"@25<45"，其中，长度为该点到前一点的距离，角度为该点至前一点的连线与 X 轴正向的夹角，如图 4-3（d）所示。

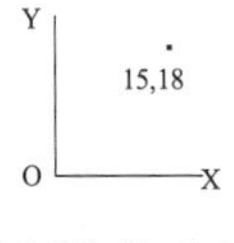

（a）直角坐标的绝对坐标输入方式

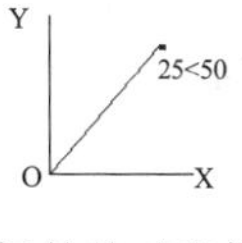

（b）极坐标的绝对坐标输入方式

（c）直角坐标的相对坐标输入方式

（d）极坐标的相对坐标输入方式

图 4-3　数据输入方法

（3）动态数据输入。单击状态栏中的"动态输入"按钮 ，系统打开动态输入功能，可以在绘图区动态输入某些参数数据。例如，绘制直线时，在光标附近会动态地显示"指定第一个点:"，以及后面的坐标框。当前坐标框中显示的是目前光标所在位置，可以输入数据，两个数据之间以逗号隔开，如图 4-4 所示。指定第一点后，系统动态显示直线的角度，同时要求输入线段长度值，如图 4-5 所示。其输入效果与"@长度<角度"方式相同。

图 4-4　动态输入坐标值　　　　　　　图 4-5　动态输入长度值

（4）点的输入。在绘图过程中，常需要输入点的位置，AutoCAD 提供了以下几种输入点的方式。

① 用键盘直接在命令行输入点的坐标。直角坐标有两种输入方式，即"x,y"（点的绝对坐标值，如"100,50"）和"@x,y"（相对于上一点的相对坐标值，如"@ 50,-30"）。

极坐标的输入方式为"长度<角度"（其中，长度为点到坐标原点的距离，角度为原点至该点连线与 X 轴的正向夹角，如"20<45"）或"@长度<角度"（相对于上一点的相对极坐标，如"@ 50<-30"）。

② 用鼠标等定标设备移动光标，在绘图区单击直接取点。

③ 用目标捕捉方式捕捉绘图区已有图形的特殊点（如端点、中点、中心点、插入点、交点、切点、垂足点等）。

④ 直接输入距离。先拖动出直线以确定方向，然后用键盘输入距离，这样有利于准确控制对象的长度。

（5）距离值的输入。在 AutoCAD 命令中，有时需要提供高度、宽度、半径、长度等表示距离的值。AutoCAD 系统提供了两种输入距离值的方式，一种是用键盘在命令行中直接输入数值；另一种是在绘图区选择两点，以两点的距离值确定出所需数值。

动手学——利用动态输入绘制五角星

操作步骤

本实例主要练习执行"直线"命令后，在动态输入功能下绘制五角星，绘制流程如图 4-6 所示。

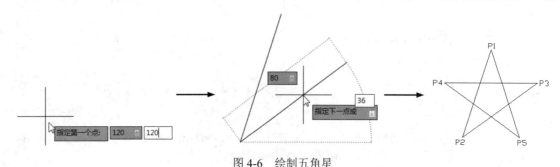

图 4-6　绘制五角星

（1）系统默认打开动态输入，如果动态输入没有打开，单击状态栏中的"动态输入"按钮
，打开动态输入。单击"默认"选项卡"绘图"面板中的"直线"按钮 ，在动态输入框中输
入第一点坐标为（120,120），如图 4-7 所示，按 Enter 键确认 P1 点。

（2）拖动鼠标，然后在动态输入框中输入长度为 80，按 Tab 键切换到角度输入框，输入角度
为 108°，如图 4-8 所示，按 Enter 键确认 P2 点。

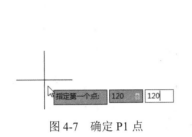

图 4-7　确定 P1 点

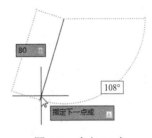

图 4-8　确定 P2 点

（3）拖动鼠标，然后在动态输入框中输入长度为 80，按 Tab 键切换到角度输入框，输入角度
为 36°，如图 4-9 所示，按 Enter 键确认 P3 点；也可以输入绝对坐标（#159.091,90.870），如图 4-10
所示，按 Enter 键确认 P3 点。

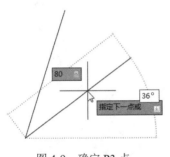

图 4-9　确定 P3 点

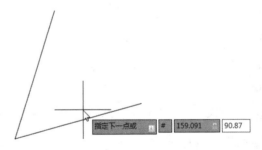

图 4-10　确定 P3（绝对坐标方式）

（4）拖动鼠标，然后在动态输入框中输入长度为 80，按 Tab 键切换到角度输入框，输入角度
为 180°，如图 4-11 所示，按 Enter 键确认 P4 点。

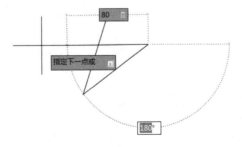

图 4-11　确定 P4 点

（5）拖动鼠标，然后在动态输入框中输入长度为 80，按 Tab 键切换到角度输入框，输入角度
为 36°，如图 4-12 所示，按 Enter 键确认 P5 点；也可以输入绝对坐标（#144.721,43.916），如图 4-13
所示，按 Enter 键确认 P5 点。

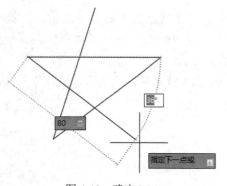

图 4-12　确定 P5

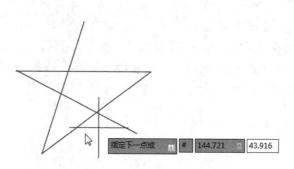

图 4-13　确定 P5（绝对坐标方式）

（6）拖动鼠标，直接捕捉 P1 点，如图 4-14 所示，也可以输入长度为 80，按 Tab 键切换到角度输入框，输入角度为 108°，则完成绘制。

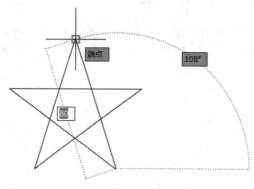

图 4-14　完成绘制

动手练——数据操作

AutoCAD 2020 人机交互的最基本内容就是数据输入，本练习要求用户熟练地掌握各种数据的输入方法。

思路点拨：

（1）在命令行输入"LINE"命令。

（2）输入起点在直角坐标方式下的绝对坐标值。

（3）输入下一点在直角坐标方式下的相对坐标值。

（4）输入下一点在极坐标方式下的绝对坐标值。

（5）输入下一点在极坐标方式下的相对坐标值。

（6）单击直接指定下一点的位置。

（7）单击状态栏中的"正交模式"按钮 ，用光标指定下一点的方向，在命令行输入一个数值。

（8）单击状态栏中的"动态输入"按钮 ，拖动光标，系统会动态显示角度，拖动到选定角度后，在长度文本框中输入长度值。

（9）按 Enter 键，结束绘制线段的操作。

4.1.3　构造线

构造线就是无穷长度的直线，用于模拟手工作图中的辅助作图线。构造线用特殊的线型显示，在图形输出时可不作输出。应用构造线作为辅助线绘制家具，图中的三视图是构造线的主要用途，构造线的应用保证三视图之间"主、俯视图长对正，主、左视图高平齐，俯、左视图宽相等"的对应关系。如图 4-15 所示为应用构造线作为辅助线绘制家具图中三视图的示例。图中细线为构造线，粗线为三视图轮廓线。

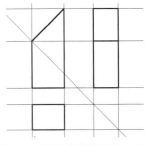

图 4-15　构造线辅助绘制三视图

【执行方式】

- ➘　命令行：XLINE（快捷命令：XL）。
- ➘　菜单栏：选择菜单栏中的"绘图"→"构造线"命令。
- ➘　工具栏：单击"绘图"工具栏中的"构造线"按钮 ✓'。
- ➘　功能区：单击"默认"选项卡"绘图"面板中的"构造线"按钮 ✓'。

【操作步骤】

```
命令：XLINE✓
指定点或[水平(H)/垂直(V)/角度(A)/二等分(B)/偏移(O)]：（给出根点1）
指定通过点：（给定通过点2，绘制一条双向无限长直线）
指定通过点：（继续给点，继续绘制线，如图4-16（a）所示，按Enter键结束）
```

【选项说明】

（1）指定点：用于绘制通过指定两点的构造线，如图 4-16（a）所示。

（2）水平(H)：绘制通过指定点的水平构造线，如图 4-16（b）所示。

（3）垂直(V)：绘制通过指定点的垂直构造线，如图 4-16（c）所示。

（4）角度(A)：绘制沿指定方向或与指定直线之间的夹角为指定角度的构造线，如图 4-16（d）所示。

（5）二等分(B)：绘制平分由指定 3 点所确定的角的构造线，如图 4-16（e）所示。

（6）偏移(O)：绘制与指定直线平行的构造线，如图 4-16（f）所示。

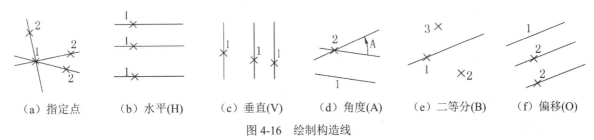

| （a）指定点 | （b）水平(H) | （c）垂直(V) | （d）角度(A) | （e）二等分(B) | （f）偏移(O) |

图 4-16　绘制构造线

动手练——绘制折叠门

利用"直线"命令绘制如图 4-17 所示的折叠门。

图 4-17　折叠门

思路点拨:

> **源文件**: 源文件\第 4 章\折叠门.dwg
> 为了做到准确无误，要求通过坐标值的输入指定直线的相关点，从而使读者灵活掌握直线的绘制方法。

4.2　圆 类 命 令

圆类命令主要包括"圆""圆弧""圆环""椭圆"及"椭圆弧"命令，这几个命令是 AutoCAD 中最简单的曲线命令。

4.2.1　圆

圆是最简单的封闭曲线，也是绘制工程图形时经常用到的图形单元。

【执行方式】
- ❯ 命令行: CIRCLE（快捷命令: C）。
- ❯ 菜单栏: 选择菜单栏中的"绘图"→"圆"命令。
- ❯ 工具栏: 单击"绘图"工具栏中的"圆"按钮 ⊙。
- ❯ 功能区: 在"默认"选项卡的"绘图"面板中打开"圆"下拉菜单，从中选择一种创建圆的方式，如图 4-18 所示。

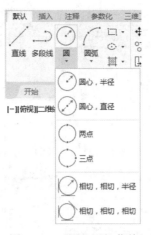

图 4-18　"圆"下拉菜单

扫一扫，看视频

动手学——射灯

源文件：源文件\第 4 章\射灯.dwg

本实例绘制的射灯如图 4-19 所示。

操作步骤

（1）单击"默认"选项卡"绘图"面板中的"圆"按钮⊙，在图中适当位置绘制半径为 6 的圆，命令行提示与操作如下。

> 命令：_CIRCLE
> 指定圆的圆心或 [三点(3P)/两点(2P)/切点、切点、半径(T)]：(在图中适当位置指定圆心)
> 指定圆的半径或 [直径(D)]：60✓

结果如图 4-20 所示。

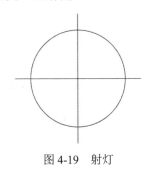

图 4-19　射灯　　　　　　　　　　　　　图 4-20　绘制圆

✍ 技巧：

> 有时图形经过缩放（zoom）后，绘制的圆边显示棱边，图形会变得粗糙。在命令行中输入"RE"命令，重新生成模型，圆边光滑。也可以在"选项"对话框的"显示"选项卡中调整"圆弧和圆的平滑度"。

（2）单击"默认"选项卡"绘图"面板中的"直线"按钮╱，以圆心为起点，分别绘制长度为 80 的四条直线，结果如图 4-19 所示。

【选项说明】

（1）切点、切点、半径(T)：通过先指定两个相切对象，再给出半径的方法绘制圆。如图 4-21（a）～图 4-21（d）所示给出了以"切点、切点、半径(T)"方式绘制圆的各种情形（加粗的圆为最后绘制的圆）。

  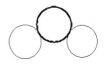

（a）"切点、切点、 　（b）"切点、切点、 　（c）"切点、切点、 　（d）"切点、切点、
半径(T)"方式 1 　　半径(T)"方式 2 　　半径(T)"方式 3 　　半径(T)"方式 4

图 4-21　圆与另外两个对象相切

（2）选择菜单栏中的"绘图"→"圆"命令，其子菜单中比命令行多了一种"相切、相切、相切(A)"的绘制方法，如图 4-22 所示。

图 4-22 "圆"子菜单

4.2.2 圆弧

圆弧是圆的一部分。在工程造型中，圆弧的使用比圆更普遍。通常强调的"流线型"造型或圆润的造型实际上就是圆弧造型。

【执行方式】

- 命令行：ARC（快捷命令：A）。
- 菜单栏：选择菜单栏中的"绘图"→"圆弧"命令。
- 工具栏：单击"绘图"工具栏中的"圆弧"按钮 。
- 功能区：在"默认"选项卡的"绘图"面板中打开"圆弧"下拉菜单，从中选择一种创建圆弧的方式，如图 4-23 所示。

动手学——小靠背椅

源文件：源文件\第 4 章\小靠背椅.dwg

绘制如图 4-24 所示的小靠背椅，操作步骤如下。

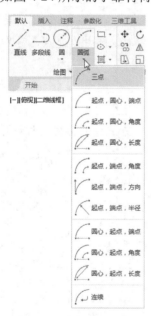

图 4-23 "圆弧"下拉菜单

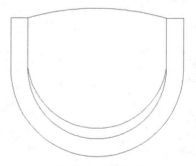

图 4-24 小靠背椅

操作步骤

（1）单击"默认"选项卡"绘图"面板中的"直线"按钮 ，任意指定一点为线段起点，以点（@0,-140）为终点绘制一条线段。

（2）单击"默认"选项卡"绘图"面板中的"圆弧"按钮 ，绘制圆弧。命令行提示与操作如下。

```
命令：_ARC
指定圆弧的起点或 [圆心(C)]：（选择第（1）步中绘制的直线的下端点）
指定圆弧的第二个点或 [圆心(C)/端点(E)]：@250,-250
指定圆弧的端点：@250,250
```

结果如图4-25所示。

（3）单击"默认"选项卡"绘图"面板中的"直线"按钮 ，以刚绘制圆弧的右端点为起点，以点（@0,140）为终点绘制一条线段，结果如图4-26所示。

（4）单击"默认"选项卡"绘图"面板中的"直线"按钮 ，分别以刚绘制的两条线段的上端点为起点，以点（@50,0）和（@-50,0）为终点绘制两条线段，结果如图4-27所示。

（5）单击"默认"选项卡"绘图"面板中的"直线"按钮 和"圆弧"按钮 ，以刚绘制的两条水平线的两个端点为起点和终点绘制线段和圆弧，结果如图4-28所示。

图4-25 绘制圆弧　　　图4-26 绘制直线　　　图4-27 绘制线段　　　图4-28 绘制线段和圆弧

（6）再以图4-26中内部两条竖线的上下两个端点分别为起点和终点，以适当位置一点为中间点，绘制两条圆弧，最终结果如图4-24所示。

【选项说明】

（1）用命令行方式绘制圆弧时，可以根据系统提示选择不同的选项，具体功能与利用菜单栏中的"绘图"→"圆弧"中子菜单提供的11种方式相似。这11种方式绘制的圆弧分别如图4-29(a)～图4-29(k)所示。

（a）三点　　（b）起点，圆心，端点　　（c）起点，圆心，角度　　（d）起点，圆心，长度

（e）起点，端点，角度　　（f）起点，端点，方向　　（g）起点，端点，半径　　（h）圆心，起点，端点

（i）圆心，起点，角度　　　　（j）圆心，起点，长度　　　　（k）连续

图4-29 11种圆弧绘制方法

（2）需要强调的是"连续"方式，绘制的圆弧与上一线段圆弧相切。连续绘制圆弧段，只提供端点即可。

☞ 教你一招：

> 绘制圆弧时，应注意什么？
>
> 绘制圆弧时，注意指定合适的端点或圆心，指定端点的时针方向也即为绘制圆弧的方向。例如，要绘制下半圆弧，则起始端点应在左侧，终端点应在右侧，此时端点的时针方向为逆时针，则即得到相应的逆时针圆弧。

4.2.3 圆环

圆环可以看作是两个同心圆，利用"圆环"命令可以快速完成同心圆的绘制。

【执行方式】

- ➥ 命令行：DONUT（快捷命令：DO）。
- ➥ 菜单栏：选择菜单栏中的"绘图"→"圆环"命令。
- ➥ 功能区：单击"默认"选项卡"绘图"面板中的"圆环"按钮◎。

【操作步骤】

命令：DONUT✓
指定圆环的内径<0.5000>：（指定圆环内径）
指定圆环的外径 <1.0000>：（指定圆环外径）
指定圆环的中心点或 <退出>：（指定圆环的中心点）
指定圆环的中心点或 <退出>：（继续指定圆环的中心点，则继续绘制相同内外径的圆环。按 Enter 键、空格键或右击结束命令，如图 4-30（a）所示）

【选项说明】

（1）绘制不等内外径，则画出填充圆环，如图 4-30（a）所示。

（2）若指定内径为零，则画出实心填充圆，如图 4-30（b）所示。

（3）若指定内外径相等，则画出普通圆，如图 4-30（c）所示。

（4）用命令 FILL 可以控制圆环是否填充，命令行提示与操作如下。

命令：FILL✓
输入模式 [开(ON)/关(OFF)] <开>：

选择"开"表示填充，选择"关"表示不填充，如图 4-30（d）所示。

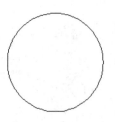

| （a）填充圆环 | （b）实心填充图 | （c）普通图 | （d）开关圆环填充 |

图 4-30　绘制圆环

4.2.4　椭圆与椭圆弧

椭圆也是一种典型的封闭曲线图形，圆在某种意义上可以看成是椭圆的特例。椭圆在工程图形中的应用不多，只在某些特殊造型，如室内设计单元中的浴盆、桌子等造型或机械造型中的杆状结构的截面形状等图形中才会出现。

【执行方式】

- ➥　命令行：ELLIPSE（快捷命令：EL）。
- ➥　菜单栏：选择菜单栏中的"绘图"→"椭圆"→"圆弧"命令。
- ➥　工具栏：单击"绘图"工具栏中的"椭圆"按钮 ⬯ 或"椭圆弧"按钮 ⬮ 。
- ➥　功能区：在"默认"选项卡的"绘图"面板中打开"椭圆"下拉菜单，从中选择一种创建椭圆（或椭圆圆弧）的方式，如图 4-31 所示。

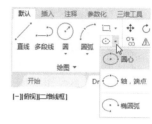

图 4-31　"椭圆"下拉菜单

动手学——洗手盆

源文件：源文件\第 4 章\洗手盆.dwg

本实例绘制洗手盆，如图 4-32 所示。

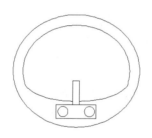

图 4-32　绘制洗手盆

扫一扫，看视频

操作步骤

（1）单击"默认"选项卡"绘图"面板中的"直线"按钮 ╱，绘制水龙头图形，如图 4-33 所示。

（2）单击"默认"选项卡"绘图"面板中的"圆"按钮 ⊙，绘制两个水龙头旋钮，如图 4-34 所示。

图 4-33　绘制水龙头

图 4-34　绘制旋钮

（3）单击"默认"选项卡"绘图"面板中的"椭圆"按钮 ⬯，绘制洗手盆外沿。命令行提示如下。

```
命令：_ELLIPSE↙
指定椭圆的轴端点或 [圆弧(A)/中心点(C)]：(用鼠标指定椭圆轴端点)
指定轴的另一个端点：(用鼠标指定另一端点)
指定另一条半轴长度或 [旋转(R)]：(用鼠标在屏幕上拉出另一条半轴长度)
```

绘制结果如图 4-35 所示。

（4）单击"默认"选项卡"绘图"面板中的"椭圆弧"按钮⊙，绘制洗手盆部分内沿。命令行提示如下。

```
命令：_ELLIPSE
指定椭圆的轴端点或 [圆弧(A)/中心点(C)]：_A
指定椭圆弧的轴端点或 [中心点(C)]：C
指定椭圆弧的中心点：单击状态栏中的"二维对象捕捉"按钮▢，捕捉刚才绘制的椭圆中心点，关于"捕捉"，
后面进行介绍
指定轴的端点：
指定另一条半轴长度或 [旋转(R)]：(用鼠标指定椭圆轴端点)
指定起点角度或 [参数(P)]：<正交 关>(用鼠标拉出起始角度)
指定端点角度或 [参数(P)/夹角(I)]：(用鼠标拉出终止角度)
```

绘制结果如图 4-36 所示。

图 4-35　绘制洗手盆外沿

图 4-36　绘制洗手盆部分内沿

（5）单击"默认"选项卡"绘图"面板中的"圆弧"按钮⟋，绘制洗手盆其他部分内沿。最终结果如图 4-32 所示。

✍ 技巧：

> 指定起点角度和端点角度的点时，不要将两个点的顺序指定反了，因为系统默认的旋转方向是逆时针，如果指定反了，得出的结果可能和预期的刚好相反。

【选项说明】

（1）指定椭圆的轴端点：根据两个端点定义椭圆的第一条轴，第一条轴的角度确定了整个椭圆的角度。第一条轴既可定义椭圆的长轴，又可定义其短轴。椭圆按图 4-37（a）中显示的 1—2—3—4 顺序绘制。

（2）圆弧(A)：用于创建一段椭圆弧，与"单击'默认'选项卡'绘图'面板中的'椭圆弧'按钮⊙"功能相同。其中第一条轴的角度确定了椭圆弧的角度。第一条轴既可定义椭圆弧长轴，又可定义其短轴。选择该选项，系统命令行中继续提示与操作如下。

```
指定椭圆弧的轴端点或 [中心点(C)]：(指定端点或输入"C")
指定轴的另一个端点：(指定另一端点)
指定另一条半轴长度或 [旋转(R)]：(指定另一条半轴长度或输入"R")
指定起点角度或 [参数(P)]：(指定起始角度或输入"P")
指定端点角度或 [参数(P)/夹角(I)]：
```

其中各选项含义如下。

① 起点角度：指定椭圆弧端点的两种方式之一，光标与椭圆中心点连线的夹角为椭圆端点位置的角度，如图 4-37（b）所示。

（a）椭圆　　　　　　　　　　　　　　　（b）椭圆弧

图 4-37　椭圆和椭圆弧

② 参数(P)：指定椭圆弧端点的另一种方式，该方式同样是指定椭圆弧端点的角度，但通过以下矢量参数方程式创建椭圆弧。

$$p(u)=c+a\times\cos(u)+b\times\sin(u)$$

其中，c 是椭圆的中心点；a 和 b 分别是椭圆的长轴和短轴；u 为光标与椭圆中心点连线的夹角。

③ 夹角(I)：定义从起点角度开始的包含角度。

④ 中心点(C)：通过指定的中心点创建椭圆。

⑤ 旋转(R)：通过绕第一条轴旋转圆来创建椭圆。相当于将一个圆绕椭圆轴翻转一个角度后的投影视图。

✍ 技巧：

> 椭圆命令生成的椭圆是以多段线为实体还是以椭圆为实体，是由系统变量 PELLIPSE 决定的。

动手练——绘制马桶

绘制如图 4-38 所示的马桶。

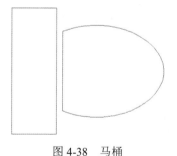

图 4-38　马桶

📋 思路点拨：

> **源文件：**源文件\第 4 章\马桶.dwg
> （1）利用"椭圆弧"命令绘制马桶外沿。
> （2）利用"直线"命令绘制马桶内壁和水箱。

4.3　点类命令

点在 AutoCAD 中有多种不同的表示方式，用户可以根据需要进行设置，也可以设置等分点和测量点。

4.3.1 点

通常认为，点是最简单的图形单元。在工程图形中，点通常用来标定某个特殊的坐标位置，或者作为某个绘制步骤的起点和基础。为了使点更显眼，AutoCAD 为点设置了各种样式，用户可以根据需要来选择。

【执行方式】

- ↘ 命令行：POINT（快捷命令：PO）。
- ↘ 菜单栏：选择菜单栏中的"绘图"→"点"命令。
- ↘ 工具栏：单击"绘图"工具栏中的"点"按钮 ⠿ 。
- ↘ 功能区：单击"默认"选项卡"绘图"面板中的"多点"按钮 ⠿ 。

【操作步骤】

```
命令:_POINT
当前点模式：PDMODE=0  PDSIZE=0.0000
指定点:（指定点所在的位置）
```

【选项说明】

（1）以菜单栏方式操作时（见图 4-39），"单点"命令表示只输入一个点，"多点"命令表示可输入多个点。

（2）可以单击状态栏中的"二维对象捕捉"按钮 ⠿ ，设置点捕捉模式，帮助用户选择点。

（3）点在图形中的表示样式共有 20 种。可通过 DDPTYPE 命令或选择菜单栏中的"格式"→"点样式"命令，在弹出的"点样式"对话框中进行设置，如图 4-40 所示。

图 4-39　"点"子菜单

图 4-40　"点样式"对话框

4.3.2　定数等分

有时需要把某个线段或曲线按一定的份数进行等分。这一点在手工绘图中很难实现，但在 AutoCAD 中可以通过定数等分命令轻松完成。

【执行方式】

→　命令行：DIVIDE（快捷命令：DIV）。

↘　菜单栏：选择菜单栏中的"绘图"→"点"→"定数等分"命令。

↘　功能区：单击"默认"选项卡"绘图"面板中的"定数等分"按钮 。

动手学——楼梯

源文件：源文件\第 4 章\楼梯.dwg

绘制如图 4-41 所示的楼梯。

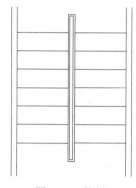

图 4-41　楼梯

操作步骤

（1）单击"默认"选项卡"绘图"面板中的"直线"按钮 ，绘制墙体与扶手，如图 4-42 所示。

（2）设置点样式。选择菜单栏中的"格式"→"点样式"命令，在打开的"点样式"对话框中选择×样式，如图 4-43 所示。

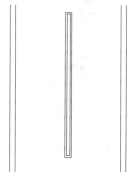

图 4-42　绘制墙体与扶手

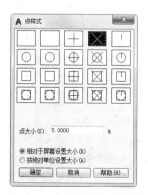

图 4-43　"点样式"对话框

（3）单击"默认"选项卡"绘图"面板中的"定数等分"按钮 ，以左边扶手外面线段为对象，数目为8进行等分，命令行如下。

```
命令：_DIVIDE
选择要定数等分的对象：选择"左边扶手外面线段"
输入线段数目或 [块(B)]：8
```

结果如图4-44所示。

（4）单击"默认"选项卡"绘图"面板中的"直线"按钮 ，分别以等分点为起点，左边墙体上的点为终点绘制水平线段，如图4-45所示。

（5）利用键盘上的DELETE键删除绘制的等分点，如图4-46所示。

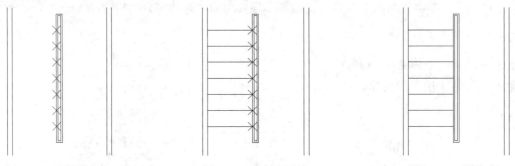

图4-44　绘制等分点　　　　图4-45　绘制水平线　　　　图4-46　删除点

（6）用相同方法绘制另一侧楼梯，最终结果如图4-41所示。

【选项说明】

（1）等分数目范围为2～32767。

（2）在等分点处，按当前点样式设置画出等分点。

（3）在第二提示行选择"块(B)"选项时，表示在等分点处插入指定的块（块知识的具体讲解见后面章节）。

4.3.3　定距等分

和定数等分类似的是，有时需要把某个线段或曲线按给定的长度为单元进行等分。在AutoCAD中，可以通过相关命令来完成。

【执行方式】

➥　命令行：MEASURE（快捷命令：ME）。

➥　菜单栏：选择菜单栏中的"绘图"→"点"→"定距等分"命令。

➥　功能区：单击"默认"选项卡"绘图"面板中的"定距等分"按钮 。

【操作步骤】

```
命令：MEASURE✓
选择要定距等分的对象：（选择要设置测量点的实体）
指定线段长度或 [块(B)]：（指定分段长度）
```

【选项说明】

（1）设置的起点一般是指定线的绘制起点。

（2）在第二提示行选择"块(B)"选项时，表示在测量点处插入指定的块。

（3）在等分点处，按当前点样式设置绘制测量点。

（4）最后一个测量段的长度不一定等于指定分段长度。

☞**教你一招：**

定距等分和定数等分有什么区别？

定数等分是将某个线段按段数平均分段，定距等分是将某个线段按距离分段。例如：一条112mm的直线，用定数等分命令时，如果该线段被平均分成10段，每一个线段的长度都是相等的，长度就是原来的1/10。而用定距等分时，如果设置定距等分的距离为10，那么从端点开始，每10mm为一段，前11段段长都为10，那么最后一段的长度并不是10，因为112/10有小数点，并不是整数，所以定距等分的线段并不是所有的线段都相等。

动手练——绘制地毯

绘制如图4-47所示的地毯。

图4-47　地毯

📋**思路点拨：**

源文件：源文件\第4章\地毯.dwg

（1）利用"点样式"命令设置点样式。

（2）利用"矩形"命令绘制地毯外轮廓。

（3）利用"多点"命令绘制内装饰点。

4.4 平面图形

简单的平面图形命令包括"矩形"命令和"多边形"命令。

4.4.1 矩形

矩形是最简单的封闭直线图形，常用来表示物体的平面。

扫一扫，看视频

【执行方式】

➲ 命令行：RECTANG（快捷命令：REC）。

➲ 菜单栏：选择菜单栏中的"绘图"→"矩形"命令。

➲ 工具栏：单击"绘图"工具栏中的"矩形"按钮 ▢。

➲ 功能区：单击"默认"选项卡"绘图"面板中的"矩形"按钮 ▢。

动手学——平顶灯

源文件：源文件\第 4 章\平顶灯.dwg

利用"矩形"命令绘制如图 4-48 所示的平顶灯。

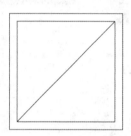

图 4-48 平顶灯

操作步骤

（1）单击"默认"选项卡"绘图"面板中的"矩形"按钮 ▢，以坐标原点为角点，绘制 60×60 的正方形，命令行提示与操作如下。

```
命令：_RECTANG
指定第一个角点或 [倒角(C)/标高(E)/圆角(F)/厚度(T)/宽度(W)]：0,0
指定另一个角点或 [面积(A)/尺寸(D)/旋转(R)]：60,60
```

结果如图 4-49 所示。

（2）单击"默认"选项卡"绘图"面板中的"矩形"按钮 ▢，绘制 52×52 的正方形，命令行提示与操作如下。

```
命令：_RECTANG
指定第一个角点或 [倒角(C)/标高(E)/圆角(F)/厚度(T)/宽度(W)]：4,4
指定另一个角点或 [面积(A)/尺寸(D)/旋转(R)]：@52,52
```

结果如图 4-50 所示。

图 4-49 绘制矩形

图 4-50 绘制矩形

✍ **技巧：**

这里的正方形可以利用"多边形"命令来绘制，第二个正方形也可以在第一个正方形的基础上利用"偏移"命令来绘制。

（3）单击"默认"选项卡"绘图"面板中的"直线"按钮 ∕ ，绘制内部矩形的对角线。结果如图 4-48 所示。

【选项说明】

（1）第一个角点和另一个角点：通过指定两个角点确定矩形，如图 4-51（a）所示。

（2）倒角(C)：指定倒角距离，绘制带倒角的矩形，如图 4-51（b）所示。每一个角点的逆时针和顺时针方向的倒角可以相同，也可以不同，其中第一个倒角距离是指角点逆时针方向倒角距离，第二个倒角距离是指角点顺时针方向倒角距离。

（3）标高(E)：指定矩形标高（Z 坐标），即把矩形放置在标高为 Z 并与 XOY 坐标面平行的平面上，并作为后续矩形的标高值。

（4）圆角(F)：指定圆角半径，绘制带圆角的矩形，如图 4-51（c）所示。

（5）厚度(T)：主要用在三维中，输入厚度后画出的矩形是立体的，如图 4-51（d）所示。

（6）宽度(W)：指定线宽，如图 4-51（e）所示。

（a）通过指定两个角点确定矩形　（b）带倒角的矩形　（c）带圆角的矩形　（d）立体矩形　（e）指定线宽

图 4-51　绘制矩形

（7）面积(A)：指定面积和长或宽创建矩形。选择该选项，系统提示与操作如下。

输入以当前单位计算的矩形面积 <20.0000>：（输入面积值）
计算矩形标注时依据 [长度(L)/宽度(W)] <长度>：（按 Enter 键或输入"W"）
输入矩形长度 <4.0000>：（指定长度或宽度）

指定长度或宽度后，系统自动计算另一个维度，绘制出矩形。如果矩形被倒角或圆角，则长度或面积计算中也会考虑此设置，如图 4-52 所示。

（8）尺寸(D)：使用长和宽创建矩形，第二个指定点将矩形定位在与第一角点相关的 4 个位置之一。

（9）旋转(R)：使所绘制的矩形旋转一定角度。选择该选项，系统提示与操作如下。

指定旋转角度或 [拾取点(P)] <45>：（指定角度）
指定另一个角点或 [面积(A)/尺寸(D)/旋转(R)]：（指定另一个角点或选择其他选项）

指定旋转角度后，系统按指定角度创建矩形，如图 4-53 所示。

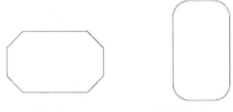

倒角距离（1,1）　　　　　圆角半径：1.0
（a）面积：20　长度：6　（b）面积：20　宽度：6

图 4-52　利用"面积"绘制矩形

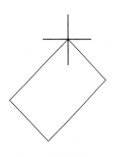

图 4-53　旋转矩形

4.4.2 多边形

多边形是相对复杂的一种平面图形，人类曾经为准确地找到手工绘制正多边形的方法而长期求索。伟大数学家高斯为发现正十七边形的绘制方法而引以为毕生的荣誉，以致他的墓碑被设计成正十七边形。现在利用 AutoCAD 可以轻松地绘制任意多边形。

【执行方式】

➥ 命令行：POLYGON（快捷命令：POL）。

➥ 菜单栏：选择菜单栏中的"绘图"→"多边形"命令。

➥ 工具栏：单击"绘图"工具栏中的"多边形"按钮⬠。

➥ 功能区：单击"默认"选项卡"绘图"面板中的"多边形"按钮⬠。

动手学——八角凳

源文件：源文件\第 4 章\八角凳.dwg

利用"矩形"命令绘制如图 4-54 所示的八角凳。

操作步骤

（1）单击"默认"选项卡"绘图"面板中的"多边形"按钮⬠，绘制外轮廓线，命令行提示如下。

```
命令：POLYGON
输入侧面数 <4>：8
指定正多边形的中心点或 [边(E)]：0,0
输入选项 [内接于圆(I)/外切于圆(C)] <I>：C
指定圆的半径：100
```

绘制结果如图 4-55 所示。

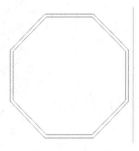

图 4-54　八角凳

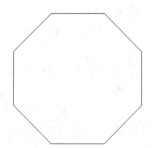

图 4-55　绘制轮廓线图

（2）用同样方法绘制另一个中心点在（0,0）的正八边形，其外切圆半径为 95。绘制结果如图 4-54 所示。

【选项说明】

（1）边(E)：选择该选项，则只要指定多边形的一条边，系统就会按逆时针方向创建该正多边形，如图 4-56（a）所示。

（2）内接于圆(I)：选择该选项，绘制的多边形内接于圆，如图 4-56（b）所示。

（3）外切于圆(C)：选择该选项，绘制的多边形外切于圆，如图 4-56（c）所示。

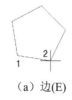

（a）边(E)

（b）内接于圆(I)

（c）外切于圆(C)

图 4-56 绘制多边形

动手练——绘制摆件

绘制如图 4-57 所示的摆件。

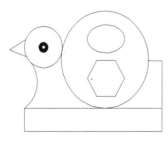

图 4-57 摆件

思路点拨：

> **源文件：**源文件\第 4 章\摆件.dwg
> 本练习图形涉及各种命令，可使读者灵活掌握本章各种图形的绘制方法。

4.5 面 域

用户可以将由某些对象围成的封闭区域转变为面域，这些封闭区域可以是圆、椭圆、封闭二维多段线、封闭样条曲线等，也可以是由圆弧、直线、二维多段线和样条曲线等构成的封闭区域。

4.5.1 创建面域

面域是具有边界的平面区域，内部可以包含孔。

【执行方式】

↳ 命令行：REGION（快捷命令：REG）。

↳ 菜单栏：选择菜单栏中的"绘图"→"面域"命令。

↳ 工具栏：单击"绘图"工具栏中的"面域"按钮◎。

↳ 功能区：单击"默认"选项卡"绘图"面板中的"面域"按钮◎。

【操作步骤】

> 命令：REGION✓
> 选择对象：（选择创建面域的面）
> 选择对象后，系统自动将所选择的对象转换成面域

4.5.2 布尔运算

布尔运算是数学中的一种逻辑运算，用在 AutoCAD 绘图中，能够极大地提高绘图效率。布尔运算包括并集、交集和差集 3 种，其操作方法类似，介绍如下。

1. 并集

【执行方式】

- ↳ 命令行：UNION（快捷命令：UNI）。
- ↳ 菜单栏：选择菜单栏中的"修改"→"实体编辑"→"并集"命令。
- ↳ 工具栏：单击"实体编辑"工具栏中的"并集"按钮。
- ↳ 功能区：单击"三维工具"选项卡"实体编辑"面板中的"并集"按钮。

【操作步骤】

```
命令：UNION✓
选择对象：（选择要合并的对象）
```

2. 差集

【执行方式】

- ↳ 命令行：SUBTRACT（快捷命令：SU）。
- ↳ 菜单栏：选择菜单栏中的"修改"→"实体编辑"→"差集"命令。
- ↳ 工具栏：单击"实体编辑"工具栏中的"差集"按钮。
- ↳ 功能区：单击"三维工具"选项卡"实体编辑"面板中的"差集"按钮。

【操作步骤】

```
命令：SUBTRACT
选择要从中减去的实体、曲面和面域...
选择对象：（选择要从中减去的实体、曲面和面域）
选择要从中减去的实体、曲面和面域...
选择对象：（选择要从中减去的实体、曲面和面域）
```

3. 交集

【执行方式】

- ↳ 命令行：INTERSECT（快捷命令：IN）。
- ↳ 菜单栏：选择菜单栏中的"修改"→"实体编辑"→"交集"命令。
- ↳ 工具栏：单击"实体编辑"工具栏中的"交集"按钮。
- ↳ 功能区：单击"三维工具"选项卡"实体编辑"面板中的"交集"按钮。

【操作步骤】

```
命令：_INTERSECT
选择对象：（选择相交叉的实体、曲面、面域）
选择对象：
```

✐ 技巧：

布尔运算的对象只包括实体和共面面域，对于普通的线条对象无法使用布尔运算。

4.6　模拟认证考试

1．已知一长度为 500 的直线，使用"定距等分"命令，若希望一次性绘制 7 个点对象，输入的线段长度不能是（　　）。

　　A．60　　　　　　　B．63　　　　　　　C．66　　　　　　　D．69

2．在绘制圆时，采用"两点（2P）"选项，两点之间的距离是（　　）。

　　A．最短弦长　　　　B．周长　　　　　　C．半径　　　　　　D．直径

3．用"圆环"命令绘制的圆环，说法正确的是（　　）。

　　A．圆环是填充环或实体填充圆，即带有宽度的闭合多段线

　　B．圆环的两个圆是不能一样大的

　　C．圆环无法创建实体填充圆

　　D．圆环标注半径值是内环的值

4．按住（　　）键可以切换所要绘制的圆弧方向。

　　A．Shift　　　　　　B．Ctrl　　　　　　C．F1　　　　　　　D．Alt

5．以同一点作为正五边形的中心，圆的半径为 50，分别用 I 和 C 方式画的正五边形的间距为（　　）。

　　A．15.32　　　　　　B．9.55　　　　　　C．7.43　　　　　　D．12.76

6．坐标（@100,80）表示（　　）。

　　A．该点距原点 X 方向的位移为 100，Y 方向位移为 80

　　B．该点相对原点的距离为 100，该点与前一点连线与 X 轴的夹角为 80°

　　C．该点相对前一点 X 方向的位移为 100，Y 方向位移为 80

　　D．该点相对前一点的距离为 100，该点与前一点连线与 X 轴的夹角为 80°

7．若图面已有一点 A（2,2），要得到另一点 B（4,4），以下坐标输入不正确的是（　　）。

　　A．@4,4　　　　　　B．@2,2　　　　　　C．4,4　　　　　　　D．@2&lt45

8．绘制如图 4-58 所示的办公桌。

9．绘制如图 4-59 所示的椅子。

图 4-58　办公桌　　　　　　　　　　　　　　　　　图 4-59　椅子

第 5 章　复杂二维绘图命令

内容简介

本章循序渐进地学习有关 AutoCAD 2020 的复杂绘图命令和编辑命令，使读者能熟练掌握运用 AutoCAD 2020 绘制二维几何元素，包括多段线、样条曲线及多线等的方法，同时利用相应的编辑命令修正图形。

内容要点

- ↳ 样条曲线
- ↳ 多段线
- ↳ 多线
- ↳ 图案填充
- ↳ 模拟认证考试

案例效果

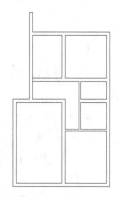

5.1　样　条　曲　线

AutoCAD 使用一种称为非一致有理 B 样条（NURBS）曲线的特殊样条曲线类型。NURBS 曲线在控制点之间产生一条光滑的样条曲线，如图 5-1 所示。

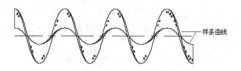

图 5-1　样条曲线

5.1.1　绘制样条曲线

样条曲线可用于创建形状不规则的曲线，例如，为地理信息系统（GIS）应用或汽车设计绘制轮廓线。

【执行方式】

- 命令行：SPLINE。
- 菜单栏：选择菜单栏中的“绘图”→“样条曲线”命令。
- 工具栏：单击“绘图”工具栏中的“样条曲线”按钮。
- 功能区：单击“默认”选项卡“绘图”面板中的“样条曲线拟合”按钮或“样条曲线控制点”按钮。

扫一扫，看视频

动手学——装饰瓶

源文件：源文件\第 5 章\装饰瓶.dwg

本实例绘制的装饰瓶如图 5-2 所示。

操作步骤

（1）单击“默认”选项卡“绘图”面板中的“矩形”按钮，绘制 139×514 的矩形作为装饰瓶的外轮廓。

（2）单击“默认”选项卡“绘图”面板中的“直线”按钮，绘制瓶子上的装饰线，如图 5-3 所示。

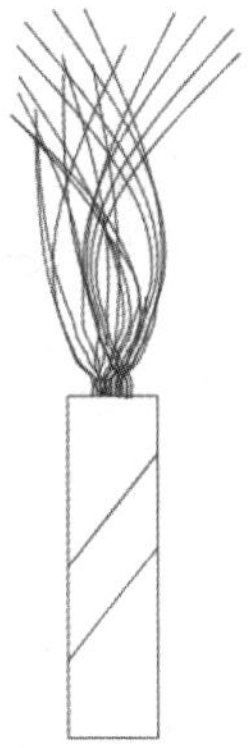

图 5-2　装饰瓶

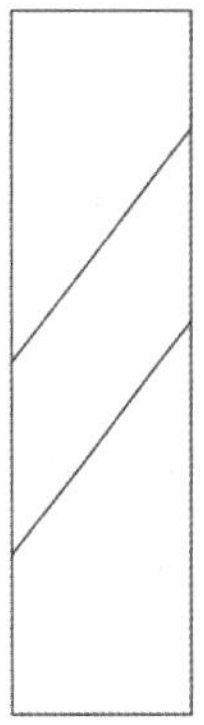

图 5-3　绘制瓶子

（3）单击“默认”选项卡“绘图”面板中的“样条曲线拟合”按钮，绘制装饰瓶中的植物。命令行提示与操作如下。

```
命令: _SPLINE
当前设置: 方式=拟合　　节点=弦
指定第一个点或 [方式(M)/节点(K)/对象(O)]: _M
输入样条曲线创建方式 [拟合(F)/控制点(CV)] <拟合>: _FIT
当前设置: 方式=拟合　　节点=弦
指定第一个点或 [方式(M)/节点(K)/对象(O)]:在瓶口适当位置指定第一点
输入下一个点或 [起点切向(T)/公差(L)]:指定第二点
```

输入下一个点或 [端点相切(T)/公差(L)/放弃(U)]:指定第三点
输入下一个点或 [端点相切(T)/公差(L)/放弃(U)/闭合(C)]:指定第四点
输入下一个点或 [端点相切(T)/公差(L)/放弃(U)/闭合(C)]:依次指定其他点

采用相同的方法，绘制装饰瓶中的所有植物，如图5-2所示。

✎ 技巧：

在命令前加一下划线表示采用菜单或工具栏方式执行命令，与命令行方式效果相同。

【选项说明】

（1）第一个点：指定样条曲线的第一个点，或者第一个拟合点，又或者第一个控制点。

（2）方式(M)：控制使用拟合点还是使用控制点来创建样条曲线。

① 拟合(F)：通过指定样条曲线必须经过的拟合点来创建3阶B样条曲线。

② 控制点(CV)：通过指定控制点来创建样条曲线。使用此方法创建1阶（线性）、2阶（二次）、3阶（三次）直到最高为10阶的样条曲线。通过移动控制点调整样条曲线的形状。

（3）节点(K)：用来确定样条曲线中连续拟合点之间的零部件曲线如何过渡。

（4）对象(O)：将二维或三维的二次或三次样条曲线的拟合多段线转换为等价的样条曲线，然后（根据DelOBJ系统变量的设置）删除该拟合多段线。

5.1.2 编辑样条曲线

修改样条曲线的参数或将样条曲线拟合多段线转换为样条曲线。

【执行方式】

- 命令行：SPLINEDIT。
- 菜单栏：选择菜单栏中的"修改"→"对象"→"样条曲线"命令。
- 快捷菜单：选中要编辑的样条曲线，在绘图区右击，在弹出的快捷菜单中选择"样条曲线"下拉菜单中的选项进行编辑。
- 工具栏：单击"修改Ⅱ"工具栏中的"编辑样条曲线"按钮 。
- 功能区：单击"默认"选项卡"修改"面板中的"编辑样条曲线"按钮 。

【操作步骤】

命令：SPLINEDIT✓
选择样条曲线：（选择要编辑的样条曲线。若选择的样条曲线是用SPLINE命令创建的，其近似点以夹点的颜色显示出来；若选择的样条曲线是用PLINE命令创建的，其控制点以夹点的颜色显示出来）
输入选项 [闭合(C)/合并(J)/拟合数据(F)/编辑顶点(E)/转换为多段线(P)/反转(R)/放弃(U)/退出(X)] <退出>：

【选项说明】

（1）闭合(C)：决定样条曲线是开放的还是闭合的。开放的样条曲线有两个端点，而闭合的样条曲线则形成一个环。

（2）合并(J)：将选定的样条曲线与其他样条曲线、直线、多段线和圆弧在重合端点处合并，形成一个较大的样条曲线。

（3）拟合数据(F)：编辑近似数据。选择该选项后，创建该样条曲线时指定的各点将以小方格的形式显示出来。

（4）转换为多段线(P)：将样条曲线转换为多段线。精度值决定结果多段线与源样条曲线拟合的精确程度。有效值为介于 0～99 的任意整数。

（5）反转(R)：反转样条曲线的方向。该项操作主要用于应用程序。

✍ 技巧：

> 选中已画好的样条曲线，曲线上会显示若干夹点，绘制时单击几个点就有几个夹点，用鼠标单击某个夹点并拖动夹点可以改变曲线形状，可以更改"拟合公差"数值来改变曲线通过点的精确程度，数值为 0 时精确度最高。

动手练——绘制茶几

绘制如图 5-4 所示的茶几。

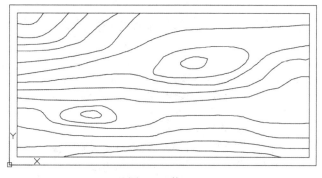

图 5-4　茶几

📋 思路点拨：

> 源文件：源文件\第 5 章\茶几.dwg
> （1）利用"矩形"命令绘制茶几面的外轮廓。
> （2）利用"样条曲线"命令绘制茶几纹理。

5.2　多　段　线

多段线是作为单个对象创建的相互连接的线段组合图形，该组合线段作为一个整体，可以由直线段、圆弧段或两者的组合线段组成，并且可以是任意开放或封闭的图形。

5.2.1　绘制多段线

多段线由直线段或圆弧连接组成，作为单一对象使用，可以绘制直线箭头和弧形箭头。

【执行方式】

↘ 命令行：PLINE（快捷命令：PL）。

- 菜单栏：选择菜单栏中的"绘图"→"多段线"命令。
- 工具栏：单击"绘图"工具栏中的"多段线"按钮 。
- 功能区：单击"默认"选项卡"绘图"面板中的"多段线"按钮 。

动手学——浴盆

源文件：源文件\第5章\浴盆.dwg

本实例要完成的是浴盆的绘制，如图5-5所示。

图5-5 浴盆

操作步骤

单击"默认"选项卡"绘图"面板中的"多段线"按钮 ，绘制如图5-5所示的浴盆。命令行提示与操作如下。

```
命令：_PLINE
指定起点：100,200
当前线宽为 0.0000
指定下一点或 [圆弧(A)/半宽(H)/长度(L)/放弃(U)/宽度(W)]: W
指定起点宽度 <0.0000>: 2
指定端点宽度 <2.0000>:
指定下一点或 [圆弧(A)/半宽(H)/长度(L)/放弃(U)/宽度(W)]: 400,200
指定下一点或 [圆弧(A)/闭合(C)/半宽(H)/长度(L)/放弃(U)/宽度(W)]: W
指定起点宽度 <2.0000>: 5
指定端点宽度 <5.0000>: 10
指定下一点或 [圆弧(A)/闭合(C)/半宽(H)/长度(L)/放弃(U)/宽度(W)]: 400,100
指定下一点或 [圆弧(A)/闭合(C)/半宽(H)/长度(L)/放弃(U)/宽度(W)]: A
指定圆弧的端点(按住 Ctrl 键以切换方向)或[角度(A)/圆心(CE)/闭合(CL)/方向(D)/半宽(H)/直线
(L)/半径(R)/第二个点(S)/放弃(U)/宽度(W)]: 200,100
指定圆弧的端点(按住 Ctrl 键以切换方向)或[角度(A)/圆心(CE)/闭合(CL)/方向(D)/半宽(H)/直线(L)/
半径(R)/第二个点(S)/放弃(U)/宽度(W)]: l
指定下一点或 [圆弧(A)/闭合(C)/半宽(H)/长度(L)/放弃(U)/宽度(W)]: 100,100
指定下一点或 [圆弧(A)/闭合(C)/半宽(H)/长度(L)/放弃(U)/宽度(W)]: C
```

完成绘制，结果如图5-5所示。

【选项说明】

（1）圆弧(A)：绘制圆弧的方法与"圆弧"命令相似。则命令行提示与操作如下。

指定圆弧的端点(按住 Ctrl 键以切换方向)或 [角度(A)/圆心(CE)/方向(D)/半宽(H)/直线(L)/半径(R)/第二个点(S)/放弃(U)/宽度(W)]:

（2）半宽(H)：指定从宽线段的中心到一条边的宽度。

（3）长度(L)：按照与上一线段相同的角度方向创建指定长度的线段。如果上一线段是圆弧，将创建与该圆弧段相切的新直线段。

（4）宽度(W)：指定下一线段的宽度。

（5）放弃(U)：删除最近添加的线段。

☞教你一招：

定义多段线的半宽和宽度时，注意以下事项。

（1）起点宽度将成为默认的端点宽度。

（2）端点宽度在再次修改宽度之前将作为所有后续线段的统一宽度。

（3）宽线段的起点和端点位于线段的中心。

（4）典型情况下，相邻多段线线段的交点将倒角。但在圆弧段互不相切，有非常尖锐的角或者使用点画线线型的情况下将不倒角。

5.2.2　编辑多段线

编辑多段线命令可以合并二维多段线、将线条和圆弧转换为二维多段线以及将多段线转换为近似 B 样条曲线的曲线。

【执行方式】

- ⮞ 命令行：PEDIT（快捷命令：PE）。
- ⮞ 菜单栏：选择菜单栏中的"修改"→"对象"→"多段线"命令。
- ⮞ 工具栏：单击"修改Ⅱ"工具栏中的"编辑多段线"按钮 ⮡ 。
- ⮞ 快捷菜单：选择要编辑的多线段，在绘图区右击，在弹出的快捷菜单中选择"多段线"→"编辑多段线"命令。
- ⮞ 功能区：单击"默认"选项卡"修改"面板中的"编辑多段线"按钮 ⮡ 。

【操作步骤】

```
命令：PEDIT
选择多段线或 [多条(M)]：（选择需要进行编辑的多段线）
输入选项 [闭合(C)/合并(J)/宽度(W)/编辑顶点(E)/拟合(F)/样条曲线(S)/非曲线化(D)/线型生成(L)
/反转(R)/放弃(U)]：j
选择对象：（选择需要合并的多段线）
选择对象：（选择需要合并的多段线）
输入选项 [打开(O)/合并(J)/宽度(W)/编辑顶点(E)/拟合(F)/样条曲线(S)/非曲线化(D)/线型生成(L)
/反转(R)/放弃(U)]：
```

【选项说明】

编辑多段线命令的选项中允许用户进行移动、插入顶点和修改任意两点间的线的线宽等操作，具体含义如下。

（1）合并(J)：以选中的多段线为主体，合并其他直线段、圆弧或多段线，使其成为一条多段线。能合并的条件是各段线的端点首尾相连，如图 5-6 所示。

（a）合并前　　　　　　　　　　　　　（b）合并后

图 5-6　合并多段线

（2）宽度(W)：修改整条多段线的线宽，使其具有同一线宽，如图 5-7 所示。

（a）修改前

（b）修改后

图 5-7　修改整条多段线的线宽

（3）编辑顶点(E)：选择该选项后，在多段线起点处出现一个斜的十字叉"×"，它为当前顶点的标记，并在命令行出现进行后续操作的提示。

[下一个(N)/上一个(P)/打断(B)/插入(I)/移动(M)/重生成(R)/拉直(S)/切向(T)/宽度(W)/退出(X)] <N>：

这些选项允许用户进行移动、插入顶点和修改任意两点间的线的线宽等操作。

（4）拟合(F)：从指定的多段线生成由光滑圆弧连接而成的圆弧拟合曲线，该曲线经过多段线的各顶点，如图 5-8 所示。

（5）样条曲线(S)：以指定的多段线的各顶点作为控制点生成 B 样条曲线，如图 5-9 所示。

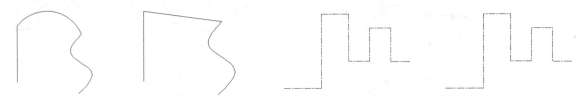

图 5-8　生成圆弧拟合曲线　　　　　　　　　　图 5-9　生成 B 样条曲线

（6）非曲线化(D)：用直线代替指定的多段线中的圆弧。对于选择"拟合(F)"选项或"样条曲线(S)"选项后生成的圆弧拟合曲线或样条曲线，删去其生成曲线时新插入的顶点，则恢复成由直线段组成的多段线，如图 5-10 所示。

（7）线型生成(L)：当多段线的线型为点画线时，控制多段线的线型生成方式开关。选择此选项，命令行提示与操作如下。

输入多段线线型生成选项 [开(ON)/关(OFF)] <关>：

选择 ON 时，将在每个顶点处允许以短画线开始或结束生成线型；选择 OFF 时，将在每个顶点处允许以长画线开始或结束生成线型。线型生成不能用于包含带变宽的线段的多段线。图 5-11 所示为控制多段线的线型效果。

图 5-10　生成直线　　　　　　　　　　图 5-11　控制多段线的线型（线型为点画线时）

☞教你一招：

直线、构造线、多段线的区别如下。

直线：有起点和端点的线。直线每一段都是分开的，画完以后不是一个整体，在选取时需要一根一根地选取。

构造线：没有起点和端点的无限长的线。作为辅助线时和 PS 中的辅助线差不多。

多段线：由多条线段组成一个整体的线段（可以是闭合的，也可以是非闭合的；可能是同一粗细，也可能是粗细结合的）。如想选中该线段中的一部分，必须先将其分解。同样，多条线段在一起时，也可以组合成多段线。

📢 **注意：**

多段线是一条完整的线，折弯的地方是一体的，不像直线，线跟线端点相连，另外，多段线可以改变线宽，使端点和尾点的粗细不一，多段线还可以绘制圆弧，这是直线绝对不可能做到的。另外，对偏移命令，直线和多段线的偏移对象也不相同，直线是偏移单线，多段线是偏移图形。

动手练——绘制浴缸

绘制如图 5-12 所示的浴缸。

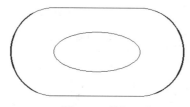

图 5-12　浴缸

📝 **思路点拨：**

源文件：源文件\第 5 章\浴缸.dwg
（1）利用"多段线"命令绘制浴缸外沿。
（2）利用"椭圆"命令绘制缸底。

5.3　多　　线

多线是一种复合线，由连续的直线段复合组成，多线的一个突出优点是能够提高绘图效率，保证图线之间的统一性。

5.3.1　定义多线样式

在使用"多线"命令之前，可对多线的数量和每条单线的偏移距离、颜色、线型和背景填充等特性进行设置。

【执行方式】

➥　命令行：MLSTYLE。
➥　菜单栏：选择菜单栏中的"格式"→"多线样式"命令。

动手学——定义住宅墙体的样式

源文件：源文件\第 5 章\定义住宅墙体样式.dwg
绘制如图 5-13 所示的住宅墙体。

扫一扫，看视频

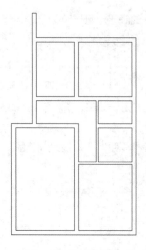

图 5-13　住宅墙体

操作步骤

（1）单击"默认"选项卡"绘图"面板中的"构造线"按钮，绘制一条水平构造线和一条竖直构造线，组成"十"字辅助线，如图 5-14 所示。继续绘制辅助线，命令行提示与操作如下。

```
命令：_XLINE
指定点或 [水平(H)/垂直(V)/角度(A)/二等分(B)/偏移(O)]：O↙
指定偏移距离或[通过(T)]<通过>：1200↙
选择直线对象：选择竖直构造线
指定向哪侧偏移：指定右侧一点
```

采用相同的方法，将偏移得到的竖直构造线依次向右偏移 2400、1200 和 2100，如图 5-15 所示。采用同样的方法，将水平构造线依次向下偏移 1500、3300、1500、2100 和 3900，绘制完成的住宅墙体辅助线网格如图 5-16 所示。

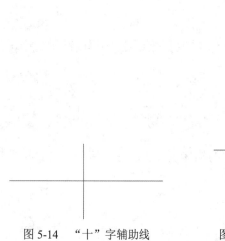

图 5-14　"十"字辅助线

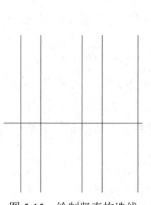

图 5-15　绘制竖直构造线

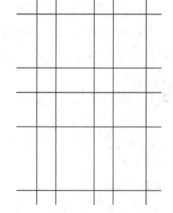

图 5-16　住宅墙体辅助线网格

（2）定义 240 多线样式。选择菜单栏中的"格式"→"多线样式"命令，打开如图 5-17 所示的"多线样式"对话框。单击"新建"按钮，打开如图 5-18 所示的"创建新的多线样式"对话框，在"新样式名"文本框中输入"240 墙"，单击"继续"按钮。

图 5-17　"多线样式"对话框

图 5-18　"创建新的多线样式"对话框

打开"新建多线样式:240墙"对话框,进行如图 5-19 所示的多线样式设置;单击"确定"按钮,返回到"多线样式"对话框,单击"置为当前"按钮,将 240 墙样式置为当前;单击"确定"按钮,完成 240 墙的设置。

图 5-19　设置多线样式

✍ 技巧:

　　在建筑平面图中,墙体用双线表示,一般采用轴线定位的方式,以轴线为中心,具有很强的对称关系,因此绘制墙线通常有 3 种方法。

　　(1)使用"偏移"命令直接偏移轴线,将轴线向两侧偏移一定距离,得到双线,然后将所得双线转移至墙线图层。

　　(2)使用"多线"命令直接绘制墙线。

　　(3)当墙体要求填充成实体颜色时,也可以采用"多段线"命令直接绘制,将线宽设置为墙厚即可。

　　笔者推荐选用第二种方法,即采用"多线"命令绘制墙线。

【选项说明】

"新建多线样式"对话框中的选项说明如下。

（1）"封口"选项组：可以设置多线起点和端点的特性，包括以直线、外弧，还是内弧封口及封口线段或圆弧的角度。

（2）"填充"选项组：在"填充颜色"下拉列表框中选择多线填充的颜色。

（3）"图元"选项组：在此选项组中设置组成多线的元素的特性。单击"添加"按钮，为多线添加元素；反之，单击"删除"按钮，可以为多线删除元素。在"偏移"文本框中可以设置选中元素的位置偏移值。在"颜色"下拉列表框中为选中元素选择颜色。单击"线型"按钮，为选中元素设置线型。

5.3.2　绘制多线

多线的绘制方法和直线的绘制方法相似，不同的是多线由两条线型相同的平行线组成。绘制的每一条多线都是一个完整的整体，不能对其进行偏移、倒角、延伸和修剪等编辑操作，只能用分解命令将其分解成多条直线后再编辑。

【执行方式】

↘　命令行：MLINE。

↘　菜单栏：选择菜单栏中的"绘图"→"多线"命令。

动手学——绘制住宅墙体

调用素材：源文件\第 5 章\定义住宅墙体样式.dwg

源文件：源文件\第 5 章\绘制住宅墙体.dwg

绘制如图 5-20 所示的住宅墙体。

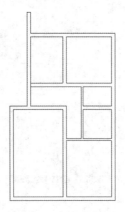

图 5-20　住宅墙体

操作步骤

（1）打开"源文件\第 5 章\定义住宅墙体样式.dwg"文件。

（2）选择菜单栏中的"绘图"→"多线"命令，绘制 240 墙体，命令行提示与操作如下。

```
命令：_MLINE
当前设置：对正 = 无，比例 = 1.00，样式 = 240墙
指定起点或 [对正(J)/比例(S)/样式(ST)]：S
```

输入多线比例 <1.00>:
当前设置: 对正 = 无, 比例 = 1.00, 样式 = 240 墙
指定起点或 [对正(J)/比例(S)/样式(ST)]: J
输入对正类型 [上(T)/无(Z)/下(B)] <无>: Z
当前设置: 对正 = 无, 比例 = 1.00, 样式 = 240 墙
指定起点或 [对正(J)/比例(S)/样式(ST)]: 在绘制的辅助线交点上指定一点
指定下一点: 在绘制的辅助线交点上指定下一点

结果如图 5-21 所示。采用相同的方法根据辅助线网格绘制其余的 240 墙线，绘制结果如图 5-22 所示。

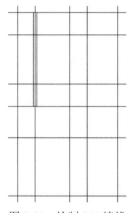

图 5-21　绘制 240 墙线

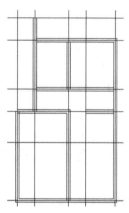

图 5-22　绘制所有的 240 墙线

（3）定义 120 多线样式。选择菜单栏中的"格式"→"多线样式"命令，打开"多线样式"对话框。单击"新建"按钮，打开"创建新的多线样式"对话框，在"新样式名"文本框中输入"120 墙"，单击"继续"按钮，打开"新建多线样式:120 墙"对话框，进行如图 5-23 所示的多线样式设置。单击"确定"按钮，返回到"多线样式"对话框，单击"置为当前"按钮，将 120 墙样式置为当前。单击"确定"按钮，完成 120 墙的设置。

图 5-23　设置多线样式

（4）选择菜单栏中的"绘图"→"多线"命令，根据辅助线网格绘制 120 的墙体，结果如图 5-24 所示。

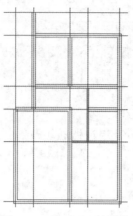

图 5-24　绘制 120 的墙体

【选项说明】

（1）对正(J)：该选项用于给定绘制多线的基准。共有 "上" "无" 和 "下" 3 种对正类型。其中，"上" 表示以多线上侧的线为基准，以此类推。

（2）比例(S)：选择该选项，要求用户设置平行线的间距。输入值为 0 时，平行线重合；值为负时，多线的排列倒置。

（3）样式(ST)：该选项用于设置当前使用的多线样式。

5.3.3　编辑多线

AutoCAD 提供了 4 种类型，12 个多线编辑工具。

【执行方式】

➥　命令行：MLEDIT。

➥　菜单栏：选择菜单栏中的 "修改"→"对象"→"多线"命令。

动手学——编辑住宅墙体

源文件：源文件\第 5 章\绘制住宅墙体.dwg

源文件：源文件\第 5 章\住宅墙体.dwg

绘制如图 5-25 所示的住宅墙体。

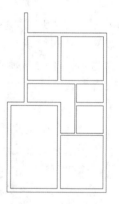

图 5-25　住宅墙体

操作步骤

（1）打开 "源文件\第 5 章\绘制住宅墙体.dwg" 文件。

（2）编辑多线。选择菜单栏中的 "修改"→"对象"→"多线" 命令，系统打开 "多线编辑工具" 对话框，如图 5-26 所示。选择 "T 形打开" 选项，命令行提示与操作如下。

```
命令：_MLEDIT
选择第一条多线：选择多线
选择第二条多线：选择多线
选择第一条多线或 [放弃(U)]：选择多线
```

采用同样的方法继续进行多线编辑，如图 5-27 所示。

图 5-26　"多线编辑工具"对话框

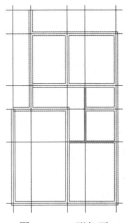

图 5-27　T 形打开

然后在"多线编辑工具"对话框中选择"角点结合"选项，对墙线进行编辑，并删除辅助线。

（3）单击"默认"选项卡"绘图"面板中的"直线"按钮 ，将端口处封闭，最后结果如图 5-25 所示。

【选项说明】

"多线编辑工具"对话框中"多线编辑工具"选项组的第一列处理十字交叉的多线，第二列处理 T 形相交的多线，第三列处理角点连接和顶点，第四列处理多线的剪切或接合。

动手练——绘制墙体

绘制如图 5-28 所示的墙体。

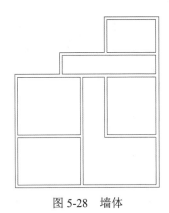

图 5-28　墙体

📋 **思路点拨：**

源文件：源文件\第 5 章\墙体.dwg
（1）利用"构造线"命令绘制辅助线。
（2）利用"多线样式"命令设置多线样式。
（3）利用"多线"命令绘制墙体。
（4）利用"多线编辑"命令对墙体进行编辑。

5.4 图案填充

为了标示某一区域的材质或用料，常对其画上一定的图案。图形中的填充图案描述了对象的材料特性并增加了图形的可读性。通常，图案填充帮助绘图者实现了表达信息的目的，还可以创建渐变色填充，产生增强演示图形的效果。

5.4.1 基本概念

1. 图案边界

进行图案填充时，首先要确定填充图案的边界。定义边界的对象只能是直线、双向射线、单向射线、多义线、样条曲线、圆弧、圆、椭圆、椭圆弧、面域等对象，或用这些对象定义的块，而且作为边界的对象在当前图层上必须全部可见。

2. 孤岛

在进行图案填充时，把位于总填充区域内的封闭区称为孤岛，如图 5-29 所示。在使用 BHATCH 命令填充时，AutoCAD 系统允许用户以拾取点的方式确定填充边界，即在希望填充的区域内任意拾取一点，系统会自动确定出填充边界，同时也确定该边界内的岛。如果用户以选择对象的方式确定填充边界，则必须确切地选取这些岛，有关知识将在 5.4.2 小节中介绍。

（a）孤岛1　　　　　　　　　　　　　　（b）孤岛2

图 5-29　孤岛

3. 填充方式

在进行图案填充时，需要控制填充范围，AutoCAD 系统为用户设置了以下 3 种填充方式，以实现对填充范围的控制。

（1）普通方式。如图 5-30（a）所示，该方式从边界开始，从每条填充线或每个填充符号的两端向里填充，遇到内部对象与之相交时，填充线或符号断开，直到遇到下一次相交时再继续填充。采用这种填充方式时要避免剖面线或符号与内部对象的相交次数为奇数，该方式为系统内部的默认方式。

（2）最外层方式。如图 5-30（b）所示，该方式从边界向里填充，只要在边界内部与对象相交，剖面符号就会断开，而不再继续填充。

（3）忽略方式。如图 5-30（c）所示，该方式忽略边界内的对象，所有内部结构都被剖面符号覆盖。

（a）普通方式　　　　　　（b）最外层方式　　　　　　（c）忽略方式

图 5-30　填充方式

5.4.2　图案填充的操作

图案用来区分工程部件或用来表现组成对象的材质。可以使用预定义的图案填充，使用当前的线型定义简单的直线图案或者绘制更加复杂的填充图案，可以在某一封闭区域内填充关联图案，可以生成随边界变化的相关的填充，也可以生成不相关的填充。

【执行方式】

- ➤ 命令行：BHATCH（快捷命令：H）。
- ➤ 菜单栏：选择菜单栏中的"绘图"→"图案填充"命令。
- ➤ 工具栏：单击"绘图"工具栏中的"图案填充"按钮。
- ➤ 功能区：单击"默认"选项卡"绘图"面板中的"图案填充"按钮。

扫一扫，看视频

动手学——枕头

源文件：源文件\第 5 章\枕头.dwg

本实例绘制如图 5-31 所示枕头。

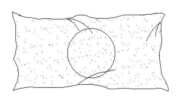

图 5-31　枕头

操作步骤

（1）单击"默认"选项卡"绘图"面板中的"矩形"按钮，在图中绘制边长为 600×300 的矩形，如图 5-32 所示。

（2）单击"默认"选项卡"绘图"面板中的"样条曲线拟合"按钮，关闭状态栏中的"极轴追踪""对象捕捉追踪"等功能，然后沿矩形的边缘绘制曲折的边缘线，作为枕头的轮廓线，如图 5-33 所示。

　　　　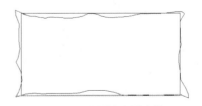

图 5-32　绘制枕头轮廓矩形　　　　　　图 5-33　绘制枕头轮廓线

（3）删除矩形，单击"默认"选项卡"绘图"面板中的"圆弧"按钮 ，在图中绘制枕头的内部褶皱线；并单击"圆"按钮，在中心绘制半径为 100 的圆，如图 5-34 所示。

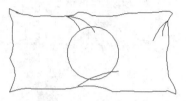

图 5-34　绘制弧线及圆

（4）单击"默认"选项卡"绘图"面板中的"图案填充"按钮 ，打开如图 5-35 所示的"图案填充创建"选项卡，在"图案"面板中选取填充图案为 AR-SAND，在"特性"面板中设置填充比例为 1，选取枕头对象，填充图案，结果如图 5-31 所示。

图 5-35　"图案填充创建"选项卡

【选项说明】

1．"边界"面板

（1）拾取点 ：通过选择由一个或多个对象形成的封闭区域内的点确定图案填充边界，如图 5-36 所示。指定内部点时，可以随时在绘图区域中右击以显示包含多个选项的快捷菜单。

（a）选择一点　　　　　　　　（b）填充区域　　　　　　　　（c）填充结果

图 5-36　边界确定

（2）选择 （选择边界对象按钮）：指定基于选定对象的图案填充边界。使用该选项时，不会自动检测内部对象，必须选择选定边界内的对象，以按照当前孤岛检测样式填充这些对象，如图 5-37 所示。

（a）原始图形　　　　　　　　（b）选取边界对象　　　　　　　　（c）填充结果

图 5-37　选取边界对象

（3）删除 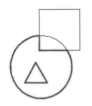（删除边界对象按钮）：从边界定义中删除之前添加的任何对象，如图 5-38 所示。

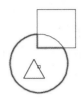
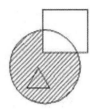

（a）选取边界对象　　　　　　　（b）删除边界　　　　　　　（c）填充结果

图 5-38　删除"岛"后的边界

（4）重新创建 （重新创建边界按钮）：围绕选定的图案填充或填充对象创建多段线或面域，并使其与图案填充对象相关联（可选）。

（5）显示边界对象 ：选择构成选定关联图案填充对象的边界的对象，使用显示的夹点可修改图案填充边界。

（6）保留边界对象 ：指定如何处理图案填充边界对象，包括以下几个选项。

① 不保留边界（仅在图案填充创建期间可用）：不创建独立的图案填充边界对象。

② 保留边界-多段线（仅在图案填充创建期间可用）：创建封闭图案填充对象的多段线。

③ 保留边界-面域（仅在图案填充创建期间可用）：创建封闭图案填充对象的面域对象。

（7）选择新边界集 ：指定对象的有限集（称为边界集），以便通过创建图案填充时的拾取点进行计算。

2. "图案"面板

显示所有预定义和自定义图案的预览图像。

3. "特性"面板

（1）图案填充类型：指定是使用纯色、渐变色、图案还是用户定义的填充。

（2）图案填充颜色：替代实体填充和填充图案的当前颜色。

（3）背景色：指定填充图案背景的颜色。

（4）图案填充透明度：设定新图案填充或填充的透明度替代当前对象的透明度。

（5）图案填充角度：指定图案填充或填充的角度。

（6）填充图案比例：放大或缩小预定义或自定义填充图案。

（7）相对图纸空间（仅在布局中可用）：相对于图纸空间单位缩放填充图案。使用此选项，很容易做到以适合布局的比例显示填充图案。

（8）双向（仅当"图案填充类型"设定为"用户定义"时可用）：将绘制第二组直线，与原始直线成 90°角，从而构成交叉线。

（9）ISO 笔宽（仅对于预定义的 ISO 图案可用）：基于选定的笔宽缩放 ISO 图案。

4. "原点"面板

（1）设定原点 ：直接指定新的图案填充原点。

（2）左下 ：将图案填充原点设定在图案填充边界矩形范围的左下角。

（3）右下 ：将图案填充原点设定在图案填充边界矩形范围的右下角。

（4）左上🔲：将图案填充原点设定在图案填充边界矩形范围的左上角。

（5）右上🔲：将图案填充原点设定在图案填充边界矩形范围的右上角。

（6）中心🔲：将图案填充原点设定在图案填充边界矩形范围的中心。

（7）使用当前原点🔲：将图案填充原点设定在 HPORIGIN 系统变量中存储的默认位置。

（8）存储为默认原点🔲：将新图案填充原点的值存储在 HPORIGIN 系统变量中。

5."选项"面板

（1）关联🔲：指定图案填充或填充为关联的图案填充。关联的图案填充或填充在用户修改其边界对象时将会更新。

（2）注释性🔺：指定图案填充为注释性。此特性会自动完成缩放注释过程，从而使注释能够以正确的大小在图纸上打印或显示。

（3）特性匹配。

① 使用当前原点🔲：使用选定图案填充对象（除图案填充原点外）设定图案填充的特性。

② 使用源图案填充的原点🔲：使用选定图案填充对象（包括图案填充原点）设定图案填充的特性。

（4）允许的间隙：设定将对象用作图案填充边界时可以忽略的最大间隙。默认值为 0，此值指定对象必须封闭区域而没有间隙。

（5）独立的图案填充：控制当指定了几个单独的闭合边界时，是创建单个图案填充对象，还是创建多个图案填充对象。

（6）孤岛检测。

① 🔲普通孤岛检测：从外部边界向内填充。如果遇到内部孤岛，填充将关闭，直到遇到孤岛中的另一个孤岛。

② 🔲外部孤岛检测：从外部边界向内填充。此选项仅填充指定的区域，不会影响内部孤岛。

③ 🔲忽略孤岛检测：忽略所有内部的对象，填充图案时将通过这些对象。

④ 🔲无孤岛检测：关闭以使用传统孤岛检测方法。

（7）绘图次序：为图案填充或填充指定绘图次序。选项包括不更改、后置、前置、置于边界之后和置于边界之前。

5.4.3 渐变色的操作

在绘图过程中，有些图形在填充时需要用到一种或多种颜色，尤其在绘制装潢、美工等图纸时，这就要用到渐变色图案填充功能，利用该功能可以对封闭区域进行适当的渐变色填充，从而形成比较好的颜色修饰效果。

【执行方式】

↘ 命令行：GRADIENT。

↘ 菜单栏：选择菜单栏中的"绘图"→"渐变色"命令。

↘ 工具栏：单击"绘图"工具栏中的"渐变色"按钮🔲。

↘ 功能区：单击"默认"选项卡"绘图"面板中的"渐变色"按钮🔲。

【操作步骤】

执行上述操作后，系统打开如图 5-39 所示的"图案填充创建"选项卡，各面板中按钮的含义与图案填充的类似，这里不再赘述。

图 5-39　"图案填充创建"选项卡

5.4.4　编辑填充的图案

用于修改现有的图案填充对象，但不能修改边界。

【执行方式】

- 命令行：HATCHEDIT（快捷命令：HE）。
- 菜单栏：选择菜单栏中的"修改"→"对象"→"图案填充"命令。
- 工具栏：单击"修改 II"工具栏中的"编辑图案填充"按钮 。
- 功能区：单击"默认"选项卡"修改"面板中的"编辑图案填充"按钮 。
- 快捷菜单：选中填充的图案右击，在打开的快捷菜单中选择"图案填充编辑"命令。
- 快捷方法：直接选择填充的图案，打开"图案填充编辑器"选项卡，如图 5-40 所示。

图 5-40　"图案填充编辑器"选项卡

动手练——绘制镜子

绘制如图 5-41 所示的镜子。

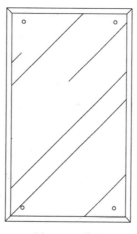

图 5-41　镜子

📋 **思路点拨：**

> 源文件：源文件\第 5 章\镜子.dwg
> （1）利用"矩形""直线"和"圆"命令绘制镜子轮廓。
> （2）利用"图案填充"命令填充镜面。

5.5　模拟认证考试

1. 若需要编辑已知多段线，使用"多段线"命令的（　　　）选项可以创建宽度不等的对象。

A. 样条(S)　　　　　　　　　　　　B. 锥形(T)

C. 宽度(W)　　　　　　　　　　　　D. 编辑顶点(E)

2. 执行"样条曲线拟合"命令后，某选项用来输入曲线的偏差值。值越大，曲线越远离指定的点；值越小，曲线离指定的点越近。该选项是（　　　）。

A. 闭合　　　　　　　　　　　　　　B. 端点切向

C. 公差　　　　　　　　　　　　　　D. 起点切向

3. 无法用多段线直接绘制的是（　　　）。

A. 直线段　　　　　　　　　　　　　B. 弧线段

C. 样条曲线　　　　　　　　　　　　D. 直线段和弧线段的组合段

4. 设置"多线样式"时，下列不属于多线封口的是（　　　）。

A. 直线　　　　　　B. 多段线　　　　　　C. 内弧　　　　　　D. 外弧

5. 关于样条曲线拟合点说法错误的是（　　　）。

A. 可以删除样条曲线的拟合点　　　　B. 可以添加样条曲线的拟合点

C. 可以阵列样条曲线的拟合点　　　　D. 可以移动样条曲线的拟合点

6. 填充选择边界出现红色圆圈的是（　　　）。

A. 绘制的圆没有删除　　　　　　　　B. 检测到点样式为圆的端点

C. 检测到无效的图案填充边界　　　　D. 程序出错重新启动可以解决

7. 图案填充时，有时需要改变原点位置来适应图案填充边界，但默认情况下，图案填充原点坐标是（　　　）。

A. 0,0　　　　　　B. 0,1　　　　　　C. 1,0　　　　　　D. 1,1

8. 根据图案填充创建边界时，边界类型可能是以下（　　　）选项。

A. 多段线　　　　　　　　　　　　　B. 封闭的样条曲线

C. 三维多段线　　　　　　　　　　　D. 螺旋线

9. 使用"填充图案"命令绘制图案时，可以选定哪个选项？（　　　）

A. 图案的颜色和比例　　　　　　　　B. 图案的角度和比例

C. 图案的角度和线型　　　　　　　　D. 图案的颜色和线型

10．绘制如图 5-42 所示的图形。

11．创建如图 5-43 所示的图形。

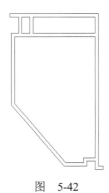

图　5-42

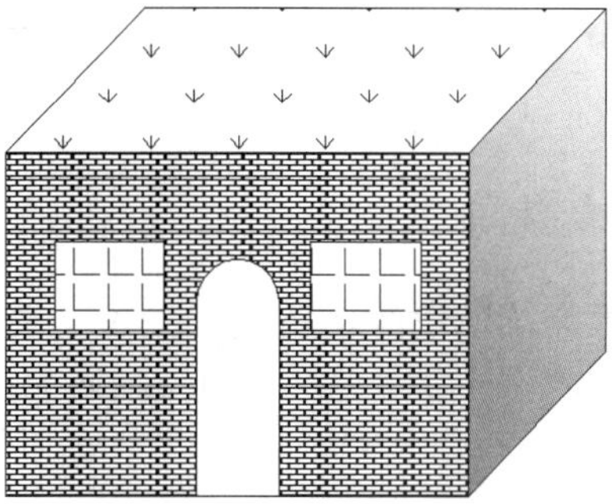

图　5-43

第6章 精确绘制图形

内容简介

本章学习精确绘图的相关知识，使读者能了解并熟练掌握正交、栅格、对象捕捉、自动追踪、参数化设计等工具的妙用，将各工具应用到图形绘制过程中。

内容要点

- ↘ 精确定位工具
- ↘ 对象捕捉
- ↘ 自动追踪
- ↘ 动态输入
- ↘ 参数化设计
- ↘ 模拟认证考试

案例效果

6.1 精确定位工具

精确定位工具是指能够快速、准确地定位某些特殊点（如端点、中点、圆心等）和特殊位置（如水平位置、垂直位置）的工具。

6.1.1 栅格显示

用户可以应用栅格显示工具使绘图区显示网格，类似于传统的坐标纸。本节介绍控制栅格显示及设置栅格参数的方法。

【执行方式】

- ↘ 菜单栏：选择菜单栏中的"工具"→"绘图设置"命令。
- ↘ 状态栏：单击状态栏中的"栅格"按钮 ▦（仅限于打开与关闭）。
- ↘ 快捷键：F7（仅限于打开与关闭）。

【操作步骤】

选择菜单栏中的"工具"→"绘图设置"命令，打开"草图设置"对话框，选择"捕捉和栅格"选项卡，如图 6-1 所示。

图 6-1　"捕捉和栅格"选项卡

【选项说明】

（1）"启用栅格"复选框：用于控制是否显示栅格。

（2）"栅格样式"选项组：在二维中设定栅格样式。

① 二维模型空间：将二维模型空间的栅格样式设定为点栅格。

② 块编辑器：将块编辑器的栅格样式设定为点栅格。

③ 图纸/布局：将图纸和布局的栅格样式设定为点栅格。

（3）"栅格间距"选项组。

"栅格 X 轴间距"和"栅格 Y 轴间距"文本框用于设置栅格在水平与垂直方向的间距。如果"栅格 X 轴间距"和"栅格 Y 轴间距"设置为 0，则 AutoCAD 系统会自动将捕捉的栅格间距应用于栅格，且其原点和角度总是与捕捉栅格的原点和角度相同。另外，还可以通过 GRID 命令在命令行设置栅格间距。

（4）"栅格行为"选项组。

① 自适应栅格：缩小时，限制栅格密度。如果勾选"允许以小于栅格间距的间距再拆分"复选框，则在放大时，生成更多间距更小的栅格线。

② 显示超出界限的栅格：显示超出图形界限指定的栅格。

③ 遵循动态 UCS：更改栅格平面以跟随动态 UCS 的 XY 平面。

✎ 技巧：

> 在"栅格间距"选项组的"栅格 X 轴间距"和"栅格 Y 轴间距"文本框中输入数值时，若在"栅格 X 轴间距"文本框中输入一个数值后按 Enter 键，系统将自动传送这个值给"栅格 Y 轴间距"，这样可减少工作量。

6.1.2　捕捉模式

为了准确地在绘图区捕捉点，AutoCAD 提供了捕捉工具，可以在绘图区生成一个隐含的栅格

（捕捉栅格），这个栅格能够捕捉光标，约束光标只能落在栅格的某一个节点上，使用户能够高精确度地捕捉和选择这个栅格上的点。本小节主要介绍捕捉栅格的参数设置方法。

【执行方式】

- 菜单栏：选择菜单栏中的"工具"→"绘图设置"命令。
- 状态栏：单击状态栏中的"捕捉模式"按钮 ⠿（仅限于打开与关闭）。
- 快捷键：F9（仅限于打开与关闭）。

【操作步骤】

选择菜单栏中的"工具"→"绘图设置"命令，打开"草图设置"对话框，选择"捕捉和栅格"选项卡，如图 6-1 所示。

【选项说明】

（1）"启用捕捉"复选框：控制捕捉功能的开关，与按 F9 键或单击状态栏中的"捕捉模式"按钮 ⠿ 功能相同。

（2）"捕捉间距"选项组：设置捕捉参数，其中，"捕捉 X 轴间距"与"捕捉 Y 轴间距"文本框用于确定捕捉栅格点在水平和垂直两个方向上的间距。

（3）"极轴间距"选项组：该选项组只有在选择 PolarSnap 捕捉类型时才可用。可以在"极轴距离"文本框中输入距离值，也可以在命令行中输入 SNAP 命令，设置捕捉的有关参数。

（4）"捕捉类型"选项组：确定捕捉类型和样式。AutoCAD 提供了两种捕捉栅格的方式："栅格捕捉"和"PolarSnap（极轴捕捉）"。

① 栅格捕捉：是指按正交位置捕捉位置点。"栅格捕捉"又分为"矩形捕捉"和"等轴测捕捉"两种方式。在"矩形捕捉"方式下捕捉栅格里标准的矩形显示，在"等轴测捕捉"方式下捕捉栅格和光标十字线不再互相垂直，而是呈绘制等轴测图时的特定角度，在绘制等轴测图时使用这种方式十分方便。

② PolarSnap：可以根据设置的任意极轴角捕捉位置点。

6.1.3 正交模式

在 AutoCAD 绘图过程中，经常需要绘制水平直线和垂直直线，但是用光标控制选择线段的端点时很难保证两个点严格沿水平或垂直方向，为此，AutoCAD 提供了正交功能，当启用正交模式时，画线或移动对象时只能沿水平方向或垂直方向移动光标，也只能绘制平行于坐标轴的正交线段。

【执行方式】

- 命令行：ORTHO。
- 状态栏：单击状态栏中的"正交模式"按钮 ⌐。
- 快捷键：F8。

【操作步骤】

```
命令：ORTHO✓
输入模式 [开(ON)/关(OFF)] <开>：（设置开或关）
```

✐ 技巧：

　　"正交"模式必须依托于其他绘图工具才能显示其功能效果。

6.2 对 象 捕 捉

在利用 AutoCAD 画图时经常用到一些特殊点，如圆心、切点、线段或圆弧的端点、中点等，如果只利用光标在图形上选择，要准确地找到这些点是十分困难的，因此，AutoCAD 提供了一些工具，通过这些工具即可容易地识别特殊点，构造新几何体，精确绘制图形，其结果比传统手工绘图更精确且更容易维护。在 AutoCAD 中，这种功能称为对象捕捉功能。

6.2.1 对象捕捉设置

在 AutoCAD 中绘图之前，可以根据需要事先设置或开启一些对象捕捉模式，绘图时系统就能自动捕捉这些特殊点，从而加快绘图速度，提高绘图质量。

【执行方式】

- ➥ 命令行：DDOSNAP。
- ➥ 菜单栏：选择菜单栏中的"工具"→"绘图设置"命令。
- ➥ 工具栏：单击"对象捕捉"工具栏中的"对象捕捉设置"按钮 ⋒。
- ➥ 状态栏：单击状态栏中的"二维对象捕捉"按钮 ▢（仅限于打开与关闭）。
- ➥ 快捷键：F3（仅限于打开与关闭）。
- ➥ 快捷菜单：按 Shift 键右击，在弹出的快捷菜单中选择"对象捕捉设置"命令。

【操作步骤】

执行上述操作后，打开如图 6-2 所示的"草图设置"对话框，选择"对象捕捉"选项卡，可以设置对象捕捉模式。

图 6-2 "对象捕捉"选项卡

【选项说明】

（1）"启用对象捕捉"复选框：选中该复选框，在"对象捕捉模式"选项组中，被选中的捕捉模式处于激活状态。

（2）"启用对象捕捉追踪"复选框：用于打开或关闭自动追踪功能。

（3）"对象捕捉模式"选项组：该选项组中列出各种捕捉模式的复选框，被选中的复选框处于激活状态。单击"全部清除"按钮，则所有模式均被清除。单击"全部选择"按钮，则所有模式均被选中。

（4）"选项"按钮：单击该按钮，在弹出的"选项"对话框中选择"绘图"选项卡，从中可对各种捕捉模式进行设置。

6.2.2　特殊位置点捕捉

在绘制 AutoCAD 图形时，有时需要指定一些特殊位置的点，如圆心、端点、中点、平行线上的点等，可以通过对象捕捉功能来捕捉这些点，如表 6-1 所示。

表 6-1　特殊位置点捕捉

捕 捉 模 式	快 捷 命 令	功　　能
临时追踪点	TT	建立临时追踪点
两点之间的中点	M2P	捕捉两个独立点之间的中点
自	FRO	与其他捕捉方式配合使用，建立一个临时参考点作为指出后继点的基点
中点	MID	用来捕捉对象（如线段或圆弧等）的中点
圆心	CEN	用来捕捉圆或圆弧的圆心
节点	NOD	捕捉用 POINT 或 DIVIDE 等命令生成的点
象限点	QUA	用来捕捉距光标最近的圆或圆弧上可见部分的象限点，即圆周上 0°、90°、180°、270° 位置上的点
交点	INT	用来捕捉对象（如线、圆弧或圆等）的交点
延长线	EXT	用来捕捉对象延长路径上的点
插入点	INS	用于捕捉块、形、文字、属性或属性定义等对象的插入点
垂足	PER	在线段、圆、圆弧或其延长线上捕捉一个点，与最后生成的点形成连线，与该线段、圆或圆弧正交
切点	TAN	最后生成的一个点到选中的圆或圆弧上引切线，切线与圆或圆弧的交点
最近点	NEA	用于捕捉离拾取点最近的线段、圆、圆弧等对象上的点
外观交点	APP	用来捕捉两个对象在视图平面上的交点。若两个对象没有直接相交，则系统自动计算其延长后的交点；若两个对象在空间上为异面直线，则系统计算其投影方向上的交点
平行线	PAR	用于捕捉与指定对象平行方向上的点
无	NON	关闭对象捕捉模式
对象捕捉设置	OSNAP	设置对象捕捉

AutoCAD 提供了命令行、工具栏和右键快捷菜单 3 种执行特殊点对象捕捉的方法。

在使用特殊位置点捕捉的快捷命令前，必须先选择绘制对象的命令或工具，再在命令行中输入其快捷命令。

动手学——三环旗

源文件：源文件\第 6 章\三环旗.dwg

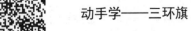

绘制如图 6-3 所示的三环旗。

图 6-3　三环旗

操作步骤

（1）单击"默认"选项卡"绘图"面板中的"直线"按钮 ╱，绘制辅助作图线，命令行提示
与操作如下。

```
命令：_LINE
指定第一个点：在绘图区单击指定一点
指定下一点或 [放弃(U)]：移动光标到合适位置，单击指定另一点，绘制出一条倾斜直线，作为辅助线
指定下一点或 [放弃(U)]：✓
```

绘制结果如图 6-4 所示。

（2）单击"默认"选项卡"绘图"面板中的"多段线"按钮 ⟍，绘制旗尖，命令行提示与操
作如下。

```
命令：_PLINE
指定起点：同时按下 Shift 键和鼠标右键，在打开的快捷菜单中单击"最近点"按钮 ⯅
 _nea 到：将光标移至直线上，选择一点
当前线宽为 0.0000
指定下一点或 [圆弧(A)/闭合(C)/半宽(H)/长度(L)/放弃(U)/宽度(W)]：W✓
指定起点宽度 <0.0000>：✓
指定端点宽度 <0.0000>：8✓
指定下一点或 [圆弧(A)/闭合(C)/半宽(H)/长度(L)/放弃(U)/宽度(W)]：同时按下 Shift 键和鼠标右键，
在打开的快捷菜单中单击"最近点"按钮 ⯅
_nea 到：将光标移至直线上，选择一点
指定下一点或 [圆弧(A)/闭合(C)/半宽(H)/长度(L)/放弃(U)/宽度(W)]：W✓
指定起点宽度 <8.0000>：✓
指定端点宽度 <8.0000>：0✓
指定下一点或 [圆弧(A)/闭合(C)/半宽(H)/长度(L)/放弃(U)/宽度(W)]：同时按下 Shift 键和鼠标右键，
在打开的快捷菜单中单击"最近点"按钮 ⯅
_nea 到：将光标移至直线上，选择一点，使旗尖图形接近对称
```

绘制结果如图 6-5 所示。

图 6-4　辅助直线

图 6-5　旗尖

（3）单击"默认"选项卡"绘图"面板中的"多段线"按钮 ，绘制旗杆，命令行提示与操作如下。

```
命令：_PLINE
指定起点：同时按下 Shift 键和鼠标右键，在打开的快捷菜单中单击"端点"按钮
_endp 于：捕捉所画旗尖的端点
当前线宽为 0.0000
指定下一点或 [圆弧(A)/半宽(H)/长度(L)/放弃(U)/宽度(W)]：W↙
指定起点宽度 <0.0000>：2↙
指定端点宽度 <2.0000>：↙
指定下一点或 [圆弧(A)/半宽(H)/长度(L)/放弃(U)/宽度(W)]：同时按下 Shift 键和鼠标右键，在打开的
快捷菜单中单击"最近点"按钮
_nea 到：将光标移至辅助直线上，选择一点
指定下一点或 [圆弧(A)/闭合(C)/半宽(H)/长度(L)/放弃(U)/宽度(W)]：↙
```

绘制结果如图 6-6 所示。

（4）单击"默认"选项卡"绘图"面板中的"多段线"按钮 ，绘制旗面，命令行提示与操作如下。

```
命令：_PLINE
指定起点：同时按下 Shift 键和鼠标右键，在打开的快捷菜单中单击"端点"按钮
_endp 于：捕捉旗杆的端点
当前线宽为 0.0000
指定下一点或 [圆弧(A)/闭合(C)/半宽(H)/长度(L)/放弃(U)/宽度(W)]：A↙
指定圆弧的端点(按住 Ctrl 键以切换方向)或[角度(A)/圆心(CE)/方向(D)/半宽(H)/直线(L)/半径
(R)/第二点(S)/放弃(U)/宽度(W)]：S↙
指定圆弧的第二点：单击选择一点，指定圆弧的第二点
指定圆弧的端点：单击选择一点，指定圆弧的端点
指定圆弧的端点(按住 Ctrl 键以切换方向)或[角度(A)/圆心(CE)/ 闭合(CL)/方向(D)/半宽(H)/直线
(L)/半径(R)/第二点(S)/放弃(U)/宽度(W)]：单击选择一点，指定圆弧的端点
指定圆弧的端点或[角度(A)/圆心(CE)/闭合(CL)/方向(D)/半宽(H)/直线(L)/半径(R)/第二点(S)/放弃
(U)/宽度(W)]：↙
采用相同的方法绘制另一条旗面边线
```

（5）单击"默认"选项卡"绘图"面板中的"直线"按钮 ，绘制旗面右端封闭直线，命令行提示与操作如下。

```
命令：_LINE 指定第一个点：同时按下 Shift 键和鼠标右键，在打开的快捷菜单中单击"端点"按钮
_endp 于：捕捉旗面上边的端点
指定下一点或 [放弃(U)]：同时按下 Shift 键和鼠标右键，在打开的快捷菜单中单击"端点"按钮
_endp 于：捕捉旗面下边的端点
指定下一点或 [放弃(U)]：↙
```

绘制结果如图 6-7 所示。

图 6-6　绘制旗杆后的图形

图 6-7　绘制旗面后的图形

（6）单击"默认"选项卡"绘图"面板中的"圆环"按钮◎，绘制3个圆环，命令行提示与操作如下。

```
命令：_DONUT
指定圆环的内径 <10.0000>：30✓
指定圆环的外径 <20.0000>：40✓
指定圆环的中心点或 <退出>：在旗面内单击选择一点，确定第一个圆环的中心
指定圆环的中心点 或<退出>：在旗面内单击选择一点，确定第二个圆环中心
...
使绘制的3个圆环排列为一个三环形状
指定圆环的中心点或<退出>：✓
```

绘制结果如图6-3所示。

动手练——绘制公切线

绘制如图6-8所示的公切线。

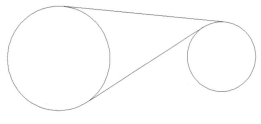

图6-8　公切线

📋 **思路点拨：**

源文件：源文件\第6章\公切线.dwg
（1）设置对象捕捉选项。
（2）利用"圆"命令绘制两圆。
（3）利用"直线"命令捕捉圆的切点绘制直线。

6.3　自 动 追 踪

自动追踪是指按指定角度或与其他对象建立指定关系绘制对象，利用自动追踪功能，可以对齐路径，有助于以精确的位置和角度创建对象。自动追踪包括"极轴追踪"和"对象捕捉追踪"两种追踪选项。"极轴追踪"是指按指定的极轴角或极轴角的倍数对齐要指定点的路径；"对象捕捉追踪"是指以捕捉到的特殊位置点为基点，按指定的极轴角或极轴角的倍数对齐要指定点的路径。

6.3.1　对象捕捉追踪

"对象捕捉追踪"必须配合"对象捕捉"功能一起使用，即状态栏中的"二维对象捕捉"按钮□和"对象捕捉追踪"按钮∠均处于打开状态。

【执行方式】

- 命令行：DDOSNAP。
- 菜单栏：选择菜单栏中的"工具"→"绘图设置"命令。
- 工具栏：单击"对象捕捉"工具栏中的"对象捕捉设置"按钮 🔒。
- 状态栏：单击状态栏中的"二维对象捕捉"按钮 🗂 和"对象捕捉追踪"按钮 ∠ 或单击"极轴追踪"右侧的下拉按钮，在弹出的下拉菜单中选择"正在追踪设置"命令，如图6-9所示。
- 快捷键：F11。

图6-9　下拉菜单

动手学——吧凳

源文件：源文件\第6章\吧凳.dwg

绘制如图6-10所示的吧凳。

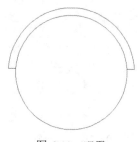

图6-10　吧凳

操作步骤

（1）单击"默认"选项卡"绘图"面板中的"圆"按钮 ⊙，绘制一个适当大小的圆，如图6-11所示。

（2）打开状态栏中的"二维对象捕捉"按钮 🗂、"对象捕捉追踪"按钮 ∠ 以及"正交模式"按钮 └。单击"默认"选项卡"绘图"面板中的"直线"按钮 ╱，在圆的左侧绘制一条短直线，然后将光标移到刚绘制的直线右端点，向右拖动鼠标，拉出一条水平追踪线，如图6-12所示；捕捉追踪线与右边圆的交点绘制另外一条直线，结果如图6-13所示。

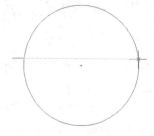
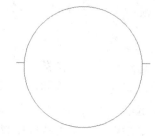

图6-11　绘制圆　　　　图6-12　捕捉追踪　　　　图6-13　绘制线段

（3）单击"默认"选项卡"绘图"面板中的"圆弧"按钮 ╱，绘制一段圆弧。命令行提示与操作如下。

```
命令：_ARC
指定圆弧的起点或[圆心(C)]：指定右边线段的右端点
指定圆弧的第二个点或[圆心(C)/端点(E)]：输入"E"
```

指定圆弧的端点：后指定左边线段的左端点

指定圆弧的中心点(按住 Ctrl 键以切换方向)或 [角度(A)/方向(D)/半径(R)]：捕捉圆心

绘制结果如图 6-10 所示。

6.3.2　极轴追踪

"极轴追踪"必须配合"二维对象捕捉"功能一起使用，即状态栏中的"极轴追踪"按钮 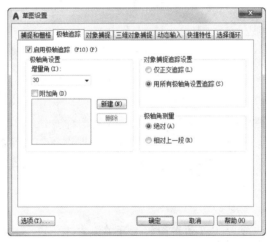 和"二维对象捕捉"按钮 均处于打开状态。

【执行方式】

➥　命令行：DDOSNAP。

➥　菜单栏：选择菜单栏中的"工具"→"绘图设置"命令。

➥　工具栏：单击"对象捕捉"工具栏中的"对象捕捉设置"按钮 。

➥　状态栏：单击状态栏中的"二维对象捕捉"按钮 和"极轴追踪"按钮 。

➥　快捷键：F10。

执行上述方式后，打开"草图设置"对话框，选择"极轴追踪"选项卡，如图 6-14 所示。

图 6-14　"极轴追踪"选项卡

【选项说明】

"草图设置"对话框中的"极轴追踪"选项卡，其中各选项功能如下。

（1）"启用极轴追踪"复选框：选中该复选框，即启用极轴追踪功能。

（2）"极轴角设置"选项组：设置极轴角的值，可以在"增量角"下拉列表框中选择一种角度值，也可选中"附加角"复选框，单击"新建"按钮设置任意附加角。系统在进行极轴追踪时，同时追踪增量角和附加角，可以设置多个附加角。

（3）"对象捕捉追踪设置"和"极轴角测量"选项组：按界面提示设置相应单选按钮，利用自动追踪可以完成三视图绘制。

动手练——绘制椅子

绘制如图 6-15 所示的椅子。

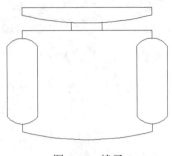

图 6-15　椅子

 思路点拨：

> 源文件：源文件\第 6 章\椅子.dwg
> （1）利用"直线"命令并启用"二维对象捕捉"和"对象捕捉追踪"绘制初步轮廓。
> （2）利用"圆弧"命令绘制靠背和护手。

6.4　动态输入

动态输入功能可实现在绘图平面直接动态输入绘制对象的各种参数，使绘图变得直观、简洁。

【执行方式】

- ❧ 命令行：DSETTINGS。
- ❧ 菜单栏：选择菜单栏中的"工具"→"绘图设置"命令。
- ❧ 工具栏：单击"对象捕捉"工具栏中的"对象捕捉设置"按钮🔒。
- ❧ 状态栏：单击状态栏中的"动态输入"按钮➕（只限于打开与关闭）。
- ❧ 快捷键：F12（只限于打开与关闭）。

【操作步骤】

按照上面的执行方式操作或者在"动态输入"开关上右击，在弹出的快捷菜单中选择"动态输入设置"命令，系统打开如图 6-16 所示的"草图设置"对话框，选择"动态输入"选项卡。

图 6-16　"动态输入"选项卡

6.5 参数化设计

约束能够精确地控制草图中的对象。草图约束有两种类型——几何约束和尺寸约束。

几何约束建立草图对象的几何特性（如要求某一直线具有固定长度），或是两个或更多个草图对象的关系类型（如要求两条直线垂直或平行，或是几个圆弧具有相同的半径）。在绘图区，用户可以使用功能区中"参数化"选项卡内的"全部显示""全部隐藏""显示/隐藏"按钮来显示有关信息，并显示代表这些约束的直观标记，如图6-17所示的水平标记 ₩、竖直标记Ⅱ和共线标记 ✓。

尺寸约束建立草图对象的大小（如直线的长度、圆弧的半径等），或是两个对象之间的关系（如两点之间的距离）。图6-18所示为带有尺寸约束的图形示例。

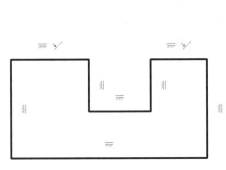

图6-17 几何约束示意图

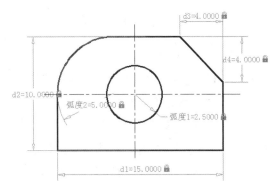

图6-18 尺寸约束示意图

6.5.1 几何约束

利用几何约束工具可以指定草图对象必须遵守的条件，或是草图对象之间必须维持的关系。相关面板及工具栏（其面板为"二维草图与注释"工作空间"参数化"选项卡的"几何"面板）如图6-19所示，其主要几何约束选项功能如表6-2所示。

图6-19 "几何"面板及工具栏

表6-2 几何约束选项功能

约束模式	功　能
重合	约束两个点使其重合，或约束一个点使其位于曲线（或曲线的延长线）上。可以使对象上的约束点与某个对象重合，也可以使其与另一个对象上的约束点重合
共线	使两条或多条直线段沿同一直线方向，使其共线
同心	将两个圆弧、圆或椭圆约束到同一个中心点，结果与将重合约束应用于曲线的中心点所产生的效果相同

续表

约 束 模 式	功　　能
固定	将几何约束应用于一对对象时，选择对象的顺序以及选择每个对象的点可能会影响对象彼此间的放置方式
平行	使选定的直线位于彼此平行的位置，平行约束在两个对象之间应用
垂直	使选定的直线位于彼此垂直的位置，垂直约束在两个对象之间应用
水平	使直线或点位于与当前坐标系 X 轴平行的位置，默认选择类型为对象
竖直	使直线或点位于与当前坐标系 Y 轴平行的位置
相切	将两条曲线约束为保持彼此相切或其延长线保持彼此相切，相切约束在两个对象之间应用
平滑	将样条曲线约束为连续，并与其他样条曲线、直线、圆弧或多段线保持连续性
对称	使选定对象受对称约束，相对于选定直线对称
相等	将选定圆弧和圆的尺寸重新调整为半径相同，或将选定直线的尺寸重新调整为长度相同

在绘图过程中可指定二维对象或对象上点之间的几何约束。在编辑受约束的几何图形时，将保留约束，因此，通过使用几何约束可以使图形符合设计要求。

在用 AutoCAD 绘图时，可以控制约束栏的显示，利用"约束设置"对话框可控制约束栏中显示或隐藏的几何约束类型，单独或全局显示或隐藏几何约束和约束栏，可执行以下操作。

（1）显示（或隐藏）所有的几何约束。

（2）显示（或隐藏）指定类型的几何约束。

（3）显示（或隐藏）所有与选定对象相关的几何约束。

动手学——添加椅子几何约束

调用素材：*初始文件\第 6 章\椅子.dwg*

源文件：*源文件\第 6 章\添加椅子几何约束.dwg*

本实例对椅子进行几何约束，如图 6-20 所示。

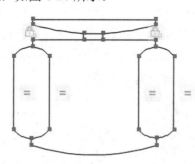

图 6-20　添加椅子几何约束

操作步骤

（1）打开"初始文件\第 6 章\椅子.dwg"文件，如图 6-21 所示。

（2）单击"参数化"选项卡"几何"面板中的"固定"按钮🔒，使椅子扶手上部两圆弧均建立固定的几何约束。

（3）单击"参数化"选项卡"几何"面板中的"相等"按钮=，使最左端竖直线与右端各条竖直线建立相等的几何约束。

（4）单击"参数化"选项卡"几何"面板中的"自动约束"按钮，打开"约束设置"对话框。选择"自动约束"选项卡，选择重合约束，取消其余约束方式，如图 6-22 所示。

图 6-21　椅子

图 6-22　"自动约束"设置

（5）单击"参数化"选项卡"几何"面板中的"自动约束"按钮，然后选择全部图形。将图形中所有交点建立"重合"约束，如图 6-20 所示。

6.5.2　尺寸约束

建立尺寸约束可以限制图形几何对象的大小，与在草图上标注尺寸相似，同样设置尺寸标注线，与此同时也会建立相应的表达式，不同的是，建立尺寸约束后，可以在后续的编辑工作中实现尺寸的参数化驱动。

在生成尺寸约束时，用户可以选择草图曲线、边、基准平面或基准轴上的点，以生成水平、竖直、平行、垂直和角度尺寸。

生成尺寸约束时，系统会生成一个表达式，其名称和值显示在一个文本框中，用户可以在其中编辑该表达式的名称和值，如图 6-23 所示。

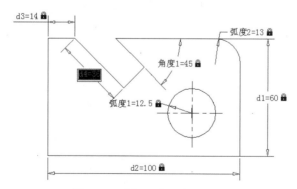

图 6-23　编辑尺寸约束示意图

生成尺寸约束时，只要选中了几何体，其尺寸及其延伸线和箭头就会全部显示出来。将尺寸拖动到位，然后单击，就完成了尺寸约束的添加。完成尺寸约束后，用户还可以随时更改尺寸约束，只需在绘图区选中该值并双击，即可使用生成过程中所采用的方式编辑其名称、值或位置。

在用 AutoCAD 绘图时，使用"约束设置"对话框中的"标注"选项卡可控制显示标注约束时的系统配置，标注约束控制设计的大小和比例。尺寸约束的具体内容如下。

（1）对象之间或对象上点之间的距离。

（2）对象之间或对象上点之间的角度。

扫一扫，看视频

动手学——更改椅子扶手长度

源文件：源文件\第 6 章\更改椅子扶手长度.dwg

本实例将对几何约束后的添加尺寸约束，如图 6-24 所示。

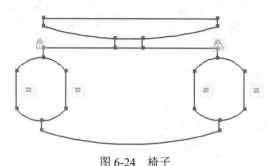

图 6-24　椅子

操作步骤

（1）打开"源文件\第 6 章\添加椅子几何约束.dwg"文件。

（2）单击"参数化"选项卡"标注"面板中的"竖直"按钮▣ᵢ，更改竖直尺寸。命令行提示与操作如下。

```
命令：_DCVERTICAL
当前设置：约束形式 = 动态
指定第一个约束点或 [对象(O)] <对象>：（单击最左端直线上端）
指定第二个约束点：（单击最左端直线下端）
指定尺寸线位置：（在合适位置单击鼠标左键）
标注文字 = 220（输入长度 80）
```

（3）系统自动将长度 220 调整为 80，最终结果如图 6-24 所示。

动手练——绘制同心相切圆

绘制如图 6-25 所示的同心相切圆。

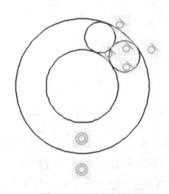

图 6-25　同心相切圆

📋 **思路点拨：**

> 源文件：源文件\第 6 章\同心相切圆.dwg
>
> （1）利用"圆"命令绘制四个圆。
>
> （2）对圆添加几何约束。

6.6　模拟认证考试

1．对"极轴"追踪角度进行设置，把增量角设为30°，把附加角设为10°，采用极轴追踪时，不会显示极轴对齐的是（　　　）。

  A．10   B．30   C．40   D．60

2．当捕捉设定的间距与栅格所设定的间距不同时，（　　　）。

  A．捕捉仍然只按栅格进行

  B．捕捉时按照捕捉间距进行

  C．捕捉既按栅格进行，又按捕捉间距进行

  D．无法设置

3．执行对象捕捉时，如果在一个指定的位置上包含多个对象符合捕捉条件，则按（　　　）键可以在不同对象间切换。

  A．Ctrl   B．Tab   C．Alt   D．Shift

4．下列关于被固定约束圆心的圆说法错误的是（　　　）。

  A．可以移动圆 B．可以放大圆 C．可以偏移圆 D．可以复制圆

5．几何约束栏设置不包括（　　　）。

  A．垂直   B．平行   C．相交   D．对称

6．下列不是自动约束类型的是（　　　）。

  A．共线约束 B．固定约束 C．同心约束 D．水平约束

7．绘制如图 6-26 所示图形。

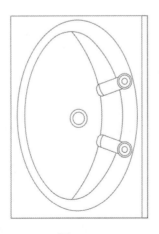

图　6-26

第7章　简单编辑命令

内容简介

二维图形的编辑操作配合使用绘图命令可以进一步完成复杂图形对象的绘制工作，并可使用户合理安排和组织图形，保证绘图准确，减少重复，因此熟练掌握和使用编辑命令有助于提高设计和绘图的效率。

内容要点

- ➤ 选择对象
- ➤ 复制类命令
- ➤ 改变位置类命令
- ➤ 对象编辑
- ➤ 综合演练——四人桌椅
- ➤ 模拟认证考试

案例效果

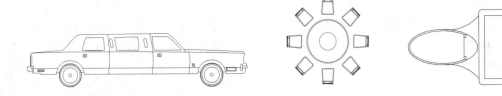

7.1　选　择　对　象

选择对象是进行编辑的前提。AutoCAD 提供了多种对象选择方法，如点取方法、用选择窗口、用选择线、用对话框和用套索选择工具等选择对象。

AutoCAD 2020 提供两种编辑图形的途径。

（1）先执行编辑命令，然后选择要编辑的对象。

（2）先选择要编辑的对象，然后执行编辑命令。

这两种途径的执行效果是相同的，但选择对象是进行编辑的前提。AutoCAD 2020 可以编辑单个的选择对象，也可以把选择的多个对象组成整体，如选择集和对象组，进行整体编辑与修改。

7.1.1　构造选择集

选择集可以仅由一个图形对象构成，也可以是一个复杂的对象组，如位于某一特定层上具有某种特定颜色的一组对象。选择集的构造可以在调用编辑命令之前或之后。

AutoCAD 提供了以下几种方法构造选择集。

↪　首先选择一个编辑命令，然后选择对象，按 Enter 键结束操作。

↪　使用 SELECT 命令。

↪　用点取设备选择对象，然后调用编辑命令。

↪　定义对象组。

无论使用哪种方法，AutoCAD 都将提示用户选择对象，并且光标的形状由十字光标变为拾取框。

下面结合 SELECT 命令说明选择对象的方法。

【操作步骤】

SELECT 命令可以单独使用，也可以在执行其他编辑命令时自动调用。命令行提示与操作如下。

命令：SELECT
选择对象：（等待用户以某种方式选择对象作为回答。AutoCAD 2020 提供多种选择方式，可以输入 "?" 查看这些选择方式）
需要点或窗口(W)/上一个(L)/窗交(C)/框(BOX)/全部(ALL)/栏选(F)/圈围(WP)/圈交(CP)/编组(G)/添加(A)/删除(R)/多个(M)/前一个(P)/放弃(U)/自动(AU)/单个(SI)/子对象(SU)/对象(O)

【选项说明】

（1）点：该选项表示直接通过点取的方式选择对象。用鼠标或键盘移动拾取框，使其框住要选取的对象，然后单击，就会选中该对象并以高亮度显示。

（2）窗口(W)：用由两个对角顶点确定的矩形窗口选取位于其范围内部的所有图形，与边界相交的对象不会被选中。在指定对角顶点时应该按照从左向右的顺序，如图 7-1 所示。

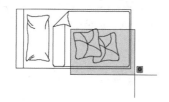 

（a）图中深色覆盖部分为选择窗口　　　　　（b）选择后的图形

图 7-1　"窗口"对象选择方式

（3）上一个(L)：在"选择对象:"提示下输入"L"后，按 Enter 键，系统会自动选取最后绘出的一个对象。

（4）窗交(C)：该方式与上述"窗口"方式类似，区别在于它不但选中矩形窗口内部的对象，也选中与矩形窗口边界相交的对象，如图 7-2 所示。

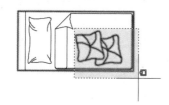 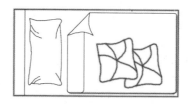

（a）图中深色覆盖部分为选择窗口　　　　　（b）选择后的图形

图 7-2　"窗交"对象选择方式

（5）框(BOX)：使用时，系统根据用户在屏幕上给出的两个对角点的位置而自动引用"窗口"或"窗交"方式。若从左向右指定对角点，则为"窗口"方式；反之，则为"窗交"方式。

（6）全部(ALL)：选取图面上的所有对象。

（7）栏选(F)：用户临时绘制一些直线，这些直线不必构成封闭图形，凡是与这些直线相交的对象均被选中，如图 7-3 所示。

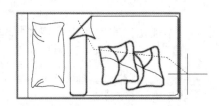
（a）图中虚线为选择栏

（b）选择后的图形

图 7-3 "栏选"对象选择方式

（8）圈围(WP)：使用一个不规则的多边形来选择对象。根据提示，用户依次输入构成多边形的所有顶点的坐标，然后按 Enter 键结束操作，系统将自动连接从第一个顶点到最后一个顶点的各个顶点，形成封闭的多边形，凡是被多边形围住的对象均被选中（不包括边界），如图 7-4 所示。

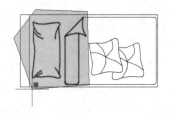
（a）图中十字线所拉出深色多边形为选择窗口

（b）选择后的图形

图 7-4 "圈围"对象选择方式

（9）圈交(CP)：类似于"圈围"方式，在"选择对象:"提示后输入 CP，后续操作与"圈围"方式相同。区别在于与多边形边界相交的对象也被选中。

（10）编组(G)：使用预先定义的对象组作为选择集。事先将若干个对象组成对象组，用组名引用。

（11）添加(A)：添加下一个对象到选择集。也可用于从删除模式（Remove）到选择模式的切换。

（12）删除(R)：按住 Shift 键选择对象，可以从当前选择集中移走该对象。对象由高亮度显示状态变为正常显示状态。

（13）多个(M)：指定多个点，不高亮度显示对象。这种方法可以加快在复杂图形上的选择对象过程。若两个对象交叉，两次指定交叉点，则可以选中这两个对象。

（14）前一个(P)：用关键字 P 回应"选择对象:"的提示，则把上次编辑命令中的最后一次构造的选择集或最后一次使用 SELECT（DDSELECT）命令预置的选择集作为当前选择集。这种方法适用于对同一选择集进行多种编辑操作的情况。

（15）放弃(U)：用于取消加入选择集的对象。

（16）自动(AU)：选择结果视用户在屏幕上的选择操作而定。如果选中单个对象，则该对象为自动选择的结果；如果选择点落在对象内部或外部的空白处，系统会提示"指定对角点"，此时，系统会采取一种窗口的选择方式。对象被选中后，变为虚线形式，并以高亮度显示。

（17）单个(SI)：选择指定的第一个对象或对象集，而不继续提示进行下一步的选择。

（18）子对象(SU)：使用户可以逐个选择原始形状，这些形状是复合实体的一部分或三维实体上的顶点、边和面。可以选择这些子对象的其中之一，也可以创建多个子对象的选择集。选择集可以包含多种类型的子对象。

（19）对象(O)：结束选择子对象的功能。使用户可以使用对象选择方法。

✍ 技巧：

> 若矩形框从左向右定义，即第一个选择的对角点为左侧的对角点，矩形框内部的对象被选中，框外部的及与矩形框边界相交的对象不会被选中。若矩形框从右向左定义，矩形框内部及与矩形框边界相交的对象都会被选中。

7.1.2　快速选择

有时用户需要选择具有某些共同属性的对象来构造选择集，如选择具有相同颜色、线型或线宽的对象，用户当然可以使用前面介绍的方法选择这些对象，但如果要选择的对象数量较多且分布在较复杂的图形中，会导致很大的工作量。

【执行方式】

↘ 命令行：QSELECT。

↘ 菜单栏：选择菜单栏中的"工具"→"快速选择"命令。

↘ 快捷菜单：在右键快捷菜单中选择"快速选择"命令（见图 7-5）或在"特性"选项板中单击"快速选择"按钮 （见图 7-6）。

图 7-5　在快捷菜单中选择"快速选择"命令

图 7-6　"特性"选项板

【操作步骤】

执行上述命令后，系统打开如图 7-7 所示的"快速选择"对话框。利用该对话框可以根据用户指定的过滤标准快速创建选择集。

图 7-7　"快速选择"对话框

7.1.3　构造对象组

对象组与选择集并没有本质的区别，当把若干个对象定义为选择集并想让它们在以后的操作中始终作为一个整体时，为了简洁，可以给这个选择集命名并保存起来，这个命名了的对象选择集就是对象组，它的名字称为组名。

如果对象组可以被选择（位于锁定层上的对象组不能被选择），那么可以通过它的组名引用该对象组，并且一旦组中任何一个对象被选中，那么组中的全部对象成员都被选中。该命令的调用方法为：在命令行中输入 GROUP 命令。

执行上述命令后，系统打开"对象编组"对话框。利用该对话框可以查看或修改存在的对象组的属性，也可以创建新的对象组。

7.2　复制类命令

本节详细介绍 AutoCAD 2020 的复制类命令，利用这些复制类命令，可以方便地编辑绘制图形。

7.2.1　"复制"命令

使用"复制"命令可以从原对象以指定的角度和方向创建对象副本。AutoCAD 默认复制是多重复制，也就是选定图形并指定基点后，可以通过定位不同的目标点复制出多份来。

【执行方式】

➥　命令行：COPY。

- ➤ 菜单栏：选择菜单栏中的"修改"→"复制"命令。
- ➤ 工具栏：单击"修改"工具栏中的"复制"按钮 ❝。
- ➤ 功能区：单击"默认"选项卡"修改"面板中的"复制"按钮 ❝。
- ➤ 快捷菜单：选择要复制的对象，在绘图区右击，在弹出的快捷菜单中选择"复制选择"命令。

扫一扫，看视频

动手学——汽车模型

源文件：源文件\第 7 章\汽车模型.dwg

本实例绘制如图 7-8 所示的汽车模型。

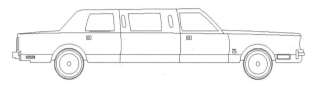

图 7-8　汽车模型

绘制步骤

视频文件：动画演示\第 7 章\汽车模型.avi

（1）图层设计。

① "1"图层，颜色为绿色，其余属性为默认。

② "2"图层，颜色为黑色，其余属性为默认。

（2）选择菜单栏中的"视图"→"缩放"→"中心"命令，将绘图区域缩放到适当大小。

（3）单击"默认"选项卡"绘图"面板中的"多段线"按钮 ，绘制车壳。命令行提示与操作如下。

```
命令: _PLINE
指定起点: 5,18
当前线宽为 0.0000
指定下一个点或 [圆弧(A)/半宽(H)/长度(L)/放弃(U)/宽度(W)]: @0,32
指定下一点或 [圆弧(A)/闭合(C)/半宽(H)/长度(L)/放弃(U)/宽度(W)]: @54,4
指定下一点或 [圆弧(A)/闭合(C)/半宽(H)/长度(L)/放弃(U)/宽度(W)]: 85,77
指定下一点或 [圆弧(A)/闭合(C)/半宽(H)/长度(L)/放弃(U)/宽度(W)]: 216,77
指定下一点或 [圆弧(A)/闭合(C)/半宽(H)/长度(L)/放弃(U)/宽度(W)]: 243,55
指定下一点或 [圆弧(A)/闭合(C)/半宽(H)/长度(L)/放弃(U)/宽度(W)]: 333,51
指定下一点或 [圆弧(A)/闭合(C)/半宽(H)/长度(L)/放弃(U)/宽度(W)]: 333,18
指定下一点或 [圆弧(A)/闭合(C)/半宽(H)/长度(L)/放弃(U)/宽度(W)]: 306,18
指定下一点或 [圆弧(A)/闭合(C)/半宽(H)/长度(L)/放弃(U)/宽度(W)]: a
指定圆弧的端点(按住 Ctrl 键以切换方向)或[角度(A)/圆心(CE)/闭合(CL)/方向(D)/半宽(H)/直线(L)/
半径(R)/第二个点(S)/放弃(U)/宽度(W)]: r
指定圆弧的半径: 21.5
指定圆弧的端点(按住 Ctrl 键以切换方向)或 [角度(A)]: a
指定夹角: 180
指定圆弧的弦方向(按住 Ctrl 键以切换方向) <180>:
指定圆弧的端点(按住 Ctrl 键以切换方向)或[角度(A)/圆心(CE)/闭合(CL)/方向(D)/直线(L)/
半径(R)/第二个点(S)/放弃(U)/宽度(W)]: l
指定下一点或 [圆弧(A)/闭合(C)/半宽(H)/长度(L)/放弃(U)/宽度(W)]: 87,18
```

```
指定下一点或 [圆弧(A)/闭合(C)/半宽(H)/长度(L)/放弃(U)/宽度(W)]: a
指定圆弧的端点(按住 Ctrl 键以切换方向)或[角度(A)/圆心(CE)/闭合(CL)/方向(D)/半宽(H)/直线(L)/
半径(R)/第二个点(S)/放弃(U)/宽度(W)]: r
指定圆弧的半径: 21.5
指定圆弧的端点(按住 Ctrl 键以切换方向)或 [角度(A)]: a
指定夹角: 180
指定圆弧的弦方向(按住 Ctrl 键以切换方向) <180>:
指定圆弧的端点(按住 Ctrl 键以切换方向)或[角度(A)/圆心(CE)/闭合(CL)/方向(D)/半宽(H)/直线(L)/
半径(R)/第二个点(S)/放弃(U)/宽度(W)]: l
指定下一点或 [圆弧(A)/闭合(C)/半宽(H)/长度(L)/放弃(U)/宽度(W)]: c
```

绘制结果如图 7-9 所示。

图 7-9 绘制车壳

（4）绘制车轮。

① 单击"默认"选项卡"绘图"面板中的"圆"按钮⊘，指定（65.5,18）为圆心，分别以 17.3、11.3 为半径绘制圆。

② 将当前图层设为"1"图层，重复"圆"命令，指定(65.5,18)为圆心，分别以 16、2.3、14.8 为半径绘制圆。

③ 单击"默认"选项卡"绘图"面板中的"直线"按钮╱，将车轮与车体连接起来。

（5）复制车轮。

单击"默认"选项卡"修改"面板中的"复制"按钮❀，复制绘制的所有圆，命令行中的提示与操作如下。

```
命令: _COPY
选择对象: (选择车轮的所有圆)
选择对象:
当前设置: 复制模式 = 多个
指定基点或 [位移(D)/模式(O)] <位移>: 65.5,18
指定第二个点或 [阵列(A)] <使用第一个点作为位移>:
```

绘制结果如图 7-10 所示。

（6）绘制车门。

① 将"2"图层设置为当前图层，单击"默认"选项卡"绘图"面板中的"直线"按钮╱，指定坐标点{（5,27），（333,27）}绘制一条直线。

② 单击"默认"选项卡"绘图"面板中的"圆弧"按钮╭，利用三点方式绘制圆弧，坐标点为{（5,50），（126,52），（333,47）}。

③ 单击"默认"选项卡"绘图"面板中的"直线"按钮╱，绘制坐标点为{（125,18），（@0,9），（194,18），（@0,9）}的直线。

④ 单击"默认"选项卡"绘图"面板中的"圆弧"按钮╭，绘制圆弧起点为（126,27），第二点为（126.5,52），圆弧端点为（124,77）的圆弧。

⑤ 单击"默认"选项卡"修改"面板中的"复制"按钮❀，复制上述圆弧，复制坐标为

{（125,27），（195,27）}。绘制结果如图 7-11 所示。

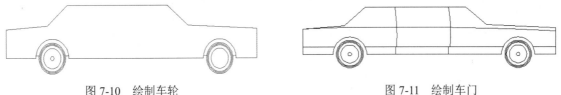

图 7-10　绘制车轮　　　　　　　　　　　　图 7-11　绘制车门

（7）绘制车窗。

① 单击"默认"选项卡"绘图"面板中的"直线"按钮╱，绘制坐标点为{（90,72），（84,53），（119,54），（117,73）}的直线。

② 单击"默认"选项卡"绘图"面板中的"直线"按钮╱，绘制坐标点为{（196,74），（198,53），（236,54），（214,73）}的直线。绘制结果如图 7-12 所示。

（8）用户可以根据自己的喜好对细部进行修饰，如图 7-13 所示。

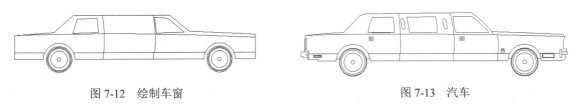

图 7-12　绘制车窗　　　　　　　　　　　　图 7-13　汽车

【选项说明】

（1）指定基点：指定一个坐标点后，AutoCAD 2020 把该点作为复制对象的基点。

指定第二个点后，系统将根据这两点确定的位移矢量把选择的对象复制到第二点处。如果此时直接按 Enter 键，即选择默认的"用第一点作位移"，则第一个点被当作相对于 X、Y、Z 的位移。例如，如果指定基点为（2,3）并在下一个提示下按 Enter 键，则该对象从它当前的位置开始，在 X 方向上移动 2 个单位，在 Y 方向上移动 3 个单位。一次复制完成后，可以不断地指定新的第二点，从而实现多重复制。

（2）位移(D)：直接输入位移值，表示以选择对象时的拾取点为基准，以拾取点坐标为移动方向，纵横比移动指定位移后所确定的点为基点。例如，选择对象时的拾取点坐标（2,3），输入位移为 5，则表示以（2,3）点为基准，沿纵横比为 3:2 的方向移动 5 个单位所确定的点为基点。

（3）模式(O)：控制是否自动重复该命令。确定复制模式是单个还是多个。

（4）阵列(A)：指定在线性阵列中排列的副本数量。

7.2.2　"镜像"命令

"镜像"命令用于把选择的对象以一条镜像线为对称轴进行镜像。镜像操作完成后，可以保留原对象，也可以将其删除。

【执行方式】

➥　命令行：MIRROR。

➥　菜单栏：选择菜单栏中的"修改"→"镜像"命令。

➥ 工具栏：单击"修改"工具栏中的"镜像"按钮 ⚠。

➥ 功能区：单击"默认"选项卡"修改"面板中的"镜像"按钮⚠。

动手学——办公桌

源文件：源文件\第 7 章\办公桌.dwg

本实例绘制如图 7-14 所示的办公桌。

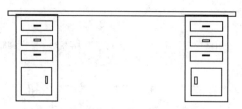

图 7-14 办公桌

绘制步骤

视频文件：动画演示\第 7 章\办公桌.avi

（1）单击"默认"选项卡"绘图"面板中的"矩形"按钮 ▭，在合适的位置绘制矩形，如图 7-15 所示。

（2）单击"默认"选项卡"绘图"面板中的"矩形"按钮 ▭，在合适的位置绘制一系列的矩形，结果如图 7-16 所示。

（3）单击"默认"选项卡"绘图"面板中的"矩形"按钮 ▭，在合适的位置绘制一系列的矩形，结果如图 7-17 所示。

图 7-15 绘制矩形

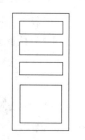
图 7-16 绘制矩形

图 7-17 绘制矩形

（4）单击"默认"选项卡"绘图"面板中的"矩形"按钮 ▭，在合适的位置绘制矩形，结果如图 7-18 所示。

（5）单击"默认"选项卡"修改"面板中的"镜像"按钮 ⚠，将左边的一系列矩形以桌面矩形的顶边中点和底边中点的连线为对称轴进行镜像。命令行提示与操作如下。

```
命令：_MIRROR
选择对象：（选取左边的一系列矩形）
选择对象：
指定镜像线的第一点：选择桌面矩形的底边中点
指定镜像线的第二点：选择桌面矩形的顶边中点
要删除源对象吗？[是(Y)/否(N)] <否>：✓
```

绘制结果如图 7-14 所示。

图 7-18　绘制矩形

✍ 技巧：

> 镜像对创建对称的图样非常有用，其可以快速地绘制半个对象，然后将其镜像，而不必绘制整个对象。
>
> 默认情况下，镜像文字、属性及属性定义时，它们在镜像后所得图像中不会反转或倒置。文字的对齐和对正方式在镜像图样前后保持一致。如果制图确实要反转文字，可将 MIRRTEXT 系统变量设置为 1，默认值为 0。

7.2.3　"偏移"命令

"偏移"命令用于保持所选择的对象的形状，在不同的位置以不同的尺寸大小新建一个对象。

【执行方式】

❧ 命令行：OFFSET。

❧ 菜单栏：选择菜单栏中的"修改"→"偏移"命令。

❧ 工具栏：单击"修改"工具栏中的"偏移"按钮⊜。

❧ 功能区：单击"默认"选项卡"修改"面板中的"偏移"按钮⊜。

动手学——显示器

源文件：源文件\第 7 章\显示器.dwg

本实例绘制如图 7-19 所示的显示器。

扫一扫，看视频

图 7-19　显示器

绘制步骤

视频文件：动画演示\第 7 章\显示器.avi

（1）单击"默认"选项卡"绘图"面板中的"矩形"按钮▢，绘制显示器屏幕外轮廓，如

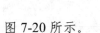

图 7-20 所示。

（2）单击"默认"选项卡"修改"面板中的"偏移"按钮⊆，创建屏幕内侧显示屏区域的轮廓线，命令行提示与操作如下。

```
命令：_OFFSET（偏移生成平行线）
当前设置：删除源=否  图层=源  OFFSETGAPTYPE=0
指定偏移距离或 [通过(T)/删除(E)/图层(L)] <通过>：(输入偏移距离或指定通过点位置)
选择要偏移的对象，或 [退出(E)/放弃(U)] <退出>：(选择要偏移的图形)
指定通过点或 [退出(E)/多个(M)/放弃(U)] <退出>：
选择要偏移的对象，或 [退出(E)/放弃(U)] <退出>：(按 Enter 键结束)
```

结果如图 7-21 所示。

图 7-20　绘制外轮廓

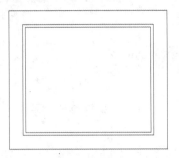

图 7-21　绘制内侧矩形

（3）单击"默认"选项卡"绘图"面板中的"直线"按钮／，将内侧显示屏区域的轮廓线的交角处连接起来，如图 7-22 所示。

（4）单击"默认"选项卡"绘图"面板中的"多段线"按钮，绘制显示器矩形底座，如图 7-23 所示。

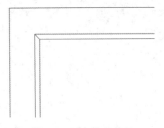

图 7-22　连接交角处

图 7-23　绘制矩形底座

（5）单击"默认"选项卡"绘图"面板中的"圆弧"按钮，绘制底座的弧线造型，如图 7-24 所示。

（6）单击"默认"选项卡"绘图"面板中的"直线"按钮／，绘制底座与显示屏之间的连接线造型，如图 7-25 所示。

图 7-24　绘制连接弧线　　　　　　　　　　图 7-25　绘制连接线

（7）单击"默认"选项卡"绘图"面板中的"圆"按钮⊙，创建显示屏的由多个大小不同的圆形构成的调节按钮，如图 7-26 所示。

（8）单击"默认"选项卡"修改"面板中的"复制"按钮，复制图形。

📢 注意：

显示器的调节按钮仅为示意造型。

（9）在显示屏的右下角绘制电源开关按钮。单击"默认"选项卡"绘图"面板中的"圆"按钮⊙，先绘制 2 个同心圆，如图 7-27 所示。

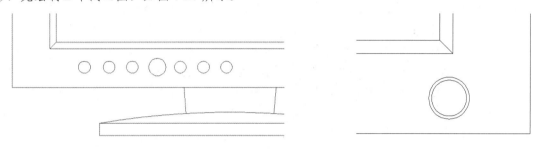

图 7-26 创建调节按钮　　　　　　　　图 7-27 绘制圆形开关

（10）单击"默认"选项卡"修改"面板中的"偏移"按钮，偏移图形。命令行中的提示与操作如下。

```
命令：_OFFSET（偏移生成平行线）
当前设置：删除源=否 图层=源 OFFSETGAPTYPE=0
指定偏移距离或 [通过(T)/删除(E)/图层(L)] <通过>：（输入偏移距离或指定通过点位置）
选择要偏移的对象，或 [退出(E)/放弃(U)] <退出>：（选择要偏移的图形）
指定通过点或 [退出(E)/多个(M)/放弃(U)] <退出>：
选择要偏移的对象，或 [退出(E)/放弃(U)] <退出>：（按 Enter 键结束）
```

📢 注意：

显示器的电源开关按钮由 2 个同心圆和 1 个矩形组成。

（11）单击"默认"选项卡"绘图"面板中的"多段线"按钮，绘制开关按钮的矩形造型，如图 7-28 所示。

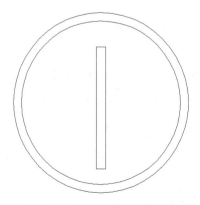

图 7-28 绘制按钮矩形造型

绘制结果如图 7-19 所示。

7.2.4　"阵列"命令

阵列是指多次重复选择对象并把这些副本按矩形或环形排列。把副本按矩形排列称为建立矩形阵列，把副本按环形排列称为建立极轴阵列。建立极轴阵列时，应该控制复制对象的次数和对象是否被旋转；建立矩形阵列时，应该控制行和列的数量以及对象副本之间的距离。

用"阵列"命令可以建立矩形阵列、极轴阵列（环形阵列）和路径阵列。

【执行方式】

- ➥ 命令行：ARRAY。
- ➥ 菜单栏：选择菜单栏中的"修改"→"阵列"命令。
- ➥ 工具栏：单击"修改"工具栏中的"矩形阵列"按钮 ，或单击"修改"工具栏中的"路径阵列"按钮 ，或单击"修改"工具栏中的"环形阵列"按钮 。
- ➥ 功能区：单击"默认"选项卡"修改"面板中的"矩形阵列"按钮 /"路径阵列"按钮 /"环形阵列"按钮 ，如图 7-29 所示。

图 7-29　"阵列"下拉列表

动手学——八人餐桌椅

源文件：源文件\第 7 章\八人餐桌椅.dwg

本实例绘制的八人餐桌椅如图 7-30 所示。

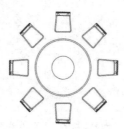

图 7-30　八人餐桌椅

操作步骤

（1）单击"默认"选项卡"绘图"面板中的"圆"按钮 ，在图中适当位置绘制直径为 1500、1440 和 600 的同心圆，如图 7-31 所示。

（2）利用"直线"和"圆弧"等命令在右侧绘制如图 7-32 所示的椅子，也可以直接从源文件中复制。

图 7-31　绘制圆

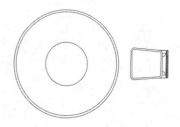

图 7-32　绘制椅子

（3）单击"默认"选项卡"修改"面板中的"环形阵列"按钮 ，将第（2）步绘制椅子进行环形阵列。

```
命令：_ARRAYPOLAR
选择对象：(框选左侧的椅子)
指定阵列的中心点或 [基点(B)/旋转轴(A)]：(捕捉圆心)
选择夹点以编辑阵列或 [关联(AS)/基点(B)/项目(I)/项目间角度(A)/填充角度(F)/行(ROW)/层(L)/旋
转项目(ROT)/退出(X)] <退出>：i
输入阵列中的项目数或 [表达式(E)] <6>：8
选择夹点以编辑阵列或 [关联(AS)/基点(B)/项目(I)/项目间角度(A)/填充角度(F)/行(ROW)/层(L)/旋
转项目(ROT)/退出(X)] <退出>：
```

结果如图 7-33 所示。

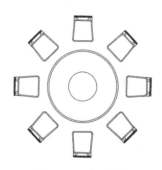

图 7-33　阵列椅子

📢 提示：

也可以直接在"阵列创建"选项卡中直接输入项目数和填充角度，如图 7-34 所示。

默认	插入	注释	参数化	三维工具	可视化	视图	管理	输出	附加模块	协作	精选应用	阵列创建		

	项目数：	8	行数：	1	级别：	1						
极轴	介于：	45	介于：	130.3873	介于：	1	关联	基点	旋转项目	方向	关闭阵列
	填充：	360	总计：	130.3873	总计：	1					
类型	项目		行		层级		特性				关闭

图 7-34　"阵列创建"选项卡

【选项说明】

（1）矩形(R)（命令行：ARRAYRECT）：将选定对象的副本分布到行数、列数和层数的任意组合。可以通过夹点调整阵列间距、列数、行数和层数，也可以分别选择各选项输入数值。

（2）极轴(PO)：在绕中心点或旋转轴的环形阵列中均匀分布对象副本。选择该选项后出现如下提示。

```
指定阵列的中心点或 [基点(B)/旋转轴(A)]：(选择中心点、基点或旋转轴)
选择夹点以编辑阵列或 [关联(AS)/基点(B)/项目(I)/项目间角度(A)/填充角度(F)/行(ROW)/层(L)/旋
转项目(ROT)/退出(X)] <退出>：(可以通过夹点，调整角度和填充角度，也可以分别选择各选项输入数值)
```

（3）路径(PA)（命令行：ARRAYPATH）：沿路径或部分路径均匀分布选定对象的副本。选择该选项后出现如下提示。

```
选择路径曲线：(选择一条曲线作为阵列路径)
选择夹点以编辑阵列或 [关联(AS)/方法(M)/基点(B)/切向(T)/项目(I)/行(R)/层(L)/对齐项目(A)/Z
方向(Z)/退出(X)]
<退出>：(可以通过夹点，调整阵列行数和层数，也可以分别选择各选项输入数值)
```

动手练——绘制洗手台

绘制如图 7-35 所示的洗手台。

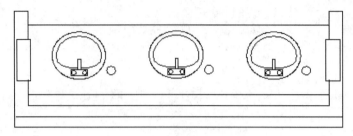

图 7-35　洗手台

思路点拨：

> 源文件：源文件\第 7 章\洗手台.dwg
>
> （1）利用"直线"和"矩形"命令绘制洗手台架。
>
> （2）利用"直线""圆弧""椭圆弧"命令绘制一个洗手盆及肥皂盒。
>
> （3）利用"复制"命令复制另外两个洗手盆及肥皂盒或用"矩形阵列"命令复制另外两个洗手盆及肥皂盒。

7.3　改变位置类命令

这一类编辑命令的功能是按照要求改变当前图形或图形某部分的位置，主要包括移动、旋转和缩放等命令。

7.3.1　"移动"命令

"移动"命令用于对象的重定位，即在指定方向上按指定距离移动对象，对象的位置发生了改变，但方向和大小不改变。

【执行方式】

- 命令行：MOVE。
- 菜单栏：选择菜单栏中的"修改"→"移动"命令。
- 快捷菜单：选择要复制的对象，在绘图区右击，在弹出的快捷菜单中选择"移动"命令。
- 工具栏：单击"修改"工具栏中的"移动"按钮✛。
- 功能区：单击"默认"选项卡"修改"面板中的"移动"按钮✛。

动手学——坐便器

源文件：源文件\第 7 章\坐便器.dwg

本实例绘制如图 7-36 所示的坐便器。

扫一扫，看视频

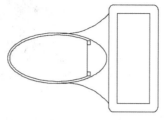

图 7-36　坐便器

绘制步骤

（1）单击"默认"选项卡"绘图"面板中的"矩形"按钮口，绘制宽度为 150、高度为 430 的水箱轮廓。

（2）单击"默认"选项卡"修改"面板中的"偏移"按钮⊂，将矩形向外偏移 40，绘制外轮廓矩形，结果如图 7-37 所示。

（3）单击"默认"选项卡"修改"面板中的"圆角"按钮⌐，对偏移后的矩形进行多线段圆角操作，设定圆角半径为 25，坐便器水箱制作效果如图 7-38 所示。

图 7-37　绘制水箱基本形状

图 7-38　水箱

（4）单击"默认"选项卡"绘图"面板中的"椭圆"按钮⊙，绘制长轴半径为 240、短轴半径为 120 的椭圆，绘图结果如图 7-39 所示。

（5）单击"默认"选项卡"修改"面板中的"移动"按钮✛，将椭圆的象限点移动到水箱矩形的中点，然后再次选择"移动"命令，将椭圆向左移动 10，结果如图 7-40 所示。

```
命令：_MOVE
选择对象：（选择被移动对象）
选择对象：
指定基点或 [位移(D)] <位移>：（指定适当点作为移动基点）
指定第二个点或 <使用第一个点作为位移>：（指定移动距离）
```

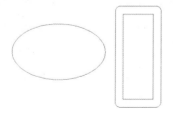

图 7-39　绘制坐便器椭圆

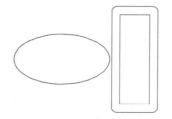

图 7-40　移动坐便器椭圆

（6）单击"默认"选项卡"绘图"面板中的"直线"按钮／，绘制水箱内矩形左上角点与外矩形侧边的垂线。

（7）单击"默认"选项卡"绘图"面板中的"圆弧"下拉列表中的"起点、端点、方向"按钮，绘制圆弧，将直线的端点和椭圆的象限点进行连接。

（8）单击"默认"选项卡"修改"面板中的"镜像"按钮，将上面绘制的圆弧复制到另一边，删除辅助线，结果如图 7-41 所示。

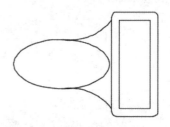

图 7-41　连接坐便器与水箱

（9）单击"默认"选项卡"修改"面板中的"偏移"按钮，将坐便器椭圆向内偏移 10。

（10）单击"默认"选项卡"绘图"面板中的"直线"按钮／，绘制竖向直线。

（11）单击"默认"选项卡"修改"面板中的"修剪"按钮，删除多余的线。

（12）最后单击"默认"选项卡"绘图"面板中的"矩形"按钮，绘制两个大小为 15×20 的矩形，坐便器的制作即可完成，结果如图 7-36 所示。

7.3.2　"旋转"命令

"旋转"命令用于在保持原形状不变的情况下以一定点为中心，以一定角度为旋转角度进行旋转。

【执行方式】

- 命令行：ROTATE。
- 菜单栏：选择菜单栏中的"修改"→"旋转"命令。
- 快捷菜单：选择要旋转的对象，在绘图区右击，在弹出的快捷菜单中选择"旋转"命令。
- 工具栏：单击"修改"工具栏中的"旋转"按钮。
- 功能区：单击"默认"选项卡"修改"面板中的"旋转"按钮。

扫一扫，看视频

动手学——单开门

源文件：源文件\第 7 章\单开门.dwg

本实例绘制如图 7-42 所示的单开门。

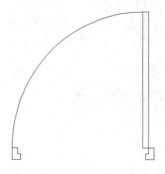

图 7-42　单开门

绘制步骤

（1）将"门窗"图层设为当前层。单击"默认"选项卡"绘图"面板中的"矩形"按钮 ▭ ，在绘图区中绘制一个 60×80 的矩形，如图 7-43 所示。

（2）单击"默认"选项卡"修改"面板中的"分解"按钮 ，分解刚刚绘制的矩形。

（3）单击"默认"选项卡"修改"面板中的"偏移"按钮 ⊜ ，将矩形的左侧边界和上侧边界分别向右和向下偏移 40，如图 7-44 所示。

图 7-43　绘制矩形

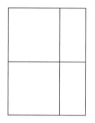

图 7-44　偏移边界

（4）单击"默认"选项卡"修改"面板中的"修剪"按钮 ，将矩形右上部分及内部的直线修剪掉，如图 7-45 所示。此图形即为单扇门的门垛。

（5）单击"默认"选项卡"绘图"面板中的"矩形"按钮 ▭ ，在门垛的上部绘制一个 920×40 的矩形，如图 7-46 所示。

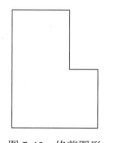

图 7-45　修剪图形

图 7-46　绘制矩形

（6）单击"默认"选项卡"修改"面板中的"镜像"按钮 ◁▷ ，选择门垛，选择矩形的中线作为基准线，对称到另外一侧，如图 7-47 所示。

图 7-47　镜像门垛

（7）单击"默认"选项卡"修改"面板中的"旋转"按钮 ↻ ，选择中间的矩形（即门扇），以右上角的点为轴，将门扇顺时针旋转 90°，如图 7-48 所示。

```
命令：_ROTATE
UCS 当前的正角方向：ANGDIR=逆时针　ANGBASE=0
选择对象：（选择中间的矩形）
选择对象：↙
指定基点：（选择矩形右上角的点）
指定旋转角度，或 [复制(C)/参照(R)] <0>：-90
```

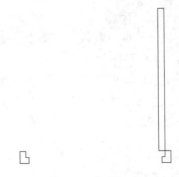

图 7-48　旋转门扇

（8）单击"默认"选项卡"绘图"面板中的"圆弧"按钮 ⌒ ，绘制门的开启线，结果如图 7-42 所示。

【选项说明】

（1）复制(C)：选择该选项，旋转对象的同时保留原对象，如图 7-49 所示。

图 7-49　复制旋转

（2）参照(R)：采用参照方式旋转对象时，系统提示与操作如下。

指定参照角 <0>：（指定要参考的角度，默认值为 0）
指定新角度或[点(P)] <0>：（输入旋转后的角度值）

操作完毕后，对象被旋转至指定的角度位置。

✍ 技巧：

　　可以用拖动鼠标的方法旋转对象。选择对象并指定基点后，从基点到当前光标位置会出现一条连线，鼠标选择的对象会动态地随着该连线与水平方向的夹角的变化而旋转，按 Enter 键，确认旋转操作，如图 7-50 所示。

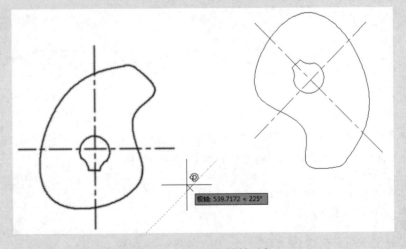

极轴: 539.7172 < 225°

图 7-50　拖动鼠标旋转对象

7.3.3 "缩放"命令

"缩放"命令是将已有图形对象为参照基点进行等比例缩放,它可以调整对象的大小,使其在一个方向上按照要求增大或缩小一定的比例。

【执行方式】

- ↘ 命令行:SCALE。
- ↘ 菜单栏:选择菜单栏中的"修改"→"缩放"命令。
- ↘ 快捷菜单:选择要缩放的对象,在绘图区右击,在弹出的快捷菜单中选择"缩放"命令。
- ↘ 工具栏:单击"修改"工具栏中的"缩放"按钮 ⬚ 。
- ↘ 功能区:单击"默认"选项卡"修改"面板中的"缩放"按钮 ⬚ 。

动手学——子母门

源文件:源文件\第7章\子母门.dwg

绘制如图7-51所示的子母门。

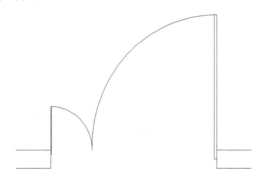

图7-51 子母门

操作步骤

(1)利用所学知识绘制双扇平开门,如图7-52所示。

(2)单击"默认"选项卡"修改"面板中的"缩放"按钮 ⬚ ,命令行提示与操作如下。

```
命令:SCALE
选择要偏移的对象,或 [退出(E)/放弃(U)] <退出>:(框选左边门扇)
选择对象:
指定基点:(指定左墙体右上角)
指定比例因子或 [复制(C)/参照(R)]:0.5(结果如图7-53所示)
命令:SCALE
选择对象:(框选右边门扇)
选择对象:
指定基点:(指定右门右下角)
指定比例因子或 [复制(C)/参照(R)]:1.5
```

最终结果如图7-53所示。

图 7-52　绘制初步双扇平开门　　　　　　　　图 7-53　缩放左、右扇门

【选项说明】

（1）指定比例因子：选择对象并指定基点后，从基点到当前光标位置会出现一条线段，线段的长度即为比例因子。鼠标选择的对象会动态地随着该连线长度的变化而缩放，按 Enter 键，确认缩放操作。

（2）参照(R)：采用参考方向缩放对象时，系统提示如下。

指定参照长度 <1>：（指定参考长度值）
指定新的长度或 [点(P)] <1.0000>：（指定新长度值）

若新长度值大于参考长度值，则放大对象；否则，缩小对象。操作完毕后，系统以指定的基点按指定的比例因子缩放对象。如果选择"点(P)"选项，则指定两点来定义新的长度。

（3）复制(C)：选择该选项时可以复制缩放对象，即缩放对象时保留原对象，如图 7-54 所示。

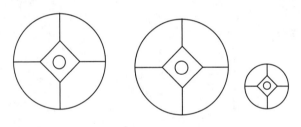

图 7-54　复制缩放

动手练——绘制餐厅桌椅

绘制如图 7-55 所示的餐厅桌椅。

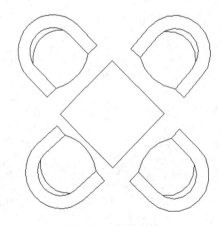

图 7-55　餐厅桌椅

✍ 思路点拨：

> 源文件：源文件\第 7 章\餐厅桌椅.dwg
> （1）利用"矩形"和"旋转"命令绘制桌子。
> （2）利用"多段线"命令绘制椅子。
> （3）利用"旋转""移动""复制"命令布置椅子。

7.4　对　象　编　辑

在对图形进行编辑时，还可以对图形对象本身的某些特性进行编辑，从而方便图形的绘制。

7.4.1　钳夹功能

要使用钳夹功能编辑对象，必须先打开钳夹功能。

（1）选择菜单栏中的"工具"→"选项"命令，弹出"选项"对话框，选择"选择集"选项卡，如图 7-56 所示。在"夹点"选项组中选中"显示夹点"复选框。在该选项卡中还可以设置代表夹点的小方格的尺寸和颜色。

图 7-56　"选择集"选项卡

利用夹点功能可以快速方便地编辑对象。AutoCAD 在图形对象上定义了一些特殊点，称为夹点。利用夹点可以灵活地控制对象，如图 7-57 所示。

（2）也可以通过 GRIPS 系统变量来控制是否打开夹点功能，1 代表打开，0 代表关闭。

（3）打开夹点功能后，应该在编辑对象之前先选择对象。

夹点表示对象的控制位置。使用夹点编辑对象，要选择一个夹点作为基点，称为基准夹点。

（4）选择一种编辑操作：镜像、移动、旋转、拉伸和缩放。可以用空格键、Enter 键或键盘上的快捷键循环选择这些功能，如图 7-58 所示。

图 7-57 显示夹点

图 7-58 选择编辑操作

7.4.2 特性匹配

利用特性匹配功能可以将目标对象的属性与源对象的属性进行匹配，使目标对象的属性与源对象属性相同。利用特性匹配功能可以方便快捷地修改对象属性，并保持不同对象的属性相同。

【执行方式】

- ➥ 命令行：MATCHPROP。
- ➥ 菜单栏：选择菜单栏中的"修改"→"特性匹配"命令。
- ➥ 工具栏：单击标准工具栏中的"特性匹配"按钮 。
- ➥ 功能区：单击"默认"选项卡"特性"面板中的"特性匹配"按钮 。

动手学——修改图形特性

调用素材：初始文件\第 7 章\7.4.2.dwg

源文件：源文件\第 7 章\修改图形特性.dwg

操作步骤

（1）打开"初始文件\第 7 章\7.4.2.dwg"文件，如图 7-59 所示。

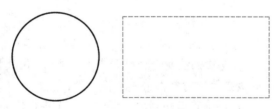

图 7-59 原始文件

（2）单击"默认"选项卡"特性"面板中的"特性匹配"按钮 ，将矩形的线型修改为粗实线，命令行提示与操作如下。

```
命令：_MATCHPROP
选择源对象：选取圆
当前活动设置：颜色 图层 线型 线型比例 线宽 透明度 厚度 打印样式 标注 文字 图案填充 多段线 视口
表格材质 多重引线中心对象
选择目标对象或 [设置(S)]：光标变成画笔，选取矩形，如图 7-60 所示
```

结果如图 7-61 所示。

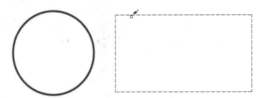

图 7-60　选取目标对象

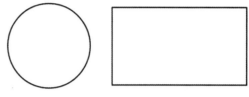

图 7-61　完成矩形特性的修改

【选项说明】

（1）目标对象：指定要将源对象的特性复制到其上的对象。

（2）设置(S)：选择此选项，打开如图 7-62 所示的"特性设置"对话框，可以控制要将哪些对象特性复制到目标对象。默认情况下，选定所有对象特性进行复制。

图 7-62　"特性设置"对话框

7.4.3　修改对象属性

【执行方式】

- ↘　命令行：DDMODIFY 或 PROPERTIES。
- ↘　菜单栏：选择菜单栏中的"修改"→"特性"命令或选择菜单栏中的"工具"→"选项板"→"特性"命令。
- ↘　工具栏：单击标准工具栏中的"特性"按钮。
- ↘　快捷键：Ctrl+1。
- ↘　功能区：单击"视图"选项卡"选项板"面板中的"特性"按钮。

【操作步骤】

执行上述操作后，打开如图 7-63 所示的"特性"选项板，从中可以更改图形的颜色、图层、线型等特性。

【选项说明】

（1）切换 PICKADD 系统变量的值：单击此按钮，打开或关闭 PICKADD 系统变量。打开 PICKADD 时，每个选定对象都将添加到当前选择集中。

（2）⊹ 选择对象：使用任意选择方法选择所需对象。

（3）▦ 快速选择：单击此按钮，打开如图 7-64 所示的"快速选择"对话框，从中可以创建基于过滤条件的选择集。

图 7-63　"特性"选项板

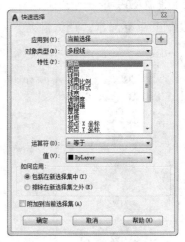

图 7-64　"快速选择"对话框

（4）快捷菜单：在"特性"选项板的标题栏中右击，打开如图 7-65 所示的快捷菜单。

① 移动：选择此选项，显示用于移动选项板的四向箭头光标，移动光标，移动选项板。

② 大小：选择此选项，显示四向箭头光标，用于拖动选项板的边或角点使其变大或变小。

③ 关闭：选择此选项关闭选项板。

④ 允许固定：切换固定或定位选项板。选择此选项，在图形边上的固定区域或拖动窗口时，可以固定该窗口。固定窗口附着到应用程序窗口的边上，并导致重新调整绘图区域的大小。

⑤ 锚点居左/锚点居右：将选项板附着到位于绘图区域右侧或左侧的定位点选项卡基点。

⑥ 自动隐藏：导致当光标移动到浮动选项板上时，该选项板将展开，当光标离开该选项板时，它将滚动关闭。

⑦ 透明度：选择此选项，打开如图 7-66 所示的"透明度"对话框，可调整选项板的透明度。

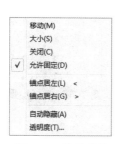

图 7-65　快捷菜单

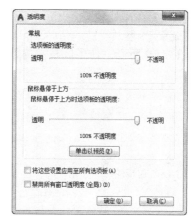

图 7-66　"透明度"对话框

扫一扫，看视频

7.5　综合演练——四人桌椅

源文件：源文件\第 7 章\四人桌椅.dwg

利用上面所学的功能绘制四人桌椅，如图 7-67 所示。可以先绘制椅子，再绘制桌子，然后调整桌椅相互位置，最后摆放椅子。在绘制与布置桌椅时，要用到"复制""旋转""移动""偏移"和"环形阵列"等各种编辑命令。在绘制过程中，注意灵活运用这些命令，以最快速方便的方法达到目的。

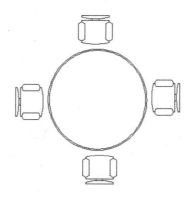

图 7-67　绘制四人桌椅

操作步骤

（1）绘制椅子。

① 单击"默认"选项卡"绘图"面板中的"直线"按钮／，绘制 3 条线段，如图 7-68 所示。

② 单击"默认"选项卡"修改"面板中的"复制"按钮，复制竖直直线，命令行提示与操作如下。

```
命令：COPY✓
选择对象：（选择左边短竖线）
选择对象：✓
当前设置：复制模式 = 多个
```

指定基点或 [位移(D)/模式(O)] <位移>：（捕捉横线段左端点）
指定第二个点或 [阵列(A)] <使用第一个点作为位移>：（捕捉横线段右端点）

结果如图 7-69 所示。使用同样的方法依次按图 7-70～图 7-72 的顺序复制椅子轮廓线。

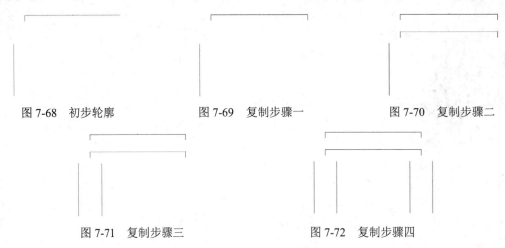

图 7-68　初步轮廓　　　　　图 7-69　复制步骤一　　　　　图 7-70　复制步骤二

图 7-71　复制步骤三　　　　　图 7-72　复制步骤四

③ 单击"默认"选项卡"绘图"面板中的"圆弧"按钮 ⌒ 和"直线"按钮 ／，绘制椅背轮廓。

④ 单击"默认"选项卡"修改"面板中的"复制"按钮 ⅜，复制另一条竖直线段，如图 7-73 所示。

图 7-73　绘制连接板

⑤ 单击"默认"选项卡"绘图"面板中的"圆弧"按钮 ⌒，绘制护手上的圆弧，命令行提示与操作如下。

命令：ARC↙
指定圆弧的起点或 [圆心(C)]：（用鼠标指定图 7-73 端点 1）
指定圆弧的第二个点或 [圆心(C)/端点(E)]：E↙
指定圆弧的端点：（用鼠标指定图 7-73 端点 2）
指定圆弧的中心点(按住 Ctrl 键以切换方向)或 [角度(A)/方向(D)/半径(R)]：R↙
指定圆弧的半径(按住 Ctrl 键以切换方向)：（用鼠标指定图 7-73 中端点 3）↙

采用同样的方法或者复制的方法绘制另外 3 段圆弧，如图 7-74 所示。

⑥ 单击"默认"选项卡"绘图"面板中的"直线"按钮 ／，在扶手下端向下绘制一条短直线，命令行提示如下。

命令：LINE↙
指定第一个点：（用鼠标在已绘制圆弧正中间指定一点）
指定下一点或 [放弃(U)]：（在垂直方向上用鼠标指定一点）
指定下一点或 [放弃(U)]：↙

⑦ 单击"默认"选项卡"修改"面板中的"复制"按钮 ❀，复制一条竖直线段并放置在另一侧扶手的下端点。

⑧ 单击"默认"选项卡"绘图"面板中的"圆弧"按钮 ⌒，绘制椅子下端的圆弧，命令行提示与操作如下。

```
命令：ARC↙
指定圆弧的起点或 [圆心(C)]：(用鼠标指定已绘制线段的下端点)
指定圆弧的第二个点或 [圆心(C)/端点(E)]：E↙
指定圆弧的端点：(用鼠标指定复制的另一线段的下端点)
指定圆弧的中心点(按住 Ctrl 键以切换方向)或 [角度(A)/方向(D)/半径(R)]：D↙
指定圆弧起点的相切方向(按住 Ctrl 键以切换方向)：(用鼠标指定圆弧起点切向)
```

完成椅子图形的绘制，如图 7-75 所示。

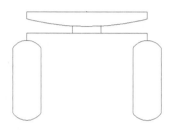

图 7-74　绘制扶手圆弧

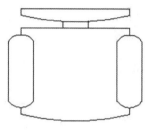

图 7-75　椅子图形

〰 思考：

"复制"命令的应用是不是简洁且准确？是否可以用"偏移"命令取代"复制"命令？

（2）绘制桌子。单击"默认"选项卡"绘图"面板中的"圆"按钮 ⊙ 和"修改"面板中的"偏移"按钮 ⊑，命令行提示与操作如下。

```
命令：_CIRCLE↙
指定圆的圆心或 [三点(3P)/两点(2P)/切点、切点、半径(T)]：(指定圆心)
指定圆的半径或 [直径(D)]：(指定半径)
命令：_OFFSET↙
当前设置：删除源=否　图层=源　OFFSETGAPTYPE=0
指定偏移距离或 [通过(T)/删除(E)/图层(L)] <通过>：↙
选择要偏移的对象，或 [退出(E)/放弃(U)] <退出>：(选择已绘制的圆)
指定通过点或 [退出(E)/多个(M)/放弃(U)] <退出>：(指定一点)
选择要偏移的对象，或 [退出(E)/放弃(U)] <退出>：↙
```

绘制的图形如图 7-76 所示。

（3）布置桌椅。

① 单击"默认"选项卡"修改"面板中的"旋转"按钮 ↻，将椅子正对餐桌，命令行提示与操作如下。

```
命令：_ROTATE
UCS 当前的正角方向：ANGDIR=逆时针　ANGBASE=0
选择对象：指定对角点：(框选椅子)
选择对象：
指定基点：(指定椅背中心点)
指定旋转角度，或 [复制(C)/参照(R)] <0>：90
```

结果如图 7-77 所示。

②单击"默认"选项卡"修改"面板中的"移动"按钮✛，将椅子放置到适当位置，命令行提示与操作如下。

```
命令：MOVE✓
选择对象：（框选椅子）
选择对象：✓
指定基点或 [位移(D)] <位移>：（指定椅背中心点）
指定第二个点或 <使用第一个点作为位移>：（移到水平直径位置）
```

绘制结果如图7-78所示。

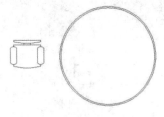 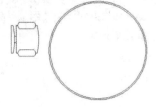 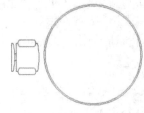

图7-76 绘制桌子　　　　　图7-77 旋转椅子　　　　　图7-78 移动椅子

③单击"默认"选项卡"修改"面板中的"环形阵列"按钮，布置椅子，命令行提示与操作如下。

```
命令：_ARRAYPOLAR
选择对象：（框选椅子图形）
选择对象：✓
类型 = 极轴 关联 = 是
指定阵列的中心点或 [基点(B)/旋转轴(A)]：（选择桌面圆心）
选择夹点以编辑阵列或 [关联(AS)/基点(B)/项目(I)/项目间角度(A)/填充角度(F)/行(ROW)/层(L)/旋转项目(ROT)/退出(X)] <退出>：I
输入阵列中的项目数或 [表达式(E)] <6>：4
选择夹点以编辑阵列或 [关联(AS)/基点(B)/项目(I)/项目间角度(A)/填充角度(F)/行(ROW)/层(L)/旋转项目(ROT)/退出(X)] <退出>：F
指定填充角度(+=逆时针、-=顺时针)或 [表达式(EX)] <360>：360
选择夹点以编辑阵列或 [关联(AS)/基点(B)/项目(I)/项目间角度(A)/填充角度(F)/行(ROW)/层(L)/旋转项目(ROT)/退出(X)] <退出>：
```

绘制的最终图形如图7-67所示。

7.6 模拟认证考试

1. 在选择集中去除对象，按住（　　）键可以进行去除对象选择。
   A. Space　　　　B. Shift　　　　C. Ctrl　　　　D. Alt
2. 执行"环形阵列"命令，在指定圆心后默认创建（　　）个图形。
   A. 4　　　　B. 6　　　　C. 8　　　　D. 10
3. 将半径为10、圆心为（70,100）的圆矩形阵列。阵列为3行2列，行偏移距离为-30，列偏移距离为50，阵列角度为10°。阵列后第2列第3行圆的圆心坐标是（　　）。
   A. X = 119.2404　　Y = 108.6824　　　　B. X=124.4498　　Y = 79.1382

C．X = 129.6593　Y = 49.5939　　　　　D．X = 80.4189　Y = 40.9115

4．已有一个画好的圆，绘制一组同心圆可以用（　　）命令来实现。

A．STRETCH 伸展　　　　　　　　B．OFFSET 偏移

C．EXTEND 延伸　　　　　　　　D．MOVE 移动

5．在对图形对象进行复制操作时，指定了基点坐标为（0,0），系统要求指定第二点时直接按
Enter 键结束，则复制出的图形所处位置是（　　）。

A．没有复制出新图形　　　　　　B．与原图形重合

C．图形基点坐标为（0,0）　　　　D．系统提示错误

6．在一张复杂图样中，要选择半径小于 10 的圆，如何快速方便地选择？（　　）

A．通过选择过滤

B．执行"快速选择"命令，在对话框中设置对象类型为圆，特性为直径，运算符为小于，
输入值为 10，单击确定

C．执行"快速选择"命令，在对话框中设置对象类型为圆，特性为半径，运算符为小于，
输入值为 10，单击确定

D．执行"快速选择"命令，在对话框中设置对象类型为圆，特性为半径，运算符为等于，
输入值为 10，单击确定

7．使用"偏移"命令时，下列说法正确的是（　　）。

A．偏移值可以小于 0，这是向反向偏移　B．可以框选对象进行一次偏移多个对象

C．一次只能偏移一个对象　　　　　D．偏移命令执行时不能删除原对象

8．在进行移动操作时，给定了基点坐标为（190,70），系统要求给定第二点时输入@，回车结
束，那么图形对象移动量是（　　）。

A．到原点　　　　B．190,70　　　　C．-190,-70　　　　D．0,0

第 8 章　高级编辑命令

内容简介

编辑命令除了第 7 章讲的命令之外，还有修剪、延伸、拉伸、拉长、圆角、倒角以及打断等命令，本章将一一介绍这些编辑命令。

内容要点

➥ 改变图形特性
➥ 圆角和倒角
➥ 打断、合并和分解对象
➥ 综合演练——绘制六人餐桌椅
➥ 模拟认证考试

案例效果

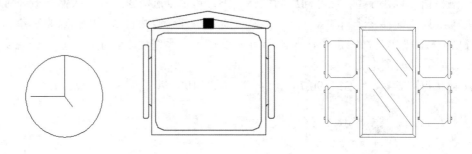

8.1　改变图形特性

改变图形特性编辑命令在对指定对象进行编辑后，使编辑对象的几何特性发生改变，包括修剪、删除、延伸、拉长、拉伸等命令。

8.1.1　"修剪"命令

"修剪"命令是将超出边界的多余部分修剪删除掉，与橡皮擦的功能相似。修剪操作可以修改直线、圆、圆弧、多段线、样条曲线、射线和填充图案。

【执行方式】

➥ 命令行：TRIM。
➥ 菜单栏：选择菜单栏中的"修改"→"修剪"命令。

➥　工具栏：单击"修改"工具栏中的"修剪"按钮 ✂。

➥　功能区：单击"默认"选项卡"修改"面板中的"修剪"按钮 ✂。

动手学——镂空屏风

源文件：源文件\第 8 章\镂空屏风.dwg

本实例绘制如图 8-1 所示的镂空屏风。

图 8-1　镂空屏风

操作步骤

（1）单击"默认"选项卡"绘图"面板中的"矩形"按钮 ▭，绘制 600×1500 的矩形，并将其分解，结果如图 8-2 所示。

（2）单击"默认"选项卡"修改"面板中的"偏移"按钮 ⊆，将左端竖直线向右偏移 7 次，偏移距离为 75，结果如图 8-3 所示。

（3）单击"默认"选项卡"修改"面板中的"偏移"按钮 ⊆，将水平直线向上偏移到适当位置，结果如图 8-4 所示。

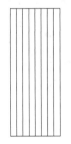

图 8-2　绘制矩形　　　　　　图 8-3　偏移竖直线　　　　　　图 8-4　偏移水平直线

（4）单击"默认"选项卡"修改"面板中的"修剪"按钮 ✂，修剪多余的线段。结果如图 8-1 所示。

✍ **技巧：**

　　修剪边界对象支持常规的各种选择技巧，如点选、框选，而且可以不断累积选择。当然，最简单的选择方式是当出现选择修剪边界时直接按空格键或 Enter 键，此时将把图中所有图形作为修剪编辑，可以修剪图中的任意对象。将所有对象作为修剪对象的操作非常简单，省略了选择修剪边界的操作，因此大多数设计人员都已经习惯于这样操作。但建议具体情况具体对待，不要什么情况都用这种方式。

【选项说明】

在绘制过程中，命令行中主要选项或操作的含义如下所示。

（1）按 Shift 键：在选择对象时，如果按住 Shift 键，系统就自动将 "修剪" 命令转换成 "延伸" 命令。

（2）边(E)：选择该选项时，可以选择对象的修剪方式，即延伸和不延伸。

① 延伸(E)：延伸边界进行修剪。在此方式下，如果剪切边没有与要修剪的对象相交，系统会延伸剪切边直至与要修剪的对象相交，然后再修剪，如图 8-5 所示。

（a）选择剪切边　　　　　　（b）选择要修剪的对象　　　　　　（c）修剪后的结果

图 8-5　延伸方式修剪对象

② 不延伸(N)：不延伸边界修剪对象。只修剪与剪切边相交的对象。

（3）栏选(F)：选择该选项时，系统以栏选的方式选择被修剪对象，如图 8-6 所示。

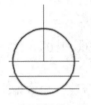 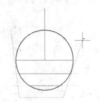 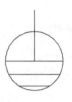

（a）选择剪切边　　　　　　（b）选择要修剪的对象　　　　　　（c）结果

图 8-6　以 "栏选" 方式选择修剪对象

（4）窗交(C)：选择该选项时，系统以窗交的方式选择被修剪对象，如图 8-7 所示。

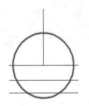 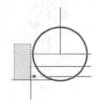 

（a）选择剪切边　　　　　　（b）选择要修剪的对象　　　　　　（c）结果

图 8-7　以 "窗交" 方式选择修剪对象

8.1.2　"删除" 命令

如果所绘制的图形不符合要求或绘错了，可以使用 "删除" 命令把它删除。

【执行方式】

➘　命令行：ERASE。

➘　菜单栏：选择菜单栏中的 "修改" → "删除" 命令。

➘　快捷菜单：选择要删除的对象，在绘图区右击，在弹出的快捷菜单中选择 "删除" 命令。

➘　工具栏：单击 "修改" 工具栏中的 "删除" 按钮。

➘　功能区：单击 "默认" 选项卡 "修改" 面板中的 "删除" 按钮。

【操作步骤】

可以先选择对象，然后调用"删除"命令；也可以先调用"删除"命令，然后再选择对象。选择对象时，可以使用前面介绍的各种选择对象的方法。

当选择多个对象时，多个对象都被删除；若选择的对象属于某个对象组，则该对象组的所有对象都被删除。

8.1.3 "延伸"命令

"延伸"命令用于延伸一个对象直至另一个对象的边界线，如图 8-8 所示。

（a）选择边界　　　　　（b）选择要延伸的对象　　　　　（c）执行结果

图 8-8　延伸对象

【执行方式】

- ➤ 命令行：EXTEND。
- ➤ 菜单栏：选择菜单栏中的"修改"→"延伸"命令。
- ➤ 工具栏：单击"修改"工具栏中的"延伸"按钮 →│。
- ➤ 功能区：单击"默认"选项卡"修改"面板中的"延伸"按钮 →│。

动手学——窗户

源文件：源文件\第 8 章\窗户.dwg

绘制如图 8-9 所示的窗户。

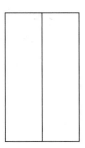

图 8-9　窗户

操作步骤

（1）单击"默认"选项卡"绘图"面板中的"矩形"按钮 ▭，绘制角点坐标分别为（100,100）、（300,500）的矩形作为窗户外轮廓线，绘制结果如图 8-10 所示。

（2）单击"默认"选项卡"绘图"面板中的"直线"按钮 ╱，绘制坐标为（200,100）、（200,200）的直线分割矩形，绘制完成如图 8-11 所示。

图 8-10　绘制矩形

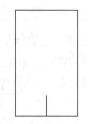

图 8-11　绘制窗户分割线

（3）单击"默认"选项卡"修改"面板中的"延伸"按钮━━►|，将直线延伸至矩形最上面的边。命令行提示与操作如下。

```
命令：_EXTEND
当前设置：投影=UCS，边=无
选择边界的边...
选择对象或 <全部选择>：（拾取矩形的最上边）
选择要延伸的对象，或按住 Shift 键选择要修剪的对象，或[栏选(F)/窗交(C)/投影(P)/边(E)/放弃(U)]：（拾取直线）
```

绘制完成，结果如图 8-9 所示。

【选项说明】

（1）系统规定可以用作边界对象的对象有直线段、射线、双向无限长线、圆弧、圆、椭圆、二维和三维多段线、样条曲线、文本、浮动的视口和区域。如果选择二维多段线作为边界对象，系统会忽略其宽度而把对象延伸至多段线的中心线上。如果要延伸的对象是适配样条多段线，则延伸后会在多段线的控制框上增加新节点。如果要延伸的对象是锥形的多段线，系统会修正延伸端的宽度，使多段线从起始端平滑地延伸至新的终止端。如果延伸操作导致新终止端的宽度为负值，则取宽度值为 0，如图 8-12 所示。

（a）选择边界对象

（b）选择要延伸的多段线

（c）延伸后的结果

图 8-12　延伸对象

（2）选择对象时，如果按住 Shift 键，系统会自动将"延伸"命令转换成"修剪"命令。

8.1.4　"拉伸"命令

"拉伸"命令用于拖拉所选对象，使其形状发生改变。拉伸对象时，应指定拉伸的基点和移置点。利用一些辅助工具如捕捉、钳夹功能及相对坐标等提高拉伸的精度。

【执行方式】

- ↘　命令行：STRETCH。
- ↘　菜单栏：选择菜单栏中的"修改"→"拉伸"命令。
- ↘　工具栏：单击"修改"工具栏中的"拉伸"按钮▢。

➲ 功能区：单击"默认"选项卡"修改"面板中的"拉伸"按钮 。

【操作步骤】

命令：STRETCH
以交叉窗口或交叉多边形选择要拉伸的对象...
选择对象：C
指定第一个角点：（采用交叉窗口的方式选择要拉伸的对象）
指定基点或 [位移(D)] <位移>：（指定拉伸的基点）
指定第二个点或 <使用第一个点作为位移>：（指定拉伸的移至点）

此时，若指定第二个点，系统将根据这两点决定矢量拉伸对象。

✍ 技巧：

> STRETCH 仅移动位于交叉选择内的顶点和端点，不更改那些位于交叉选择外的顶点和端点。部分包含在交叉选择窗口内的对象将被拉伸。

【选项说明】

（1）必须采用"窗交(C)"方式选择拉伸对象。

（2）拉伸选择对象时，指定第一个点后，若指定第二个点，系统将根据这两点决定矢量拉伸对象。若直接按 Enter 键，系统会把第一个点作为 X 轴和 Y 轴的分量值。

8.1.5 "拉长"命令

"拉长"命令可以更改对象的长度和圆弧的包含角。

【执行方式】

➲ 命令行：LENGTHEN。
➲ 菜单栏：选择菜单栏中的"修改"→"拉长"命令。
➲ 功能区：单击"默认"选项卡"修改"面板中的"拉长"按钮 。

动手学——挂钟

源文件：源文件\第 8 章\挂钟.dwg
绘制如图 8-13 所示的挂钟。

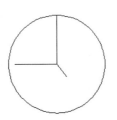

图 8-13 挂钟

操作步骤

（1）单击"默认"选项卡"绘图"面板中的"圆"按钮 ，以（100,100）为圆心，绘制半径为 20 的圆形作为挂钟的外轮廓线，如图 8-14 所示。

（2）单击"默认"选项卡"绘图"面板中的"直线"按钮 ╱ ，绘制坐标为（100,100），（100,117.25）；（100,100），（87.25,100）；（100,100），（105,94）的 3 条直线作为挂钟的指针，如图 8-15 所示。

图 8-14　绘制圆

图 8-15　绘制指针

（3）单击"默认"选项卡"修改"面板中的"拉长"按钮 ╱ ，将秒针拉长至圆的边，命令行提示与操作如下。

```
命令：_LENGTHEN
选择要测量的对象或 [增量(DE)/百分比(P)/总计(T)/动态(DY)] <总计(T)>：DE
输入长度增量或 [角度(A)] <0.0000>： 指定第二点：（用鼠标左键，选择秒针端点及其延长线与圆的交点）
选择要修改的对象或 [放弃(U)]：（选择秒针）
```

完成挂钟的绘制，如图 8-13 所示。

【选项说明】

（1）增量(DE)：用指定增加量的方法来改变对象的长度或角度。

（2）百分比(P)：用指定要修改对象的长度占总长度的百分比的方法来改变圆弧或直线段的长度。

（3）总计(T)：用指定新的总长度或总角度值的方法来改变对象的长度或角度。

（4）动态(DY)：在该模式下，可以使用拖拉鼠标的方法来动态地改变对象的长度或角度。

☞ 教你一招：

　　拉伸和拉长的区别。

　　"拉伸"和"拉长"命令都可以改变对象的大小，所不同的是"拉伸"可以一次框选多个对象，不仅改变对象的大小，同时改变对象的形状；而"拉长"只改变对象的长度，且不受边界的局限。可用以拉长的对象包括直线、弧线和样条曲线等。

动手练——绘制门把手

绘制如图 8-16 所示的门把手。

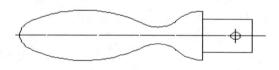

图 8-16　门把手

📋 思路点拨：

　　源文件：源文件\第 8 章\门把手.dwg

　　（1）利用"直线""圆"和"修剪"命令绘制门把手上半部分。

　　（2）利用"镜像"命令创建门把手的主体。

　　（3）利用"直线"和"圆"命令绘制销孔。

8.2　圆角和倒角

在 AutoCAD 绘图的过程中，圆角和倒角是经常用到的。在使用"圆角"和"倒角"命令时，要先设置圆角半径、倒角距离，否则命令执行后，很可能看不到任何效果。

8.2.1　"圆角"命令

圆角（倒圆角）是指用指定半径决定的一段平滑的圆弧连接两个对象。系统规定可以用圆角连接一对直线段、非圆弧多段线（可以在任何时刻圆角连接非圆弧多段线的每个节点）、样条曲线、双向无限长线、射线、圆、圆弧和椭圆。

【执行方式】

- ↘　命令行：FILLET。
- ↘　菜单栏：选择菜单栏中的"修改"→"圆角"命令。
- ↘　工具栏：单击"修改"工具栏中的"圆角"按钮 。
- ↘　功能区：单击"默认"选项卡"修改"面板中的"圆角"按钮 。

扫一扫，看视频

动手学——餐桌椅

源文件：源文件\第 8 章\餐桌椅.dwg
本实例绘制如图 8-17 所示的餐桌椅。

图 8-17　餐桌椅

操作步骤

（1）单击"默认"选项卡"绘图"面板中的"矩形"按钮 ，绘制长度为 400、宽度为 360 的矩形，结果如图 8-18 所示。

（2）偏移矩形。单击"默认"选项卡"修改"面板中的"偏移"按钮 ，将绘制的矩形向内偏移 15，如图 8-19 所示。

图 8-18　绘制矩形

图 8-19　向内偏移矩形

（3）对矩形进行圆角操作。单击"默认"选项卡"修改"面板中的"圆角"按钮，对刚才偏移的矩形进行圆角操作，设定圆角半径为30，结果如图8-20所示。

（4）绘制扶手。单击"默认"选项卡中的"矩形"按钮口和"圆角"按钮，绘制大小为20×250，圆角半径为5的扶手，命令行提示与操作如下。

```
命令：_FILLET
当前设置：模式 = 修剪，半径 = 0.0000
选择第一个对象或 [放弃(U)/多段线(P)/半径(R)/修剪(T)/多个(M)]：R
指定圆角半径 <0.0000>：30
选择第一个对象或 [放弃(U)/多段线(P)/半径(R)/修剪(T)/多个(M)]：(指定矩形的一条边)
选择第二个对象，或按住 Shift 键选择对象以应用角点或 [半径(R)]：(指定矩形的另一条相邻边)
```

结果如图8-21所示。

图8-20 对矩形进行圆角操作

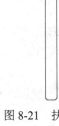

图8-21 扶手图形

（5）单击"默认"选项卡"修改"面板中的"移动"按钮，捕捉扶手矩形的中点，对齐到坐垫的中点位置，并水平向外移动10，如图8-22所示。

（6）绘制扶手与坐垫的连接。单击"默认"选项卡"绘图"面板中的"圆弧"按钮，将扶手和坐垫进行连接，并进行镜像操作，结果如图8-23所示。

图8-22 扶手与坐垫对齐

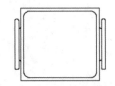

图8-23 扶手与坐垫连接

（7）绘制靠背。单击"默认"选项卡"绘图"面板中的"圆弧"下拉列表中的"起点、端点、半径"按钮，绘制一条半径为600的弧线，将弧线向外偏移25，如图8-24所示。

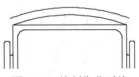

图8-24 绘制靠背弧线

（8）重复上述命令，绘制半径为12.5的弧线，将靠背两端进行连接，并使用"镜像"命令绘制另一边的弧线，如图8-25所示。

（9）单击"默认"选项卡"绘图"面板中的"矩形"按钮口，绘制连接靠背和坐垫部分的矩形，并将该矩形中点和坐垫中点对齐，如图8-26所示。

图 8-25　连接靠背弧线

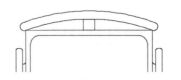

图 8-26　绘制连接靠背和坐垫的矩形

（10）填充图形。单击"默认"选项卡"绘图"面板中的"图案填充"按钮▨，打开"图案填充创建"选项卡，如图 8-27 所示。单击"拾取点"按钮，在矩形内部单击一下，单击"确定"按钮，完成填充操作，椅子的最终效果如图 8-17 所示。

图 8-27　"图案填充创建"选项卡

【选项说明】

（1）多段线(P)：在一条二维多段线的两段直线段的节点处插入圆滑的弧。选择多段线后，系统会根据指定的圆弧的半径把多段线各顶点用圆滑的弧连接起来。

（2）修剪(T)：决定在圆角连接两条边时，是否修剪这两条边，如图 8-28 所示。

（a）修剪方式　　　　　　　　　　　　　　（b）不修剪方式

图 8-28　圆角连接

（3）多个(M)：可以同时对多个对象进行圆角编辑，而不必重新启用命令。

（4）按住 Shift 键并选择两条直线：可以快速创建零距离倒角或零半径圆角。

☞教你一招：

> 介绍下面几种情况下的圆角。
>
> （1）当两条线相交或不相连时，利用"圆角"命令进行修剪和延伸。
>
> 如果将圆角半径设置为 0，则不会创建圆弧，操作对象将被修剪或延伸直到它们相交。当两条线相交或不相连时，使用"圆角"命令可以自动进行修剪和延伸，比使用"修剪"和"延伸"命令更方便。
>
> （2）对平行直线倒圆角。
>
> 不仅可以对相交或未连接的线倒圆角，平行的直线、构造线和射线同样可以倒圆角。对平行线进行倒圆角时，软件将忽略原来的圆角设置，自动调整圆角半径，生成一个半圆连接两条直线，绘制键槽或类似零件时比较方便。对平行线倒圆角时第一个选定对象必须是直线或射线，不能是构造线，因为构造线没有端点，但是可以作为圆角的第二个对象。
>
> （3）对多段线加圆角或删除圆角。
>
> 如果想对多段线上适合圆角半径的每条线段的顶点处插入相同长度的圆角弧，可在倒圆角时使用"多段线"选项；如果想删除多段线上的圆角和弧线，也可以使用"多段线"选项，只需将圆角设置为 0，"圆角"命令将删除该圆弧线段并延伸直线，直到它们相交。

8.2.2 "倒角"命令

倒角是指用斜线连接两个不平行的线形对象，可以用斜线连接直线段、双向无限长线、射线和多段线。

【执行方式】

➥ 命令行：CHAMFER。

➥ 菜单栏：选择菜单栏中的"修改"→"倒角"命令。

➥ 工具栏：选择"修改"工具栏中的"倒角"按钮╱。

➥ 功能区：单击"默认"选项卡"修改"面板中的"倒角"按钮╱。

动手学——四人餐桌

源文件：源文件\第 8 章\四人餐桌.dwg

本实例绘制如图 8-29 所示的四人餐桌。

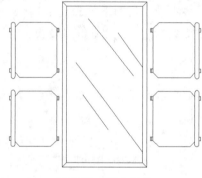

图 8-29 四人餐桌

操作步骤

（1）单击"默认"选项卡"绘图"面板中的"矩形"按钮 □，在图形空白区域绘制一个 800×1500 的矩形，如图 8-30 所示。

（2）单击"默认"选项卡"修改"面板中的"偏移"按钮 ⊆，选择上步绘制的矩形为偏移对象并向内进行偏移，偏移距离为 40，如图 8-31 所示。

（3）单击"默认"选项卡"绘图"面板中的"直线"按钮 ╱，绘制 4 条斜向直线，如图 8-32 所示。

图 8-30 绘制矩形

图 8-31 偏移矩形

图 8-32 绘制直线

（4）单击"默认"选项卡"绘图"面板中的"直线"按钮 ∕，在矩形图形内绘制多条斜向直线，如图 8-33 所示。

（5）单击"默认"选项卡"绘图"面板中的"矩形"按钮 ⬜，在图形空白区域绘制一个 400×500 的矩形，如图 8-34 所示。

（6）单击"默认"选项卡"修改"面板中的"倒角"按钮 ⟋，选择第（5）步绘制矩形的 4 条边为倒角对象并对其进行倒角处理，倒角距离为 81，命令行提示与操作如下。

```
命令：_CHAMFER
（"修剪"模式）当前倒角距离 1 = 0.0000，距离 2 = 0.0000
选择第一条直线或 [放弃(U)/多段线(P)/距离(D)/角度(A)/修剪(T)/方式(E)/多个(M)]： D
指定第一个倒角距离 <0.0000>： 81
指定第二个倒角距离 <81.0000>：
选择第一条直线或 [放弃(U)/多段线(P)/距离(D)/角度(A)/修剪(T)/方式(E)/多个(M)]： （选择矩形一条边线）
选择第二条直线，或按住 Shift 键选择直线以应用角点或 [距离(D)/角度(A)/方法(M)]： （选择矩形的另一条边线）
```

结果如图 8-35 所示。

图 8-33 绘制直线

图 8-34 绘制矩形

图 8-35 倒角处理

（7）单击"默认"选项卡"绘图"面板中的"矩形"按钮 ⬜，在第（6）步倒角后的矩形下端绘制一个 22×32 的矩形，如图 8-36 所示。

（8）单击"默认"选项卡"绘图"面板中的"直线"按钮 ∕，在第（7）步绘制的矩形内绘制一条竖直直线，如图 8-37 所示。

（9）单击"默认"选项卡"修改"面板中的"复制"按钮 ⅋，选择第（8）步绘制的图形为复制对象并向上进行复制，如图 8-38 所示。

图 8-36 绘制矩形

图 8-37 绘制直线

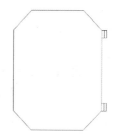

图 8-38 复制图形

（10）单击"默认"选项卡"绘图"面板中的"矩形"按钮 ⬜，在绘制的大矩形左端绘制一个 38×510 的矩形，如图 8-39 所示。

（11）单击"默认"选项卡"修改"面板中的"圆角"按钮 ⟋，选择第（10）步绘制的矩形为圆角对象并对其进行圆角处理，圆角半径为 15，如图 8-40 所示。

（12）单击"默认"选项卡"绘图"面板中的"矩形"按钮 ▭，在第（10）步绘制的矩形左侧绘制一个 18×32 的矩形，如图 8-41 所示。

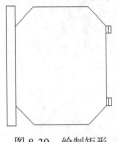

图 8-39　绘制矩形

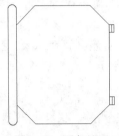

图 8-40　圆角处理

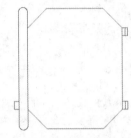

图 8-41　绘制矩形

（13）单击"默认"选项卡"修改"面板中的"复制"按钮 ✧，选择第（12）步绘制的矩形为复制对象并向上进行复制，完成图形的绘制，如图 8-42 所示。

（14）单击"默认"选项卡"修改"面板中的"移动"按钮 ✛，选择第（13）步绘制完成的椅子图形为移动对象，将其移动放置到餐桌处，如图 8-43 所示。

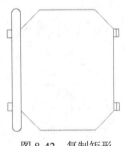

图 8-42　复制矩形

图 8-43　移动椅子

（15）单击"默认"选项卡"修改"面板中的"复制"按钮 ✧，选择第（14）步移动的椅子图形为复制对象并向下复制一个椅子图形。

（16）单击"默认"选项卡"修改"面板中的"镜像"按钮 ⚎，选择第（15）步绘制的两个椅子图形为镜像对象，将其向右侧进行镜像，最终结果如图 8-29 所示。

【选项说明】

（1）距离(D)：选择倒角的两个斜线距离。斜线距离是指从被连接的对象与斜线的交点到被连接的两对象的可能的交点之间的距离，如图 8-44 所示。这两个斜线距离可以相同也可以不相同，若二者均为 0，则系统不绘制连接的斜线，而是把两个对象延伸至相交，并修剪超出的部分。

（2）角度(A)：选择第一条直线的斜线距离和角度。采用这种方法斜线连接对象时，需要输入两个参数：斜线与一个对象的斜线距离和斜线与该对象的夹角，如图 8-45 所示。

图 8-44　斜线距离

图 8-45　斜线距离与夹角

（3）多段线(P)：对多段线的各个交叉点进行倒角编辑。为了得到最好的连接效果，一般设置斜线是相等的值。系统根据指定的斜线距离把多段线的每个交叉点都作斜线连接，连接的斜线成为多段线新添加的构成部分，如图8-46所示。

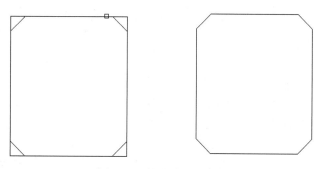

图8-46 斜线连接多段线

（4）修剪(T)：与圆角连接命令FILLET相同，该选项决定连接对象后，是否剪切原对象。

（5）方式(E)：决定采用"距离"方式还是"角度"方式来倒角。

（6）多个(M)：同时对多个对象进行倒角编辑。

动手练——绘制洗菜盆

绘制如图8-47所示的洗菜盆。

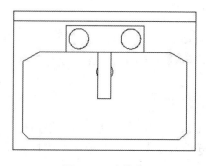

图8-47 洗菜盆

思路点拨：

> **源文件**：源文件\第8章\洗菜盆.dwg
> （1）利用"直线"命令绘制洗菜盆的初步轮廓。
> （2）利用"圆""复制"和"修剪"命令绘制出水口。
> （3）利用"倒角"命令绘制水盆。

8.3 打断、合并和分解对象

编辑命令除了前面学到的复制类命令、改变位置类命令、改变图形特性的命令以及圆角和倒角命令之外，还有打断、打断于点、合并和分解命令。

8.3.1　"打断"命令

"打断"命令用于在两个点之间创建间隔，也就是在打断之处保留间隙。

【执行方式】

- 命令行：BREAK。
- 菜单栏：选择菜单栏中的"修改"→"打断"命令。
- 工具栏：单击"修改"工具栏中的"打断"按钮⌐。
- 功能区：单击"默认"选项卡"修改"面板中的"打断"按钮⌐。

【操作步骤】

命令：BREAK
选择对象：（选择要打断的对象）
指定第二个打断点或 [第一点(F)]：（指定第二个断开点或输入"F"）

【选项说明】

如果选择"第一点(F)"选项，系统将丢弃前面的第一个选择点，重新提示用户指定两个打断点。

8.3.2　"打断于点"命令

"打断于点"命令用于将对象在某一点处打断，打断之处没有间隙。有效的对象包括直线、圆弧等，但不能是圆、矩形和多边形等封闭的图形，此命令与"打断"命令类似。

【执行方式】

- 命令行：BREAK。
- 工具栏：单击"修改"工具栏中的"打断于点"按钮⌐。
- 功能区：单击"默认"选项卡"修改"面板中的"打断于点"按钮⌐。

【操作步骤】

命令：_BREAK
选择对象：（选择要打断的对象）
指定第二个打断点或 [第一点(F)]：_F [系统自动执行"第一点(F)"选项]
指定第一个打断点：（选择打断点）
指定第二个打断点：@（系统自动忽略此提示）

8.3.3　"合并"命令

利用"合并"命令可以将直线、圆弧、椭圆弧和样条曲线等独立的对象合并为一个对象。

【执行方式】

- 命令行：JOIN。
- 菜单栏：选择菜单栏中的"修改"→"合并"命令。

➥ 工具栏：单击"修改"工具栏中的"合并"按钮 ➤◆ 。

➥ 功能区：单击"默认"选项卡"修改"面板中的"合并"按钮 ➤◆ 。

【操作步骤】

命令：JOIN✓
选择源对象或要一次合并的多个对象：（选择一个对象）
选择要合并的对象：（选择另一个对象）
选择要合并的对象：✓

8.3.4 "分解"命令

利用"分解"命令可以在选择一个对象后将该对象分解。此时系统将继续给出提示，允许分解多个对象。

【执行方式】

➥ 命令行：EXPLODE。

➥ 菜单栏：选择菜单栏中的"修改"→"分解"命令。

➥ 工具栏：单击"修改"工具栏中的"分解"按钮 ⬚ 。

➥ 功能区：单击"默认"选项卡"修改"面板中的"分解"按钮 ⬚ 。

动手学——吧台

源文件：源文件\第 8 章\吧台.dwg

绘制如图 8-48 所示的吧台。

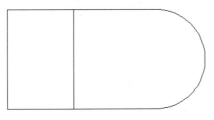

图 8-48 吧台

操作步骤

（1）单击"默认"选项卡"绘图"面板中的"矩形"按钮 ▢ ，绘制一个边长为 400×600 的矩形，如图 8-49 所示。重复"矩形"命令，在其右侧绘制一个边长为 500×600 的矩形，作为吧台的台板，如图 8-50 所示。

图 8-49 绘制矩形

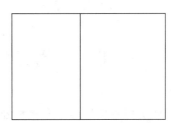

图 8-50 绘制吧台的台板

（2）单击"默认"选项卡"绘图"面板中的"圆"按钮 ⊙，在矩形右侧的边缘中点绘制一个半径为 300 的圆，如图 8-51 所示。

（3）单击"默认"选项卡"修改"面板中的"分解"按钮 ⯐，选择右侧的矩形和圆，删除右侧的垂直边，命令行提示与操作如下。

命令：_EXPLODE
选择对象：（选择需要分解的矩形和圆）
选择对象：

结果如图 8-52 所示。

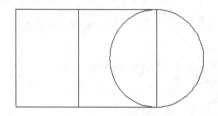

图 8-51　绘制圆

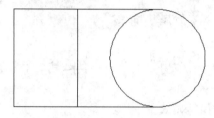

图 8-52　删除直线

（4）单击"默认"选项卡"修改"面板中的"修剪"按钮 ✂，选择上下两条水平直线作为修剪边界，将圆的左侧修剪掉，生成的吧台图形如图 8-37 所示。

动手练——绘制马桶

绘制如图 8-53 所示的马桶。

图 8-53　马桶

思路点拨：

源文件：源文件\第 8 章\马桶.dwg
（1）利用"矩形""分解"和"圆角"命令绘制马桶水箱。
（2）利用"直线""椭圆"和"修剪"命令绘制马桶轮廓。

8.4　综合演练——绘制六人餐桌椅

源文件：源文件\第 8 章\六人餐桌椅.dwg
绘制如图 8-54 所示的六人餐桌椅。

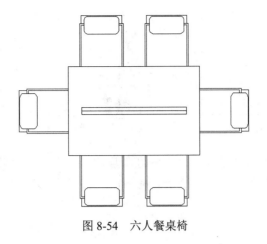

图 8-54 六人餐桌椅

操作步骤

（1）单击"默认"选项卡"绘图"面板中的"矩形"按钮□，绘制一个长为1500、宽为1000的矩形，如图8-55所示。

（2）单击"默认"选项卡"绘图"面板中的"直线"按钮／，在矩形的长边和短边方向的中点各绘制一条直线作为辅助线，如图8-56所示。

图 8-55 绘制矩形   图 8-56 绘制辅助线

（3）单击"默认"选项卡"绘图"面板中的"矩形"按钮□，在空白处绘制一个长为1200、宽为40的矩形，如图8-57所示。单击"默认"选项卡"修改"面板中的"移动"按钮✥，以矩形底边中点为基点，移动矩形至刚刚绘制的辅助线交叉处，如图8-58所示。

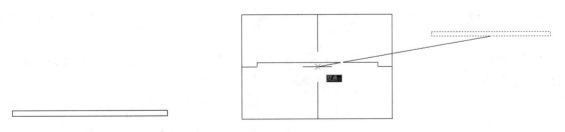

图 8-57 绘制矩形   图 8-58 移动矩形

（4）单击"默认"选项卡"修改"面板中的"镜像"按钮⚠，选择刚刚移动的矩形，然后以水平辅助线为镜像轴，将其镜像到下侧，如图8-59所示。

（5）单击"默认"选项卡"绘图"面板中的"矩形"按钮□，在空白处，绘制边长为500的正方形，如图8-60所示。

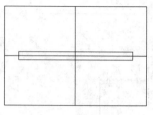

图 8-59　镜像矩形

图 8-60　绘制正方形

（6）单击"默认"选项卡"修改"面板中的"偏移"按钮 ⫇，偏移距离设置为 20，将绘制的正方形向内偏移，如图 8-61 所示。在空白处绘制一个长为 400、宽为 200 的矩形，如图 8-62 所示。

图 8-61　偏移矩形

图 8-62　绘制矩形

（7）单击"默认"选项卡"修改"面板中的"圆角"按钮 ◠，对第（6）步绘制的矩形进行倒圆角，圆角半径为 50，如图 8-63 所示。

（8）单击"默认"选项卡"修改"面板中的"移动"按钮 ✛，将倒圆角后的矩形移动到正方形上侧边的中心，如图 8-64 所示。

图 8-63　矩形倒圆角

图 8-64　移动矩形

（9）单击"默认"选项卡"修改"面板中的"修剪"按钮 ⸜，将矩形内部的直线修剪掉，如图 8-65 所示。

（10）单击"默认"选项卡"绘图"面板中的"直线"按钮 ╱，在矩形上方绘制直线，直线的端点及位置如图 8-66 所示，完成椅子图形的绘制。

图 8-65　修剪多余直线

图 8-66　绘制直线

（11）单击"默认"选项卡"修改"面板中的"移动"按钮✛，将移动的基点选定为内部正方形的下侧角点，使其与餐桌的外边重合，如图 8-67 所示。

（12）单击"默认"选项卡"修改"面板中的"修剪"按钮▽，将餐桌边缘内部的多余直线修剪掉，如图 8-68 所示。

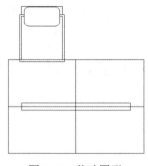

图 8-67　移动图形

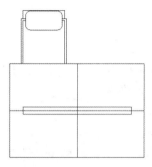

图 8-68　修剪多余直线

（13）单击"默认"选项卡"修改"面板中的"镜像"按钮△和"旋转"按钮○，将椅子图形进行复制，并删除辅助线，结果如图 8-54 所示。

8.5　模拟认证考试

1．"拉伸"命令能够按指定的方向拉伸图形，此命令只能用（　　　）方式选择对象。

  A．交叉窗口   B．窗口   C．点   D．ALL

2．要剪切与剪切边延长线相交的圆，则需执行的操作为（　　　）。

  A．剪切时按住 Shift 键   B．剪切时按住 Alt 键

  C．修改"边"参数为"延伸"   D．剪切时按住 Ctrl 键

3．关于"分解"命令（EXPLODE）的描述正确的是（　　　）。

  A．对象分解后颜色、线型和线宽不会改变

  B．图案分解后图案与边界的关联性仍然存在

  C．多行文字分解后将变为单行文字

  D．构造线分解后可得到两条射线

4．对一个对象进行圆角操作之后，有时候发现对象被修剪，有时候发现对象没有被修剪，究其原因是（　　　）。

  A．修剪之后应当选择"删除"

  B．圆角选项里有 T，可以控制对象是否被修剪

  C．应该先进行倒角再修剪

  D．用户的误操作

5．在进行打断操作时，系统要求指定第二个打断点，这时输入了@，然后按 Enter 键结束，其结果是（　　　）。

  A．没有实现打断

B．在第一个打断点处将对象一分为二，打断距离为零

C．从第一个打断点处将对象另一部分删除

D．系统要求指定第二个打断点

6．分别绘制圆角为20的矩形和倒角为20的矩形，长均为100，宽均为80。对它们的面积进行比较得（　　）。

A．圆角矩形面积大　　　　　　　B．倒角矩形面积大

C．一样大　　　　　　　　　　　D．无法判断

7．对两条平行的直线倒圆角（FILLET），圆角半径设置为20，其结果是（　　）。

A．不能倒圆角

B．按半径20倒圆角

C．系统提示错误

D．倒出半圆，其直径等于直线间的距离

8．绘制如图8-69所示的图形。

9．绘制如图8-70所示的图形。

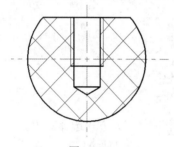

图　8-69

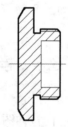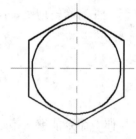

图　8-70

第 9 章　文字与表格

内 容 简 介

文字注释是图形中很重要的一部分内容。进行各种设计时，通常不仅要绘出图形，还要在图形中标注一些文字，如技术要求、注释说明等，对图形对象加以解释。此外，表格在 AutoCAD 图形中也有大量的应用，如明细表、参数表和标题栏等。本章将对此进行详细的介绍。

内 容 要 点

- ➘ 文字样式
- ➘ 文字标注
- ➘ 文字编辑
- ➘ 表格
- ➘ 综合演练——绘制 A3 样板图
- ➘ 模拟认证考试

案 例 效 果

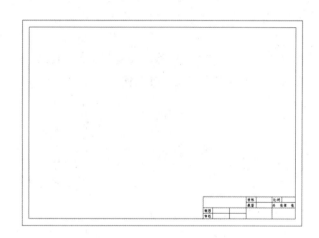

产品五金配件明细表				
序号	零件名称	规格	数量	备注
1	木塞	Ø8×30	28	
2	偏心件	Ø15	12	
3	单头拆装件	标准件	12	
4	菠萝螺母	M6×12.5	18	
5	爆炸螺母	M6×12		
6	小叉盖	Ø16	12	
7	小圆盖	Ø16		
8	趟门盖	标准件	1	
9	自攻螺丝	M3×12	18	
10	十字脚钉	M6	6	
11	拉手	无标趟门拉手	2	
12	双路轨	标准件	2	
13	层板钉	6×8	4	
14	上门轮	标准件	4	
15	下门轮	标准件	4	
16				
备注				
制表：	审核：	批准：		

9.1　文　字　样　式

所有 AutoCAD 图形中的文字都有与其相对应的文字样式。当输入文字对象时，AutoCAD 使用当前设置的文字样式，文字样式是用来控制文字基本形状的一组设置。

【执行方式】

- ➘ 命令行：STYLE（快捷命令：ST）或 DDSTYLE。
- ➘ 菜单栏：选择菜单栏中的"格式"→"文字样式"命令。

➡ 工具栏：单击"文字"工具栏中的"文字样式"按钮 **A**。
➡ 功能区：单击"默认"选项卡"注释"面板中的"文字样式"按钮 **A**。

【操作步骤】

执行上述操作后，系统打开"文字样式"对话框，如图9-1所示。

图9-1 "文字样式"对话框

【选项说明】

（1）"样式"列表框：列出所有已设定的文字样式名或对已有样式名进行相关操作。单击"新建"按钮，系统打开如图9-2所示的"新建文字样式"对话框，从中可以为新建的文字样式输入名称。从"样式名"列表框中选中要改名的文本样式并右击，在弹出的快捷菜单中选择"重命名"命令（见图9-3），可以为所选文字样式输入新的名称。

（2）"字体"选项组：用于确定字体样式。文字的字体确定字符的形状，在 AutoCAD 中，除了它固有的 SHX 形状字体文件外，还可以使用 TrueType 字体（如宋体、楷体等）。一种字体可以设置不同的效果，从而被多种文字样式使用。图9-4所示就是同一种字体（宋体）的不同样式。

图9-2 "新建文字样式"对话框

图9-3 快捷菜单

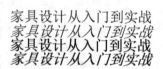

图9-4 同一种字体的不同样式

（3）"大小"选项组：用于确定文字样式使用的字体文件、字体风格及字高。"高度"文本框用来设置创建文字时的固定字高。在用 TEXT 命令输入文字时，AutoCAD 不再提示输入字高参数。如果在此文本框中设置字高为 0，系统会在每一次创建文字时提示输入字高。所以，如果不想固定字高，就可以把"高度"文本框中的数值设置为 0。

（4）"效果"选项组。

① "颠倒"复选框：选中该复选框，表示将文字倒置标注，如图9-5（a）所示。

② "反向"复选框：确定是否将文字反向标注，如图9-5（b）所示。

ABCDEFGHIJKLMN
ⱯBCDEFGHIJKLMN

（a）倒置标注

ABCDEFGHIJKLMN
ИМⱠＫⱢIHＧＦƎDϽꓭA

（b）反向标注

图9-5 文字倒置标注与反向标注

③"垂直"复选框：确定文字是水平标注还是垂直标注。选中该复
选框时为垂直标注，如图 9-6 所示；否则为水平标注。

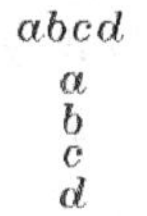

④"宽度因子"文本框：设置宽度系数，确定文本字符的宽高比。
当比例系数为 1 时，表示将按字体文件中定义的宽高比标注文字。当此系
数小于 1 时，字会变窄，反之变宽。如图 9-4 所示，是在不同比例系数下标注的文字。

abcd
a
b
c
d

图 9-6　垂直标注文字

⑤"倾斜角度"文本框：用于确定文字的倾斜角度。角度为 0 时不倾斜，为正值时向右倾斜，
为负值时向左倾斜，效果如图 9-4 所示。

（5）"应用"按钮。

确认对文字样式的设置。当创建新的文字样式或对现有文字样式的某些特征进行修改后，都需
要单击此按钮，系统才会确认所做的改动。

9.2　文　字　标　注

在绘制图形的过程中，文字传递了很多设计信息，它可能是一段复杂的说明，也可能是一条简
短的文字信息。当需要标注的文本不太长时，可以利用 TEXT 命令创建单行文本；当需要标注较
长、相对复杂的文字信息时，可以利用 MTEXT 命令创建多行文本。

9.2.1　单行文字标注

可以使用"单行文字"命令创建一行或多行文字，其中每行文字都是独立的对象，可对其进行
移动、格式设置或其他修改。

【执行方式】

➘　命令行：TEXT。

➘　菜单栏：选择菜单栏中的"绘图"→"文字"→"单行文字"命令。

➘　工具栏：单击"文字"工具栏中的"单行文字"按钮**A**。

➘　功能区：单击"默认"选项卡"注释"面板中的"单行文字"按钮**A**或单击"注释"选
　　项卡"文字"面板中的"单行文字"按钮**A**。

【操作步骤】

```
命令：TEXT✓
当前文字样式："Standard" 文字高度：7.0000 注释性：否 对正：左
指定文字的起点或 [对正(J)/样式(S)]：指定文字的起点位置
指定文字的旋转角度 <0>：输入旋转角度，然后在绘图区域输入文字
```

结果如图 9-7 所示。

✍ 技巧：

用 TEXT 命令创建文本时，在命令行输入的文字同时显示在绘图区，而且在创建过程中可以随时改变文本
的位置，只要移动光标到新的位置单击，则当前行结束，随后输入的文字在新的位置出现，用这种方法可以把
多行文本标注到绘图区的不同位置。

【选项说明】

（1）指定文字的起点：在此提示下直接在绘图区选择一点作为输入文本的起始点。执行上述命令后，即可在指定位置输入文字。输入完成后按 Enter 键，文本另起一行，可继续输入文字。待全部输入完后按两次 Enter 键，退出 TEXT 命令。可见，TEXT 命令也可创建多行文本，只是这种多行文本每一行是一个对象，不能对多行文本同时进行操作。

✎ 技巧：

> 只有当前文字样式中设置的字符高度为 0，在使用 TEXT 命令时，才会出现要求用户确定字符高度的提示。AutoCAD 允许将文本行倾斜排列，倾斜角度分别是 0°、45°和-45°时的排列效果如图 9-7 所示。在"指定文字的旋转角度 <0>"提示下输入文本行的倾斜角度或在绘图区拉出一条直线来指定倾斜角度。

图 9-7　文本行倾斜排列的效果

（2）对正(J)：在"指定文字的起点或[对正(J)/样式(S)]"提示下输入"J"，用来确定文本的对齐方式，对齐方式决定文本的哪部分与所选插入点对齐。执行此选项，AutoCAD 提示如下。

输入选项 [左(L)/居中(C)/右(R)/对齐(A)/中间(M)/布满(F)/左上(TL)/中上(TC)/右上(TR)/左中(ML)/正中(MC)/右中(MR)/左下(BL)/中下(BC)/右下(BR)]：

在此提示下选择一个选项作为文本的对齐方式。当文字水平排列时，AutoCAD 为其定义了如图 9-8 所示的顶线、中线、基线和底线。各种对齐方式如图 9-9 所示，图中大写字母对应上述提示中的各命令。

图 9-8　文本行的底线、基线、中线和顶线

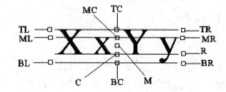

图 9-9　文本的对齐方式

选择"对齐(A)"选项，要求用户指定文本行基线的起始点与终止点的位置，AutoCAD 提示如下。

指定文字基线的第一个端点：（指定文本行基线的起点位置）
指定文字基线的第二个端点：（指定文本行基线的终点位置）
输入文字：（输入一行文本后按 Enter 键）
输入文字：（继续输入文本或直接按 Enter 键结束命令）

输入的文字均匀地分布在指定的两点之间，如果两点间的连线不水平，则文本行倾斜放置，倾斜角度由两点间的连线与 X 轴夹角确定；字高、字宽根据两点间的距离、字符的多少以及文字样式中设置的宽度系数自动确定。指定了两点之后，每行输入的字符越多，字宽和字高越小。

其他选项与"对齐"类似，此处不再赘述。

实际绘图时，有时需要标注一些特殊字符，例如直径符号、上划线或下划线、温度符号等，由于这些符号不能直接从键盘上输入，AutoCAD 提供了一些控制码，用来实现这些要求。常用的控制码及其功能如表 9-1 所示。

表 9-1　AutoCAD 常用控制码

控 制 码	标注的特殊字符	控 制 码	标注的特殊字符
%%O	上划线	\u+0278	电相位
%%U	下划线	\u+E101	流线
%%D	"度"符号（°）	\u+2261	标识
%%P	正负符号（±）	\u+E102	界碑线
%%C	直径符号（ϕ）	\u+2260	不相等（≠）
%%%	百分号（%）	\u+2126	欧姆（Ω）
\u+2248	约等于（≈）	\u+03A9	欧米加（Ω）
\u+2220	角度（∠）	\u+214A	低界线
\u+E100	边界线	\u+2082	下标 2
\u+2104	中心线	\u+00B2	上标 2
\u+0394	差值		

其中，%%O 和 %%U 分别是上划线和下划线的开关，第一次出现此符号时开始画上划线和下划线，第二次出现此符号时上划线和下划线终止。例如，输入"I want to %%U go to Beijing%%U."，则得到如图 9-10（a）所示的文本行，输入"50%%D+%%C75%%P12"，则得到如图 9-10（b）所示的文本行。

I want to go to Beijing.　　　　　　　　50°+⌀75±12

（a）控制码应用示例 1　　　　　　　　（b）控制码应用示例 2

图 9-10　文本行

9.2.2　多行文字标注

可以将若干文字段落创建为单个多行文字对象，可以使用文字编辑器格式化文字外观、列和边界。

【执行方式】

↘　命令行：MTEXT（快捷命令：T 或 MT）。

↘　菜单栏：选择菜单栏中的"绘图"→"文字"→"多行文字"命令。

↘　工具栏：单击"绘图"工具栏中的"多行文字"按钮 A 或单击"文字"工具栏中的"多行文字"按钮 A。

↘　功能区：单击"默认"选项卡"注释"面板中的"多行文字"按钮 A 或单击"注释"选项卡"文字"面板中的"多行文字"按钮 A。

动手学——电视机

源文件：源文件\第 9 章\电视机.dwg

绘制如图 9-11 所示的电视机。

扫一扫，看视频

图 9-11　电视机

操作步骤

（1）单击"默认"选项卡"绘图"面板中的"矩形"按钮 □，在适当的位置绘制长为 50、宽为 20 的矩形，如图 9-12 所示。

（2）单击"默认"选项卡"修改"面板中的"偏移"按钮 ⊆，将矩形向内偏移，偏移距离为 2，如图 9-13 所示。

图 9-12　绘制矩形

图 9-13　偏移矩形

（3）单击"默认"选项卡"绘图"面板中的"直线"按钮 ∕，捕捉矩形长边的中点，绘制一条竖直直线作为绘图的辅助线，如图 9-14 所示。在矩形的上部适当位置绘制一条长为 30 的直线，并将其中点移动到辅助线上，如图 9-15 所示。

（4）单击"默认"选项卡"绘图"面板中的"直线"按钮 ∕，在水平直线左端绘制一条斜向直线。

（5）单击"默认"选项卡"修改"面板中的"镜像"按钮 ⚠，将第（4）步绘制的斜向直线镜像到辅助线的另外一侧，如图 9-16 所示。

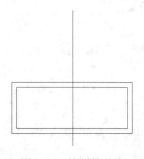

图 9-14　绘制辅助线

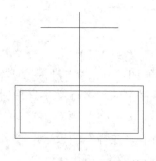

图 9-15　绘制水平直线

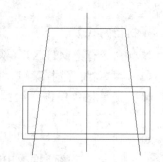

图 9-16　绘制并镜像斜向直线

（6）单击"默认"选项卡"绘图"面板中的"直线"按钮 ∕，在水平线的下方继续绘制两条水平直线。

（7）单击"默认"选项卡"修改"面板中的"修剪"按钮 ，将刚刚绘制的水平直线在斜向直线外侧的部分删除，如图 9-17 所示。

（8）单击"默认"选项卡"绘图"面板中的"圆弧"按钮，在矩形下方以图 9-18 所示的 *A*、*B*、*C* 三个点绘制圆弧。

（9）单击"默认"选项卡"修改"面板中的"删除"按钮和"修剪"按钮，删除多余的直线和辅助线，如图 9-19 所示。

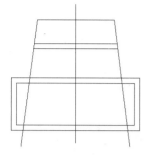

图 9-17　绘制并修剪水平线

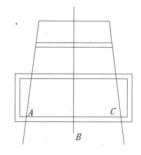

图 9-18　绘制圆弧的点

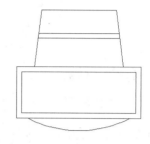

图 9-19　删除多余直线

（10）单击"默认"选项卡"注释"面板中的"文字样式"按钮，弹出"文字样式"对话框。单击"新建"按钮，弹出"新建文字样式"对话框，在"样式名"文本框中输入"文字"，如图 9-20 所示。单击"确定"按钮，返回"文字样式"对话框，设置新样式参数。在"字体名"下拉列表中选择"宋体"，设置"高度"为 10，其余参数为默认，如图 9-21 所示。单击"置为当前"按钮，将新建文字样式置为当前。

图 9-20　新建文字样式

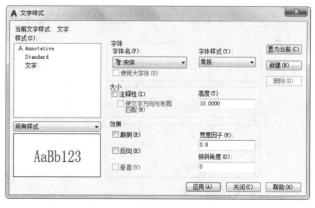

图 9-21　设置"文字"样式

（11）单击"默认"选项卡"注释"面板中的"多行文字"按钮 **A**，在空白处单击，指定第一角点；向右下角拖动出适当距离，左键单击，指定第二点；打开多行文字编辑器和"文字编辑器"选项卡，在矩形框中输入"T V"字样，如图 9-22 所示；单击空白处任意位置，完成电视机模型的绘制，最终结果如图 9-11 所示。命令行提示与操作如下。

```
命令：_MTEXT
当前文字样式："Standard" 文字高度：10 注释性：否
指定第一角点：指定文本框的位置
指定对角点或 [高度(H)/对正(J)/行距(L)/旋转(R)/样式(S)/宽度(W)/栏(C)]：在适当位置指定文本框
另一焦点，然后输入文字内容
```

图 9-22　输入文字

【选项说明】

1. 命令选项

命令行提示中各选项说明如下。

（1）指定对角点：在绘图区选择两个点作为矩形框的两个角点，AutoCAD 以这两个点为对角点构成一个矩形区域，其宽度作为将来要标注的多行文本的宽度，第一个点作为第一行文本顶线的起点。响应后 AutoCAD 打开"文字编辑器"选项卡和多行文字编辑器，可利用此编辑器输入多行文字并对其格式进行设置。关于该对话框中各项的含义及编辑器功能，稍后再详细介绍。

（2）对正(J)：用于确定所标注文本的对齐方式。选择该选项，AutoCAD 提示如下。

输入对正方式 [左上(TL)/中上(TC)/右上(TR)/左中(ML)/正中(MC)/右中(MR)/左下(BL)/中下(BC)/右下(BR)] <左上(TL)>：

这些对齐方式与 TEXT 命令中的各对齐方式相同，选择一种对齐方式后按 Enter 键，系统回到上一级提示。

（3）行距(L)：用于确定多行文本的行间距。这里所说的行间距是指相邻两文本行基线之间的垂直距离。选择此选项，AutoCAD 提示如下。

输入行距类型 [至少(A)/精确(E)] <至少(A)>：

在此提示下有"至少"和"精确"两种方式确定行间距。

① 在"至少"方式下，系统根据每行文本中最大的字符自动调整行间距。

② 在"精确"方式下，系统为多行文本赋予一个固定的行间距，可以直接输入一个确切的间距值，也可以输入"nx"的形式。其中 n 是一个具体数，表示行间距设置为单行文本高度的 n 倍，而单行文本高度是本行文本字符高度的 1.66 倍。

（4）旋转(R)：用于确定文本行的倾斜角度。选择该选项，AutoCAD 提示如下。

指定旋转角度 <0>：（输入倾斜角度）

输入角度值后按 Enter 键，系统返回到"指定对角点或 [高度(H)/对正(J)/行距(L)/旋转(R)/样式(S)/宽度(W)/栏(C)]："的提示。

（5）样式(S)：用于确定当前的文字样式。

（6）宽度(W)：用于指定多行文本的宽度。可以在绘图区选择一点，与前面确定的第一个角点组成一个矩形框的宽作为多行文本的宽度；也可以输入一个数值，精确设置多行文本的宽度。

（7）栏(C)：根据栏宽、栏间距宽度和栏高组成矩形框。

2. "文字编辑器"选项卡

"文字编辑器"选项卡用来控制文字的显示特性。可以在输入文字前设置文字的特性，也可以改变已输入的文字特性。要改变已有文字显示特性，首先应选择要修改的文字。选择文字的方式有以下 3 种。

（1）将光标定位到文本开始处，按住鼠标左键拖到文本末尾。

（2）双击某个文字，则该文字被选中。

（3）3 次单击鼠标，则选中全部内容。

下面介绍"文字编辑器"选项卡中部分选项的功能。

（1）"文字高度"下拉列表框：用于确定文本的字符高度，可在文本框中输入新的字符高度，也可从此下拉列表框中选择已设定过的高度值。

（2）"粗体"按钮 **B** 和"斜体"按钮 *I*：用于设置加粗或斜体效果，但这两个按钮只对 TrueType 字体有效，如图 9-23 所示。

（3）"删除线"按钮：用于在文字上添加水平删除线，如图 9-23 所示。

（4）"下划线"按钮 U 和"上划线"按钮 Ō：用于设置或取消文字的上划线和下划线，如图 9-23 所示。

从入门到实践
从入门到实践
从入门到实践
从入门到实践
从入门到实践

图 9-23　文字样式

（5）"堆叠"按钮：用于层叠所选的文字，也就是创建分数形式。当文本中某处出现 "/" "^" 或 "#" 3 种层叠符号之一时，选中需层叠的文字，才可层叠文本，二者缺一不可。这时符号左边的文字作为分子，右边的文字作为分母进行层叠。

AutoCAD 提供了 3 种分数形式。

➤ 如果选中 "abcd/efgh" 后单击该按钮，得到如图 9-24（a）所示的分数形式。

➤ 如果选中 "abcd^efgh" 后单击该按钮，则得到如图 9-24（b）所示的分数形式。此形式多用于标注极限偏差。

➤ 如果选中 "abcd#efgh" 后单击该按钮，则创建斜排的分数形式，如图 9-24（c）所示。

$$\frac{abcd}{efgh} \qquad\qquad \frac{abcd}{efgh} \qquad\qquad {abcd}\!\big/\!{efgh}$$

（a）分数形式 1　　　　（b）分数形式 2　　　　（c）分数形式 3

图 9-24　文本层叠

如果选中已经层叠的文本对象后单击该按钮，则恢复到非层叠形式。

（6）"倾斜角度"（*0/* ）文本框：用于设置文字的倾斜角度。

✍ **技巧：**

倾斜角度与斜体效果是两个不同的概念，前者可以设置任意倾斜角度，后者是在任意倾斜角度的基础上设置斜体效果。如图 9-25 所示，第一行倾斜角度为 0°，非斜体效果；第二行倾斜角度为 12°，非斜体效果；第三行倾斜角度为 12°，斜体效果。

都市农夫
都市农夫
都市农夫

图 9-25　倾斜角度与斜体效果

（7）"符号"按钮@：用于输入各种符号，单击该按钮，在弹出的符号列表中可以选择所需符号输入到文本中，如图 9-26 所示。

（8）"字段"按钮：用于插入一些常用或预设字段，单击该按钮，系统打开"字段"对话框，如图 9-27 所示。用户可从中选择字段，插入到标注文本中。

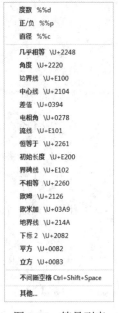

图 9-26　符号列表

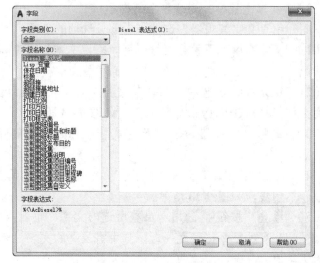

图 9-27　"字段"对话框

（9）"追踪"下拉列表框：用于增大或减小选定字符之间的空间，1.0 表示设置常规间距，设置大于 1.0 表示增大间距，设置小于 1.0 表示减小间距。

（10）"宽度因子"下拉列表框：用于扩展或收缩选定字符，1.0 代表此字体中字母的常规宽度，可以增大该宽度或减小该宽度。

（11）"上标" 按钮：将选定文字转换为上标，即在输入线的上方设置稍小的文字。

（12）"下标" 按钮：将选定文字转换为下标，即在输入线的下方设置稍小的文字。

（13）"项目符号和编号"下拉列表：显示用于创建列表的选项，缩进列表以与第一个选定的段落对齐。如果清除复选标记，多行文字对象中的所有列表格式都将被删除，各项将被转换为纯文本。

- ↘ 关闭：如果选择该选项，将从应用了列表格式的选定文字中删除字母、数字和项目符号，但不更改缩进状态。
- ↘ 以数字标记：将带有句点的数字应用于列表项。
- ↘ 以字母标记：将带有句点的字母应用于列表项。如果列表含有的项多于字母表中含有的字母，可以使用双字母继续序列。
- ↘ 以项目符号标记：将项目符号应用于列表项。
- ↘ 起点：在列表格式中启动新的字母或数字序列。如果选定的项位于列表中间，则选定项下面未选中的项也将成为新列表的一部分。
- ↘ 连续：将选定的段落添加到上面最后一个列表，然后继续序列。如果选择了列表项而非段落，选定项下面未选中的项将继续序列。

➥ 允许自动项目符号和编号：在输入时应用列表格式。以下字符可以用作字母和数字后的标点但不能用作项目符号：句点（.）、逗号（,）、右括号（)）、右尖括号（>）、右方括号（]）和右花括号（}）。

➥ 允许项目符号和列表：如果选择该选项，列表格式将应用到外观类似列表的多行文字对象中的所有纯文本。

（14）拼写检查：确定输入时拼写检查处于打开还是关闭状态。

（15）编辑词典：显示词典对话框，从中可添加或删除在拼写检查过程中使用的自定义词典。

（16）标尺：在编辑器顶部显示标尺。拖动标尺末尾的箭头可更改文字对象的宽度。列模式处于活动状态时，还会显示高度和列夹点。

（17）输入文字：选择该选项，系统打开"选择文件"对话框，如图 9-28 所示。在该对话框中，可以选择任意 ASCII 或 RTF 格式的文件。输入的文字保留原始字符格式和样式特性，但可以在多行文字编辑器中编辑和格式化输入的文字。选择要输入的文本文件后，可以替换选定的文字或全部文字，或在文字边界内将插入的文字附加到选定的文字中。输入文字的文件必须小于 32KB。

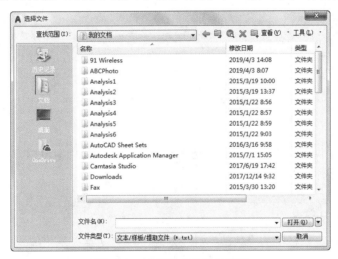

图 9-28　"选择文件"对话框

☞**教你一招：**

单行文字和多行文字的区别。

单行文字每行文字是一个独立的对象。对于不需要多种字体或多行的内容，可以创建单行文字。对于标签来说，单行文字非常方便。

多行文字可以是一组文字，对于较长、较为复杂的内容，可以创建多行或段落文字。多行文字是由任意数目的文本行段落组成的，布满指定的宽度，还可以沿垂直方向无限延伸。多行文字中，无论行数是多少，单个编辑任务中创建的每个段落集将构成单个对象，用户可对其进行移动、旋转、删除、复制、镜像或缩放操作。

单行文字和多行文字之间的相互转换：多行文字用"分解"命令可分解成单行文字；选中单行文字，然后输入 text2mtext 命令，即可将单行文字转换为多行文字。

动手练——电梯厅平面图

绘制如图 9-29 所示的电梯厅平面图。

图 9-29　电梯厅平面图

思路点拨：

源文件：源文件\第 9 章\电梯厅平面图.dwg
（1）绘制矩形。
（2）偏移矩形。
（3）绘制并偏移圆弧与圆。
（4）修剪并填充图形。
（5）添加文字标注。

9.3　文　字　编　辑

AutoCAD 2020 提供了"文字编辑器"选项卡，通过这个选项卡可以方便、直观地设置需要的文字样式，或是对已有样式进行修改。

【执行方式】

➥　命令行：TEXTEDIT。

➥　菜单栏：选择菜单栏中的"修改"→"对象"→"文字"→"编辑"命令。

➥　工具栏：单击"文字"工具栏中的"编辑"按钮 。

【操作步骤】

命令：TEXTEDIT✓
当前设置：编辑模式 = Multiple
选择注释对象或 [放弃(U)/模式(M)]:

【选项说明】

（1）选择注释对象：选取要编辑的文字、多行文字或标注对象。

要求选择想要修改的文本，同时光标变为拾取框。用拾取框选择对象时，会出现以下两种情况。

① 如果选择的文本是用 TEXT 命令创建的单行文字，则深显该文本，可对其进行修改。

② 如果选择的文本是用 MTEXT 命令创建的多行文字，选择对象后则打开"文字编辑器"选项卡和多行文字编辑器，可根据前面的介绍对各项设置或内容进行修改。

（2）放弃(U)：放弃对文字对象的上一个更改。

（3）模式(M)：控制是否自动重复命令。选择此选项，命令行提示如下。

输入文本编辑模式选项 [单个(S)/多个(M)] <Multiple>:

① 单个(S)：修改选定的文字对象一次，然后结束命令。

② 多个(M)：允许在命令持续时间内编辑多个文字对象。

9.4 表　格

在以前的 AutoCAD 版本中，要绘制表格必须采用绘制图线并结合偏移、复制等编辑命令来完成，这样的操作过程烦琐而复杂，不利于提高绘图效率。自从 AutoCAD 2005 新增加了“表格”绘图功能，创建表格就变得非常容易了，用户可以直接插入设置好样式的表格。同时随着版本的不断升级，表格功能也在精益求精、日趋完善。

9.4.1 定义表格样式

和文字样式一样，所有 AutoCAD 图形中的表格都有与其相对应的表格样式。当插入表格对象时，系统使用当前设置的表格样式，表格样式是用来控制表格基本形状和间距的一组设置。模板文件 ACAD.DWT 和 ACADISO.DWT 中定义了名为 Standard 的默认表格样式。

【执行方式】

- 命令行：TABLESTYLE。
- 菜单栏：选择菜单栏中的“格式”→“表格样式”命令。
- 工具栏：单击“样式”工具栏中的“表格样式管理器”按钮。
- 功能区：单击“默认”选项卡“注释”面板中的“表格样式”按钮。

扫一扫，看视频

动手学——设置产品五金配件明细表样式

源文件：源文件\第 9 章\设置产品五金配件明细表样式.dwg

绘制如图 9-30 所示的产品五金配件明细表的表格样式。

产品五金配件明细表				
序号	零件名称	规格	数量	备注
1	木塞	Ø8×30	28	
2	偏心件	Ø15	12	
3	单头拆装件	标准件	12	
4	菠萝螺母	M6×12.5	18	
5	爆炸螺母	M6×12		
6	小叉盖	Ø16	12	
7	小圆盖	Ø16		
8	趟门盖	标准件	1	
9	自攻螺丝	M3×12	18	
10	十字脚钉	M6	6	
11	拉手	无标趟门拉手	2	
12	双路轨	标准件	2	
13	层板钉	6×8	4	
14	上门轮	标准件	4	
15	下门轮	标准件	4	
16				
备注				
制表：	审核：	批准：		

图 9-30　产品五金配件明细表

操作步骤

（1）单击“默认”选项卡“注释”面板中的“表格样式”按钮，系统打开“表格样式”对话框，如图 9-31 所示。

（2）单击"新建"按钮，系统打开"创建新的表格样式"对话框，如图 9-32 所示。在"新样式名"文本框中输入"五金配件表"，单击"继续"按钮，系统打开"新建表格样式:五金配件表"对话框。在"单元样式"下拉列表中选择"数据"，其对应的"常规"选项卡设置如图 9-33 所示，"文字"选项卡设置如图 9-34 所示。同理，在"单元样式"下拉列表中选择"标题"，分别设置"对齐"为"正中"，"页边距"为 4，"文字高度"为 25；然后在"单元样式"下拉列表中选择"表头"，具体设置同"数据"单元样式。创建好表格样式后，确定并关闭"表格样式"对话框。

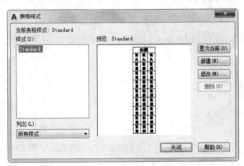

图 9-31　"表格样式"对话框

图 9-32　"创建新的表格样式"对话框

图 9-33　"常规"选项卡设置

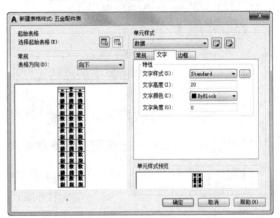

图 9-34　"文字"选项卡设置

【选项说明】

（1）"新建"按钮：单击该按钮，系统打开"创建新的表格样式"对话框，如图 9-35 所示。输入新的表格样式名后，单击"继续"按钮，系统打开"新建表格样式: Standard 副本"对话框，从中可以定义新的表格样式，如图 9-36 所示。

图 9-35　"创建新的表格样式"对话框

"新建表格样式: Standard 副本"对话框的"单元样式"下拉列表框中有 3 个重要的选项："数据""表头"和"标题"，分别控制表格中数据、列标题和总标题的有关参数，如图 9-37 所示。此外，该对话框中还有 3 个重要的选项卡，分别介绍如下。

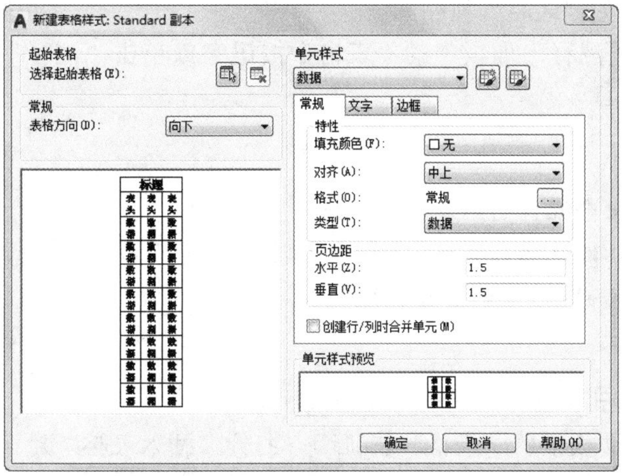

图 9-36　“新建表格样式: Standard 副本”对话框

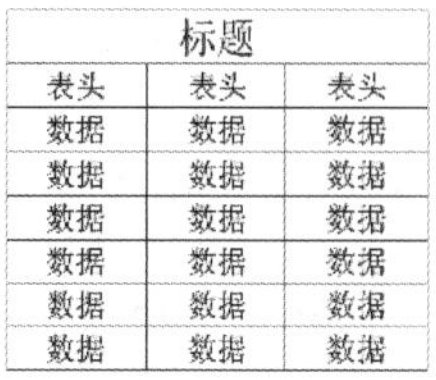

标题		
表头	表头	表头
数据	数据	数据
数据	数据	数据
数据	数据	数据
数据	数据	数据
数据	数据	数据
数据	数据	数据

图 9-37　单元样式

①“常规”选项卡：用于控制数据栏与标题栏的上下位置关系，如图 9-36 所示。

②“文字”选项卡：用于设置文字属性。选择该选项卡，在“文字样式”下拉列表框中可以选择已定义的文字样式并应用于数据文字，也可以单击右侧的[...]按钮重新定义文字样式；在“文字高度”文本框、“文字颜色”下拉列表框和“文字角度”文本框中可根据需要进行相应的设置，如图 9-38 所示。

③“边框”选项卡：用于设置表格的边框属性。下面的边框线按钮控制数据边框线的各种形式，如绘制所有数据边框线、只绘制外部边框线、只绘制内部边框线、无边框线、只绘制底部边框线等；“线宽”“线型”和“颜色”下拉列表框则控制边框线的线宽、线型和颜色；“间距”文本框用于控制单元格边界和内容之间的间距，如图 9-39 所示。

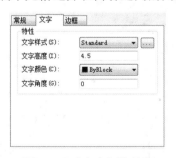

图 9-38　“文字”选项卡

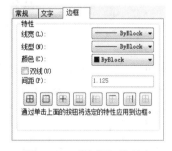

图 9-39　“边框”选项卡

（2）“修改”按钮：用于对当前表格样式进行修改，方式与新建表格样式相同。

9.4.2　创建表格

在设置好表格样式后，用户可以利用 TABLE 命令创建表格。

【执行方式】

➘　命令行：TABLE。

扫一扫，看视频

➨ 菜单栏：选择菜单栏中的"绘图"→"表格"命令。

➨ 工具栏：单击"绘图"工具栏中的"表格"按钮▦。

➨ 功能区：单击"默认"选项卡"注释"面板中的"表格"按钮▦或单击"注释"选项卡"表格"面板中的"表格"按钮▦。

动手学——绘制产品五金配件明细表

调用素材：源文件\第9章\设置产品五金配件明细表样式.dwg

源文件：源文件\第9章\绘制产品五金配件明细表.dwg

绘制如图9-30所示的产品五金配件明细表，并对其进行编辑，最后输入文字。

操作步骤

（1）打开"源文件\第9章\设置产品五金配件明细表样式.dwg"文件。

（2）单击"默认"选项卡"注释"面板中的"表格"按钮▦，打开"插入表格"对话框，设置如图9-40所示。

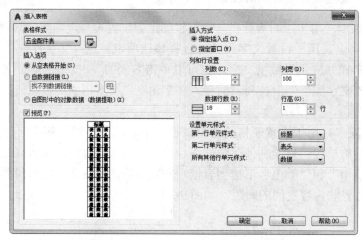

图9-40　"插入表格"对话框

（3）单击"确定"按钮，系统在指定的插入点或窗口自动插入一个空表格，如图9-41所示。

（4）单击表格，此时单元格中出现四个夹点。拖动左右夹点，调整表格的宽度，如图9-42所示。

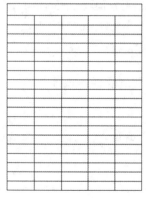

图9-41　插入表格

图9-42　表格夹点

（5）拖动鼠标左键，选取要合并的单元，单击"表格单元"选项卡"合并"面板中的"合并单元"按钮，如图 9-43 所示。选择适当类型，合并单元格，结果如图 9-44 所示。

图 9-43 单击"合并单元"按钮

（6）双击单元格，打开"文字编辑器"，输入对应的文字，完成明细表的创建，如图 9-45 所示。

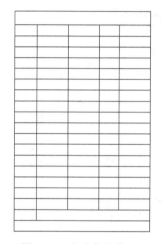

图 9-44 合并单元格

产品五金配件明细表				
序号	零件名称	规格	数量	备注
1	木塞	Ø8×30	28	
2	偏心件	Ø15	12	
3	单头拆装件	标准件	12	
4	菠萝螺母	M6×12.5	18	
5	爆炸螺母	M6×12		
6	小叉盖	Ø16		
7	小圆盖	Ø16		
8	趟门盖	标准件	1	
9	自攻螺丝	M3×12	18	
10	十字脚钉	M6	6	
11	拉手	无标趟门拉手	2	
12	双路轨	标准件	2	
13	层板钉	6×8	4	
14	上门轮	标准件	4	
15	下门轮	标准件	4	
16				
备注				
制表:		审核:	批准:	

图 9-45 填写文字

【选项说明】

（1）"表格样式"选项组：可以在"表格样式"下拉列表框中选择一种表格样式，也可以通过单击后面的按钮来新建或修改表格样式。

（2）"插入选项"选项组：指定插入表格的方式。

① "从空表格开始"单选按钮：创建可以手动填充数据的空表格。

② "自数据链接"单选按钮：通过启动数据链接管理器来创建表格。

③ "自图形中的对象数据（数据提取）"单选按钮：通过启动"数据提取"向导来创建表格。

（3）"插入方式"选项组。

① "指定插入点"单选按钮：指定表格左上角的位置。可以使用定点设备，也可以在命令行中输入坐标值。如果表格样式将表格的方向设置为由下向上读取，则插入点位于表格的左下角。

② "指定窗口"单选按钮：指定表格的大小和位置。可以使用定点设备，也可以在命令行中输入坐标值。选中该单选按钮时，行数、列数、列宽和行高取决于窗口的大小以及列和行的设置。

✍ 技巧：

> 在"插入方式"选项组中选中"指定窗口"单选按钮后，列与行设置的两个参数中只能指定一个，另外一个由指定窗口的大小自动等分来确定。

（4）"列和行设置"选项组。

指定列和数据行的数目以及列宽与行高。

（5）"设置单元样式"选项组。

指定"第一行单元样式""第二行单元样式"和"所有其他行单元样式"分别为标题、表头和数据样式。

扫一扫，看视频

9.5 综合演练——绘制 A3 样板图

绘制好的 A3 样板图如图 9-46 所示。

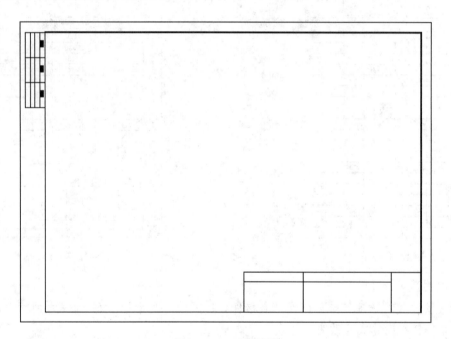

图 9-46 A3 样板图

（1）设置单位和图形边界。

① 打开 AutoCAD 程序，则系统自动建立新图形文件。

② 设置单位。选择菜单栏中的"格式"→"单位"命令，AutoCAD 打开"图形单位"对话框，如图 9-47 所示。设置"长度"的类型为"小数"，精度为 0；"角度"的类型为"十进制度数"，精度为 0，系统默认逆时针方向为正，缩放单位设置为"无单位"。

③ 设置图形边界。国标对图纸的幅面大小做了严格规定，在此不妨按国标 A3 图纸幅面设置图形边界。A3 图纸的幅面为 420mm×297mm。

（2）设置图层。

按 3.3 节所述方法设置图层，"图层特性管理器"选项板如图 9-48 所示。这些不同的图层分别存放不同的图线或图形的不同部分。

图9-47 "图形单位"对话框

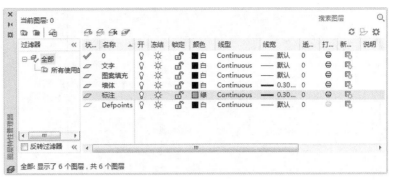

图9-48 "图层特性管理器"选项板

（3）设置文字样式。

下面列出一些本例中的文字样式，请按如下约定进行设置：文本高度一般注释为7mm，零件名称为10mm，图标栏和会签栏中其他文字为5mm，尺寸文字为5mm，线型比例为1，图纸空间线型比例为1，单位为十进制，精确到小数点后0位，角度小数点后0位。

① 可以生成4种文字样式，分别用于一般注释、标题块中零件名、标题块注释及尺寸标注。

② 单击"默认"选项卡"注释"面板中的"文字样式"按钮 **A**，打开"文字样式"对话框，单击"新建"按钮，系统打开"新建文字样式"对话框，如图9-49所示。接收默认的"样式1"样式名，单击"确认"按钮退出。

③ 系统回到"文字样式"对话框，在"字体名"下拉列表框中选择"宋体"选项；在"宽度因子"文本框中将宽度比例设置为0.7；将高度设置为5，如图9-50所示。单击"应用"按钮，再单击"关闭"按钮。其他文字样式设置与此类似。

图9-49 "新建文字样式"对话框

图9-50 "文字样式"对话框

（4）绘制图框线和标题栏。

① 单击"默认"选项卡"绘图"面板中的"矩形"按钮 □，两个角点的坐标分别为（25,10）和（410,287），绘制一个420mm×297mm（A3图纸大小）的矩形作为图纸范围，如图9-51所示（外框表示设置的图纸范围）。

② 单击"默认"选项卡"绘图"面板中的"直线"按钮 ／，绘制标题栏。坐标分别为 {（230,10），（230,50），（410,50）}、{（280,10），（280,50）}、{（360,10），（360,50）}、{（230,40），（360,40）}，如图9-52所示。（大括号中的数值表示一条独立连续线段的端点坐标值）

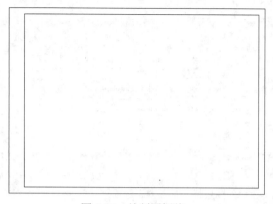

图 9-51　绘制图框线

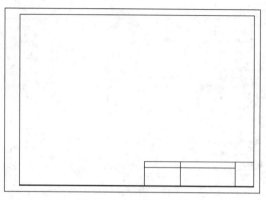

图 9-52　绘制标题栏

（5）绘制会签栏。

① 单击"默认"选项卡"注释"面板中的"表格样式"按钮，打开"表格样式"对话框，如图 9-31 所示。

② 单击"表格样式"对话框中的"修改"按钮，打开"修改表格样式:Standard"对话框，在"单元样式"下拉列表框中选择"数据"选项，在下面的"文字"选项卡中将"文字高度"设置为3，如图 9-53 所示。再打开"常规"选项卡，将"页边距"选项组中的"水平"和"垂直"都设置成 1，如图 9-54 所示。

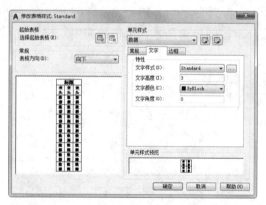

图 9-53　"修改表格样式:Standard"对话框

图 9-54　设置"常规"选项卡

③ 系统回到"表格样式"对话框，单击"关闭"按钮退出。

④ 单击"默认"选项卡"注释"面板中的"表格"按钮，打开"插入表格"对话框，在"列和行设置"选项组中将"列数"设置为 3，"列宽"设置为 25，"数据行数"设置为 2（加上标题行和表头行共 4 行），"行高"设置为 1 行（即为 5）；在"设置单元样式"选项组中将"第一行单元样式""第二行单元样式"和"所有其他行单元样式"都设置为"数据"，如图 9-55 所示。

⑤ 在图框线左上角指定表格位置，系统生成表格，同时打开"文字编辑器"选项卡，如图 9-56 所示。在各单元格中依次输入文字，如图 9-57 所示。最后按 Enter 键或单击多行文字编辑器上的"关闭"按钮，生成表格如图 9-58 所示。

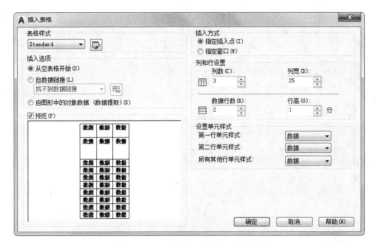

图 9-55 "插入表格"对话框

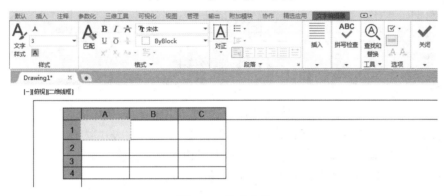

图 9-56 生成表格

图 9-57 输入文字

图 9-58 完成表格

⑥ 单击"默认"选项卡"修改"面板中的"旋转"按钮 ↺，把会签栏旋转-90°，结果如图 9-59 所示。这样就得到了一个样板图，带有自己的标题栏和会签栏。

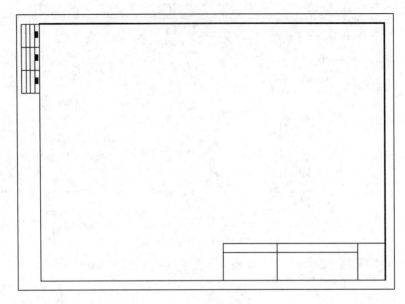

图 9-59　旋转会签栏

（6）保存成样板图文件。

样板图及其环境设置完成后，可以将其保存成样板图文件。单击快速访问工具栏中的"保存"按钮💾，打开"图形另存为"对话框。在"文件类型"下拉列表中选择"AutoCAD 图形样板（*.dwt）"选项，输入文件名为 A3，单击"保存"按钮保存文件。

下次绘图时，可以打开该样板图文件，在此基础上开始绘图。

9.6　模拟认证考试

1. 在设置文字样式的时候，设置了文字的高度，其效果是（　　）。
   A．在输入单行文字时，可以改变文字高度
   B．输入单行文字时，不可以改变文字高度
   C．在输入多行文字时，不能改变文字高度
   D．都能改变文字高度

2. 使用多行文本编辑器时，其中%%C、%%D、%%P 分别表示（　　）。
   A．直径、度数、下划线　　　　　　　B．直径、度数、正负
   C．度数、正负、直径　　　　　　　　D．下划线、直径、度数

3. 以下（　　）方式不能创建表格。
   A．从空表格开始　　　　　　　　　　B．自数据链接
   C．自图形中的对象数据　　　　　　　D．自文件中的数据链接

4. 在正常输入汉字时却显示"？"，原因是（　　）。
   A．因为文字样式没有设定好　　　　　B．输入错误
   C．堆叠字符　　　　　　　　　　　　D．字高太高

5. 按图 9-60 所示设置文字样式，则文字的宽度因子是（　　）。

A. 0　　　　　　　　B. 0.5　　　　　　C. 1　　　　　　　D. 无效值

6. 利用 DTEXT 命令输入如图 9-61 所示的文本。

图 9-60　文字样式

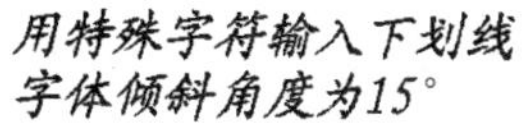

用特殊字符输入下划线
字体倾斜角度为15°

图 9-61　DTEXT 命令练习

第 10 章　尺 寸 标 注

内容简介

尺寸标注是绘图设计过程中相当重要的一个环节，因为图形的主要作用是表达物体的形状，而物体各部分的真实大小和各部分之间的确切位置只能通过尺寸标注来表达。因此，没有正确的尺寸标注，绘制出的图样对于加工制造就没有意义。AutoCAD 提供了方便、准确的尺寸标注功能。本章将介绍 AutoCAD 的尺寸标注功能。

内容要点

- ❯ 尺寸标注样式
- ❯ 标注尺寸
- ❯ 引线标注
- ❯ 编辑尺寸标注
- ❯ 模拟认证考试

案例效果

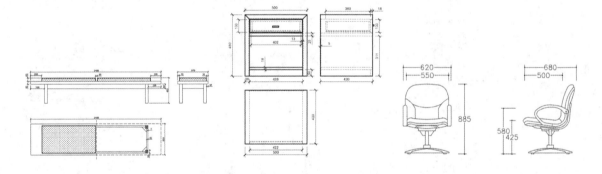

10.1　尺寸标注样式

组成尺寸标注的尺寸线、尺寸界线、尺寸文本和尺寸箭头可以采用多种形式。尺寸标注以什么形态出现，取决于当前所采用的尺寸标注样式。标注样式决定尺寸标注的形式，包括尺寸线、尺寸界线、尺寸箭头和中心标记的形式、尺寸文本的位置、特性等。在 AutoCAD 2020 中用户可以利用"标注样式管理器"对话框方便地设置自己需要的尺寸标注样式。

10.1.1　新建或修改尺寸标注样式

在进行尺寸标注前，先要创建尺寸标注的样式。如果用户不创建尺寸标注样式而直接进行标注，系统使用默认名称为 Standard 的样式。如果用户认为使用的标注样式某些设置不合适，也可以修改标注样式。

【执行方式】

- 命令行：DIMSTYLE（快捷命令 D）。
- 菜单栏：选择菜单栏中的"格式"→"标注样式"命令或"标注"→"标注样式"命令。
- 工具栏：单击"标注"工具栏中的"标注样式"按钮🔲。
- 功能区：单击"默认"选项卡"注释"面板中的"标注样式"按钮🔲。

【操作步骤】

执行上述操作后，系统打开"标注样式管理器"对话框，如图10-1所示。利用该对话框可方便直观地定制和浏览尺寸标注样式，包括创建新的标注样式、修改已存在的标注样式、设置当前尺寸标注样式、样式重命名以及删除已有的标注样式等。

【选项说明】

（1）"置为当前"按钮：单击该按钮，把在"样式"列表框中选择的样式设置为当前标注样式。

（2）"新建"按钮：创建新的尺寸标注样式。单击该按钮，系统打开"创建新标注样式"对话框，如图10-2所示。利用该对话框可创建一个新的尺寸标注样式，其中各项功能说明如下。

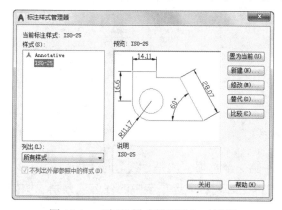

图 10-1 "标注样式管理器"对话框

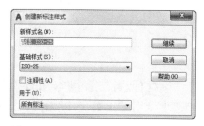

图 10-2 "创建新标注样式"对话框

① "新样式名"文本框：为新的尺寸标注样式命名。

② "基础样式"下拉列表框：选择创建新样式所基于的标注样式。单击"基础样式"下拉列表框，打开当前已有的样式列表，从中选择一个作为定义新样式的基础，新的样式是在所选样式的基础上修改一些特性得到的。

③ "用于"下拉列表框：指定新样式应用的尺寸类型。单击该下拉列表框，打开尺寸类型列表，如果新建样式应用于所有尺寸，则选择"所有标注"选项；如果新建样式只应用于特定的尺寸标注（如只在标注直径时使用此样式），则选择相应的尺寸类型。

④ "继续"按钮：各选项设置好以后，单击该按钮，系统打开"新建标注样式：副本 ISO-25"对话框，如图10-3所示。利用该对话框可对新标注样式的各项特性进行设置。该对话框中各部分的含义和功能将在后面介绍。

（3）"修改"按钮：修改一个已存在的尺寸标注样式。单击该按钮，系统打开"修改标注样式"对话框。该对话框中的各选项与"新建标注样式：副本 ISO-25"对话框中完全相同，可以对已有标注样式进行修改。

（4）"替代"按钮：设置临时覆盖尺寸标注样式。单击该按钮，系统打开"替代当前样式"对话框，该对话框中各选项与"新建标注样式：副本 ISO-25"对话框中完全相同，用户可改变选项的设置，以覆盖原来的设置，但这种修改只对指定的尺寸标注起作用，并不影响当前其他尺寸变量的设置。

（5）"比较"按钮：比较两个尺寸标注样式在参数上的区别，或浏览一个尺寸标注样式的参数设置。单击该按钮，系统打开"比较标注样式"对话框，如图 10-4 所示。可以把比较结果复制到剪贴板上，然后再粘贴到其他的 Windows 应用软件上。

图 10-3　"新建标注样式：副本 ISO-25"对话框

图 10-4　"比较标注样式"对话框

10.1.2　线

在"新建标注样式：副本 ISO-25"对话框中，第一个选项卡就是"线"选项卡，如图 10-3 所示。该选项卡用于设置尺寸线、尺寸界线的形式和特性。现对该选项卡中的各选项分别说明如下。

1. "尺寸线"选项组

用于设置尺寸线的特性，其中各选项的含义如下。

（1）"颜色""线型""线宽"下拉列表框：用于设置尺寸线的颜色、线型、线宽。

（2）"超出标记"微调框：当尺寸箭头设置为短斜线、短波浪线等，或尺寸线上无箭头时，可利用此微调框设置尺寸线超出尺寸界线的距离。

（3）"基线间距"微调框：设置以基线方式标注尺寸时，相邻两尺寸线之间的距离。

（4）"隐藏"复选框组：确定是否隐藏尺寸线及相应的箭头。选中"尺寸线 1（2）"复选框，表示隐藏第一（二）段尺寸线。

2. "尺寸界线"选项组

用于确定尺寸界线的形式，其中各选项的含义如下。

（1）"颜色""线宽"下拉列表框：用于设置尺寸界线的颜色、线宽。

（2）"尺寸界线 1（2）的线型"下拉列表框：用于设置第一（二）条尺寸界线的线型［DIMLTEX1（2）系统变量］。

（3）"超出尺寸线"微调框：用于确定尺寸界线超出尺寸线的距离。

（4）"起点偏移量"微调框：用于确定尺寸界线的实际起始点相对于指定尺寸界线起始点的偏移量。

（5）"隐藏"复选框组：确定是否隐藏尺寸界线。

（6）"固定长度的尺寸界线"复选框：选中该复选框，系统以固定长度的尺寸界线标注尺寸，可以在其下面的"长度"文本框中输入长度值。

3. 尺寸样式显示框

在"新建标注样式：副本 ISO-25"对话框的右上方，有一个尺寸样式显示框，该显示框以样例的形式显示用户设置的尺寸样式。

10.1.3 符号和箭头

在"新建标注样式：副本 ISO-25"对话框中，第二个选项卡是"符号和箭头"选项卡，如图 10-5 所示。该选项卡用于设置箭头、圆心标记、折断标注、弧长符号、半径折弯标注和线性折弯标注的形式和特性，现对该选项卡中的各选项分别说明如下。

图 10-5 "符号和箭头"选项卡

1. "箭头"选项组

用于设置尺寸箭头的形式。AutoCAD 提供了多种箭头形状，列在"第一个"和"第二个"下拉列表框中。另外，还允许采用用户自定义的箭头形状。两个尺寸箭头可以采用相同的形式，也可以采用不同的形式。

（1）"第一个""第二个"下拉列表框：用于设置第一个、第二个尺寸箭头的形式。单击此下拉列表框，打开各种箭头形式，其中列出了各类箭头的形状即名称。一旦选择了第一个箭头的类型，第二个箭头则自动与其匹配，要想第二个箭头取不同的形状，可在"第二个"下拉列表框中设定。

如果在上述下拉列表框中选择了"用户箭头"选项，则打开如图 10-6 所示的"选择自定义箭头块"对话框。可以

图 10-6 "选择自定义箭头块"对话框

事先把自定义的箭头存成一个图块，在该对话框中输入该图块名即可。

（2）"引线"下拉列表框：确定引线箭头的形式，与"第一个"设置类似。

（3）"箭头大小"微调框：用于设置尺寸箭头的大小。

2．"圆心标记"选项组

用于设置半径标注、直径标注和中心标注中的中心标记和中心线形式，其中各项含义如下。

（1）"无"单选按钮：选中该单选按钮，既不产生中心标记，也不产生中心线。

（2）"标记"单选按钮：选中该单选按钮，中心标记为一个点记号。

（3）"直线"单选按钮：选中该单选按钮，中心标记采用中心线的形式。

（4）"大小"微调框：用于设置中心标记和中心线的大小和粗细。

3．"折断标注"选项组

用于控制折断标注的间距宽度。

4．"弧长符号"选项组

用于控制弧长标注中圆弧符号的显示，其中 3 个单选按钮的含义介绍如下。

（1）"标注文字的前缀"单选按钮：选中该单选按钮，将弧长符号放在标注文字的左侧，如图 10-7（a）所示。

（2）"标注文字的上方"单选按钮：选中该单选按钮，将弧长符号放在标注文字的上方，如图 10-7（b）所示。

（3）"无"单选按钮：选中该单选按钮，不显示弧长符号，如图 10-7（c）所示。

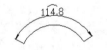

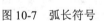

（a）标注文字的前缀　　　　　（b）标注文字的上方　　　　　（c）无

图 10-7　弧长符号

5．"半径折弯标注"选项组

用于控制折弯（Z 字形）半径标注的显示。折弯半径标注通常在中心点位于页面外部时创建。在"折弯角度"文本框中可以输入连接半径标注的尺寸界线和尺寸线的横向直线角度，如图 10-8 所示。

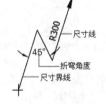

6．"线性折弯标注"选项组

用于控制折弯线性标注的显示。当标注不能精确表示实际尺寸时，常将折弯线添加到线性标注中。通常，实际尺寸比所需值小。

图 10-8　折弯角度

10.1.4　文字

在"新建标注样式：副本 ISO-25"对话框中，第 3 个选项卡是"文字"选项卡，如图 10-9 所示。该选项卡用于设置尺寸文本的外观、位置、对齐方式等，现对该选项卡中的各选项分别说明如下。

图 10-9　"文字"选项卡

1."文字外观"选项组

（1）"文字样式"下拉列表框：用于选择当前尺寸文本采用的文字样式。

（2）"文字颜色"下拉列表框：用于设置尺寸文本的颜色。

（3）"填充颜色"下拉列表框：用于设置标注中文字背景的颜色。

（4）"文字高度"微调框：用于设置尺寸文本的字高。如果选用的文本样式中已设置了具体的字高（不是 0），则此处的设置无效；如果文本样式中设置的字高为 0，才以此处设置为准。

（5）"分数高度比例"微调框：用于确定尺寸文本的比例系数。

（6）"绘制文字边框"复选框：选中该复选框，AutoCAD 在尺寸文本的周围加上边框。

2."文字位置"选项组

（1）"垂直"下拉列表框：用于确定尺寸文本相对于尺寸线在垂直方向的对齐方式，如图 10-10 所示。

（a）上　　　　（b）下　　　　（c）居中　　　　（d）外部　　　　（e）JIS

图 10-10　尺寸文本在垂直方向的放置

（2）"水平"下拉列表框：用于确定尺寸文本相对于尺寸线和尺寸界线在水平方向的对齐方式。单击此下拉列表框，可从中选择的对齐方式有 5 种：居中、第一条尺寸界线、第二条尺寸界线、第一条尺寸界线上方、第二条尺寸界线上方，如图 10-11（a）～图 10-11（e）所示。

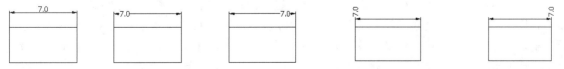

（a）居中　　　（b）第一条尺寸界线　（c）第二条尺寸界线　（d）第一条尺寸界线上方（e）第二条尺寸界线上方

图 10-11　尺寸文本在水平方向的放置

（3）"观察方向"下拉列表框：用于控制标注文字的观察方向（可用 DIMTXTDIRECTION 系

统变量设置）。

（4）"从尺寸线偏移"微调框：当尺寸文本放在断开的尺寸线中间时，该微调框用来设置尺寸文本与尺寸线之间的距离。

3."文字对齐"选项组

该选项组用于控制尺寸文本的排列方向。

（1）"水平"单选按钮：选中该单选按钮，尺寸文本沿水平方向放置。不论标注什么方向的尺寸，尺寸文本总保持水平。

（2）"与尺寸线对齐"单选按钮：选中该单选按钮，尺寸文本沿尺寸线方向放置。

（3）"ISO 标准"单选按钮：选中该单选按钮，当尺寸文本在尺寸界线之间时，沿尺寸线方向放置；在尺寸界线之外时，沿水平方向放置。

10.1.5 调整

在"新建标注样式：副本 ISO-25"对话框中，第 4 个选项卡是"调整"选项卡，如图 10-12 所示。该选项卡根据两条尺寸界线之间的空间，设置将尺寸文本、尺寸箭头放置在两尺寸界线内还是外。如果空间允许，AutoCAD 总是把尺寸文本和箭头放置在尺寸界线的里面，如果空间不够，则根据本选项卡的各项设置放置，现对该选项卡中的各选项分别说明如下。

图 10-12 "调整"选项卡

1."调整选项"选项组

（1）"文字或箭头"单选按钮：选中该单选按钮，如果空间允许，把尺寸文本和箭头都放置在两尺寸界线之间；如果两尺寸界线之间只够放置尺寸文本，则把尺寸文本放置在尺寸界线之间，而把箭头放置在尺寸界线之外；如果只够放置箭头，则把箭头放在里面，把尺寸文本放在外面；如果两尺寸界线之间既放不下文本，也放不下箭头，则把二者均放在外面。

（2）"文字和箭头"单选按钮：选中该单选按钮，如果空间允许，把尺寸文本和箭头都放置在两尺寸界线之间；否则把文本和箭头都放在尺寸界线外面。

其他选项含义类似，不再赘述。

2.“文字位置”选项组

用于设置尺寸文本的位置，包括“尺寸线旁”“尺寸线上方，带引线”和“尺寸线上方，不带引线”，如图 10-13 所示。

（a）尺寸线旁　　　　　　（b）尺寸线上方，带引线　　　　（c）尺寸线上方，不带引线

图 10-13　尺寸文本的位置

3.“标注特征比例”选项组

（1）注释性：指定标注为注释性。注释性对象和样式用于控制注释对象在模型空间或布局中显示的尺寸和比例。

（2）“将标注缩放到布局”单选按钮：根据当前模型空间视口和图纸空间之间的比例确定比例因子。当在图纸空间而不是模型空间视口中工作时，或当 TILEMODE 被设置为 1 时，将使用默认的比例因子 1:0。

（3）“使用全局比例”单选按钮：确定尺寸的整体比例系数。其后面的“比例值”微调框可以用来选择需要的比例。

4.“优化”选项组

用于设置附加的尺寸文本布置选项，包含以下两个选项。

（1）“手动放置文字”复选框：选中该复选框，标注尺寸时由用户确定尺寸文本的放置位置，忽略前面的对齐设置。

（2）“在尺寸界线之间绘制尺寸线”复选框：选中该复选框，不管尺寸文本在尺寸界线里面还是在外面，AutoCAD 均在两尺寸界线之间绘出一尺寸线；否则，当尺寸界线内放不下尺寸文本而将其放在外面时，尺寸界线之间无尺寸线。

10.1.6　主单位

在“新建标注样式：副本 ISO-25”对话框中，第 5 个选项卡是“主单位”选项卡，如图 10-14 所示。该选项卡用来设置尺寸标注的主单位和精度，以及为尺寸文本添加固定的前缀或后缀。现对该选项卡中的各选项分别说明如下。

图 10-14　“主单位”选项卡

1.“线性标注”选项组

用来设置标注长度型尺寸时采用的单位和精度。

（1）“单位格式”下拉列表框：用于确定标注尺寸时使用的单位制（角度型尺寸除外）。在其下拉列表框中 AutoCAD 2020 提供了“科学”“小数”“工程”

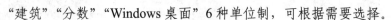

"建筑""分数""Windows 桌面" 6 种单位制，可根据需要选择。

（2）"精度"下拉列表框：用于确定标注尺寸时的精度，也就是精确到小数点后几位。

✍ 技巧：

> 精度设置一定要和用户的需求吻合，如果设置的精度过低，标注会出现误差。

（3）"分数格式"下拉列表框：用于设置分数的形式。AutoCAD 2020 提供了"水平""对角""非堆叠" 3 种形式供用户选用。

（4）"小数分隔符"下拉列表框：用于确定十进制单位（Decimal）的分隔符。AutoCAD 2020 提供了句点（.）、逗点（,）和空格 3 种形式。系统默认的小数分隔符是逗点，所以每次标注尺寸时要注意把此处设置为句点。

（5）"舍入"微调框：用于设置除角度之外的尺寸测量圆整规则。在文本框中输入一个值，如果输入"1"，则所有测量值均为整数。

（6）"前缀"文本框：为尺寸标注设置固定前缀。可以输入文本，也可以利用控制符产生特殊字符，这些文本将被加在所有尺寸文本之前。

（7）"后缀"文本框：为尺寸标注设置固定后缀。

2. "测量单位比例"选项组

用于确定 AutoCAD 自动测量尺寸时的比例因子。其中"比例因子"微调框用来设置除角度之外所有尺寸测量的比例因子。例如，用户确定比例因子为 2，AutoCAD 则把实际测量为 1 的尺寸标注为 2。如果选中"仅应用到布局标注"复选框，则设置的比例因子只适用于布局标注。

3. "消零"选项组

用于设置是否省略标注尺寸时的 0。

（1）"前导"复选框：选中该复选框，省略尺寸值处于高位的 0。例如，0.50000 标注为.50000。

（2）"后续"复选框：选中该复选框，省略尺寸值小数点后末尾的 0。例如，8.5000 标注为 8.5，而 30.0000 标注为 30。

（3）"0 英尺（寸）"复选框：选中该复选框，采用"工程"和"建筑"单位制时，如果尺寸值小于 1 尺（寸）时，省略尺（寸）。例如，0'-6 1/2" 标注为 6 1/2"。

（4）"角度标注"选项组

用于设置标注角度时采用的角度单位。

10.1.7　换算单位

在"新建标注样式：副本 ISO-25"对话框中，第 6 个选项卡是"换算单位"选项卡，如图 10-15 所示。该选项卡用于对替换单位的设置，现对该选项卡中的各选项分别说明如下。

1. "显示换算单位"复选框

选中该复选框，则替换单位的尺寸值也同时显示在尺寸文本上。

图 10-15 "换算单位"选项卡

2."换算单位"选项组

用于设置替换单位,其中各选项的含义如下。

（1）"单位格式"下拉列表框:用于选择替换单位采用的单位制。

（2）"精度"下拉列表框:用于设置替换单位的精度。

（3）"换算单位倍数"微调框:用于指定主单位和替换单位的转换因子。

（4）"舍入精度"微调框:用于设定替换单位的圆整规则。

（5）"前缀"文本框:用于设置替换单位文本的固定前缀。

（6）"后缀"文本框:用于设置替换单位文本的固定后缀。

3."消零"选项组

（1）"辅单位因子"微调框:将辅单位的数量设置为一个单位。它用于在距离小于一个单位时以辅单位为单位计算标注距离。例如,如果后缀为 m 而辅单位后缀则以 cm 显示,则输入"100"。

（2）"辅单位后缀"文本框:用于设置标注值辅单位中包含的后缀。可以输入文字或使用控制代码显示特殊符号。例如,输入"cm"可将.96m 显示为 96cm。

其他选项含义与"主单位"选项卡中"消零"选项组含义类似,此处不再赘述。

4."位置"选项组

用于设置替换单位尺寸标注的位置。

10.1.8 公差

在"新建标注样式:副本 ISO-25"对话框中,第 7 个选项卡是"公差"选项卡,如图 10-16 所示。该选项卡用于确定标注公差的方式,现对该选项卡中的各选项分别说明如下。

1."公差格式"选项组

用于设置公差的标注方式。

图 10-16　"公差"选项卡

（1）"方式"下拉列表框：用于设置公差标注的方式。AutoCAD 提供了 5 种标注公差的方式，分别是"无""对称""极限偏差""极限尺寸"和"基本尺寸"。其中"无"表示不标注公差，其余 4 种标注情况如图 10-17（a）～图 10-17（d）所示。

（2）"精度"下拉列表框：用于确定公差标注的精度。

技巧：

> 公差标注的精度设置一定要准确，否则标注出的公差值会出现错误。

（3）"上（下）偏差"微调框：用于设置尺寸的上（下）偏差。

（4）"高度比例"微调框：用于设置公差文本的高度比例，即公差文本的高度与一般尺寸文本的高度之比。

技巧：

> 国家标准规定，公差文本的高度是一般尺寸文本高度的 0.5 倍，用户要注意设置。

（5）"垂直位置"下拉列表框：用于控制"对称"和"极限偏差"形式公差标注的文本对齐方式，如图 10-18 所示。

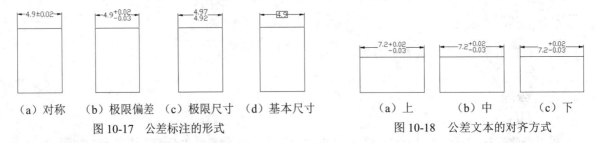

（a）对称　（b）极限偏差　（c）极限尺寸　（d）基本尺寸　　　　（a）上　　　　（b）中　　　　（c）下

图 10-17　公差标注的形式　　　　　　　　　　　　图 10-18　公差文本的对齐方式

2．"公差对齐"选项组

用于在堆叠时，控制上偏差值和下偏差值的对齐。

（1）"对齐小数分隔符"单选按钮：选中该单选按钮，通过值的小数分隔符堆叠值。

（2）"对齐运算符"单选按钮：选中该单选按钮，通过值的运算符堆叠值。

3."消零"选项组

用于控制是否禁止输出前导 0 和后续 0 以及 0 英尺和 0 英寸部分（可用 DIMTZIN 系统变量设置）。

4."换算单位公差"选项组

用于对形位公差标注的替换单位进行设置，各项的设置方法与上面相同。

10.2　标 注 尺 寸

正确地进行尺寸标注是设计绘图工作中非常重要的一个功能，AutoCAD 2020 提供了方便快捷的尺寸标注方法，使该功能可通过执行命令实现，也可利用菜单或工具按钮实现。本节重点介绍如何对各种类型的尺寸进行标注。

10.2.1　线性标注

线性标注用于标注图形对象的线性距离或长度，包括水平标注、垂直标注和旋转标注三种类型。

【执行方式】

- ↘ 命令行：DIMLINEAR（缩写名：DIMLIN）。
- ↘ 菜单栏：选择菜单栏中的"标注"→"线性"命令。
- ↘ 工具栏：单击"标注"工具栏中的"线性"按钮⊢⊣。
- ↘ 快捷命令：D+L+I。
- ↘ 功能区：单击"默认"选项卡"注释"面板中的"线性"按钮⊢⊣。

动手学——标注长凳尺寸

调用素材： 初始文件\第 10 章\长凳平面图.dwg

源文件： 源文件\第 10 章\标注长凳尺寸.dwg

本实例标注如图 10-19 所示的长凳尺寸。

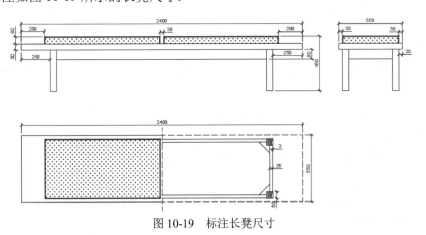

图 10-19　标注长凳尺寸

操作步骤

（1）打开随书光盘中或通过扫码下载的"初始文件\第 10 章\长凳平面图.dwg"文件，如图 10-20 所示。

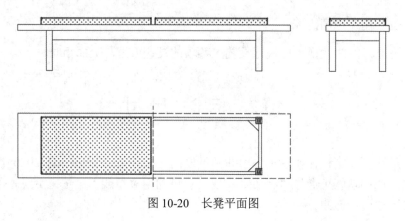

图 10-20　长凳平面图

（2）将"尺寸"层设置为当前图层。单击"默认"选项卡"注释"面板中的"标注样式"按钮，打开如图 10-21 所示的"标注样式管理器"对话框。单击"修改"按钮，打开"修改标注样式：ISO-25"对话框，在其中进行如下设置。

➥　"线"选项卡：设置"基线间距"为 10，"超出尺寸线"为 20，"起点偏移量"为 20，如图 10-22 所示。

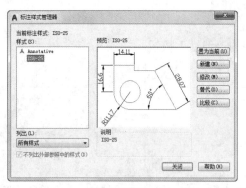

图 10-21　"标注样式管理器"对话框

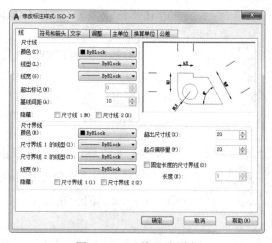

图 10-22　"线"选项卡

➥　"符号和箭头"选项卡：设置箭头类型为"建筑标记"，"箭头大小"为 20，如图 10-23 所示。

➥　"文字"选项卡：设置"文字高度"为 30，"从尺寸线偏移"为 10，文字对齐方式为"与尺寸线对齐"，如图 10-24 所示。

其他采用默认设置，单击"确定"按钮后返回到"标注样式管理器"对话框，单击"关闭"按钮，关闭对话框。

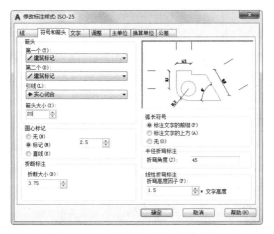

图 10-23　"符号和箭头"选项卡

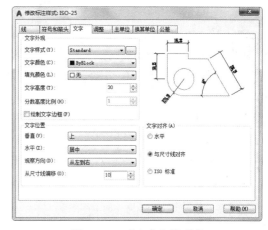

图 10-24　"文字"选项卡

（3）单击"默认"选项卡"注释"面板中的"线性"按钮，标注长凳立面图尺寸，如图 10-25 所示。

（4）单击"默认"选项卡"注释"面板中的"线性"按钮，标注长凳侧立面图尺寸，如图 10-26 所示。

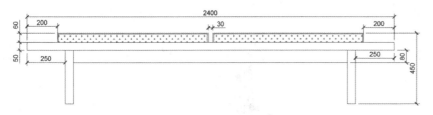

图 10-25　标注长凳立面图尺寸

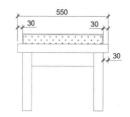

图 10-26　标注长凳侧立面图尺寸

（5）单击"默认"选项卡"注释"面板中的"线性"按钮，标注长凳平面图尺寸，如图 10-27 所示。

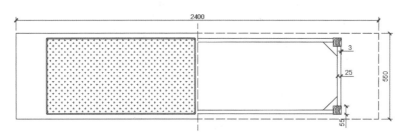

图 10-27　标注长凳平面图尺寸

【选项说明】

在绘制过程中，命令行中主要选项或操作的含义如下所示。

（1）指定尺寸线位置：用于确定尺寸线的位置。用户可移动鼠标选择合适的尺寸线位置，然后按 Enter 键或单击，AutoCAD 则自动测量要标注线段的长度并标注出相应的尺寸。

（2）多行文字(M)：用多行文本编辑器确定尺寸文本。

（3）文字(T)：用于在命令行提示下输入或编辑尺寸文本。选择该选项后，命令行提示与操作如下。

输入标注文字 <默认值>:

其中的默认值是 AutoCAD 自动测量得到的被标注线段的长度，直接按 Enter 键即可采用此长度值，也可输入其他数值代替默认值。当尺寸文本中包含默认值时，可使用尖括号 "< >" 表示默认值。

（4）角度(A)：用于确定尺寸文本的倾斜角度。

（5）水平(H)：水平标注尺寸，不论标注什么方向的线段，尺寸线总保持水平放置。

（6）垂直(V)：垂直标注尺寸，不论标注什么方向的线段，尺寸线总保持垂直放置。

（7）旋转(R)：输入尺寸线旋转的角度值，旋转标注尺寸。

10.2.2　对齐标注

对齐标注是指所标注尺寸的尺寸线与两条尺寸界线起始点间的连线平行。

【执行方式】

❧　命令行：DIMALIGNED（快捷命令：DAL）。

❧　菜单栏：选择菜单栏中的"标注"→"对齐"命令。

❧　工具栏：单击"标注"工具栏中的"对齐"按钮 。

❧　功能区：单击"默认"选项卡"注释"面板中的"对齐"按钮 或单击"注释"选项卡"标注"面板中的"对齐"按钮 。

【操作步骤】

命令：DIMALIGNED↙
指定第一个尺寸界线原点或 <选择对象>:
指定第二条尺寸界线原点:
指定尺寸线位置或[多行文字(M)/文字(T)/角度(A)]:

【选项说明】

这种命令标注的尺寸线与所标注轮廓线平行，标注起始点到终点之间的距离尺寸。

10.2.3　基线标注

基线标注用于产生一系列基于同一尺寸界线的尺寸标注，适用于长度尺寸、角度和坐标标注。在使用基线标注方式之前，应该先标注出一个相关的尺寸作为基线标准。

【执行方式】

❧　命令行：DIMBASELINE（快捷命令：DBA）。

❧　菜单栏：选择菜单栏中的"标注"→"基线"命令。

❧　工具栏：单击"标注"工具栏中的"基线"按钮 。

❧　功能区：单击"注释"选项卡"标注"面板中的"基线"按钮 。

【操作步骤】

命令：DIMBASELINE↙
指定第二条尺寸界线原点或 [选择(S)/放弃(U)] <选择>:

【选项说明】

（1）指定第二个尺寸界线原点：直接确定另一个尺寸的第二条尺寸界线的起点，AutoCAD 以上次标注的尺寸为基准标注，标注出相应尺寸。

（2）选择(S)：在上述提示下直接按 Enter 键，AutoCAD 提示。

选择基准标注：（选取作为基准的尺寸标注）

✎ 技巧：

> 基线（或平行）和连续（或链）标注是一系列基于线性标注的连续标注，连续标注是首尾相连的多个标注。在创建基线或连续标注之前，必须创建线性、对齐或角度标注。可从当前任务最近创建的标注中以增量方式创建基线标注。

10.2.4　连续标注

连续标注又叫尺寸链标注，用于产生一系列连续的尺寸标注，后一个尺寸标注均把前一个标注的第二条尺寸界线作为它的第一条尺寸界线，适用于长度型尺寸、角度型尺寸和坐标标注。在使用连续标注方式之前，应该先标注出一个相关的尺寸。

【执行方式】

- ↳ 命令行：DIMCONTINUE（快捷命令：DCO）。
- ↳ 菜单栏：选择菜单栏中的"标注"→"连续"命令。
- ↳ 工具栏：单击"标注"工具栏中的"连续"按钮 ⊢⊢⊢。
- ↳ 功能区：单击"注释"选项卡"标注"面板中的"连续"按钮 ⊢⊢⊢ 。

【操作步骤】

命令：_DIMCONTINUE✓
选择连续标注：
指定第二条尺寸界线原点或 [放弃(U)/选择(S)]<选择>：

在此提示下的各选项与基线标注中完全相同，此处不再赘述。

✎ 技巧：

> AutoCAD 允许用户利用连续标注方式和基线标注方式进行角度标注，如图 10-28 所示。

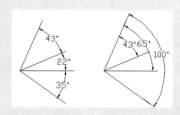

图 10-28　连续型和基线型角度标注

动手练——标注床头柜尺寸

标注如图 10-29 所示的床头柜尺寸。

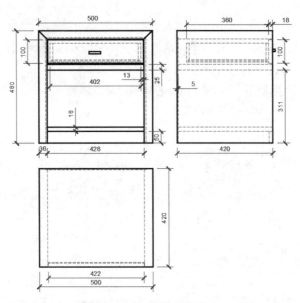

图 10-29　标注床头柜尺寸

思路点拨：

源文件：源文件\第 10 章\标注床头柜尺寸.dwg

（1）设置尺寸标注样式。

（2）标注各个视图的线性尺寸。

10.3　引 线 标 注

AutoCAD 提供了引线标注功能，利用该功能不仅可以标注特定的尺寸，如圆角、倒角等，还可以实现在图中添加多行旁注、说明。在引线标注中指引线可以是折线，也可以是曲线，指引线端部可以有箭头，也可以没有箭头。

10.3.1　快速引线标注

利用 QLEADER 命令可以快速生成指引线及注释，而且可以通过命令行优化对话框进行用户自定义，由此消除了不必要的命令行提示，取得最高的工作效率。

【执行方式】

命令行：QLEADER。

动手学——标注长凳说明文字

调用素材：源文件\第 10 章\标注长凳尺寸.dwg

源文件：源文件\第 10 章\标注长凳说明文字.dwg

本实例标注如图 10-30 所示的长凳说明文字。

扫一扫，看视频

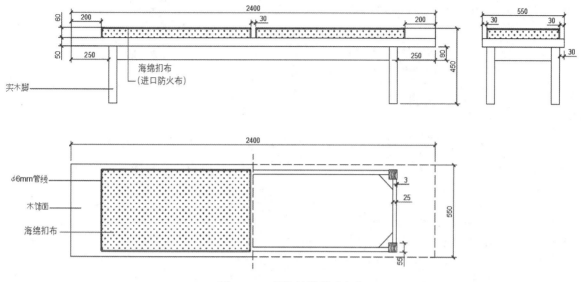

图 10-30　标注长凳说明文字

操作步骤

（1）打开随书光盘中或通过扫码下载的"源文件\第 10 章\标注长凳尺寸.dwg"文件，如图 10-30 所示。

（2）单击"默认"选项卡"注释"面板中的"文字样式"按钮 A，打开"文字样式"对话框，新建"文字"样式，设置字体名为"宋体"，高度为 25，并将其设置为当前，如图 10-31 所示。

图 10-31　"文字样式"对话框

（3）在命令行中输入 QLEADER 命令，按 Enter 键后命令行中提示"指定第一个引线点或[设置(S)]："，按 Enter 键打开"引线设置"对话框，在"注释"选项卡中选择"多行文字"注释类型，如图 10-32 所示；在"引线和箭头"选项卡中设置引线为直线，箭头为小点，其他采用默认设置，如图 10-33 所示；在"附着"选项卡中设置多行文字附着在最后一行中间，如图 10-34 所示。单击"确定"按钮，完成引线设置。

图 10-32 "注释"选项卡

图 10-33 "引线和箭头"选项卡

（4）在长凳立面图中的腿上指定引线的起点，移动鼠标在立面图的右侧指定下一点，然后命令行提示"指定文字宽度<0>:"，采用默认设置，按 Enter 键后，命令行提示"输入注释文字的第一行<多行文字（M）>:"，输入文字"实木脚"，继续按 Enter 键，结果如图 10-35 所示。

图 10-34 "附着"选项卡

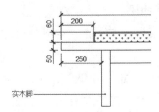

图 10-35 标注第一个文本

（5）采用相同的方式，标注图中所有文字，结果如图 10-36 所示。

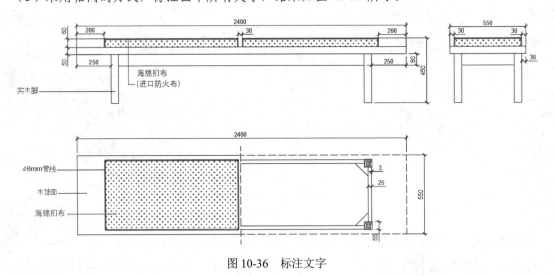

图 10-36 标注文字

【选项说明】

（1）指定第一个引线点：在上面的提示下确定一点作为指引线的第一点。AutoCAD 提示如下。

指定下一点：（输入指引线的第二点）
指定下一点：（输入指引线的第三点）

　　AutoCAD 提示用户输入的点的数目由"引线设置"对话框确定。输入完指引线的点后 AutoCAD 提示如下。

指定文字宽度 <0.0000>：（输入多行文本的宽度）
输入注释文字的第一行 <多行文字(M)>：

此时，有两种命令输入选择，含义如下。

① 输入注释文字的第一行：在命令行输入第一行文本。

② 多行文字(M)：打开多行文字编辑器，输入编辑多行文字。

直接按 Enter 键，结束 QLEADER 命令，并把多行文本标注在指引线的末端附近。

（2）设置(S)：直接按 Enter 键或输入"S"，打开"引线设置"对话框，允许对引线标注进行设置。该对话框包含"注释""引线和箭头""附着" 3 个选项卡，下面分别进行介绍。

图 10-37　"注释"选项卡

① "注释"选项卡：用于设置引线标注中注释文本的类型、多行文本的格式并确定注释文本是否多次使用，如图 10-37 所示。

② "引线和箭头"选项卡：用来设置引线标注中指引线和箭头的形式，如图 10-38 所示。其中"点数"选项组设置执行 QLEADER 命令时 AutoCAD 提示用户输入点的数目。例如，设置点数为 3，执行 QLEADER 命令时当用户在提示下指定 3 个点后，AutoCAD 自动提示用户输入注释文本。注意设置的点数要比用户希望的指引线的段数多 1。可利用微调框进行设置，如果选中"无限制"复选框，AutoCAD 会一直提示用户输入点直到连续按两次 Enter 键为止。"角度约束"选项组设置第一段和第二段指引线的角度约束。

③ "附着"选项卡：用于设置注释文本和指引线的相对位置，如图 10-39 所示。如果最后一段指引线指向右边，系统自动把注释文本放在右侧；反之放在左侧。利用该选项卡左侧和右侧的单选按钮分别设置位于左侧和右侧的注释文本与最后一段指引线的相对位置，二者可相同，也可不相同。

图 10-38　"引线和箭头"选项卡

图 10-39　"附着"选项卡

10.3.2　多重引线

　　多重引线可创建为箭头优先、引线基线优先或内容优先。

1. 多重引线样式

多重引线样式可以控制引线的外观，包括基线、引线、箭头和内容的格式。

【执行方式】

➥ 命令行：MLEADERSTYLE。

➥ 菜单栏：选择菜单栏中的"格式"→"多重引线样式"命令。

➥ 功能区：单击"默认"选项卡"注释"面板中的"多重引线样式"按钮 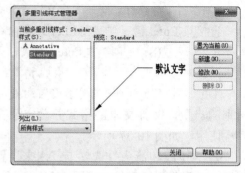。

【操作步骤】

执行上述操作后，系统打开"多重引线样式管理器"对话框，如图 10-40 所示。利用该对话框可方便、直观地定制和浏览多重引线样式，包括创建新的多重引线样式、修改已存在的多重引线样式、设置当前多重引线样式等。

图 10-40　"多重引线样式管理器"对话框

【选项说明】

（1）"置为当前"按钮：单击该按钮，把在"样式"列表框中选择的样式设置为当前多重引线标注样式。

（2）"新建"按钮：创建新的多重引线样式。单击该按钮，系统打开"创建新多重引线样式"对话框，如图 10-41 所示。利用该对话框可创建一个新的多重引线样式，其中各项功能说明如下。

① "新样式名"文本框：为新的多重引线样式命名。

② "基础样式"下拉列表框：选择创建新样式所基于的多重引线样式。单击"基础样式"下拉列表框，打开当前已有的样式列表，从中选择一个作为定义新样式的基础，新的样式是在所选样式的基础上修改一些特性得到的。

③ "继续"按钮：各选项设置好以后，单击该按钮，系统打开"修改多重引线样式：副本 Standard"对话框，如图 10-42 所示。利用该对话框可对新多重引线样式的各项特性进行设置。

图 10-41　"创建新多重引线样式"对话框

图 10-42　"修改多重引线样式：副本 Standard"对话框

（3）"修改"按钮：修改一个已存在的多重引线样式。单击该按钮，系统打开"修改多重引线样式：副本 Standard"对话框，可以对已有标注样式进行修改。

"修改多重引线样式：副本 Standard"对话框中选项说明如下。

① "引线格式"选项卡。

↘ "常规"选项组：设置引线的外观。其中，"类型"下拉列表框用于设置引线的类型，列表中有"直线""样条曲线"和"无"3 个选项，分别表示引线为直线、样条曲线或者没有引线；分别在"颜色""线型"和"线宽"下拉列表框中设置引线的颜色、线型及线宽。

↘ "箭头"选项组：设置箭头的样式和大小。

↘ "引线打断"选项组：设置引线打断时的打断距离。

② "引线结构"选项卡，如图 10-43 所示。

↘ "约束"选项组：控制多重引线的结构。其中，"最大引线点数"复选框用于确定是否要指定引线端点的最大数量；"第一段角度"和"第二段角度"复选框分别用于确定是否设置反映引线中第一段直线和第二段直线方向的角度，选中复选框后，可以在对应的输入框中指定角度。需要说明的是，一旦指定了角度，对应线段的角度方向会按设置值的整数倍变化。

↘ "基线设置"选项组：设置多重引线中的基线。其中"自动包含基线"复选框用于设置引线中是否含基线，还可以通过"设置基线距离"来指定基线的长度。

↘ "比例"选项组：设置多重引线标注的缩放关系。"注释性"复选框用于确定多重引线样式是否为注释性样式。"将多重引线缩放到布局"单选按钮表示将根据当前模型空间视口和图纸空间之间的比例确定比例因子。"指定比例"单选按钮用于为所有多重引线标注设置一个缩放比例。

③ "内容"选项卡，如图 10-44 所示。

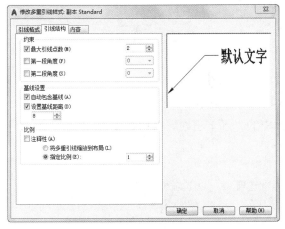
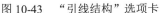

图 10-43　"引线结构"选项卡

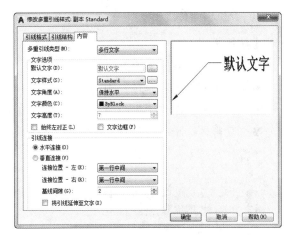

图 10-44　"内容"选项卡

↘ "多重引线类型"下拉列表：设置多重引线标注的类型。下拉列表中有"多行文字""块"和"无"3 个选择，即表示由多重引线标注出的对象分别是多行文字、块或没有内容。

↘ "文字选项"选项组：如果在"多重引线类型"下拉列表中选中"多行文字"，则会显示出此选项组，用于设置多重引线标注的文字内容。其中，"默认文字"框用于确定所采用的文字样式；"文字角度"下拉列表框用于确定文字的倾斜角度；"文字颜色"和"文字高度"分别用于确定文字的颜色和高度；"始终左对正"复选框用于确定是否使文字左对齐；"文字边框"复选框用于确定是否要为文字加边框。

➥ "引线连接"选项组："水平连接"单选按钮表示引线终点位于所标注文字的左侧或右侧。"垂直连接"单选按钮表示引线终点位于所标注文字的上方或下方。

④ 如果在"多重引线类型"下拉列表中选中"块"，表示多重引线标注的对象是块，则"内容"选项卡如图 10-45 所示。"源块"下拉列表框用于确定多重引线标注使用的块对象；"附着"下拉列表框用于指定块与引线的关系；"颜色"下拉列表框用于指定块的颜色，但一般采用 ByBlock。

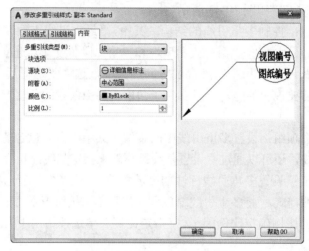

图 10-45　"块"多重引线类型

2. 多重引线标注

【执行方式】

➥ 命令行：MLEADER。

➥ 菜单栏：选择菜单栏中的"标注"→"多重引线"命令。

➥ 工具栏：单击"多重引线"工具栏中的"多重引线"按钮 ⌁。

➥ 功能区：单击"默认"选项卡"注释"面板中的"多重引线"按钮 ⌁。

【操作步骤】

```
命令：_MLEADER
指定引线箭头的位置或 [引线基线优先(L)/内容优先(C)/选项(O)] <选项>：
指定引线箭头的位置：
```

【选项说明】

（1）引线箭头的位置：指定多重引线对象箭头的位置。

（2）引线基线优先(L)：指定多重引线对象的基线的位置。如果先前绘制的多重引线对象是基线优先，则后续的多重引线也将先创建基线（除非另外指定）。

（3）内容优先(C)：指定与多重引线对象相关联的文字或块的位置。如果先前绘制的多重引线对象是内容优先，则后续的多重引线对象也将先创建内容（除非另外指定）。

（4）选项(O)：指定用于放置多重引线对象的选项。输入 O 选项后，命令行提示与操作如下。

输入选项 [引线类型(L)/引线基线(A)/内容类型(C)/最大节点数(M)/第一个角度(F)/第二个角度(S)/退出选项(X)] <退出选项>：

① 引线类型(L)：指定要使用的引线类型。

② 内容类型(C)：指定要使用的内容类型。

③ 最大节点数(M)：指定新引线的最大节点数。

④ 第一个角度(F)：约束新引线中的第一个点的角度。

⑤ 第二个角度(S)：约束新引线中的第二个点的角度。

⑥ 退出选项(X)：返回到第一个 MLEADER 命令提示。

动手练——标注木门

标注如图 10-46 所示的木门。

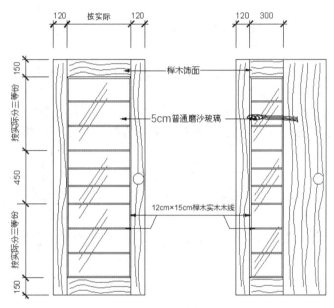

图 10-46 标注木门

思路点拨：

> **源文件**：源文件\第 10 章\标注木门尺寸.dwg
> （1）设置文字样式和标注样式。
> （2）标注文字说明。
> （3）标注线性和连续尺寸。

10.4 编辑尺寸标注

AutoCAD 允许对已经创建好的尺寸标注进行编辑修改，包括修改尺寸文本的内容、改变其位置、使尺寸文本倾斜一定的角度等，还可以对尺寸界线进行编辑。

10.4.1 尺寸编辑

利用 DIMEDIT 命令可以修改已有尺寸标注的文本内容、把尺寸文本倾斜一定的角度，还可以对尺寸界线进行修改，使其旋转一定角度从而标注一段线段在某一方向上的投影尺寸。DIMEDIT 命令可以同时对多个尺寸标注进行编辑。

【执行方式】

- 命令行：DIMEDIT（快捷命令：DED）。
- 菜单栏：选择菜单栏中的"标注"→"对齐文字"→"默认"命令。
- 工具栏：单击"标注"工具栏中的"编辑标注"按钮。

【操作步骤】

命令：DIMEDIT✓
输入标注编辑类型 [默认(H)/新建(N)/旋转(R)/倾斜(O)] <默认>:

【选项说明】

（1）默认(H)：按尺寸标注样式中设置的默认位置和方向放置尺寸文本，如图 10-47（a）所示。选择该选项，命令行提示与操作如下。

选择对象：选择要编辑的尺寸标注

（2）新建(N)：选择该选项，系统打开多行文字编辑器，可利用该编辑器对尺寸文本进行修改。

（3）旋转(R)：改变尺寸文本行的倾斜角度。尺寸文本的中心点不变，使文本沿指定的角度方向倾斜排列，如图 10-47（b）所示。若输入角度为 0，则按"新建标注样式"对话框的"文字"选项卡中设置的默认方向排列。

（4）倾斜(O)：修改长度型尺寸标注的尺寸界线，使其倾斜一定角度，与尺寸线不垂直，如图 10-47（c）所示。

（a）默认　　　　　　　　（b）旋转　　　　　　　　（c）倾斜

图 10-47　尺寸编辑

10.4.2 尺寸文本编辑

通过 DIMTEDIT 命令可以改变尺寸文本的位置，使其位于尺寸线上面左端、右端或中间，而且可使文本倾斜一定的角度。

【执行方式】

- 命令行：DIMTEDIT。
- 菜单栏：选择菜单栏中的"标注"→"对齐文字"→除"默认"命令外其他命令。
- 工具栏：单击"标注"工具栏中的"编辑标注文字"按钮。

➤ 功能区：单击"默认"选项卡"标注"面板中的"文字角度" 、"左对正" 、"居
中对正" 、右对正 按钮。

【操作步骤】

命令：DIMTEDIT↙
选择标注：（选择一个尺寸标注）
为标注文字指定新位置或 [左对齐(L)/右对齐(R)/居中(C)/默认(H)/角度(A)]：

【选项说明】

（1）为标注文字指定新位置：更新尺寸文本的位置。用鼠标把文本拖动到新的位置，这时系统变量 DIMSHO 为 ON。

（2）左对齐(L)/右对齐(R)：使尺寸文本沿尺寸线左（右）对齐，如图 10-48（a）和图 10-48（b）所示。该选项只对长度型、半径型、直径型尺寸标注起作用。

（a）左对齐　　　　　　　　　　（b）右对齐

图 10-48　尺寸文本编辑

（3）居中(C)：把尺寸文本放在尺寸线上的中间位置，如图 10-47（a）所示。

（4）默认(H)：把尺寸文本按默认位置放置。

（5）角度(A)：改变尺寸文本行的倾斜角度。

10.5　模拟认证考试

1. 如果选择的比例因子为 2，则长度为 50 的直线将被标注为（　　）。

　A. 100 　　　　　　　　　　　　　　B. 50

　C. 25 　　　　　　　　　　　　　　D. 询问，然后由设计者指定

2. 图和已标注的尺寸同时放大 2 倍，其结果是（　　）。

　A. 尺寸值是原尺寸的 2 倍 　　　　　B. 尺寸值不变，字高是原尺寸的 2 倍

　C. 尺寸箭头是原尺寸的 2 倍 　　　　D. 原尺寸不变

3. 将尺寸标注对象如尺寸线、尺寸界线、箭头和文字作为单一的对象，必须将下面（　　）变量设置为 ON。

　A. DIMON 　　　　　　　　　　　　B. DIMASZ

　C. DIMASO 　　　　　　　　　　　　D. DIMEXO

4. 尺寸公差中的上下偏差可以在线性标注的（　　）选项中堆叠起来。

　A. 多行文字 　　　　　　　　　　　B. 文字

　C. 角度 　　　　　　　　　　　　　D. 水平

5. 不能作为多重引线线型类型的是（　　）。

　A. 直线 　　　　　　　　　　　　　B. 多段线

C．样条曲线   D．以上均可以

6．新建一个标注样式，此标注样式的基准标注为（   ）。

    A．ISO-25   B．当前标注样式

    C．应用最多的标注样式   D．命名最靠前的标注样式

7．标注如图 10-49 所示的图形。

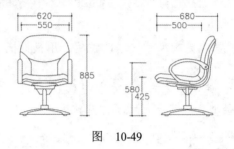

图   10-49

第 11 章　辅助绘图工具

内容简介

为了提高系统整体的图形设计效率，并有效管理系统包含的所有图形设计文件，AutoCAD 推出了大量的集成化绘图工具，利用设计中心和工具选项板，用户可以建立自己的个性化图库，也可以利用其他用户提供的资源快速准确地进行图形设计。

本章主要介绍图块、设计中心、工具选项板等知识。

内容要点

- ❯ 图块
- ❯ 图块属性
- ❯ 设计中心
- ❯ 工具选项板
- ❯ 模拟认证考试

案例效果

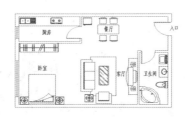

11.1　图　　块

图块又称块，它是由一组图形对象组成的集合，一组对象一旦被定义为图块，它们将成为一个整体，选中图块中任意一个图形对象即可选中构成图块的所有对象。AutoCAD 把一个图块作为一个对象进行编辑修改等操作，用户可根据绘图需要把图块插入到图中指定的位置，在插入时还可以指定不同的缩放比例和旋转角度。如果需要对组成图块的单个图形对象进行修改，还可以利用"分解"命令把图块炸开，分解成若干个对象。图块还可以重新定义，一旦被重新定义，整个图中基于该块的对象都将随之改变。

11.1.1　定义图块

将图形创建一个整体形成块，方便在作图时插入同样的图形，不过这个块只相对于这个图纸，其他图纸不能插入此块。

【执行方式】

➤ 命令行：BLOCK（快捷命令：B）。

➤ 菜单栏：选择菜单栏中的"绘图"→"块"→"创建"命令。

➤ 工具栏：单击"绘图"工具栏中的"创建块"按钮 。

➤ 功能区：单击"默认"选项卡"块"面板中的"创建"按钮 ，或单击"插入"选项卡 "块定义"面板中的"创建块"按钮 。

动手学——创建椅子图块

扫一扫，看视频

源文件： 源文件\第 11 章\创建椅子图块.dwg

本实例绘制的椅子图块如图 11-1 所示。

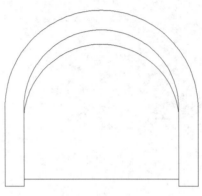

图 11-1 椅子图块

操作步骤

（1）利用二维绘图命令，绘制椅子图形，或单击"打开"按钮 ，打开"初始文件"中的 "椅子"文件，结果如图 11-1 所示。

（2）保存图块。单击"默认"选项卡"块"面板中的"创建"按钮 ，打开"块定义"对话 框，如图 11-2 所示。单击"拾取点"按钮 ，拾取轴号的圆心为基点，单击"选择对象"按钮 ，拾取下面图形为对象，输入图块名称"椅子"，单击"确定"按钮，保存图块。

图 11-2 "块定义"对话框

【选项说明】

（1）"基点"选项组：确定图块的基点，默认值是（0, 0, 0），也可以在下面的 X、Y、Z 文本框中输入块的基点坐标值。单击"拾取点"按钮 ，系统临时切换到绘图区，在绘图区中选择一点后，返回"块定义"对话框中，把选择的点作为图块的放置基点。

（2）"对象"选项组：用于选择制作图块的对象，以及设置图块对象的相关属性。把图 11-3（a）中的正五边形定义为图块，如图 11-3（b）所示为选中"删除"单选按钮的结果，如图 11-3（c）所示为选中"保留"单选按钮的结果。

（a）将正五边形定义为图块　　　（b）选中"删除"单选按钮的结果　　　（c）选中"保留"单选按钮的结果

图 11-3　设置图块对象

（3）"设置"选项组：指定从 AutoCAD 设计中心拖动图块时用于测量图块的单位，以及缩放、分解和超链接等设置。

（4）"在块编辑器中打开"复选框：选中该复选框，可以在块编辑器中定义动态块，后面将详细介绍。

（5）"方式"选项组：指定块的行为。"注释性"复选框指定在图纸空间中块参照的方向与布局方向匹配；"按统一比例缩放"复选框指定是否阻止块参照不按统一比例缩放；"允许分解"复选框指定块参照是否可以被分解。

11.1.2　图块的存盘

利用 BLOCK 命令定义的图块保存在其所属的图形当中，该图块只能在该图形中插入，而不能插入到其他的图形中。但是有些图块在许多图形中要经常用到，这时可以用 WBLOCK 命令把图块以图形文件的形式（后缀为.dwg）写入磁盘。图形文件可以在任意图形中用 INSERT 命令插入。

【执行方式】

❏　命令行：WBLOCK（快捷命令：W）。

❏　功能区：单击"插入"选项卡"块定义"面板中的"写块"按钮 。

动手学——写椅子图块

源文件： 源文件\第 11 章\写椅子图块.dwg

本实例绘制的椅子图块如图 11-4 所示。

操作步骤

（1）利用二维绘图命令绘制椅子图形，或单击"打开"按钮 ，打开"初始文件"中的"椅子"文件，结果如图 11-4 所示。

（2）保存图块。单击"插入"选项卡"块定义"面板中的"写块"按钮 ，打开"写块"对

图 11-4　椅子图块

扫一扫，看视频

图 11-5 "写块"对话框

话框，如图 11-5 所示。单击"拾取点"按钮，选择椅子前沿的中点为基点，单击"选择对象"按钮，拾取整个椅子为对象，输入图块名称"椅子"并指定路径，单击"确定"按钮，保存图块。

【选项说明】

（1）"源"选项组：确定要保存为图形文件的图块或图形对象。选中"块"单选按钮，单击右侧的下拉列表框，在其展开的列表中选择一个图块，将其保存为图形文件；选中"整个图形"单选按钮，则把当前的整个图形保存为图形文件；选中"对象"单选按钮，则把不属于图块的图形对象保存为图形文件。对象的选择通过"对象"选项组来完成。

（2）"基点"选项组：用于选择图形。

（3）"目标"选项组：用于指定图形文件的名称、保存路径和插入单位。

☞ 教你一招：

> 创建图块与写块的区别。
>
> 创建图块是内部图块，在一个文件内定义的图块，可以在该文件内部自由作用，内部图块一旦被定义，它就和文件同时被存储和打开。写块是外部图块，将"块"以主文件的形式写入磁盘，其他图形文件也可以使用它，要注意这是外部图块和内部图块的一个重要区别。

11.1.3 图块的插入

在 AutoCAD 绘图过程中，可根据需要随时把已经定义好的图块或图形文件插入到当前图形的任意位置，在插入的同时还可以改变图块的大小、旋转一定角度或把图块炸开等。插入图块的方法有多种，本小节将逐一进行介绍。

【执行方式】

➷ 命令行：INSERT（快捷命令：I）。

➷ 菜单栏：选择菜单栏中的"插入"→"块选项板"命令。

➷ 工具栏：单击"插入"工具栏中的"插入块"按钮或单击"绘图"工具栏中的"插入块"按钮。

➷ 功能区：单击"默认"选项卡"块"面板中的"插入"下拉菜单或单击"插入"选项卡"块"面板中的"插入"下拉菜单，如图 11-6 所示。

图 11-6 "插入"下拉菜单

动手学——居室室内布置

源文件：源文件\第 11 章\居室室内布置.dwg

完成如图 11-7 所示的居室室内布置。

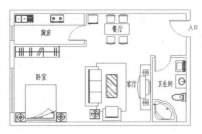

图 11-7　居室室内布置

操作步骤

（1）打开"初始文件\第 11 章\居室平面图.dwg"文件，如图 11-8 所示。

（2）单击"默认"选项卡"块"面板中的"插入"下拉菜单中的"其他图形中的块"选项，系统弹出"块"选项板。

（3）单击选项板顶部的 ··· 按钮，找到"组合沙发"图块，设置插入点、比例、旋转等参数，在"预览列表"中选择"组合沙发"图块插入到绘图区域内，如图 11-9 所示。

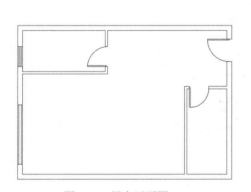

图 11-8　居室平面图

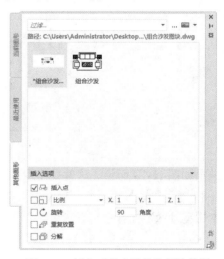

图 11-9　插入"组合沙发"图块设置

（4）移动鼠标捕捉插入点，单击鼠标完成插入操作，如图 11-10 所示。

（5）由于客厅较小，沙发上端的小茶几和单人沙发应该去掉。单击"默认"选项卡"修改"面板中的"分解"按钮 ，将沙发分解，删除小茶几和单人沙发两部分，然后将地毯部分补全，结果如图 11-11 所示。

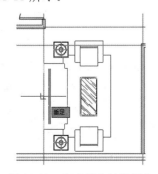

图 11-10　完成组合沙发插入

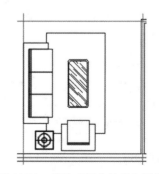

图 11-11　修改"组合沙发"图块

也可以将图 11-9 所示"块"选项板中的插入选项下拉列表中的"分解"复选框选中，插入组合沙发图块时将自动分解，从而省去分解的步骤。

（6）重新将修改后的沙发图形定义为图块，完成沙发布置。

（7）单击"默认"选项卡"块"面板中的"插入"下拉菜单中的"其他图形中的块"选项，系统弹出"块"选项板，单击选项板顶部的 ••• 按钮，找到"餐桌.dwg"文件，按图 11-12 所示设置相关参数，在"预览列表"中选择"餐桌"图块插入到绘图区域内。

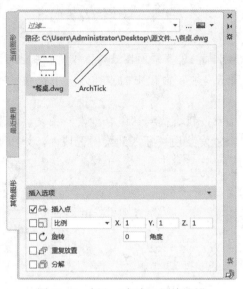

图 11-12　插入"餐桌"图块设置

结果如图 11-13 所示。这就是使用"插入块"命令调用图块文件的情形。

（8）通过"插入块"命令布置居室就讲到这里。剩余的家具图块均保存于"源文件"中的"家具基本图元.dwg"文件中，读者可参照图 11-14 自己完成。

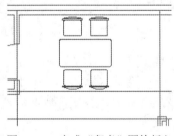

图 11-13　完成"餐桌"图块插入

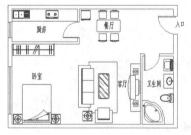

图 11-14　居室室内布置

☞教你一招：

　　（1）创建图块之前，宜将待建图形放置到 0 图层上，这样生成的图块插入到其他图层中时，其图层特性跟随当前图层自动转化，如前面制作的餐桌图块。如果图形不放置在 0 层，制作的图块插入到其他图形文件中时，将携带原有图层信息。

　　（2）建议将图块图形以 1:1 的比例绘制，以便插入图块时的比例缩放。

【选项说明】

（1）"当前图形"选项卡：显示当前图形中可用块定义的预览或列表。

（2）"最近使用"选项卡：显示当前和上一个任务中最近插入或创建的块定义的预览或列表。这些块可能来自各种图形。

（3）"其他图形"选项卡：显示单个指定图形中块定义的预览或列表。将图形文件作为块插入到当前图形中。单击选项板顶部的···按钮，以浏览到其他图形文件。

（4）"插入选项"下拉列表。

① "插入点"复选框：指定插入点，插入图块时该点与图块的基点重合。可以在右侧的文本框中输入坐标值，勾选复选框可以在绘图区指定该点。

② "插入点"选项组：指定插入点，插入图块时该点与图块的基点重合。可以在绘图区指定该点，也可以在下面的文本框中输入坐标值。

③ "比例"复选框：确定插入图块时的缩放比例。图块被插入到当前图形中时，可以以任意比例放大或缩小。图 11-15（a）所示是被插入的图块，图 11-15（b）所示为按比例系数 1.5 插入该图块的结果，图 11-15（c）所示为按比例系数 0.5 插入该图块的结果。X 轴方向和 Y 轴方向的比例系数也可以取不同。如图 11-15（d）所示，插入的图块 X 轴方向的比例系数为 1，Y 轴方向的比例系数为 1.5。另外，比例系数还可以是一个负数，当为负数时表示插入图块的镜像，其效果如图 11-16 所示。

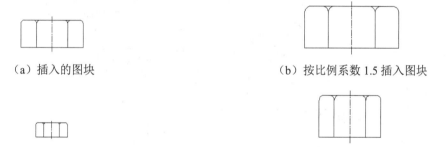

（a）插入的图块　　　　　　　　　　　　（b）按比例系数 1.5 插入图块

（c）按比例系数 0.5 插入图块　　　　（d）X 轴方向的比例系数为 1，Y 轴方向的比例系数为 1.5

图 11-15　取不同比例系数插入图块的效果

（a）X 比例=1，Y 比例=1　　（b）X 比例=-1，Y 比例=1　　（c）X 比例=1，Y 比例=-1　　（d）X 比例=-1，Y 比例=-1

图 11-16　取比例系数为负值插入图块的效果

④ "旋转"复选框：指定插入图块时的旋转角度。图块被插入到当前图形中时，可以绕其基点旋转一定的角度，角度可以是正数（表示沿逆时针方向旋转），也可以是负数（表示沿顺时针方向旋转）。图 11-17（b）所示为图块旋转 30° 后插入的效果，图 11-17（c）所示为图块旋转-30° 后插入的效果。

如果选中"在屏幕上指定"复选框，系统切换到绘图区，在绘图区选择一点，AutoCAD 自动测量插入点与该点连线和 X 轴正方向之间的夹角，并把它作为块的旋转角。也可以在"角度"文本框中直接输入插入图块时的旋转角度。

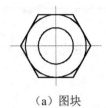

（a）图块

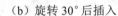

（b）旋转 30° 后插入

（c）旋转-30° 后插入

图 11-17　以不同旋转角度插入图块的效果

⑤ "重复放置"复选框：控制是否自动重复块插入。如果选中该选项，系统将自动提示其他插入点，直到按 Esc 键取消命令。如果取消选中该选项，将插入指定的块一次。

⑥ "分解"复选框：选中该复选框，则在插入块的同时把其炸开，插入到图形中的组成块对象不再是一个整体，可对每个对象单独进行编辑操作。

动手练——居室家具布置图

绘制居室家具布置图，如图 11-18 所示。

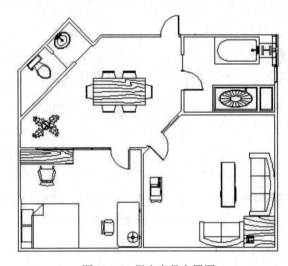

图 11-18　居室家具布置图

 思路点拨：

源文件：源文件\第 11 章\居室家具布置图.dwg
利用"插入块"命令把多个家具图块插入到居室平面图中。

11.2　图块属性

图块除了包含图形对象以外，还可以具有非图形信息，例如把一个椅子的图形定义为图块后，还可把椅子的号码、材料、重量、价格以及说明等文本信息一并加入图块中。图块的这些非图形信息叫作图块的属性，它是图块的一个组成部分，与图形对象一起构成一个整体，在插入图块时，AutoCAD 把图形对象连同属性一起插入到图形中。

11.2.1　定义图块属性

属性是将数据附着到块上的标签或标记，属性中可能包含的数据包括零件编号、价格、注释和物主的名称等。

【执行方式】

➥　命令行：ATTDEF（快捷命令：ATT）。

➥　菜单栏：选择菜单栏中的"绘图"→"块"→"定义属性"命令。

➥　功能区：单击"默认"选项卡"块"面板中的"定义属性"按钮◈或单击"插入"选项卡"块定义"面板中的"定义属性"按钮◈。

动手学——定义轴号图块属性

源文件：源文件\第 11 章\定义轴号图块属性.dwg

操作步骤

（1）单击"默认"选项卡"绘图"面板中的"构造线"按钮✔，绘制一条水平构造线和一条竖直构造线，组成"十"字构造线，如图 11-19 所示。

（2）单击"默认"选项卡"修改"面板中的"偏移"按钮⫷，将水平构造线连续分别向上偏移，偏移后相邻直线间的距离分别为 1200、3600、1800、2100、1900、1500、1100、1600 和1200，得到水平方向的辅助线；将竖直构造线连续分别向右偏移，偏移后相邻直线间的距离分别为900、1300、3600、600、900、3600、3300 和 600，得到竖直方向的辅助线。

（3）单击"默认"选项卡"绘图"面板中的"矩形"按钮▭ 和"修改"面板中的"修剪"按钮✂，将轴线修剪，如图 11-20 所示。

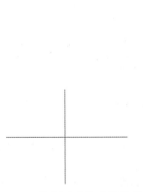

图 11-19　绘制"十"字构造线

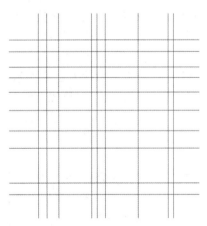

图 11-20　绘制轴线网

（4）单击"默认"选项卡"绘图"面板中的"圆"按钮⊙，在适当位置绘制一个直径为 900的圆，如图 11-21 所示。

（5）单击"默认"选项卡"块"面板中的"定义属性"按钮◈，打开"属性定义"对话框，如图 11-22 所示。单击"确定"按钮，在圆心位置输入一个块的属性值。

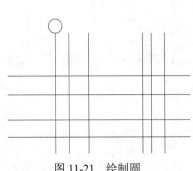

图 11-21　绘制圆

图 11-22　块属性定义

【选项说明】

（1）"模式"选项组：用于确定属性的模式。

① "不可见"复选框：选中该复选框，属性为不可见显示方式，即插入图块并输入属性值后，属性值在图中并不显示出来。

② "固定"复选框：选中该复选框，属性值为常量，即属性值在属性定义时给定，在插入图块时系统不再提示输入属性值。

③ "验证"复选框：选中该复选框，当插入图块时，系统重新显示属性值，提示用户验证该值是否正确。

④ "预设"复选框：选中该复选框，当插入图块时，系统自动把事先设置好的默认值赋予属性，而不再提示输入属性值。

⑤ "锁定位置"复选框：锁定块参照中属性的位置。解锁后，属性可以相对于使用夹点编辑块的其他部分移动，并且可以调整多行文字属性的大小。

⑥ "多行"复选框：选中该复选框，可以指定属性值包含多行文字，也可以指定属性的边界宽度。

（2）"属性"选项组：用于设置属性值。在每个文本框中，AutoCAD 允许输入不超过 256 个字符。

① "标记"文本框：输入属性标签。属性标签可由除空格和感叹号以外的所有字符组成，系统自动把小写字母改为大写字母。

② "提示"文本框：输入属性提示。属性提示是插入图块时系统要求输入属性值的提示，如果不在此文本框中输入文字，则以属性标签作为提示。如果在"模式"选项组中选中"固定"复选框，即设置属性为常量，则不需设置属性提示。

③ "默认"文本框：设置默认的属性值。可把使用次数较多的属性值作为默认值，也可不设置默认值。

（3）"插入点"选项组：用于确定属性文本的位置。可以在插入时由用户在图形中确定属性文本的位置，也可在 X、Y、Z 文本框中直接输入属性文本的位置坐标。

（4）"文字设置"选项组：用于设置属性文本的对齐方式、文本样式、字高和倾斜角度。

（5）"在上一个属性定义下对齐"复选框：选中该复选框表示把属性标签直接放在前一个属性的下面，而且该属性继承前一个属性的文本样式、字高和倾斜角度等特性。

11.2.2　修改属性的定义

在定义图块之前，可以对属性的定义加以修改，不仅可以修改属性标签，还可以修改属性提示和属性默认值。

【执行方式】

❯ 命令行：TEXTEDIT。

❯ 菜单栏：选择菜单栏中的"修改"→"对象"→"文字"→"编辑"命令。

【操作步骤】

```
命令：TEXTEDIT↙
当前设置：编辑模式 = Multiple
选择注释对象或 [放弃(U)/模式(M)]：
```

【选项说明】

选择定义的图块，打开"编辑属性定义"对话框，如图 11-23 所示。其中包含 3 个文本框，即"标记""提示"及"默认值"，可根据需要对其进行修改。

图 11-23　"编辑属性定义"对话框

11.2.3　图块属性编辑

当属性被定义到图块当中，甚至图块被插入到图形当中之后，用户还可以对图块属性进行编辑。利用 ATTEDIT 命令可以通过对话框对指定图块的属性值进行修改，利用 ATTEDIT 命令不仅可以修改属性值，而且还可以对属性的位置、文本等其他设置进行编辑。

【执行方式】

❯ 命令行：ATTEDIT（快捷命令：ATE）。

❯ 菜单栏：选择菜单栏中的"修改"→"对象"→"属性"→"单个"命令。

❯ 工具栏：单击"修改Ⅱ"工具栏中的"编辑属性"按钮 。

❯ 功能区：单击"默认"选项卡"块"面板中的"编辑属性"按钮 。

动手学——编辑轴号图块属性并标注

调用素材：源文件\第 11 章\定义轴号图块属性.dwg

源文件：源文件\第 11 章\编辑轴号图块属性并标注.dwg

标注如图 11-24 所示的轴号。

扫一扫，看视频

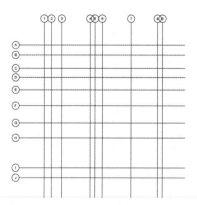

图 11-24　标注轴号

操作步骤

（1）单击"默认"选项卡"块"面板中的"创建"按钮，打开"块定义"对话框，如图 11-25 所示。在"名称"文本框中写入"轴号"，指定圆心为基点；选择整个圆和刚才的"轴号"标记为对象，如图 11-26 所示。单击"确定"按钮，打开如图 11-27 所示的"编辑属性"对话框，输入轴号为 1，单击"确定"按钮。轴号效果如图 11-28 所示。

图 11-25　创建块

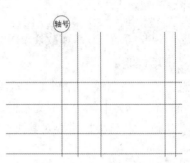

图 11-26　在圆心位置写入属性值

图 11-27　"编辑属性"对话框

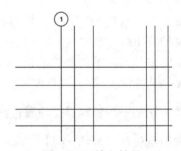

图 11-28　输入轴号

（2）单击"默认"选项卡"块"面板中的"插入"下拉菜单中的"最近使用的块"选项，打开如图 11-29 所示的"块"选项板，在"最近使用的块"选项下选择"轴号"图块，将轴号图块插入到轴线上；打开"编辑属性"对话框，修改图块属性，结果如图 11-24 所示。

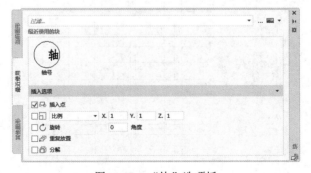

图 11-29　"块"选项板

【选项说明】

"编辑属性"对话框中显示出所选图块中包含的前8 个属性的值，用户可对这些属性值进行修改。如果该图块中还有其他的属性，可单击"上一个"按钮和"下一个"按钮对它们进行观察和修改。

当用户通过菜单栏或工具栏执行上述命令时，系统打开"增强属性编辑器"对话框，如图 11-30 所示。在该对话框中不仅可以编辑属性值，还可以编辑属性的文字选项和图层、线型、颜色等特性值。

图 11-30　"增强属性编辑器"对话框

另外，还可以通过"块属性管理器"对话框来编辑属性。单击"默认"选项卡"块"面板中的"块属性管理器"按钮，系统打开"块属性管理器"对话框，如图 11-31 所示。单击"编辑"按钮，系统打开如图 11-32 所示的"编辑属性"对话框，可以通过该对话框编辑属性。

图 11-31　"块属性管理器"对话框

图 11-32　"编辑属性"对话框

11.3　设 计 中 心

使用 AutoCAD 设计中心可以很容易地组织设计内容，并把它们拖动到自己的图形中。可以使用 AutoCAD 设计中心窗口的内容显示区来观察用 AutoCAD 设计中心资源管理器所浏览资源的细目。

【执行方式】

- 命令行：ADCENTER（快捷命令：ADC）。
- 菜单栏：选择菜单栏中的"工具"→"选项板"→"设计中心"命令。
- 工具栏：单击标准工具栏中的"设计中心"按钮。
- 功能区：单击"视图"选项卡"选项板"面板中的"设计中心"按钮。
- 快捷键：Ctrl+2。

【操作步骤】

执行上述操作后，系统打开 DESIGNCENTER（设计中心）选项板。第一次启动设计中心时，默认打开的选项卡为"文件夹"选项卡。右侧为内容显示区，左边的资源管理器显示系统的树形结构。在资源管理器中浏览资源的同时，在内容显示区将显示所浏览资源的有关细目或内容，如图 11-33 所示。

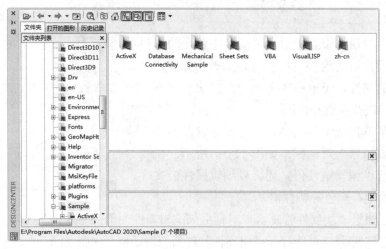

图 11-33　DESIGNCENTER（设计中心）选项板

内容显示区分为 3 部分，上部为文件列表框，采用大图标显示；中间为图形预览窗格；下部为说明文本窗格。

【选项说明】

可以利用鼠标拖动边框的方法来改变 AutoCAD 设计中心资源管理器和内容显示区以及 AutoCAD 绘图区的大小，但内容显示区的最小尺寸应能显示两列大图标。

如果要改变 AutoCAD 设计中心的位置，可以按住鼠标左键拖动，松开鼠标左键后，AutoCAD 设计中心便处于当前位置，到新位置后，仍可用鼠标改变各窗口的大小。也可以通过设计中心边框左上方的"自动隐藏"按钮来自动隐藏设计中心。

☞ **教你一招：**

利用设计中心插入图块。

在利用 AutoCAD 绘制图形时，可以将图块插入到图形当中。将一个图块插入到图形中时，块定义就被复制到图形数据库当中。在一个图块被插入到图形之后，如果原来的图块被修改，则插入到图形当中的图块也随之改变。当其他命令正在执行时，不能插入图块到图形当中。例如，如果在插入块时，在提示行正在执行一个命令，此时光标变成一个带斜线的圆，提示操作无效。另外，一次只能插入一个图块。

AutoCAD 设计中心提供了两种插入图块的方法："利用鼠标指定比例和旋转方式"与"精确指定坐标、比例和旋转角度方式"。

1．利用鼠标指定比例和旋转方式插入图块

系统根据光标拉出的线段长度、角度确定比例与旋转角度，插入图块的步骤如下。

（1）从文件夹列表或查找结果列表中选择要插入的图块，按住鼠标左键，将其拖动到打开的图形中。松开鼠标左键，此时选择的对象被插入到当前被打开的图形当中。利用当前设置的捕捉方式可以将对象插入到存在的任何图形当中。

（2）在绘图区单击指定一点作为插入点，移动鼠标，光标位置点与插入点之间距离为缩放比例，单击确定比例。采用同样的方法移动鼠标，光标指定位置和插入点的连线与水平线的夹角为旋转角度。被选择的对象就根据光标指定的比例和角度插入到图形当中。

2．精确指定坐标、比例和旋转角度方式插入图块

利用该方法可以设置插入图块的参数，插入图块的步骤如下。

（1）从文件夹列表或查找结果列表框中选择要插入的对象，拖动对象到打开的图形中。

（2）右击，在弹出的快捷菜单中选择"比例""旋转"等命令，如图11-34所示。

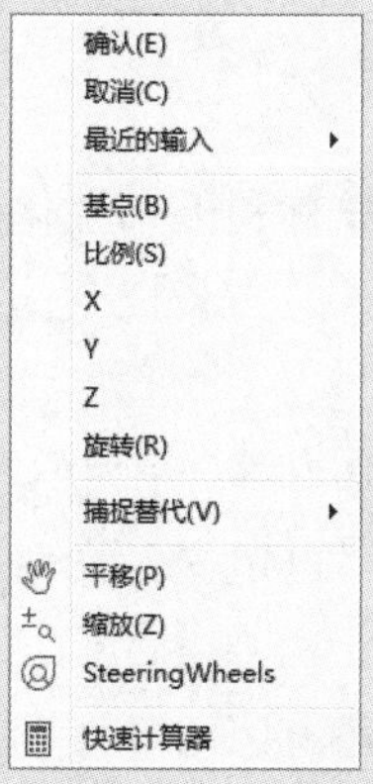

图 11-34　快捷菜单

（3）在相应的命令行提示下输入比例和旋转角度等数值。被选择的对象根据指定的参数插入到图形当中。

11.4　工具选项板

工具选项板中的选项卡提供了组织、共享和放置块及填充图案的有效方法，还可以包含由第三方开发人员提供的自定义工具。

11.4.1　打开工具选项板

可在工具选项板中整理块、图案填充和自定义工具。

【执行方式】

- 命令行：TOOLPALETTES（快捷命令：TP）。
- 菜单栏：选择菜单栏中的"工具"→"选项板"→"工具选项板"命令。
- 工具栏：单击标准工具栏中的"工具选项板窗口"按钮。
- 功能区：单击"视图"选项卡"选项板"面板中的"工具选项板"按钮。
- 快捷键：Ctrl+3。

【操作步骤】

执行上述操作后，系统自动打开工具选项板，如图11-35所示。

在工具选项板中，系统设置了一些常用图形选项卡，这些常用图形可以方便用户绘图。

图 11-35　工具选项板

11.4.2　新建工具选项板

用户可以创建新的工具选项板，这样有利于个性化作图，也能够满足特殊作图需要。

【执行方式】

- 命令行：CUSTOMIZE。
- 菜单栏：选择菜单栏中的"工具"→"自定义"→"工具选项板"命令。
- 快捷菜单：在快捷菜单中选择"自定义"命令。

动手学——新建工具选项板

操作步骤

（1）选择菜单栏中的"工具"→"自定义"→"工具选项板"命令，系统打开"自定义"对话框，如图 11-36 所示。在"选项板"列表框中右击，在弹出的快捷菜单中选择"新建选项板"命令。

（2）在"选项板"列表框中出现一个"新建选项板"，可以为其命名。确定后，工具选项板中就增加了一个新的选项卡，如图 11-37 所示。

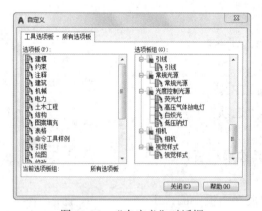

图 11-36　"自定义"对话框

图 11-37　"新建"选项卡

动手学——从设计中心创建工具选项板

将图形、块和图案填充从设计中心拖动到工具选项板中。

操作步骤

（1）单击"视图"选项卡"选项板"面板中的"设计中心"按钮，打开"设计中心"选项板。

（2）按照路径 "Program Files/Autodesk/AutoCAD 2020/Sample/zh-cn/DesignCenter"，在

DesignCenter 文件夹上右击，在弹出的快捷菜单中选择"创建块的工具选项板"命令，如图 11-38 所示。设计中心中存储的图元就出现在工具选项板中新建的 DesignCenter 选项卡上，如图 11-39 所示。

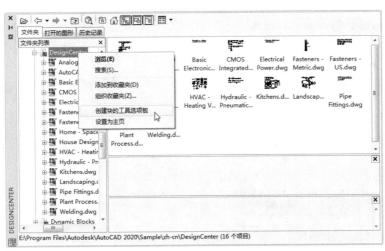

图 11-38　"设计中心"选项板

图 11-39　新建的工具选项板

这样就可以将设计中心与工具选项板结合起来，建立一个快捷方便的工具选项板。将工具选项板中的图形拖动到另一个图形中时，图形将作为块插入。

11.5　模拟认证考试

1. 下列不能插入创建好的块的方法是（　　）。

　A. 从 Windows 资源管理器中将图形文件图标拖放到 AutoCAD 绘图区域插入块

　B. 从设计中心插入块

　C. 用"粘贴"命令 PASTECLIP 插入块

　D. 用"插入"命令 INSERT 插入块

2. 将不可见的属性修改为可见属性的命令是（　　）。

　A. EATTEDIT　　　　　　　　　　B. BATTMAN

　C. ATTEDIT　　　　　　　　　　D. DDEDIT

3. 在 AutoCAD 中，下列（　　）项中的两种操作均可以打开设计中心。

　A. Ctrl+3，ADC　　　　　　　　B. Ctrl+2，ADC

　C. Ctrl+3，AGC　　　　　　　　D. Ctrl+2，AGC

4. 在设计中心里，单击"收藏夹"，则会（　　）。

　A. 出现搜索界面　　　　　　　　B. 定位到 home 文件夹

    C. 定位到 designcenter 文件夹   D. 定位到 autodesk 文件夹

5. 属性定义框中"提示"栏的作用是（   ）。

    A. 提示输入属性值插入点   B. 提示输入新的属性值

    C. 提示输入属性值所在图层   D. 提示输入新的属性值的字高

6. 图形无法通过设计中心更改的是（   ）。

    A. 大小   B. 名称

    C. 位置   D. 外观

7. 下列（   ）项不能用块属性管理器进行修改。

    A. 属性文字如何显示

    B. 属性的个数

    C. 属性所在的图层和属性行的颜色、宽度及类型

    D. 属性的可见性

8. 在属性定义框中，（   ）选框不设置，将无法定义块属性。

    A. 固定   B. 标记

    C. 提示   D. 默认

9. 用 BLOCK 命令定义的内部图块，说法正确的是（   ）。

    A. 只能在定义它的图形文件内自由调用

    B. 只能在另一个图形文件内自由调用

    C. 既能在定义它的图形文件内自由调用，又能在另一个图形文件内自由调用

    D. 两者都不能用

10. 带属性的块经分解后，属性显示为（   ）。

    A. 属性值   B. 标记

    C. 提示   D. 不显示

11. 绘制如图 11-40 所示的会议桌椅。

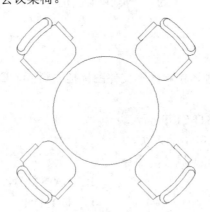

图 11-40   会议桌椅

2

家具是家用器具的总称，其结构形式多样、种类繁多，设计材料丰富，是人类物质文明、精神文明和日常生活不可或缺的组成部分。

第 2 篇　家具设计实例篇

本篇将家具分成不同的种类，分别举例展开讲述其设计工程图绘制的操作步骤、方法和技巧等，包括椅凳类家具、沙发类家具、桌台类家具、储物类家具和床类家具等。最后通过办公楼家具布置图和酒店客房家具布置图两个综合案例对各种家具设计应用进行了设计实践训练。

本篇通过实例加深读者对 AutoCAD 功能的理解和掌握，以及各种家具设计工程图的绘制方法。

第 12 章　椅凳类家具设计

内容简介

椅凳类家具的使用范围非常广泛，但主要以休息和工作两种用途为主，因此在设计时要根据不同用途进行相应的结构设计。椅凳的基本功能是满足人们坐得舒服和提高工作效率。理想的椅凳应最大限度地减少人体全身的疲劳而又能够适合不同姿态。

内容要点

❧ 家用椅凳
❧ 办公椅凳
❧ 服务类椅凳

案例效果

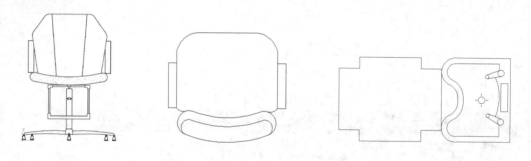

12.1　家用椅凳

本节主要介绍家用椅凳类家具的绘制过程，通过对其进行绘制来熟练掌握 AutoCAD 2020 软件中"默认"选项卡下的各个命令的应用。

12.1.1　绘制椅子

本实例将绘制一个椅子（见图 12-1），运用到绘制直线的命令"绘图"→"直线"。

本实例不仅涉及图层及相关的知识，还将讲述圆角的应用，如"修改"→"圆角"命令。具体绘制方法是首先绘出椅子的轮廓线，再将其做圆角处理，最后补上缺失的直线。

图 12-1　椅子

操作步骤

（1）单击"默认"选项卡"图层"面板中的"图层特性"按钮 ，新建两个图层，其属性如下。

扫一扫，看视频

① 图层 1，颜色设置为蓝色，其余属性为默认。

② 图层 2，颜色设置为绿色，其余属性为默认。

（2）将当前图层设置为图层 1，单击"默认"选项卡"绘图"面板中的"直线"按钮╱，绘制轮廓线，命令行提示与操作如下。

```
命令：LINE↙
指定第一个点：120,0↙
指定下一点或 [放弃(U)]：@-120,0↙
指定下一点或 [放弃(U)]：@0,500↙
指定下一点或 [闭合(C)/放弃(U)]：@120,0↙
指定下一点或 [闭合(C)/放弃(U)]：@0,-500↙
指定下一点或 [闭合(C)/放弃(U)]：@500,0↙
指定下一点或 [闭合(C)/放弃(U)]：@0,500↙
指定下一点或 [闭合(C)/放弃(U)]：@-500,0↙
指定下一点或 [闭合(C)/放弃(U)]：↙
```

绘制结果如图 12-2 所示。

（3）将当前图层设置为图层 2，单击"默认"选项卡"绘图"面板中的"直线"按钮╱，绘制直线，命令行提示与操作如下。

```
命令：LINE↙
指定第一个点：10,10↙
指定下一点或 [放弃(U)]：@600,0↙
指定下一点或 [放弃(U)]：@0,480↙
指定下一点或 [闭合(C)/放弃(U)]：@-600,0↙
指定下一点或 [闭合(C)/放弃(U)]：C↙
命令：LINE↙
指定第一个点：130,10↙
指定下一点或 [放弃(U)]：@0,480↙
指定下一点或 [放弃(U)]：↙
```

绘制结果如图 12-3 所示。

（4）单击"默认"选项卡"修改"面板中的"圆角"按钮，进行圆角处理，命令行提示与操作如下。

```
命令：_FILLET↙
当前设置：模式 = 修剪，半径 = 0.0000
选择第一个对象或 [放弃(U)/多段线(P)/半径(R)/修剪(T)/多个(M)]：R↙
指定圆角半径 <0.0000>：90↙
选择第一个对象或 [放弃(U)/多段线(P)/半径(R)/修剪(T)/多个(M)]：（选择右上方的蓝色直线）↙
选择第二个对象，或按住 Shift 键选择对象以应用角点或 [半径(R)]：（选择右侧的竖直蓝色直线）↙
```

绘制结果如图 12-4 所示。

 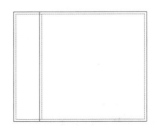 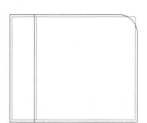

图 12-2　绘制轮廓线　　　图 12-3　绘制直线　　　图 12-4　圆角处理

🔊 注意:

给关联填充（其边界通过直线线段定义）加圆角时，填充的关联性将被删除。如果其边界通过多段线定义，将保留关联性。

（5）对所有的蓝色直线均进行圆角处理，右上角与右下角的两个圆角半径为 90，其余的圆角半径为 50。处理完毕，效果如图 12-5 所示。

（6）按照以上的方式，对所有绿色直线均进行圆角处理，右上角与右下角的圆角半径为 90，其余圆角半径为 50，处理完毕会出现如图 12-6 所示的图形。

（7）在座椅的靠垫部分两条直线缺失，先补上直线，再进行圆角。将当前图层设置为图层 1，单击"默认"选项卡"绘图"面板中的"直线"按钮 ✏，命令行提示与操作如下。

```
命令: _LINE 指定第一个点:60,490✓
指定下一点或 [放弃(U)]: @100,0✓
指定下一点或 [放弃(U)]: ✓
命令: LINE ✓
指定第一个点: 60,10✓
指定下一点或 [放弃(U)]: @100,0✓
指定下一点或 [放弃(U)]: ✓
```

绘制结果如图 12-7 所示。

（8）最后进行圆角处理，圆角半径为 50，结果如图 12-1 所示。

 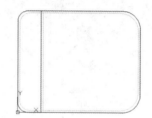 

图 12-5 圆角处理　　　　图 12-6 圆角处理　　　　图 12-7 绘制直线

12.1.2 绘制躺椅

本实例绘制的躺椅如图 12-8 所示。由图可知，该椅子主要由直线和矩形组成，可以用"直线"命令和"矩形"命令来绘制。

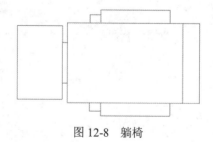

图 12-8 躺椅

扫一扫，看视频

操作步骤

（1）单击"默认"选项卡"绘图"面板中的"矩形"按钮 ▢，取适当尺寸，绘制躺椅头部，命令行提示与操作如下。

```
命令：_RECTANG
指定第一个角点或 [倒角(C)/标高(E)/圆角(F)/厚度(T)/宽度(W)]：
指定另一个角点或 [面积(A)/尺寸(D)/旋转(R)]：
```

结果如图 12-9 所示。

（2）单击"默认"选项卡"绘图"面板中的"直线"按钮 ╱ ，在矩形的适当位置绘制一个小矩形，如图 12-10 所示。

（3）单击"默认"选项卡"绘图"面板中的"直线"按钮 ╱ ，绘制躺椅的椅身，如图 12-11 所示。

  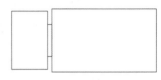

图 12-9　绘制躺椅头部　　　　图 12-10　躺椅颈部　　　　图 12-11　躺椅椅身

（4）单击"默认"选项卡"绘图"面板中的"直线"按钮 ╱ ，细化躺椅的椅身，如图 12-12 所示。

（5）单击"默认"选项卡"绘图"面板中的"直线"按钮 ╱ ，绘制躺椅一侧的扶手，如图 12-13 所示。

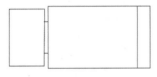 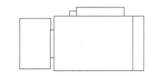

图 12-12　细化躺椅椅身　　　　　　　图 12-13　绘制躺椅一侧扶手

（6）单击"默认"选项卡"修改"面板中的"镜像"按钮 ⚊ ，将绘制的躺椅扶手进行镜像处理，完成躺椅的绘制，如图 12-8 所示。

12.1.3　绘制木板椅

本实例绘制如图 12-14 所示的木板椅前、后视图。首先设置图层，然后绘制木板椅左侧图形，通过"镜像"命令创建右侧图形，再对右侧图形进行具体的修改。

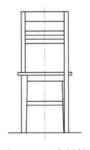

图 12-14　木板椅

操作步骤

（1）单击"默认"选项卡"图层"面板中的"图层特性"按钮 ，打开"图层特性管理器"

257

选项板，新建图层，具体设置参数如图 12-15 所示。

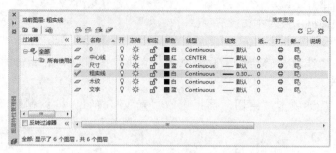

图 12-15　"图层特性管理器"选项板

（2）将"粗实线"层设置为当前图层，单击"默认"选项卡"绘图"面板中的"直线"按钮 ／，在适当位置绘制一条水平直线；将"中心线"层设置为当前图层，重复"直线"按钮，在图中水平直线的中点位置绘制一条竖直中心线，如图 12-16 所示。

（3）选取中心线，右击，在弹出的如图 12-17 所示的快捷菜单中选择"特性"命令，打开如图 12-18 所示的"特性"选项板，更改线型比例为 3，结果如图 12-19 所示。

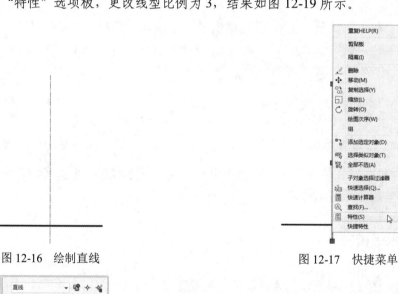

图 12-16　绘制直线

图 12-17　快捷菜单

图 12-18　"特性"选项板

图 12-19　更改线型比例

（4）单击"默认"选项卡"修改"面板中的"偏移"按钮⊆，将中心线向左偏移，偏移距离为 130、140、175、200，将偏移后的直线转换到粗实线层；重复"偏移"命令，将水平直线向上偏移，偏移距离为 200、230、375、420、440，结果如图 12-20 所示。

（5）单击"默认"选项卡"修改"面板中的"修剪"按钮，修剪多余的线段，结果如图 12-21 所示。

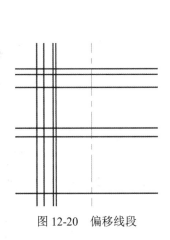

图 12-20　偏移线段

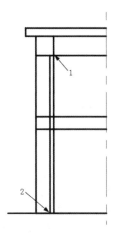

图 12-21　修剪图形

（6）将"粗实线"层设置为当前图层，单击"默认"选项卡"绘图"面板中的"直线"按钮，连接图 12-21 中的点 1 和点 2；单击"默认"选项卡"修改"面板中的"修剪"按钮，修剪和删除多余的线段，结果如图 12-22 所示。

（7）单击"默认"选项卡"修改"面板中的"偏移"按钮⊆，将中心线向左偏移，偏移距离为 145、175，将偏移后的直线转换到粗实线层；重复"偏移"命令，将最下端水平直线向上偏移，偏移距离为 650、680、710、740、810、880，结果如图 12-23 所示。

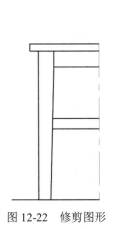

图 12-22　修剪图形

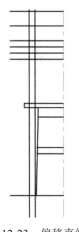

图 12-23　偏移直线

（8）单击"默认"选项卡"修改"面板中的"修剪"按钮，修剪和删除多余的线段，结果如图 12-24 所示。

（9）单击"默认"选项卡"修改"面板中的"镜像"按钮，将图 12-24 中的左侧图形以竖直中心线为镜像线，结果如图 12-25 所示。

（10）单击"默认"选项卡"修改"面板中的"延伸"按钮⟶，将右上端的外侧两条竖直线延伸至最下端水平线；重复"延伸"命令，将图 12-25 中的水平直线 1 延伸至竖直线，结果如图 12-26 所示。

图 12-24　修剪图形　　　　　图 12-25　镜像图形　　　　　图 12-26　延伸直线

（11）单击"默认"选项卡"修改"面板中的"修剪"按钮，修剪和删除多余的线段，结果如图 12-14 所示。

12.2　办 公 椅 凳

本节介绍办公椅凳类家具的绘制，办公室是一个严肃而正式的场合，绘制的办公椅凳类家具应符合办公的需求。

12.2.1　绘制办公椅

本实例主要介绍二维图形的"绘制"和"编辑"命令的运用。首先绘制办公椅的轮廓，然后细化办公椅，最后绘制轮子，如图 12-27 所示。

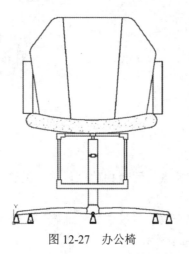

图 12-27　办公椅

操作步骤

（1）单击"默认"选项卡"图层"面板中的"图层特性"按钮，打开"图层特性管理器"选项板，新建图层，具体设置如图 12-28 所示。

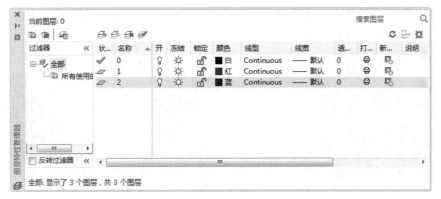

图 12-28　新建图层

（2）在命令行中输入 ZOOM，缩放视图，命令行提示与操作如下。

```
命令：ZOOM
指定窗口角点，输入比例因子 (nX 或 nXP)，或[全部(A)/中心(C)/动态(D)/范围(E)/上一个(P)/比例
(S)/窗口(W)/对象(O)] <实时>:c
指定中心点：350,500
输入比例或高度 <875.4637>：1000
```

（3）将图层 1 设为当前图层，单击"默认"选项卡"绘图"面板中的"圆弧"按钮，绘制圆弧，命令行提示与操作如下。

```
命令：_ARC
指定圆弧的起点或 [圆心(C)]：15,35.6
指定圆弧的第二个点或 [圆心(C)/端点(E)]：170,44.6
指定圆弧的端点：325,38.4
命令：ARC
指定圆弧的起点或 [圆心(C)]：8,35.6
指定圆弧的第二个点或 [圆心(C)/端点(E)]：10.7,42.8
指定圆弧的端点：15.7,48.5
命令：ARC
指定圆弧的起点或 [圆心(C)]：15.7,48.5
指定圆弧的第二个点或 [圆心(C)/端点(E)]：159.2,64.7
指定圆弧的端点：303.5,64.6
命令：ARC
指定圆弧的起点或 [圆心(C)]：303.5,64.6
指定圆弧的第二个点或 [圆心(C)/端点(E)]：305.4,52.7
指定圆弧的端点：300,40.4
命令：ARC
指定圆弧的起点或 [圆心(C)]：303.5,64.6
指定圆弧的第二个点或 [圆心(C)/端点(E)]：308,70.4
指定圆弧的端点：310,77.7
```

绘制结果如图 12-29 所示。

图 12-29　绘制圆弧

（4）单击"默认"选项卡"绘图"面板中的"直线"按钮 ∕，绘制直线，命令行提示与操作如下。

```
命令：_LINE
指定第一点：310,77.7
指定下一点或 [放弃(U)]：330,77.7
指定下一点或 [放弃(U)]：
命令：LINE
指定第一点：310,77.7
指定下一点或 [放弃(U)]：310,146
指定下一点或 [放弃(U)]：
命令：LINE
指定第一点：330,146
指定下一点或 [放弃(U)]：180.6,146
指定下一点或 [放弃(U)]：180.6,183.4
指定下一点或 [闭合(C)/放弃(U)]：199,183.4
指定下一点或 [闭合(C)/放弃(U)]：199,166
指定下一点或 [闭合(C)/放弃(U)]：330,166
指定下一点或 [闭合(C)/放弃(U)]：
命令：LINE
指定第一点：330,377.4
指定下一点或 [放弃(U)]：180,377.4
指定下一点或 [放弃(U)]：180,355
指定下一点或 [闭合(C)/放弃(U)]：180,354.7
指定下一点或 [闭合(C)/放弃(U)]：198,354.7
指定下一点或 [闭合(C)/放弃(U)]：198,362.7
指定下一点或 [闭合(C)/放弃(U)]：214.3,362.7
指定下一点或 [闭合(C)/放弃(U)]：214.3,377.4
指定下一点或 [闭合(C)/放弃(U)]：
命令：LINE
指定第一点：214.3,367.5
指定下一点或 [放弃(U)]：330,367.5
指定下一点或 [放弃(U)]：
```

绘制结果如图 12-30 所示。

（5）将图层 2 设为当前图层，单击"默认"选项卡"绘图"面板中的"矩形"按钮 ❑，绘制矩形，命令行提示与操作如下。

```
命令：_RECTANG
指定第一个角点或 [倒角(C)/标高(E)/圆角(F)/厚度(T)/宽度(W)]：319.5,367.5
指定另一个角点或[面积(A)/尺寸(D)/旋转(R)]：@21.9,9.9
命令：RECTANG
指定第一个角点或 [倒角(C)/标高(E)/圆角(F)/厚度(T)/宽度(W)]：310,166
指定另一个角点或[面积(A)/尺寸(D)/旋转(R)]：@40,187.2
命令：RECTANG
指定第一个角点或 [倒角(C)/标高(E)/圆角(F)/厚度(T)/宽度(W)]：185.3,183.4
指定另一个角点或 [面积(A)/尺寸(D)/旋转(R)]：@8.6,171.3
```

```
命令: RECTANG
指定第一个角点或 [倒角(C)/标高(E)/圆角(F)/厚度(T)/宽度(W)]: 310,282.4
指定另一个角点或 [面积(A)/尺寸(D)/旋转(R)]: @11.9,4.8
命令: RECTANG
指定第一个角点或 [倒角(C)/标高(E)/圆角(F)/厚度(T)/宽度(W)]: 321.9,278.7
指定另一个角点或 [面积(A)/尺寸(D)/旋转(R)]: @16.4,12.3
命令: RECTANG
指定第一个角点或 [倒角(C)/标高(E)/圆角(F)/厚度(T)/宽度(W)]: 40,681.8
指定另一个角点或 [面积(A)/尺寸(D)/旋转(R)]: @40,-218.5
```

（6）单击"默认"选项卡"绘图"面板中的"直线"按钮 ╱，在第一个矩形的中点处绘制竖直直线，然后单击"默认"选项卡"修改"面板中的"偏移"按钮 ⊆，将竖直线向两侧偏移，偏移距离为 3.88，然后删除多余的线段整理图形，结果如图 12-31 所示。

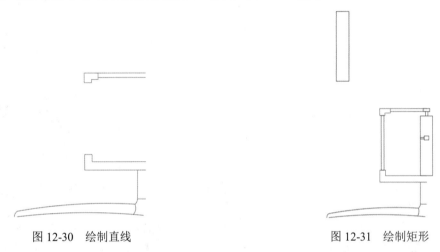

图 12-30　绘制直线　　　　　　　　　　图 12-31　绘制矩形

（7）将图层 1 设为当前图层，单击"默认"选项卡"绘图"面板中的"圆弧"按钮 ╱，绘制圆弧，命令行提示与操作如下。

```
命令: _ARC
指定圆弧的起点或 [圆心(C)]: 327.7,377.4
指定圆弧的第二个点或 [圆心(C)/端点(E)]: 179.9,387.1
指定圆弧的端点: 63.1,412
命令: ARC
指定圆弧的起点或 [圆心(C)]: 63.1,412
指定圆弧的第二个点或 [圆心(C)/端点(E)]: 53.0,440.7
指定圆弧的端点: 69.3,462.4
命令: ARC
指定圆弧的起点或 [圆心(C)]: 69.3,462.4
指定圆弧的第二个点或 [圆心(C)/端点(E)]: 197.0,442.7
指定圆弧的端点: 330,434.5
```

结果如图 12-32 所示。

（8）单击"默认"选项卡"绘图"面板中的"直线"按钮 ╱，绘制直线，命令行提示与操作如下。

```
命令: _LINE
指定第一点: 107.4,455.2
指定下一点或 [放弃(U)]: @-37.8,269.9
```

指定下一点或 [放弃(U)]: @60.7,124.1
指定下一点或 [闭合(C)/放弃(U)]: @199.7,0
指定下一点或 [闭合(C)/放弃(U)]:

（9）将当前图层设为"2"图层，重复"直线"命令，继续绘制直线，坐标为（206.8,849.2）和（238.4,438.8），结果如图 12-33 所示。

（10）单击"默认"选项卡"修改"面板中的"圆角"按钮，设置圆角半径为 30，对图形进行圆角操作，然后单击"默认"选项卡"修改"面板中的"修剪"按钮，修剪掉多余的直线，如图 12-34 所示。

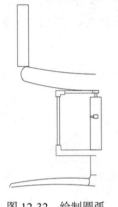
图 12-32　绘制圆弧

图 12-33　绘制直线

图 12-34　圆角处理后进行修剪

（11）单击"默认"选项卡"绘图"面板中的"直线"按钮，绘制直线，坐标分别为（0,3.5）、（@7.2,29.7）、（@9.3,0）和（@7.2,–29.7）。

（12）单击"默认"选项卡"绘图"面板中的"矩形"按钮，绘制两个矩形，坐标分别为（0,0）、（@23.7,3.5）和（8.8,33.2）、（@6.1,2.5），然后单击"默认"选项卡"绘图"面板中的"直线"按钮，在合适的位置处绘制一条水平直线，最终完成轮子的绘制，结果如图 12-35 所示。

（13）单击"默认"选项卡"修改"面板中的"复制"按钮，将绘制的轮子复制到图中其他位置处，利用"绘图"和"编辑"命令整理图形，结果如图 12-36 所示。

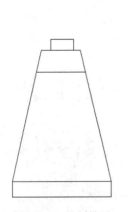
图 12-35　绘制轮子

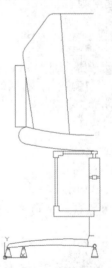
图 12-36　复制轮子

（14）单击"默认"选项卡"修改"面板中的"镜像"按钮◭，镜像图形，结果如图 12-37 所示。

（15）将当前图层设为图层 0，单击"默认"选项卡"绘图"面板中的"图案填充"按钮▨，打开"图案填充创建"选项卡，在"图案填充图案"列表中，选择 AR-CONC 图案，如图 12-38 所示。设置填充比例为 0.2，选择填充区域，然后填充图形，最终效果如图 12-27 所示。

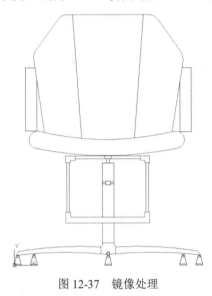

图 12-37　镜像处理

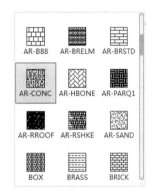

图 12-38　选择图案

12.2.2　绘制电脑椅

本实例绘制的电脑椅如图 12-39 所示。由图可知，该电脑椅主要由矩形、圆弧以及直线组成，同时在绘制的过程中还用到了"偏移""复制""删除"编辑命令。

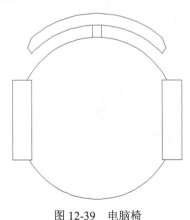

图 12-39　电脑椅

扫一扫，看视频

操作步骤

（1）单击"默认"选项卡"绘图"面板中的"矩形"按钮▢，绘制一个 153×625 大小的矩形，如图 12-40 所示。

（2）单击"默认"选项卡"修改"面板中的"复制"按钮❀，复制一个 153×625 大小的矩形，如图 12-41 所示。

（3）单击"默认"选项卡"绘图"面板中的"圆弧"按钮 ⌒，绘制适当大小的圆弧，如图 12-42 所示。

图 12-40　绘制矩形　　　　图 12-41　复制矩形　　　　图 12-42　绘制圆弧

（4）单击"默认"选项卡"修改"面板中的"镜像"按钮 ◿，将第（3）步中绘制的圆弧进行镜像处理，结果如图 12-43 所示。

（5）单击"默认"选项卡"绘图"面板中的"圆弧"按钮 ⌒，在适当位置绘制一段圆弧，如图 12-44 所示。

（6）单击"默认"选项卡"修改"面板中的"偏移"按钮 ⊂，将第（5）步中绘制的圆弧向上偏移 65，如图 12-45 所示。

图 12-43　镜像圆弧　　　　图 12-44　绘制圆弧　　　　图 12-45　偏移圆弧

（7）单击"默认"选项卡"绘图"面板中的"圆弧"按钮 ⌒，用圆弧连接绘制的两条圆弧，如图 12-46 所示。

（8）单击"默认"选项卡"绘图"面板中的"直线"按钮 ∕，以上面圆弧的中点为起点向上延伸绘制一段适当长度的竖直线，如图 12-47 所示。

（9）单击"默认"选项卡"修改"面板中的"偏移"按钮 ⊂，将绘制的竖直线分别向两边偏移 40，如图 12-48 所示。

图 12-46　绘制圆弧　　　　图 12-47　绘制直线　　　　图 12-48　偏移直线

（10）单击"默认"选项卡"修改"面板中的"删除"按钮 ✐，将中间的竖直线删除，完成电脑椅的绘制，如图 12-39 所示。

动手练——绘制办公椅

绘制如图 12-49 所示的办公椅。

图 12-49　办公椅

📋 **思路点拨：**

> 源文件：源文件\第 12 章\办公椅.dwg
> （1）利用"矩形""圆弧""直线"等命令绘制扶手和外沿轮廓。
> （2）利用"镜像"命令完成办公椅的绘制。

12.3　服务类椅凳

服务类椅凳的个性化设计比较鲜明，不同类型的行业对其椅凳的设计要求差距较大。本节通过几个典型的实例来介绍服务类椅凳的绘制过程。

12.3.1　绘制靠背高脚凳

本实例绘制的椅子如图 12-50 所示。由图可知，该椅子主要由圆和圆弧组成，可以用"圆""圆弧""直线"命令来绘制。

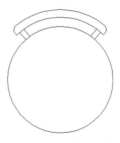

图 12-50　靠背高脚凳

操作步骤

（1）单击"默认"选项卡"绘图"面板中的"圆"按钮⊙，绘制椅子主体。命令行提示与操作如下。

```
命令：_CIRCLE
指定圆的圆心或 [三点(3P)/两点(2P)/切点、切点、半径(T)]：0,0
指定圆的半径或 [直径(D)]：200
```

结果如图 12-51 所示。

扫一扫，看视频

（2）单击"默认"选项卡"绘图"面板中的"圆弧"按钮 $\frown$ ，绘制圆弧。命令行提示与操作如下。

```
命令: _ARC
指定圆弧的起点或 [圆心(C)]: C
指定圆弧的圆心: 0,0
指定圆弧的起点: @250<45
指定圆弧的端点(按住 Ctrl 键以切换方向)或 [角度(A)/弦长(L)]: A
指定夹角(按住 Ctrl 键以切换方向): 90
```

同理，绘制另外一条半径为 300 的圆弧，结果如图 12-52 所示。

（3）单击"默认"选项卡"绘图"面板中的"直线"按钮 ∕ ，连接圆弧。命令行提示与操作如下。

```
命令: LINE✓
指定第一个点: 150,200✓
指定下一点或 [放弃(U)]: 120,160✓
```

同理，绘制坐标为{（130,210），（100,170）}、{（-150,200），（-120,160）}、{（-130,210），（-100,170）}的 3 条直线，结果如图 12-53 所示。

图 12-51　绘制圆

图 12-52　绘制圆弧

图 12-53　绘制直线

（4）继续单击"默认"选项卡"绘图"面板中的"圆弧"按钮 $\frown$ ，绘制圆弧。命令行提示与操作如下。

```
命令: _ARC
指定圆弧的起点或 [圆心(C)]: （打开对象捕捉，捕捉半径为 250 的圆弧的右端点）
指定圆弧的第二个点或 [圆心(C)/端点(E)]: E
指定圆弧的端点: （捕捉半径为 300 的圆弧的右端点）
指定圆弧的中心点(按住 Ctrl 键以切换方向)或 [角度(A)/方向(D)/半径(R)]: R
指定圆弧的半径(按住 Ctrl 键以切换方向): 45
```

同理，绘制左边的圆弧，靠背高脚凳的绘制完成，如图 12-50 所示。

12.3.2　绘制美容椅

本实例绘制的美容椅如图 12-54 所示。由图可知，该椅子主要由直线和矩形组成，可以用"直线"和"矩形"命令来绘制。

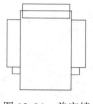

图 12-54　美容椅

操作步骤

（1）单击"默认"选项卡"绘图"面板中的"矩形"按钮 ▢，绘制椅子主体。命令行提示与操作如下。

```
命令：_RECTANG
指定第一个角点或 [倒角(C)/标高(E)/圆角(F)/厚度(T)/宽度(W)]：
指定另一个角点或 [面积(A)/尺寸(D)/旋转(R)]：@885,1330
```

结果如图 12-55 所示。

（2）单击"默认"选项卡"绘图"面板中的"直线"按钮 ╱，绘制美容椅躺枕。命令行提示与操作如下。

```
命令：_LINE
指定第一个点：
指定下一点或 [放弃(U)]：245
指定下一点或 [放弃(U)]：<正交 开> 815
指定下一点或 [闭合(C)/放弃(U)]：245
指定下一点或 [闭合(C)/放弃(U)]：815
```

结果如图 12-56 所示。

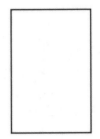

图 12-55　绘制美容椅主体

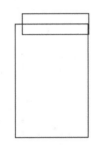

图 12-56　绘制美容椅躺枕

（3）单击"默认"选项卡"修改"面板中的"移动"按钮 ✛，将第（2）步中绘制的美容椅躺枕移动到适当的位置，如图 12-57 所示。

（4）单击"默认"选项卡"绘图"面板中的"多段线"按钮 ，在如图 12-58 所示位置绘制美容椅的扶手。命令行提示与操作如下。

```
命令：_PLINE
指定起点：FROM
基点：<偏移>：150(选择矩形的左上角点为基点)
当前线宽为 0.0000
指定下一个点或 [圆弧(A)/半宽(H)/长度(L)/放弃(U)/宽度(W)]：234
指定下一点或 [圆弧(A)/闭合(C)/半宽(H)/长度(L)/放弃(U)/宽度(W)]：800
指定下一点或 [圆弧(A)/闭合(C)/半宽(H)/长度(L)/放弃(U)/宽度(W)]：234
指定下一点或 [圆弧(A)/闭合(C)/半宽(H)/长度(L)/放弃(U)/宽度(W)]：
命令：_PLINE
指定起点：(选择上面绘制多段线的右下角点)
当前线宽为 0.0000
指定下一个点或 [圆弧(A)/半宽(H)/长度(L)/放弃(U)/宽度(W)]：138
指定下一点或 [圆弧(A)/闭合(C)/半宽(H)/长度(L)/放弃(U)/宽度(W)]：120
指定下一点或 [圆弧(A)/闭合(C)/半宽(H)/长度(L)/放弃(U)/宽度(W)]：138
```

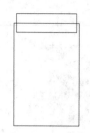

图 12-57　移动躺枕

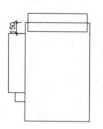

图 12-58　绘制扶手

（5）单击"默认"选项卡"修改"面板中的"镜像"按钮◢⚠️，将第（4）步中绘制的扶手进行镜像，美容椅的绘制完成，如图 12-54 所示。

12.3.3　绘制洗发椅

本实例绘制的洗发椅如图 12-59 所示。由图可知，该椅子主要由多段线、圆弧、圆以及直线组成，可以用"直线"和"多段线"等命令来绘制。

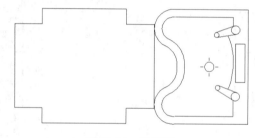

图 12-59　洗发椅

扫一扫，看视频

操作步骤

（1）单击"默认"选项卡"绘图"面板中的"多段线"按钮⏤⏧，绘制洗发椅主体。命令行提示与操作如下。

```
命令：_PLINE
指定起点：0,0
当前线宽为 0.0000
指定下一个点或 [圆弧(A)/半宽(H)/长度(L)/放弃(U)/宽度(W)]：225,0
指定下一点或 [圆弧(A)/闭合(C)/半宽(H)/长度(L)/放弃(U)/宽度(W)]：225,-120
指定下一点或 [圆弧(A)/闭合(C)/半宽(H)/长度(L)/放弃(U)/宽度(W)]：900,-120
指定下一点或 [圆弧(A)/闭合(C)/半宽(H)/长度(L)/放弃(U)/宽度(W)]：900,0
指定下一点或 [圆弧(A)/闭合(C)/半宽(H)/长度(L)/放弃(U)/宽度(W)]：1125,0
指定下一点或 [圆弧(A)/闭合(C)/半宽(H)/长度(L)/放弃(U)/宽度(W)]：1125,660
指定下一点或 [圆弧(A)/闭合(C)/半宽(H)/长度(L)/放弃(U)/宽度(W)]：900,660
指定下一点或 [圆弧(A)/闭合(C)/半宽(H)/长度(L)/放弃(U)/宽度(W)]：900,780
指定下一点或 [圆弧(A)/闭合(C)/半宽(H)/长度(L)/放弃(U)/宽度(W)]：225,780
指定下一点或 [圆弧(A)/闭合(C)/半宽(H)/长度(L)/放弃(U)/宽度(W)]：225,660
指定下一点或 [圆弧(A)/闭合(C)/半宽(H)/长度(L)/放弃(U)/宽度(W)]：0,660
指定下一点或 [圆弧(A)/闭合(C)/半宽(H)/长度(L)/放弃(U)/宽度(W)]：C
```

结果如图 12-60 所示。

（2）单击"默认"选项卡"绘图"面板中的"直线"按钮╱，绘制洗发池三边，如图 12-61 所示。

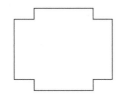

图 12-60 绘制洗发椅主体

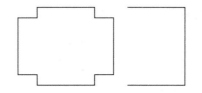

图 12-61 绘制洗发池三边

（3）单击"默认"选项卡"绘图"面板中的"圆弧"按钮 ⌒，完成洗发椅和洗发池轮廓的绘制，如图 12-62 所示。

（4）单击"默认"选项卡"修改"面板中的"偏移"按钮 ⊂，将第（3）步中绘制的图形向内偏移 54，如图 12-63 所示。

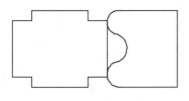

图 12-62 完成轮廓绘制

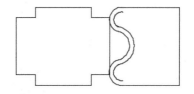

图 12-63 偏移圆弧

（5）单击"默认"选项卡"绘图"面板中的"直线"按钮 ∕，绘制洗发椅的洗发池内轮廓，如图 12-64 所示。

（6）单击"默认"选项卡"修改"面板中的"镜像"按钮 ⚎，镜像第（5）步中绘制的图形，如图 12-65 所示。

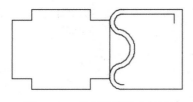

图 12-64 绘制洗发池内轮廓

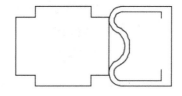

图 12-65 镜像图形

（7）单击"默认"选项卡"绘图"面板中的"圆"按钮 ⊙，在图示位置绘制两个大小不一样的圆，如图 12-66 所示。

（8）单击"默认"选项卡"绘图"面板中的"直线"按钮 ∕，绘制斜直线连接两个不同大小的圆，完成水龙头开关的绘制，如图 12-67 所示。

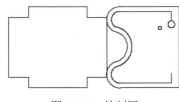

图 12-66 绘制圆

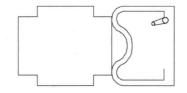

图 12-67 绘制水龙头开关

（9）单击"默认"选项卡"修改"面板中的"镜像"按钮 ⚎，将第（8）步中绘制的水龙头开关进行镜像，如图 12-68 所示。

（10）单击"默认"选项卡"绘图"面板中的"圆弧"按钮 ⌒，以绘制的两个水龙头开关的两个中点作为圆弧的起点和端点，如图 12-69 所示。

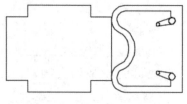

图 12-68　镜像水龙头开关

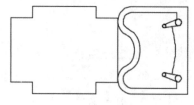

图 12-69　绘制圆弧

（11）单击"默认"选项卡"绘图"面板中的"直线"按钮╱，在洗发池边上绘制一个适当大小的矩形凹槽，如图 12-70 所示。

（12）单击"默认"选项卡"绘图"面板中的"圆"按钮⊙，在洗发池内绘制一个适当大小的圆形水漏，如图 12-71 所示。

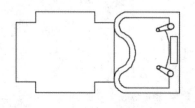

图 12-70　绘制矩形凹槽

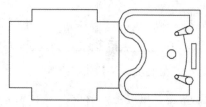

图 12-71　绘制圆形水漏

（13）单击"默认"选项卡"修改"面板中的"偏移"按钮⊏，将第（12）步中绘制的圆向外偏移 13，如图 12-72 所示。

（14）单击"默认"选项卡"绘图"面板中的"直线"按钮╱，通过洗发池内圆形水漏的直径绘制垂直和水平相交的直线，如图 12-73 所示。

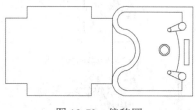

图 12-72　偏移圆

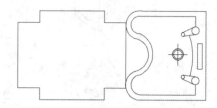

图 12-73　绘制"十"字交叉线

（15）单击"默认"选项卡"修改"面板中的"修剪"按钮↘，将通过水漏的直线进行修剪处理，如图 12-74 所示。

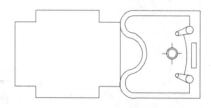

图 12-74　修剪"十"字交叉线

（16）单击"默认"选项卡"修改"面板中的"删除"按钮✎，将偏移后的圆删除，洗发椅的绘制完成，如图 12-59 所示。

12.3.4 绘制会场椅

本实例绘制的会场椅如图 12-75 所示。由图可知，该会场椅由简单的二维绘图命令以及"偏移"
"镜像""删除"等二维编辑命令绘制而成。

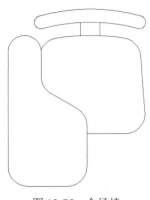

图 12-75 会场椅

扫一扫，看视频

操作步骤

（1）单击"默认"选项卡"绘图"面板中的"直线"按钮 ∕，绘制椅面三边，如图 12-76
所示。

（2）单击"默认"选项卡"绘图"面板中的"圆弧"按钮 ⌒，绘制椅面另一边以及用圆弧连
接拐角处，如图 12-77 所示。

图 12-76 绘制椅面三边

图 12-77 完成椅面的绘制

（3）单击"默认"选项卡"绘图"面板中的"圆弧"按钮 ⌒，在距离椅子面适当位置处绘制
一段圆弧，如图 12-78 所示。

（4）单击"默认"选项卡"修改"面板中的"偏移"按钮 ⊜，将第（3）步中绘制的圆弧向上
偏移一定距离，如图 12-79 所示。

（5）单击"默认"选项卡"绘图"面板中的"圆弧"按钮 ⌒，在两个圆弧端点处用圆弧来连
接使其成为封闭状态，如图 12-80 所示。

图 12-78 绘制弧线

图 12-79 偏移弧线

图 12-80 绘制圆弧连接

（6）单击"默认"选项卡"修改"面板中的"镜像"按钮◭，将第（5）步中绘制的圆弧进行镜像处理，完成椅子靠背的绘制，如图 12-81 所示。

（7）单击"默认"选项卡"绘图"面板中的"直线"按钮／，绘制一条竖直线连接椅面和靠背的中点，如图 12-82 所示。

（8）单击"默认"选项卡"修改"面板中的"偏移"按钮⚏，将绘制的竖直线分别向两侧偏移 75，如图 12-83 所示。

图 12-81　镜像圆弧　　　　　图 12-82　绘制直线　　　　　图 12-83　偏移直线

（9）单击"默认"选项卡"修改"面板中的"删除"按钮✐，删除中间绘制的竖直线，如图 12-84 所示。

（10）单击"默认"选项卡"绘图"面板中的"多段线"按钮⤵，在会场椅旁边绘制会场桌，如图 12-85 所示。

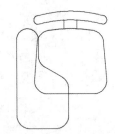

图 12-84　删除直线　　　　　　　　　图 12-85　绘制会场桌

（11）单击"默认"选项卡"修改"面板中的"修剪"按钮⛏，将会场椅和会场桌重合的部分进行修剪，会场椅的绘制完成，如图 12-75 所示。

第 13 章   沙发类家具设计

内容简介

沙发类家具的设计在功能方面趋向追求可调性、可变性。沙发是高效消除疲劳的最佳休息用品，已经成为人们喜爱的常用家具。沙发的款式、尺度、用料、色彩和质地对形成居室的祥和气氛发挥了积极的作用。

内容要点

➜ 简易类沙发
➜ 组合类沙发

案例效果

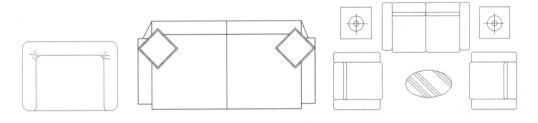

13.1   简易类沙发

本节介绍简易类沙发的绘制过程。沙发属于坐卧类家具，它的主要用途是可以坐倚和躺卧。结构设计的舒适性、坚固性和合理性，是实现其实用效果的途径。接下来将通过实例为读者介绍沙发的具体绘制过程。

13.1.1   单人沙发

本实例利用"矩形"和"直线"命令绘制沙发外轮廓，再利用"延伸"和"圆角"命令绘制圆角处理，最后利用"圆弧"命令进行细节处理。绘制结果如图 13-1 所示。

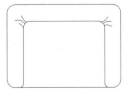

图 13-1   单人沙发

扫一扫，看视频

操作步骤

（1）单击"默认"选项卡"绘图"面板中的"矩形"按钮□，绘制圆角为 10、第一角点坐标为（20,20）、长度和宽度分别为 140 和 100 的矩形作为沙发的外框。

（2）单击"默认"选项卡"绘图"面板中的"直线"按钮 ⁄，绘制坐标分别为（40,20）、（@0,80）、（@100,0）、（@0,-80）的连续线段。绘制结果如图 13-2 所示。

（3）单击"默认"选项卡"修改"面板中的"分解"按钮 ，将矩形进行分解；单击"默认"选项卡"修改"面板中的"圆角"按钮 ，对矩形进行倒圆角，圆角半径为 6，结果如图 13-3 所示。

（4）单击"默认"选项卡"修改"面板中的"圆角"按钮 ，选择内部四边形左边和外部矩形下边左端为对象，进行圆角处理，圆角半径为 3。绘制结果如图 13-3 所示。

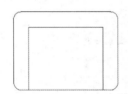

图 13-2 绘制沙发初步轮廓

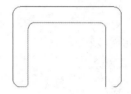

图 13-3 圆角处理

（5）单击"默认"选项卡"修改"面板中的"延伸"按钮 ，延伸线段。命令行提示与操作如下。

```
命令：_EXTEND
当前设置：投影=UCS，边=无
选择边界的边...
选择对象或 <全部选择>：(选择如图 13-3 所示的右下角圆弧)
选择对象：
选择要延伸的对象，或按住 Shift 键选择要修剪的对象，或[栏选(F)/窗交(C)/投影(P)/边(E)/放弃
(U)](选择如图 13-3 所示的左端短水平线)
选择要延伸的对象，或按住 Shift 键选择要修剪的对象，或[栏选(F)/窗交(C)/投影(P)/边(E)/放弃
(U)]：
选择要延伸的对象，或按住 Shift 键选择要修剪的对象，或[栏选(F)/窗交(C)/投影(P)/边(E)/放弃
(U)]：
```

（6）单击"默认"选项卡"修改"面板中的"圆角"按钮 ，选择内部四边形右边和外部矩形下边为倒圆角对象，进行圆角处理。

（7）单击"默认"选项卡"修改"面板中的"延伸"按钮 ，以矩形左下角的圆角圆弧为边界，对内部四边形右边下端进行延伸，绘制结果如图 13-4 所示。

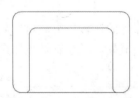

图 13-4 完成圆角处理后进行延伸

（8）单击"默认"选项卡"绘图"面板中的"圆弧"按钮 ，绘制沙发皱纹，在沙发拐角位置绘制 6 条圆弧。最终绘制结果如图 13-1 所示。

13.1.2　双人沙发

本实例利用"矩形""圆""圆弧""多线"和"圆角"命令绘制双人沙发初步图形，然后利用"矩形阵列"和"镜像"命令细化图形，绘制结果如图 13-5 所示。

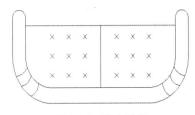

图 13-5　双人沙发

扫一扫，看视频

操作步骤

（1）单击"默认"选项卡"绘图"面板中的"矩形"按钮 □，绘制一矩形，矩形的长为100、宽为40，如图 13-6 所示。

（2）单击"默认"选项卡"绘图"面板中的"圆"按钮⊙，以矩形左侧端点为圆心，绘制半径为8的圆，如图 13-7 所示，命令行提示与操作如下。

```
命令：_CIRCLE
指定圆的圆心或 [三点(3P)/两点(2P)/切点、切点、半径(T)]:捕捉矩形的左上端点
指定圆的半径或 [直径(D)]: 4
```

图 13-6　绘制矩形

图 13-7　绘制圆

（3）单击"默认"选项卡"修改"面板中的"复制"按钮 ⅏，以矩形角点为参考点，将圆复制到另外一个角点处，如图 13-8 所示，命令行提示与操作如下。

```
命令：_COPY
选择对象：找到 1 个（选择圆）
选择对象：
当前设置：复制模式 = 多个
指定基点或 [位移(D)/模式(O)] <位移>:
指定第二个点或 [阵列(A)] <使用第一个点作为位移>:
指定第二个点或 [阵列(A)/退出(E)/放弃(U)] <退出>:
```

图 13-8　复制圆

（4）在命令行中输入 MLSTYLE 命令，打开"多线样式"对话框，如图 13-9 所示。单击"新建"按钮，打开"创建新的多线样式"对话框，输入新的样式名为 mline1，如图 13-10 所示。然后单击"继续"按钮，打开"新建多线样式：MLINE1"对话框，在"偏移"文本框中输入 4 和-4，如图 13-11 所示。单击"确定"按钮，关闭所有对话框。

图 13-9　"多线样式"对话框

图 13-10　设置样式名

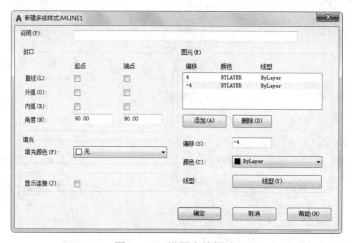

图 13-11　设置多线样式

（5）在命令行中输入 MLINE，再输入 ST，选择多线样式为 MLINE1；然后输入 J，再输入 Z，设置对正方式为无，再输入 S，将比例设置为1，以图 13-9 中的左圆的圆心为起点，沿矩形边界绘制多线，命令行提示与操作如下。

```
命令：MLINE
当前设置：对正 = 上，比例 = 20.00，样式 = STANDARD
指定起点或 [对正(J)/比例(S)/样式(ST)]：ST（设置当前多线样式）
输入多线样式名或 [?]：MLINE1（选择样式 mline1）
当前设置：对正 = 上，比例 = 20.00，样式 = MLINE1
指定起点或 [对正(J)/比例(S)/样式(ST)]：J（设置对正方式）
输入对正类型 [上(T)/无(Z)/下(B)] <上>：Z（设置对正方式为无）
当前设置：对正 = 无，比例 = 20.00，样式 = MLINE1
```

指定起点或 [对正(J)/比例(S)/样式(ST)]：S
输入多线比例 <20.00>：1（设定多线比例为1）
当前设置：对正 = 无，比例 = 1.00，样式 = MLINE1
指定起点或 [对正(J)/比例(S)/样式(ST)]：（单击圆心）
指定下一点：（单击矩形角点）
指定下一点或 [放弃(U)]：
指定下一点或 [闭合(C)/放弃(U)]：（单击另外一侧圆心）
指定下一点或 [闭合(C)/放弃(U)]：

绘制完成，如图 13-12 所示。

（6）选择刚刚绘制的多线和矩形，单击"默认"选项卡"修改"面板中的"分解"按钮 ⬚，将多线和矩形分解。

（7）单击"默认"选项卡"修改"面板中的"删除"按钮 ✎，将多线中间的矩形轮廓线删除，如图 13-13 所示。

图 13-12　绘制多线

图 13-13　删除直线

（8）单击"默认"选项卡"修改"面板中的"移动"按钮 ✛，然后按空格键或 Enter 键，再选择直线的左端点，将其移动到圆的下象限点，如图 13-14 所示。

（9）单击"默认"选项卡"修改"面板中的"修剪"按钮 ✂，修剪掉多余的直线，效果如图 13-15 所示。

图 13-14　移动直线

图 13-15　修剪直线

（10）单击"默认"选项卡"修改"面板中的"圆角"按钮 ⌒，设置内侧圆角半径为 16，对图形进行圆角处理，如图 13-16 所示。

（11）单击"默认"选项卡"修改"面板中的"圆角"按钮 ⌒，设置外侧圆角半径为 24，完成沙发扶手及靠背的转角绘制，如图 13-17 所示。

图 13-16　修改内侧转角

图 13-17　修改外侧转角

（12）单击"默认"选项卡"绘图"面板中的"直线"按钮／，在沙发中心绘制一条垂直的直线，如图13-18所示。

（13）单击"默认"选项卡"绘图"面板中的"圆弧"按钮╱，在沙发扶手的拐角处绘制3条弧线，两边对称复制，如图13-19所示。

图13-18　绘制中线

图13-19　绘制沙发转角纹路

✍ 技巧：

　　在绘制转角处的纹路时，弧线上的点不易捕捉，这时需要利用 AutoCAD 2020 的"延长线捕捉"功能。此时要确保绘图窗口下部状态栏中的"对象捕捉"功能处于激活状态，其状态可以用鼠标单击进行切换。然后单击"默认"选项卡"绘图"面板中的"圆弧"按钮╱，将光标停留在沙发转角弧线的起点，如图13-20所示。此时在起点会出现绿色的方块，沿弧线缓慢移动鼠标，可以看到一个小型的十字随鼠标移动，且十字中心与弧线起点由虚线相连，如图13-21所示。移动到合适的位置后，再单击鼠标即可。

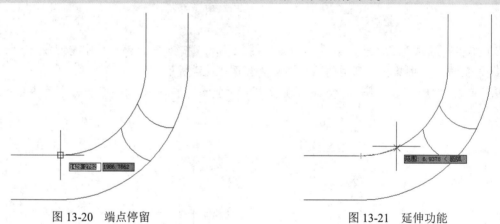

图13-20　端点停留　　　　　　　　　　　　图13-21　延伸功能

（14）在沙发左侧空白处用"直线"命令绘制一个"×"形图案，如图13-22所示。单击"默认"选项卡"修改"面板中的"矩形阵列"按钮▦，设置行数、列数均为3，然后将"行间距"设置为-10、"列间距"设置为10。将刚刚绘制的"×"图形进行阵列，如图13-23所示，命令行提示与操作如下。

```
命令：_ARRAYRECT
选择对象：（选取绘制的"×"形图案）
选择对象：
类型 = 矩形　关联 = 否
选择夹点以编辑阵列或 [关联(AS)/基点(B)/计数(COU)/间距(S)/列数(COL)/行数(R)/层数(L)/退出
(X)] <退出>：R
输入行数或 [表达式(E)] <3>：3
指定行数之间的距离或 [总计(T)/表达式(E)] <1232.089>：-10
指定行数之间的标高增量或 [表达式(E)] <0>：
选择夹点以编辑阵列或 [关联(AS)/基点(B)/计数(COU)/间距(S)/列数(COL)/行数(R)/层数(L)/退出
```

```
(X)]<退出>：COL
输入列数数或［表达式(E)］<4>：3
指定列数之间的距离或［总计(T)/表达式(E)］<2605.4068>：10
选择夹点以编辑阵列或［关联(AS)/基点(B)/计数(COU)/间距(S)/列数(COL)/行数(R)/层数(L)/退出
(X)]<退出>：
```

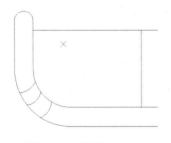

图 13-22　绘制"×"

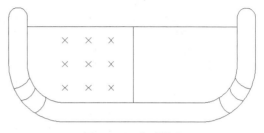

图 13-23　阵列图形

（15）单击"默认"选项卡"修改"面板中的"镜像"按钮◢⧵，将左侧的花纹复制到右侧，最后绘制结果如图 13-5 所示。

13.1.3　三人沙发

首先绘制沙发座位区域，然后绘制沙发的扶手，最后绘制沙发靠背，结果如图 13-24 所示。

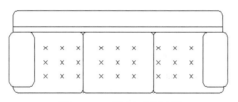

图 13-24　绘制三人沙发

操作步骤

（1）单击"默认"选项卡"绘图"面板中的"矩形"按钮▭，在图形适当位置绘制一个2016×570 的矩形，如图 13-25 所示。

（2）单击"默认"选项卡"修改"面板中的"分解"按钮◱，选择第（1）步绘制的矩形为分解对象，按 Enter 键确认进行分解。

（3）单击"默认"选项卡"绘图"面板中的"定数等分"按钮⁅⁆，选择第（2）步分解矩形下部水平边为等分对象，将其进行三等分，单击"默认"选项卡"绘图"面板中的"直线"按钮⁄，绘制等分点之间的连接线，如图 13-26 所示。

图 13-25　绘制矩形

图 13-26　等分图形

（4）单击"默认"选项卡"修改"面板中的"圆角"按钮⌐，对矩形四边进行圆角处理。命令行提示及操作如下。

```
命令：_FILLET
当前设置：模式 = 修剪，半径 = 0.0000
选择第一个对象或 [放弃(U)/多段线(P)/半径(R)/修剪(T)/多个(M)]：R
指定圆角半径 <0.0000>：50
选择第一个对象或 [放弃(U)/多段线(P)/半径(R)/修剪(T)/多个(M)]：M
选择第一个对象或 [放弃(U)/多段线(P)/半径(R)/修剪(T)/多个(M)]：（选取竖直边）
选择第二个对象，或按住 Shift 键选择对象以应用角点或 [半径(R)]（选取水平边）
选择第一个对象或 [放弃(U)/多段线(P)/半径(R)/修剪(T)/多个(M)]：（选取竖直边）
选择第二个对象，或按住 Shift 键选择对象以应用角点或 [半径(R)]：（选取水平边）
选择第一个对象或 [放弃(U)/多段线(P)/半径(R)/修剪(T)/多个(M)]：（选取竖直边）
选择第二个对象，或按住 Shift 键选择对象以应用角点或 [半径(R)]：（选取水平边）
选择第一个对象或 [放弃(U)/多段线(P)/半径(R)/修剪(T)/多个(M)]：（选取竖直边）
选择第二个对象，或按住 Shift 键选择对象以应用角点或 [半径(R)]：（选取水平边）
选择第一个对象或 [放弃(U)/多段线(P)/半径(R)/修剪(T)/多个(M)]：
```

依此选取矩形的四条边进行倒圆角，如图 13-27 所示。

（5）单击"默认"选项卡"修改"面板中的"圆角"按钮，对第（3）步绘制的等分线进行不修剪圆角处理，圆角半径为 30，如图 13-28 所示。

图 13-27 圆角处理

图 13-28 不修剪圆角处理

（6）单击"默认"选项卡"修改"面板中的"修剪"按钮，选择第（5）步圆角后的图形为修剪对象对其进行修剪处理，如图 13-29 所示。

（7）单击"默认"选项卡"绘图"面板中的"矩形"按钮，在第（6）步图形的适当位置绘制一个 241×511 的矩形，如图 13-30 所示。

图 13-29 修剪线段

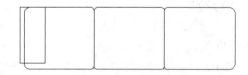

图 13-30 绘制矩形

（8）单击"默认"选项卡"修改"面板中的"修剪"按钮，选择第（7）步绘制矩形内的多余线段为修剪对象，对其进行修剪处理，如图 13-31 所示。

（9）单击"默认"选项卡"修改"面板中的"圆角"按钮，对第（8）步图形中的矩形进行圆角处理，圆角半径为 50，如图 13-32 所示。

图 13-31 修剪矩形内多余线段

图 13-32 圆角处理

（10）单击"默认"选项卡"修改"面板中的"修剪"按钮，对第（9）步圆角处理后的图形进行修剪处理，如图13-33所示。

利用上述方法完成右侧相同图形的绘制，如图13-34所示。

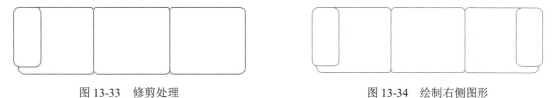

图13-33 修剪处理　　　　　　　　　　图13-34 绘制右侧图形

（11）单击"默认"选项卡"绘图"面板中的"直线"按钮，在第（10）步图形顶部位置绘制一条水平直线，如图13-35所示。

（12）单击"默认"选项卡"修改"面板中的"偏移"按钮，选择第（11）步绘制的水平直线为偏移对象向上进行偏移，偏移距离为50、150，如图13-36所示。

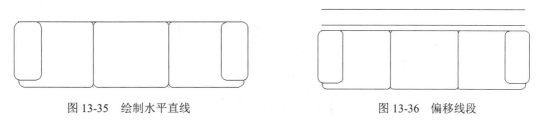

图13-35 绘制水平直线　　　　　　　　图13-36 偏移线段

（13）单击"默认"选项卡"绘图"面板中的"直线"按钮，绘制两条竖直直线来连接第（12）步偏移线段，如图13-37所示。

（14）单击"默认"选项卡"修改"面板中的"圆角"按钮，选择第（13）步圆角线段进行圆角处理，圆角半径为50，如图13-38所示。

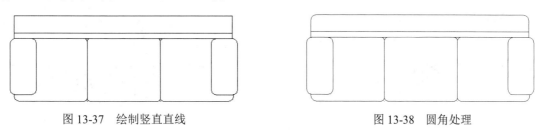

图13-37 绘制竖直直线　　　　　　　　图13-38 圆角处理

（15）单击"默认"选项卡"绘图"面板中的"直线"按钮，在第（14）步图形内绘制十字交叉线，如图13-39所示。

图13-39 绘制十字交叉线

（16）单击"默认"选项卡"修改"面板中的"复制"按钮，选择第（15）步绘制的十字交叉线为复制对象，对其进行连续复制，最终结果如图13-24所示。

动手练——绘制双人沙发

绘制如图 13-40 所示的双人沙发。

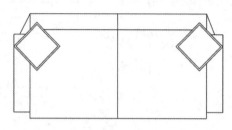

图 13-40　双人沙发

思路点拨：

> 源文件：源文件\第 13 章\双人沙发.dwg
> （1）利用"矩形"命令绘制沙发主体。
> （2）利用"矩形"和"直线"命令绘制靠背和扶手。
> （3）利用"矩形""偏移""旋转"和"修剪"等命令绘制靠垫。

13.2　组合类沙发

组合类沙发强调舒适但占地较多，其一般由若干个沙发组合而成。下面我们将通过实例为读者介绍组合类沙发的绘制过程。

13.2.1　转角沙发

本实例绘制转角沙发，如图 13-41 所示。由图可知，转角沙发是由两个三人沙发和一个转角组成，可以通过"矩形""定数等分""分解""偏移""复制""旋转"和"移动"命令来绘制。

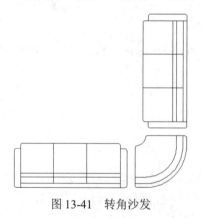

图 13-41　转角沙发

操作步骤

（1）单击"图层"工具栏中的"图层特性管理器"按钮，打开"图层特性管理器"选项

扫一扫，看视频

板，设置两个图层："1"图层，颜色设为蓝色，其余属性默认；"2"图层，颜色设为绿色，其余属性默认，如图 13-42 所示。

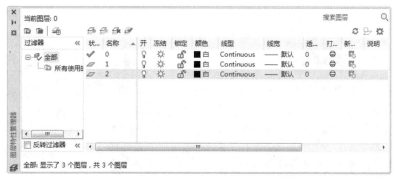

图 13-42　图层设置

（2）单击"绘图"工具栏中的"矩形"按钮 ⬜，绘制适当尺寸的三个矩形，如图 13-43 所示。命令行操作与提示如下。

命令：RECTANG
指定第一个角点或 [倒角(C)/标高(E)/圆角(F)/厚度(T)/宽度(W)]：（在绘图区中指定一点）
指定另一个角点或 [面积(A)/尺寸(D)/旋转(R)]：（在绘图区指定另一点）

（3）单击"修改"工具栏中的"分解"按钮 ⬚，将三个矩形分解。命令行提示与操作如下。

命令：EXPLODE ↙
选择对象：（选择三个矩形）

（4）选择菜单栏中的"绘图"→"点"→"定数等分"命令，将中间矩形上部线段等分为3部分。命令行提示与操作如下。

命令：DIVIDE↙
选择要定数等分的对象：（选择中间矩形上部线段）
输入线段数目或 [块(B)]：3↙

（5）将"2"图层设置为当前图层。

（6）单击"修改"工具栏中的"偏移"按钮 ⬚，将中间矩形下部线段向上偏移三次，取适当的偏移值。

（7）打开状态栏中的"对象捕捉"开关和"正交"开关，捕捉中间矩形上部线段的等分点，向下绘制两条线段，下端点为第一次偏移的线段上的垂足，结果如图 13-44 所示。

图 13-43　绘制矩形

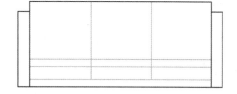

图 13-44　绘制直线

（8）将"1"图层设置为当前图层，单击"绘图"工具栏中的"直线"按钮 ╱ 和"圆弧"按钮 ⌒，绘制沙发转角部分，如图 13-45 所示。

（9）单击"修改"工具栏中的"偏移"按钮 ⬚，将图 13-45 中下部圆弧向上偏移两次，取适当的偏移值。

（10）选择偏移后的圆弧，将这两条圆弧转换到图层 2，如图 13-46 所示。

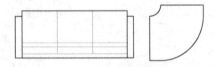

图 13-45　绘制沙发转角

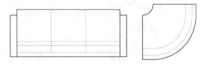

图 13-46　偏移圆弧

（11）单击"修改"工具栏中的"圆角"按钮 ，对图形进行圆角处理。命令行提示与操作如下。

```
命令：FILLET✓
当前设置：模式 = 修剪，半径 = 0.0000
选择第一个对象或 [放弃(U)/多段线(P)/半径(R)/修剪(T)/多个(M)]:R✓
指定圆角半径 <0.0000>:（输入适当值）
选择第一个对象或 [放弃(U)/多段线(P)/半径(R)/修剪(T)/多个(M)]:（选择第一个对象）
选择第二个对象，或按住 Shift 键选择对象以应用角点或 [半径(R)]:（选择第二个对象）
```

对各个转角处倒圆角后效果如图 13-47 所示。

（12）单击"修改"工具栏中的"复制"按钮 ，复制左边沙发到右上角，如图 13-48 所示。

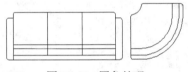

图 13-47　圆角处理

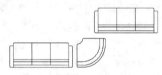

图 13-48　复制

（13）单击"修改"工具栏中的"旋转"按钮 和"移动"按钮 ，旋转并移动复制的沙发，最终效果如图 13-41 所示。

13.2.2　沙发茶几

本实例将绘制沙发茶几，其中主要用到"直线""圆弧""椭圆""镜像"等命令，结果如图 13-49 所示。

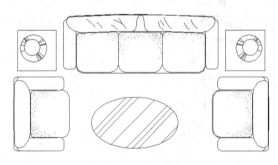

图 13-49　绘制沙发茶几

操作步骤

（1）单击"默认"选项卡"绘图"面板中的"直线"按钮 ，绘制其中单个沙发面的 4 边，如图 13-50 所示。

（2）单击"默认"选项卡"绘图"面板中的"圆弧"按钮⌒，将沙发面 4 边连接起来，得到完整的沙发面，如图 13-51 所示。

（3）单击"默认"选项卡"绘图"面板中的"直线"按钮╱，绘制侧面扶手，如图 13-52 所示。

图 13-50　创建沙发面 4 边　　　　图 13-51　连接边角　　　　图 13-52　绘制扶手

（4）单击"默认"选项卡"绘图"面板中的"圆弧"按钮⌒，绘制侧面扶手弧边线，如图 13-53 所示。

（5）单击"默认"选项卡"修改"面板中的"镜像"按钮⚟，镜像绘制另外一个方向的扶手轮廓，如图 13-54 所示。

（6）单击"默认"选项卡"绘图"面板中的"圆弧"按钮⌒和"修改"面板中的"镜像"按钮⚟，绘制沙发背部扶手轮廓，如图 13-55 所示。

图 13-53　绘制扶手弧边线　　　　图 13-54　创建另外一侧扶手　　　　图 13-55　创建背部扶手

（7）单击"默认"选项卡"绘图"面板中的"圆弧"按钮⌒、"直线"按钮╱和"修改"面板中的"镜像"按钮⚟，继续完善沙发背部扶手轮廓，如图 13-56 所示。

（8）单击"默认"选项卡"修改"面板中的"偏移"按钮⊑，对沙发面造型进行修改，使其更为形象，如图 13-57 所示。

（9）单击"默认"选项卡"绘图"面板中的"多点"按钮∴，在沙发座面上绘制点，细化沙发面造型，如图 13-58 所示。命令行提示与操作如下。

```
命令：POINT
当前点模式：PDMODE=99　PDSIZE=25.0000（系统变量的 PDMODE、PDSIZE 设置数值）
指定点：（使用鼠标在屏幕上直接指定点的位置，或直接输入点的坐标）
```

图 13-56　完善背部扶手　　　　图 13-57　修改沙发面　　　　图 13-58　细化沙发面

（10）单击"默认"选项卡"修改"面板中的"镜像"按钮⚟，进一步细化沙发面造型，使其更为形象，如图 13-59 所示。

（11）采用相同的方法，绘制 3 人座的沙发造型，如图 13-60 所示。

图 13-59　完善沙发面　　　　　　　　　　　图 13-60　绘制 3 人座沙发

（12）单击"默认"选项卡"绘图"面板中的"直线"按钮／、"圆弧"按钮／和"修改"面板中的"镜像"按钮⚠，绘制扶手造型，如图 13-61 所示。

（13）单击"默认"选项卡"绘图"面板中的"圆弧"按钮／和"直线"按钮／，绘制 3 人座沙发背部造型，如图 13-62 所示。

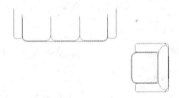

图 13-61　绘制沙发扶手　　　　　　　　　图 13-62　绘制 3 人座沙发背部造型

（14）单击"默认"选项卡"绘图"面板中的"多点"按钮⋯，对 3 人座沙发面造型进行细化，如图 13-63 所示。

（15）单击"默认"选项卡"修改"面板中的"移动"按钮✛，调整两个沙发造型的位置，结果如图 13-64 所示。

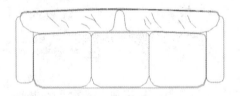
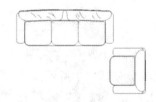

图 13-63　细化 3 人座沙发面　　　　　　　　图 13-64　调整沙发位置

（16）单击"默认"选项卡"修改"面板中的"镜像"按钮⚠，对单个沙发进行镜像，得到沙发组造型，如图 13-65 所示。

（17）单击"默认"选项卡"绘图"面板中的"椭圆"按钮⊙，绘制一个椭圆，建立椭圆形的茶几造型，如图 13-66 所示。

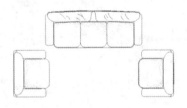
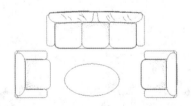

图 13-65　沙发组　　　　　　　　　　　　图 13-66　建立椭圆形茶几造型

（18）单击"默认"选项卡"绘图"面板中的"图案填充"按钮▨，对茶几进行图案填充，如图 13-67 所示。

（19）单击"默认"选项卡"绘图"面板中的"多边形"按钮⬠，绘制沙发之间的桌面灯造型，如图 13-68 所示。

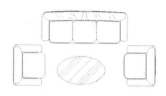

图 13-67 填充茶几图案

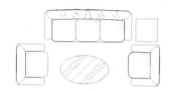

图 13-68 绘制一个正方形

（20）单击"默认"选项卡"绘图"面板中的"圆"按钮⊙，绘制两个大小和圆心位置不同的圆，如图 13-69 所示。

（21）单击"默认"选项卡"绘图"面板中的"直线"按钮╱，绘制随机斜线形成灯罩效果，如图 13-70 所示。

图 13-69 绘制两个圆形

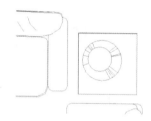

图 13-70 创建灯罩

（22）单击"默认"选项卡"修改"面板中的"镜像"按钮⚠，进行镜像，得到两个沙发桌面灯造型，最终结果如图 13-49 所示。

13.2.3 沙发茶几组合

扫一扫，看视频

本实例绘制的沙发茶几组合是民用家具中常见的家具组合，如图 13-71 所示。本实例中主要利用"圆弧""多段线"以及"直线"等二维绘图命令绘制出沙发、茶几、边几以及地毯和电话，同时利用编辑命令完成组合沙发的绘制。

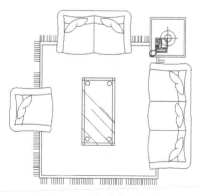

图 13-71 沙发茶几组合

操作步骤

1. 绘制三人沙发

（1）单击"默认"选项卡"绘图"面板中的"直线"按钮／和"圆弧"按钮／，绘制三人沙发的三边，如图 13-72 所示。

（2）单击"默认"选项卡"绘图"面板中的"圆弧"按钮／，将三边连起来，如图 13-73 所示。

（3）单击"默认"选项卡"绘图"面板中的"圆弧"按钮／，绘制沙发三边的内轮廓，如图 13-74 所示。

图 13-72　绘制三人沙发的三边　　　　图 13-73　连接沙发三边　　　　图 13-74　绘制沙发三边的内轮廓

（4）单击"默认"选项卡"绘图"面板中的"直线"按钮／，在三边圈起来的沙发面内绘制两条水平线，如图 13-75 所示。

（5）单击"默认"选项卡"绘图"面板中的"圆弧"按钮／，完成沙发扶手和沙发面的绘制，如图 13-76 所示。

图 13-75　绘制两条水平线　　　　　　　　图 13-76　沙发扶手和沙发面

（6）单击"默认"选项卡"绘图"面板中的"多段线"按钮／，绘制沙发上的靠枕，如图 13-77 所示。

（7）单击"默认"选项卡"绘图"面板中的"圆弧"按钮／，用圆弧将各个靠枕连接起来，如图 13-78 所示。

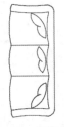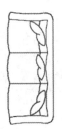

图 13-77　绘制靠枕　　　　　　　　　　图 13-78　绘制圆弧

2. 绘制双人沙发

（1）单击"默认"选项卡"绘图"面板中的"直线"按钮 ╱ 和"圆弧"按钮 ⌒，在适当位置绘制双人沙发的四边，如图 13-79 所示。

（2）单击"默认"选项卡"绘图"面板中的"圆弧"按钮 ⌒，绘制圆弧连接 4 条边，如图 13-80 所示。

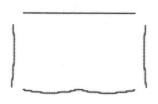

图 13-79 绘制双人沙发四边

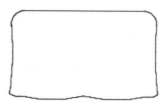

图 13-80 绘制圆弧

（3）单击"默认"选项卡"绘图"面板中的"圆弧"按钮 ⌒，绘制沙发内轮廓线，如图 13-81 所示。

（4）单击"默认"选项卡"绘图"面板中的"直线"按钮 ╱，在沙发内部绘制一条竖直线，如图 13-82 所示。

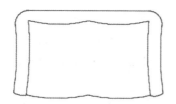

图 13-81 绘制双人沙发内轮廓线

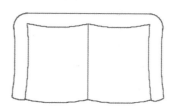

图 13-82 绘制直线

（5）单击"默认"选项卡"绘图"面板中的"多段线"按钮 ⌐，绘制双人沙发的靠枕，如图 13-83 所示。

（6）单击"默认"选项卡"绘图"面板中的"圆弧"按钮 ⌒，绘制圆弧将靠枕连接起来，如图 13-84 所示。

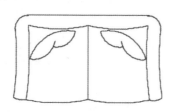

图 13-83 绘制双人沙发靠枕

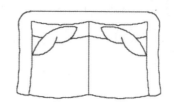

图 13-84 绘制圆弧

3. 绘制单人沙发

（1）单击"默认"选项卡"绘图"面板中的"直线"按钮 ╱ 和"圆弧"按钮 ⌒，在空白处的适当位置绘制单人沙发的四边，如图 13-85 所示。

（2）单击"默认"选项卡"绘图"面板中的"圆弧"按钮 ⌒，绘制圆弧连接 4 条边，如图 13-86 所示。

（3）单击"默认"选项卡"绘图"面板中的"圆弧"按钮 ⌒，绘制单人沙发的内轮廓，如

图 13-87 所示。

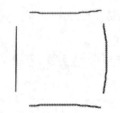

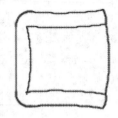

图 13-85　绘制单人沙发四边　　　图 13-86　绘制圆弧　　　图 13-87　绘制单人沙发内轮廓

（4）单击"默认"选项卡"绘图"面板中的"多段线"按钮 ⤵，绘制单人沙发靠枕，如图 13-88 所示。

（5）单击"默认"选项卡"绘图"面板中的"圆弧"按钮 ⌒，绘制圆弧连接靠枕与沙发两边扶手，如图 13-89 所示。

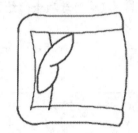

图 13-88　绘制单人沙发靠枕　　　　　　图 13-89　绘制圆弧连接线

4．绘制地毯

（1）单击"默认"选项卡"修改"面板中的"移动"按钮 ✛，调整 3 个沙发到适当位置，如图 13-90 所示。

（2）单击"默认"选项卡"绘图"面板中的"直线"按钮 ／，沿着沙发绘制地毯轮廓，如图 13-91 所示。

（3）单击"默认"选项卡"修改"面板中的"偏移"按钮 ⊆，将绘制的水平直线分别向外偏移 56，竖直直线分别向外偏移 35，如图 13-92 所示。

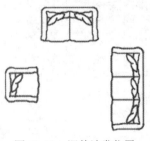

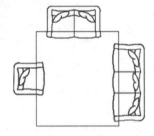

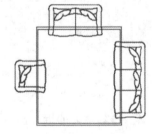

图 13-90　调整沙发位置　　　　图 13-91　绘制地毯轮廓　　　　图 13-92　偏移直线

（4）单击"默认"选项卡"修改"面板中的"修剪"按钮 ✂，对绘制的地毯进行修剪处理，如图 13-93 所示。

（5）单击"默认"选项卡"绘图"面板中的"直线"按钮 ／，绘制地毯的边沿线，如图 13-94 所示。

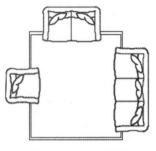

图 13-93　修剪地毯

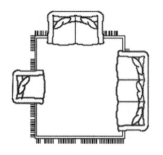

图 13-94　绘制地毯边沿线

5．绘制桌面造型

（1）单击"默认"选项卡"绘图"面板中的"矩形"按钮 □，在三人沙发上适当位置绘制一个 600×700 的矩形，如图 13-95 所示。

（2）单击"默认"选项卡"修改"面板中的"偏移"按钮 ⊆，将绘制的矩形向内偏移 26.4，如图 13-96 所示。

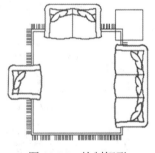

图 13-95　绘制矩形

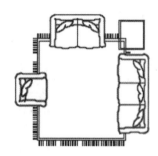

图 13-96　偏移矩形

（3）单击"默认"选项卡"绘图"面板中的"圆"按钮 ⊘，在绘制的边几内绘制半径为 63 的圆，如图 13-97 所示。

（4）单击"默认"选项卡"修改"面板中的"偏移"按钮 ⊆，将绘制的圆向外偏移 65，如图 13-98 所示。

（5）单击"默认"选项卡"绘图"面板中的"直线"按钮 ╱，通过圆心绘制水平竖直的交叉线，如图 13-99 所示。

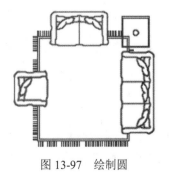

图 13-97　绘制圆

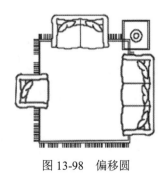

图 13-98　偏移圆

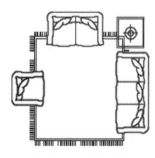

图 13-99　绘制直线

6．绘制电话

（1）单击"默认"选项卡"绘图"面板中的"矩形"按钮 □，在边几的左下角绘制一个大小为 205×255 的矩形，如图 13-100 所示。

（2）单击"默认"选项卡"修改"面板中的"倒角"按钮 ，将绘制的矩形进行倒角处理，倒角距离为 4.5，如图 13-101 所示。

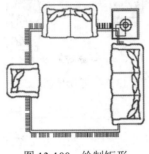
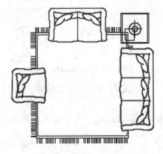

图 13-100　绘制矩形　　　　　　　　　　　　图 13-101　倒角处理矩形

（3）单击"默认"选项卡"绘图"面板中"直线"按钮 ，绘制电话话筒槽，如图 13-102 所示。

（4）单击"默认"选项卡"绘图"面板中的"直线"按钮 ，在电话槽处绘制电话话筒，如图 13-103 所示。

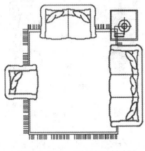
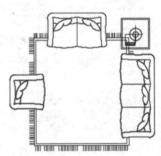

图 13-102　绘制话筒槽　　　　　　　　　　　图 13-103　绘制话筒

（5）继续单击"默认"选项卡"绘图"面板中"直线"按钮 ，绘制电话线，如图 13-104 所示。

（6）单击"默认"选项卡"修改"面板中的"修剪"按钮 ，修剪电话线与话筒连接处，如图 13-105 所示。

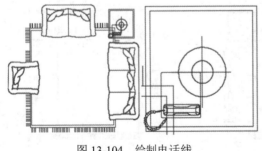
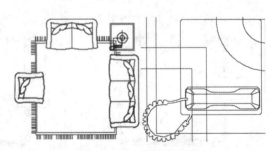

图 13-104　绘制电话线　　　　　　　　　　　图 13-105　修剪电话线

（7）单击"默认"选项卡"绘图"面板中的"直线"按钮 ，绘制电话按键，如图 13-106 所示。

（8）单击"默认"选项卡"绘图"面板中"直线"按钮 ∕ ，绘制电话显示屏，如图 13-107 所示。

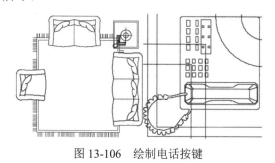

图 13-106　绘制电话按键　　　　　　　图 13-107　绘制电话显示屏

7．绘制茶几

（1）单击"默认"选项卡"绘图"面板中的"矩形"按钮 ▭ ，在地毯的适当位置绘制一个大小为 600×1200 的矩形茶几，如图 13-108 所示。

（2）单击"默认"选项卡"修改"面板中的"分解"按钮 ，将绘制的矩形进行分解，然后单击"默认"选项卡"修改"面板中的"偏移"按钮 ，将分解后的 4 条直线分别向内偏移 45，如图 13-109 所示。

（3）单击"默认"选项卡"绘图"面板中的"圆"按钮 ⊙ ，在茶几的 4 个角分别绘制半径为 38 的圆，如图 13-110 所示。

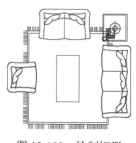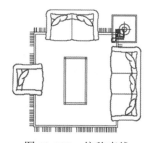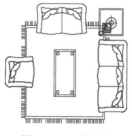

图 13-108　绘制矩形　　　　图 13-109　偏移直线　　　　图 13-110　绘制圆

（4）单击"默认"选项卡"绘图"面板中的"直线"按钮 ∕ ，绘制茶几的图案纹路，客厅沙发茶几的组合绘制完成，如图 13-71 所示。

动手练——绘制沙发组合

绘制如图 13-111 所示的沙发组合。

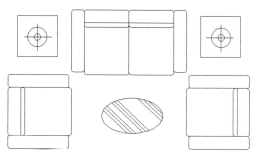

图 13-111　沙发组合

📓思路点拨：

源文件：源文件\第 13 章\沙发组合.dwg

（1）利用"矩形""直线""圆弧"和"镜像"等命令绘制单人沙发。

（2）利用相似方法绘制双人沙发。

（3）利用"矩形""圆"和"直线"等命令绘制台灯座。

（4）镜像单人沙发和台灯座。

（5）利用"椭圆"和"图案填充"命令绘制茶几。

第 14 章　桌台类家具设计

内容简介

桌台类家具按功能分为桌、台和几。桌类家具供人们坐姿状态下使用，台类家具供人们站姿或坐、站两种姿势状态下使用，几类家具有陈放物品和装饰的作用。

桌类家具的基本要求是桌面高度既能适于高效率工作状态和减少疲劳，又能满足在坐式工作时所必需的桌面下容纳膝部的空间及置足的位置；桌面宽度与深度要适合放置和储存一定的物品；桌面要有不刺激视觉的色、形、光等，以达到使用方便和舒适的要求。

内容要点

- ↘ 家用桌台
- ↘ 办公桌台
- ↘ 服务类桌台

案例效果

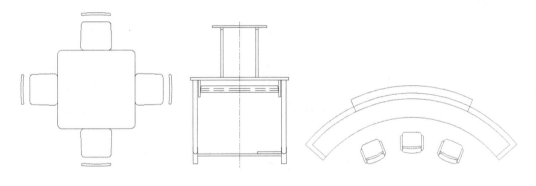

14.1　家　用　桌　台

在实际应用时桌台的高低要根据不同的使用特点酌情增减。在设计中餐桌时，要考虑端碗吃饭的进餐方式，餐桌可略高一点；设计工作台高度，要根据人坐着自然屈臂的肘高来确定。

14.1.1　家庭餐桌

家庭餐桌属于典型的民用家具，由餐桌和配套的 4 个椅子组成。首先绘制桌子，然后把已经绘制好的椅子粘贴进桌子图形的四边，最后利用"旋转"和"移动"等命令完成椅子的有序布置。绘制结果如图 14-1 所示。

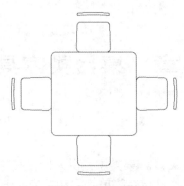

图 14-1　家庭餐桌

扫一扫，看视频

操作步骤

（1）单击"默认"选项卡"绘图"面板中的"矩形"按钮 □，绘制 1890×1890 的矩形餐桌，如图 14-2 所示。

（2）单击"默认"选项卡"修改"面板中的"圆角"按钮 ，对矩形餐桌进行圆角处理，圆角半径为 108，如图 14-3 所示。

（3）单击"默认"选项卡"绘图"面板中的"直线"按钮 ，绘制适当大小的椅子，如图 14-4 所示。

（4）单击"默认"选项卡"修改"面板中的"圆角"按钮 ，对椅子进行圆角处理，圆角半径为 81，如图 14-5 所示。

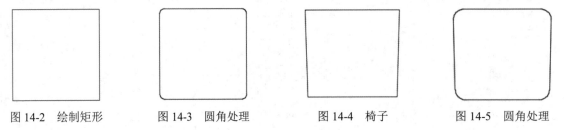

图 14-2　绘制矩形　　　　图 14-3　圆角处理　　　　图 14-4　椅子　　　　图 14-5　圆角处理

（5）单击"默认"选项卡"绘图"面板中的"圆弧"按钮 ，在适当位置绘制一段圆弧，完成椅子的绘制，如图 14-6 所示。

（6）单击"默认"选项卡"修改"面板中的"偏移"按钮 ，将第（5）步中绘制的圆弧向外偏移 32，如图 14-7 所示。

（7）单击"默认"选项卡"绘图"面板中的"圆弧"按钮 ，在两端圆弧的左侧绘制一段圆弧使得左端封闭，如图 14-8 所示。

（8）单击"默认"选项卡"修改"面板中的"镜像"按钮 ，将左侧的圆弧镜像到右侧，如图 14-9 所示。

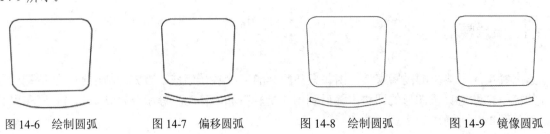

图 14-6　绘制圆弧　　　　图 14-7　偏移圆弧　　　　图 14-8　绘制圆弧　　　　图 14-9　镜像圆弧

（9）单击"默认"选项卡"修改"面板中的"修剪"按钮，将绘制的圆弧进行修剪处理，如图 14-10 所示。

（10）单击"默认"选项卡"修改"面板中的"移动"按钮，将椅子移动到挨着餐桌边缘的中点处，如图 14-11 所示。

（11）单击"默认"选项卡"修改"面板中的"复制"按钮和"旋转"按钮，将椅子分别复制到餐桌其他 3 条边中点处，完成家庭餐桌的绘制，如图 14-12 所示。

图 14-10　修剪处理　　　　图 14-11　移动椅子　　　　图 14-12　完成家庭餐桌的绘制

扫一扫，看视频

14.1.2　写字台

本节绘制如图 14-13 所示的写字台。首先设置图层，然后利用"偏移""修剪""圆角"命令绘制办公桌主体，最后利用"圆""偏移""修剪""图案填充"命令绘制抽屉。

图 14-13　写字台

操作步骤

（1）单击"默认"选项卡"图层"面板中的"图层特性"按钮，打开"图层特性管理器"选项板，新建图层，具体设置参数如图 14-14 所示。

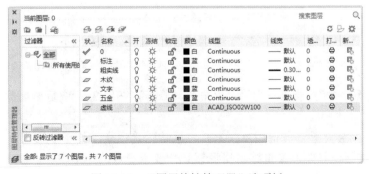

图 14-14　"图层特性管理器"选项板

（2）将"粗实线"图层设置为当前图层。单击"默认"选项卡"绘图"面板中的"直线"按钮 ╱，在图中适当位置绘制长度为760的竖直线，再以竖直线的上端点为起点绘制一条长度为1400的水平直线，继续绘制一条760的竖直线，重复"直线"命令，在竖直线的下方绘制一条水平直线，如图14-15所示。

图 14-15　绘制直线

（3）单击"默认"选项卡"修改"面板中的"偏移"按钮 ⊂，将第（2）步绘制的上端水平直线向下偏移，偏移距离为3、30、150，分别将左、右端竖直线向内偏移，偏移距离为20、40、85，结果如图14-16所示。

（4）单击"默认"选项卡"修改"面板中的"修剪"按钮 ⅄，修剪多余的线段，结果如图14-17所示。

图 14-16　偏移线段

图 14-17　修剪图形

（5）单击"默认"选项卡"修改"面板中的"偏移"按钮 ⊂，将左、右端最外侧竖直线向内偏移，偏移距离为13.5；单击"默认"选项卡"绘图"面板中的"圆弧"按钮 ╭，分别以偏移后的直线中点为圆心，绘制圆弧；单击"默认"选项卡"修改"面板中的"修剪"按钮 ⅄，修剪和删除多余的线段，结果如图14-18所示。

（6）单击"默认"选项卡"修改"面板中的"偏移"按钮 ⊂，将左端竖直线向内偏移，偏移距离为410、411、909、910。分别将上方第三条水平线和第四条水平线向内偏移，偏移距离为1，结果如图14-19所示。

图 14-18　绘制圆弧

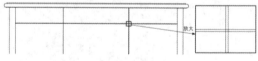

图 14-19　偏移线段

（7）单击"默认"选项卡"修改"面板中的"修剪"按钮 ⅄，修剪和删除多余的线段，结果如图14-20所示。

（8）将"五金"层设置为当前图层。单击"默认"选项卡"绘图"面板中的"圆"按钮 ⊙，单击"对象追踪"按钮，打开对象追踪，捕捉第（7）步修剪后的矩形中点，在中点延长线的交点处绘制半径为12.5的圆，如图14-21所示。

图 14-20　修剪图形　　　　　　　　　　图 14-21　绘制拉手

（9）将"木纹"层设置为当前图层。单击"默认"选项卡"绘图"面板中的"图案填充"按钮▨，打开"图案填充创建"选项卡，在"图案"面板中选择"AR-RROOF"图案，其他采用默认设置，选取第（8）步抽屉区域进行填充，结果如图 14-22 所示。

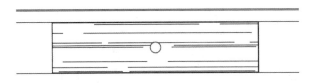

图 14-22　填充区域

（10）将"粗实线"层设置为当前图层。单击"默认"选项卡"修改"面板中的"偏移"按钮⊆，将左、右两端竖直线向内偏移，偏移距离为 30。将最下端的水平直线向上偏移，偏移距离为 250，结果如图 14-23 所示。

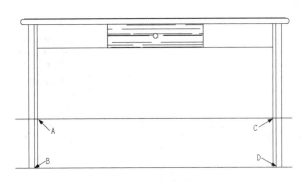

图 14-23　偏移直线

（11）单击"默认"选项卡"绘图"面板中的"直线"按钮╱，分别连接图 14-23 中的 A、B 两点和 C、D 两点，结果如图 14-24 所示。

（12）单击"默认"选项卡"修改"面板中的"修剪"按钮▼，修剪多余的线段，然后删除偏移后的直线，结果如图 14-25 所示。

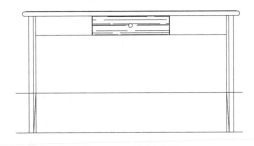

图 14-24　绘制直线　　　　　　　　　　图 14-25　修剪图形

14.1.3 明式桌椅组合

本实例绘制明式桌椅组合，如图 14-26 所示。由图可知，该明式桌椅组合主要由直线、圆弧、矩形以及样条曲线组成，可以用相应的二维绘图命令配合简单的二维编辑命令来绘制。

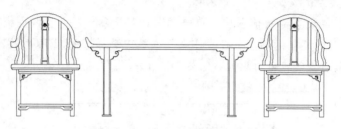

图 14-26　明式桌椅组合

操作步骤

1. 绘制椅面

（1）单击"默认"选项卡"绘图"面板中的"直线"按钮，绘制一条水平直线，如图 14-27 所示。

（2）单击"默认"选项卡"绘图"面板中的"直线"按钮和"圆弧"按钮，绘制椅子的座位面，如图 14-28 所示。

图 14-27　绘制水平直线　　　　　　　　图 14-28　绘制椅子座位面

2. 绘制椅腿

（1）单击"默认"选项卡"绘图"面板中的"直线"按钮，绘制左侧椅子腿，如图 14-29 所示。

（2）单击"默认"选项卡"修改"面板中的"镜像"按钮，将绘制的左侧椅子腿进行镜像处理，如图 14-30 所示。

3. 绘制脚蹬

（1）单击"默认"选项卡"绘图"面板中的"直线"按钮和"圆弧"按钮，绘制椅子前面的脚蹬，如图 14-31 所示。

图 14-29　绘制椅子腿　　　　图 14-30　镜像处理椅子腿　　　　图 14-31　绘制椅子脚蹬

（2）单击"默认"选项卡"修改"面板中的"修剪"按钮，将第（1）步中绘制的椅子脚蹬与椅子腿交叉处进行修剪处理，如图 14-32 所示。

4．绘制前挡板

（1）单击"默认"选项卡"绘图"面板中的"直线"按钮 ╱ 和"圆弧"按钮 ⌒，在椅子腿上绘制前挡板，如图 14-33 所示。

（2）单击"默认"选项卡"修改"面板中的"镜像"按钮 ⧅，将第（1）步中绘制的图形进行镜像处理，如图 14-34 所示。

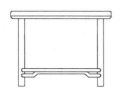
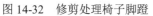

图 14-32　修剪处理椅子脚蹬　　　图 14-33　绘制椅子前挡板

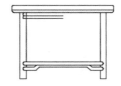

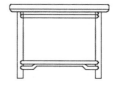

图 14-34　镜像处理图形

（3）单击"默认"选项卡"修改"面板中的"修剪"按钮 ⊁，对镜像后的图形进行修剪处理，如图 14-35 所示。

5．绘制装饰图案

（1）单击"默认"选项卡"绘图"面板中的"直线"按钮 ╱ 和"圆弧"按钮 ⌒，绘制椅子腿挡板下面的装饰物外轮廓，如图 14-36 所示。

（2）单击"默认"选项卡"绘图"面板中的"样条曲线拟合"按钮 ∿，绘制装饰物内部的图案，如图 14-37 所示。

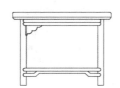
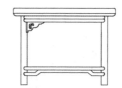

图 14-35　修剪处理椅子前挡板　　　图 14-36　绘制装饰物外轮廓　　　图 14-37　绘制装饰物内部图案

（3）单击"默认"选项卡"修改"面板中的"修剪"按钮 ⊁，将绘制的装饰物与椅子腿交叉处直线进行修剪处理，如图 14-38 所示。

（4）单击"默认"选项卡"修改"面板中的"镜像"按钮 ⧅，将绘制的整个装饰物进行镜像处理，如图 14-39 所示。

（5）单击"默认"选项卡"修改"面板中的"修剪"按钮 ⊁，将镜像后的装饰物与椅子腿交叉处直线进行修剪处理，如图 14-40 所示。

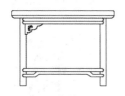

图 14-38　修剪处理图形　　　图 14-39　镜像处理　　　图 14-40　修剪处理

6．绘制椅子靠背

（1）单击"默认"选项卡"绘图"面板中的"样条曲线拟合"按钮 ∿ 和"圆弧"按钮 ⌒，绘制椅子的靠背，如图 14-41 所示。

（2）单击"默认"选项卡"绘图"面板中的"样条曲线拟合"按钮 N，绘制椅子面与靠背的连接线，如图 14-42 所示。

（3）继续单击"默认"选项卡"绘图"面板中的"样条曲线拟合"按钮 N，绘制连接靠背的第 2 个木条，如图 14-43 所示。

　　　　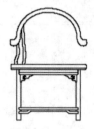

图 14-41　绘制椅子靠背　　　　图 14-42　绘制连接靠背的木条 1　　　图 14-43　绘制连接靠背的木条 2

（4）单击"默认"选项卡"绘图"面板中的"直线"按钮 ／，绘制连接靠背的第 3 个木条，如图 14-44 所示。

（5）单击"默认"选项卡"修改"面板中的"镜像"按钮 ⚌，将绘制连接靠背的 3 根木条进行镜像处理，如图 14-45 所示。

（6）单击"默认"选项卡"绘图"面板中的"样条曲线拟合"按钮 N，绘制椅子中间的两根木条，如图 14-46 所示。

　　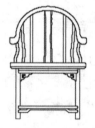

图 14-44　绘制连接靠背的木条 3　　图 14-45　镜像处理连接靠背的木条　　图 14-46　绘制中间连接靠背的木条

（7）单击"默认"选项卡"绘图"面板中的"直线"按钮 ／，在中间两根连接条之间绘制两根横向木条，如图 14-47 所示。

（8）单击"默认"选项卡"绘图"面板中的"多段线"按钮 ⟍⟋，绘制第一个横向木条上方的图案外轮廓，如图 14-48 所示。

（9）单击"默认"选项卡"绘图"面板中的"样条曲线拟合"按钮 N，绘制图案外轮廓内部的细节图形，如图 14-49 所示。

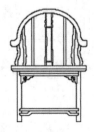　　　　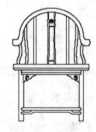

图 14-47　绘制横向木条　　　　图 14-48　绘制图案外轮廓　　　　图 14-49　绘制轮廓内部细节

7. 绘制桌子左侧一半

（1）单击"默认"选项卡"绘图"面板中的"直线"按钮 ╱，在椅子右侧绘制一条适当长度的水平直线，如图 14-50 所示。

（2）单击"默认"选项卡"修改"面板中的"偏移"按钮 ⊂，将第（1）步中绘制的水平直线向下偏移 30，如图 14-51 所示。

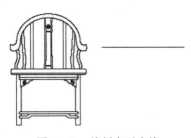

图 14-50　绘制水平直线

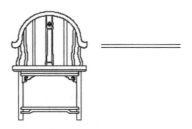

图 14-51　偏移水平直线

（3）单击"默认"选项卡"绘图"面板中的"多段线"按钮 ⁀⊃，绘制桌子的左拐角处，如图 14-52 所示。

（4）单击"默认"选项卡"绘图"面板中的"直线"按钮 ╱，绘制左侧桌子腿，如图 14-53 所示。

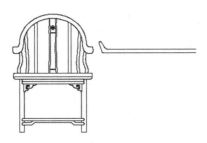

图 14-52　绘制拐角

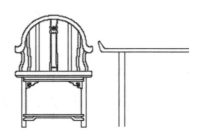

图 14-53　绘制左侧桌子腿

（5）单击"默认"选项卡"绘图"面板中的"矩形"按钮 ▭，在桌子腿下部绘制适当大小的矩形作为放脚板，如图 14-54 所示。

（6）单击"默认"选项卡"绘图"面板中的"样条曲线拟合"按钮 N，在桌子腿部与桌面角处绘制装饰物，如图 14-55 所示。

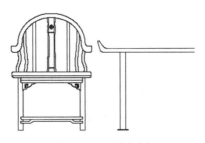

图 14-54　绘制放脚板

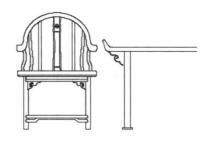

图 14-55　绘制装饰物

（7）单击"默认"选项卡"绘图"面板中的"直线"按钮 ╱，从绘制的装饰物下开始引直线到放脚板，如图 14-56 所示。

（8）单击"默认"选项卡"修改"面板中的"镜像"按钮⚠，将绘制的装饰物及竖直线进行镜像处理，如图 14-57 所示。

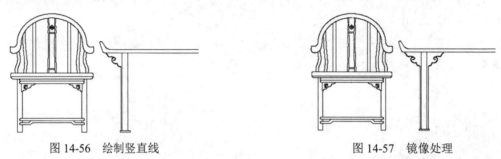

图 14-56　绘制竖直线　　　　　　　　　　图 14-57　镜像处理

8. 绘制右侧另一半桌椅

单击"默认"选项卡"修改"面板中的"镜像"按钮⚠，将绘制的所有图形进行镜像处理，完成明式桌椅的绘制，如图 14-58 所示。

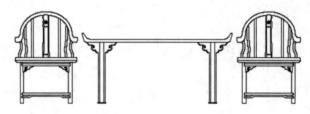

图 14-58　完成明式桌椅的绘制

动手练——绘制餐桌和椅子

绘制如图 14-59 所示的餐桌和椅子。

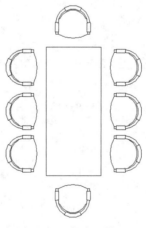

图 14-59　餐桌和椅子

 思路点拨：

源文件：源文件\第 14 章\餐桌和椅子.dwg

（1）利用"矩形"命令绘制桌面。

（2）利用"圆弧""直线""偏移""镜像"等命令绘制椅子。

（3）利用"移动""镜像""复制"等命令创建其余的椅子。

14.2 办 公 桌 台

办公桌台是指日常工作和社会活动中为工作方便而配备的桌台。良好的办公桌台除了应该考虑放置信息产品的空间外，也应有足够的空间，包括横向与纵向的线路收纳空间。

14.2.1 绘制公司会议桌

本实例绘制的公司会议桌是办公中常见的家具，如图 14-60 所示。由图可知，该公司会议桌主要由椅子和会议桌组成，首先利用"直线""圆弧"等二维绘图命令以及简单的二维编辑命令绘制出会议桌，然后利用"直线""圆弧"命令绘制出椅子，最后利用"路径阵列"命令完成公司会议桌的绘制。

图 14-60　公司会议桌

扫一扫，看视频

操作步骤

（1）单击状态栏中的"正交模式"按钮，使其处于打开状态，单击"默认"选项卡"绘图"面板中的"直线"按钮 ∕，绘制一条长为 4050 的竖直线，如图 14-61 所示。

（2）单击"默认"选项卡"修改"面板中的"偏移"按钮 ⊂，将第（1）步中绘制的直线向右偏移 1500，如图 14-62 所示。

（3）单击"默认"选项卡"绘图"面板中的"圆弧"按钮 ⌒，以第（2）步中两条直线的端点为圆弧的起点和端点，绘制半径为 750 的圆弧，如图 14-63 所示。

（4）单击"默认"选项卡"修改"面板中的"镜像"按钮 ⚠，将第（3）步中绘制的圆弧进行镜像，如图 14-64 所示。

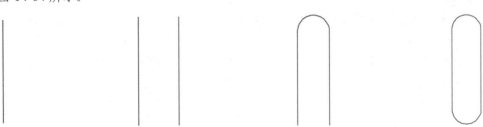

图 14-61　绘制竖直线　　　图 14-62　偏移竖直线　　　图 14-63　绘制圆弧　　　图 14-64　镜像圆弧

（5）单击"默认"选项卡"修改"面板中的"合并"按钮 ⤚，将绘制的圆弧和直线全部合并在一起，然后单击"默认"选项卡"修改"面板中的"偏移"按钮 ⊂，将合并后的图形向外偏移 1270，如图 14-65 所示。

（6）单击"默认"选项卡"绘图"面板中的"直线"按钮 ∕，在桌旁绘制适当长度的椅子三边，如图 14-66 所示。

（7）单击"默认"选项卡"绘图"面板中的"圆弧"按钮 ⌒，在椅子未封闭边处绘制两条圆弧作为靠背，如图 14-67 所示。

图 14-65　偏移图形　　　　　图 14-66　绘制椅子三边　　　　图 14-67　绘制圆弧作为椅子靠背

（8）单击"默认"选项卡"修改"面板中的"路径阵列"按钮，打开"阵列创建"选项卡，如图 14-68 所示。选择椅子为阵列对象，会议桌为阵列路径，将其进行阵列，会议桌的绘制完成，结果如图 14-60 所示。

图 14-68　"阵列创建"选项卡

14.2.2　绘制办公桌

本实例绘制的办公桌如图 14-69 所示。由图可知，首先利用"多段线""直线""矩形"命令绘制出办公桌，然后利用"直线""圆弧""复制"命令绘制出办公椅 1，利用同样的命令绘制出办公椅 2，最后利用复制命令复制办公椅 2，完成办公桌总图的绘制。

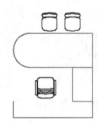

图 14-69　办公桌

操作步骤

（1）单击"默认"选项卡"绘图"面板中的"多段线"按钮，绘制办公桌，如图 14-70 所示。

（2）单击"默认"选项卡"绘图"面板中的"矩形"按钮，在旁边绘制小办公桌，如图 14-71 所示。

（3）单击"默认"选项卡"绘图"面板中的"直线"按钮，绘制办公护栏，如图 14-72 所示。

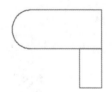

图 14-70　绘制办公桌　　　　图 14-71　绘制小办公桌　　　　图 14-72　绘制办公护栏

（4）单击"默认"选项卡"绘图"面板中的"直线"按钮，在绘制办公桌内绘制适当大小的办公椅 1 的三边，如图 14-73 所示。

（5）单击"默认"选项卡"绘图"面板中的"圆弧"按钮，绘制圆弧连接两个转角处，如图 14-74 所示。

（6）单击"默认"选项卡"绘图"面板中的"圆弧"按钮，绘制椅子靠背，如图 14-75 所示。

（7）单击"默认"选项卡"修改"面板中的"复制"按钮 ⬚，将绘制的圆弧向内复制适当距离，如图 14-76 所示。

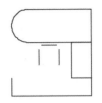
图 14-73 椅子三边

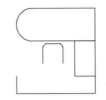
图 14-74 绘制转角处

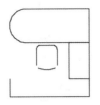
图 14-75 绘制椅背

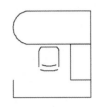
图 14-76 复制圆弧

（8）单击"默认"选项卡"绘图"面板中的"圆弧"按钮 ⌒，绘制圆弧，将两圆弧端点连接，如图 14-77 所示。

（9）单击"默认"选项卡"修改"面板中的"镜像"按钮 ⚖，将绘制的圆弧进行镜像处理，如图 14-78 所示。

（10）单击"默认"选项卡"绘图"面板中的"圆弧"按钮 ⌒，在椅子面上绘制 3 条圆弧，如图 14-79 所示。

（11）单击"默认"选项卡"绘图"面板中的"直线"按钮 ╱，在椅子上左侧绘制两条不一样长的竖直线，如图 14-80 所示。

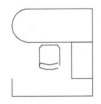
图 14-77 绘制圆弧

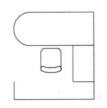
图 14-78 镜像圆弧

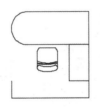
图 14-79 绘制圆弧

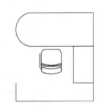
图 14-80 绘制直线

（12）单击"默认"选项卡"绘图"面板中的"圆弧"按钮 ⌒，补充绘制椅子左侧扶手，如图 14-81 所示。

（13）单击"默认"选项卡"修改"面板中的"镜像"按钮 ⚖，将左侧的椅子扶手进行镜像处理，如图 14-82 所示。

（14）单击"默认"选项卡"绘图"面板中的"直线"按钮 ╱，在办公桌外适当位置绘制办公椅 2 的四边，如图 14-83 所示。

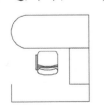
图 14-81 完成左侧扶手的绘制

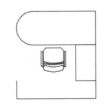
图 14-82 镜像处理左侧扶手

图 14-83 绘制办公椅 2 四边

（15）单击"默认"选项卡"绘图"面板中的"圆弧"按钮 ⌒，绘制办公椅 2 的 4 个转角处，如图 14-84 所示。

（16）单击"默认"选项卡"绘图"面板中的"圆弧"按钮 ⌒，用圆弧绘制椅子靠背，如图 14-85 所示。

（17）单击"默认"选项卡"修改"面板中的"偏移"按钮⊂，将绘制的圆弧向外偏移 45，如图 14-86 所示。

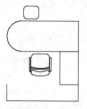
图 14-84　绘制转角处

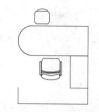
图 14-85　绘制圆弧

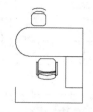
图 14-86　偏移圆弧

（18）单击"默认"选项卡"绘图"面板中的"圆弧"按钮，在两个圆弧端点处绘制圆弧来连接，如图 14-87 所示。

（19）单击"默认"选项卡"绘图"面板中的"圆弧"按钮，在办公椅 2 靠背内绘制一条圆弧，办公椅 2 绘制完成，如图 14-88 所示。

（20）单击"默认"选项卡"修改"面板中的"复制"按钮，复制办公椅 2 到合适位置，办公桌的绘制完成，如图 14-89 所示。

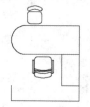
图 14-87　绘制圆弧

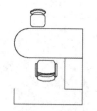
图 14-88　完成办公椅 2 的绘制

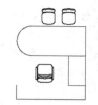
图 14-89　完成办公桌的绘制

14.2.3　绘制电脑桌

本节绘制如图 14-90 所示的电脑桌立面图。首先设置图层，然后利用"直线""偏移""修剪""打断"命令绘制电脑桌立面图的左侧部分，最后利用"镜像"命令完成立面图的绘制。

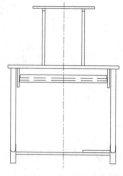
图 14-90　电脑桌立面图

操作步骤

（1）单击"默认"选项卡"图层"面板中的"图层特性"按钮，打开"图层特性管理器"选项板，新建图层，具体设置参数如图 14-91 所示。

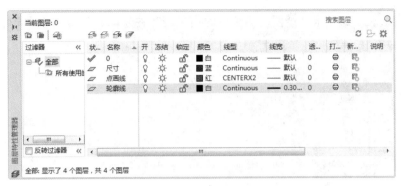

图 14-91　"图层特性管理器"选项板

（2）在状态栏中单击"正交模式"按钮，开启正交方式；将"点画线"图层设置为当前图层，单击"默认"选项卡"绘图"面板中的"直线"按钮，在图中适当位置绘制一条竖直中心线；将"轮廓线"图层设置为当前图层，重复"直线"命令，捕捉中心线上一点为起点，绘制一条长度为 450 的水平直线，继续绘制一条长度为 24 的竖直线，然后再绘制一条长度为 450 的水平直线，如图 14-92 所示。

（3）单击"默认"选项卡"修改"面板中的"偏移"按钮，将竖直中心线向左偏移，偏移距离为 150、170、250，将偏移后的直线转换至轮廓线层；重复"偏移"命令，将上端的水平直线向上偏移，偏移距离为 430、450、466。

（4）单击"默认"选项卡"修改"面板中的"修剪"按钮，修剪多余的线段，结果如图 14-93 所示。

图 14-92　绘制直线　　　　　　　　　　　　　　图 14-93　修剪图形

（5）单击"默认"选项卡"修改"面板中的"偏移"按钮，将竖直中心线向左偏移，偏移距离为 383、385、425 和 427，将偏移后的直线转换至轮廓线层；重复"偏移"命令，将下端的水平直线向下偏移，偏移距离为 600、660、680 和 750。

（6）单击"默认"选项卡"修改"面板中的"修剪"按钮，修剪多余的线段；单击"默认"选项卡"修改"面板中的"圆角"按钮，设置圆角半径为 20，对图形进行圆角处理，结果如图 14-94 所示。

（7）单击"默认"选项卡"修改"面板中的"偏移"按钮，将竖直中心线向左偏移，偏移距离为 350、359 和 375，将偏移后的直线转换至轮廓线层；重复"偏移"命令，将图 14-93 中下端水平直线向下偏移，偏移距离为 50、75、93、110 和 150，结果如图 14-95 所示。

（8）单击"默认"选项卡"绘图"面板中的"直线"按钮╱，连接图 14-95 中的点 1 和点 2。

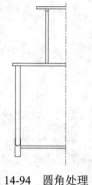

图 14-94　圆角处理

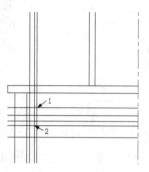

图 14-95　偏移直线

（9）单击"默认"选项卡"修改"面板中的"修剪"按钮，修剪和删除多余的线段，结果如图 14-96 所示。

（10）单击"默认"选项卡"修改"面板中的"打断"按钮，打断直线，结果如图 14-97 所示。

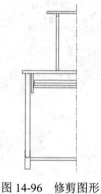

图 14-96　修剪图形

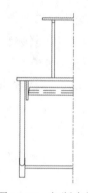

图 14-97　打断直线

（11）单击"默认"选项卡"修改"面板中的"镜像"按钮，将左侧图形以竖直中心线为镜像线进行镜像，结果如图 14-98 所示。

（12）单击"默认"选项卡"绘图"面板中的"矩形"按钮，以图 14-98 中的点 1 为角点，绘制 220×20 的矩形，结果如图 14-99 所示。

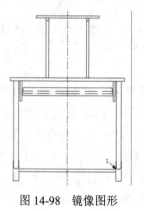

图 14-98　镜像图形

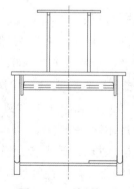

图 14-99　绘制矩形

14.2.4 绘制办公桌及其隔断

本节将详细介绍如图 14-100 所示的办公桌及其隔断的绘制方法与相关技巧。

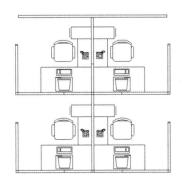

图 14-100 办公桌及其隔断

操作步骤

1. 绘制办公桌

（1）单击"默认"选项卡"绘图"面板中的"矩形"按钮 □，绘制矩形办公桌桌面，如图 14-101 所示。

📢 **注意：**

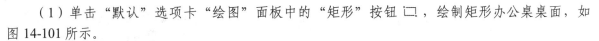

根据办公桌及其隔断的图形整体情况，先绘制办公桌。

（2）单击"默认"选项卡"绘图"面板中的"多段线"按钮 ⊃，绘制侧面桌面，如图 14-102 所示。

图 14-101 绘制办公桌桌面

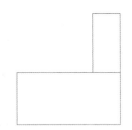

图 14-102 绘制侧面桌面

2. 绘制办公椅

（1）单击"默认"选项卡"绘图"面板中的"直线"按钮 ／，绘制办公椅子的四面轮廓，如图 14-103 所示。

📢 **注意：**

办公室椅子造型也可以直接使用第 6 章中绘制的椅子造型。

（2）单击"默认"选项卡"修改"面板中的"圆角"按钮 ⌐，进行圆角处理，如图 14-104 所示。

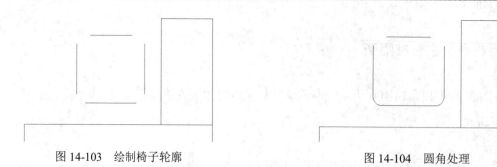

图 14-103　绘制椅子轮廓　　　　　　　　图 14-104　圆角处理

（3）单击"默认"选项卡"绘图"面板中的"圆弧"按钮 ⌒，在椅子后侧绘制轮廓局部造型，如图 14-105 所示。

（4）单击"默认"选项卡"修改"面板中的"偏移"按钮 ⊂，将绘制的圆弧向上偏移，如图 14-106 所示。

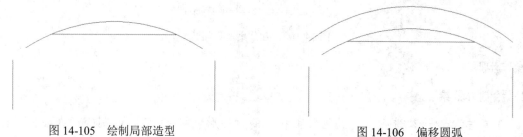

图 14-105　绘制局部造型　　　　　　　　图 14-106　偏移圆弧

（5）单击"默认"选项卡"绘图"面板中的"圆弧"按钮 ⌒，对两端进行绘制圆弧处理，如图 14-107 所示。

（6）单击"默认"选项卡"绘图"面板中的"直线"按钮 ／，在办公椅子侧面绘制一条竖向直线，如图 14-108 所示。

图 14-107　绘制两端弧线　　　　　　　　图 14-108　绘制直线

（7）单击"默认"选项卡"绘图"面板中的"圆弧"按钮 ⌒，完成侧面扶手的绘制，如图 14-109 所示。

（8）单击"默认"选项卡"修改"面板中的"镜像"按钮 ◁▷，得到另外一侧的扶手，完成椅子的绘制，如图 14-110 所示。命令行提示与操作如下。

```
命令：_MIRROR
选择对象：（选取扶手）
选择对象：（按 Enter 键）
指定镜像线的第一点：（以中间的轴线位置作为镜像线）
指定镜像线的第二点：
要删除源对象吗？[是(Y)/否(N)] <否>：N（输入 N 后按 Enter 键保留原有图形）
```

图 14-109   绘制侧面扶手   图 14-110   完成椅子绘制

3．绘制柜子

（1）单击"默认"选项卡"绘图"面板中的"多段线"按钮 ⊃，绘制侧面桌面的柜子造型，如图 14-111 所示。

（2）单击"默认"选项卡"绘图"面板中的"直线"按钮 ╱，绘制一条竖直直线，如图 14-112 所示。

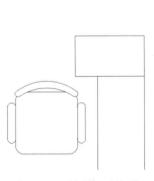

图 14-111   绘制柜子造型

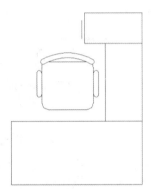

图 14-112   绘制直线

4．绘制办公设备

（1）单击"默认"选项卡"绘图"面板中的"矩形"按钮 ▭，在合适的位置处绘制一个矩形，如图 14-113 所示。

（2）单击"默认"选项卡"绘图"面板中的"多段线"按钮 ⊃，在步骤（1）中绘制的矩形内部绘制一个小的矩形，如图 14-114 所示。

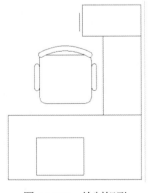

图 14-113   绘制矩形

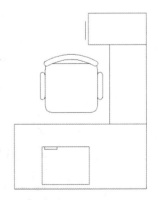

图 14-114   绘制小矩形

（3）单击"默认"选项卡"绘图"面板中的"多段线"按钮，完成办公设备轮廓的绘制，如图 14-115 所示。

（4）单击"默认"选项卡"绘图"面板中的"矩形"按钮，绘制键盘轮廓，如图 14-116 所示。

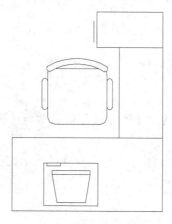

图 14-115　绘制办公设备轮廓

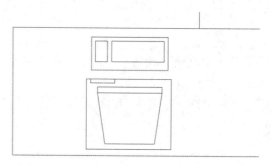

图 14-116　绘制键盘轮廓

📢 **注意：**

在这里对办公桌上的设备仅作轮廓近似绘制。

5. 绘制电话机

（1）单击"默认"选项卡"绘图"面板中的"多边形"按钮，绘制办公电话造型轮廓，如图 14-117 所示。命令行提示与操作如下。

```
命令：_POLYGON 输入侧面数 <4>:4（输入等边多边形的边数）
指定正多边形的中心点或 [边(E)]：（指定等边多边形中心点位置）
输入选项 [内接于圆(I)/外切于圆(C)] <I>：C（输入 C 以外切于圆确定等边多边形）
指定圆的半径：（指定外切圆半径）
```

（2）单击"默认"选项卡"绘图"面板中的"矩形"按钮，绘制电话局部大体轮廓造型，如图 14-118 所示。

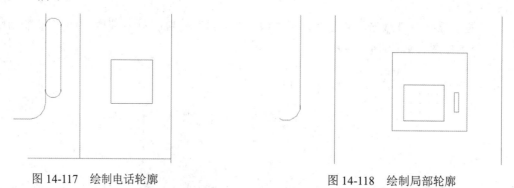

图 14-117　绘制电话轮廓　　　　　　　　　　　　图 14-118　绘制局部轮廓

（3）单击"默认"选项卡"绘图"面板中的"圆"按钮，绘制一个圆，如图 14-119 所示，命令行提示与操作如下。

```
命令：_CIRCLE
```

指定圆的圆心或 [三点(3P)/两点(2P)/切点、切点、半径(T)]：（指定圆心点位置）
指定圆的半径或 [直径(D)] <20.0000>：（输入圆形半径或在屏幕上直接点取）

（4）单击"默认"选项卡"修改"面板中的"复制"按钮🖧，复制步骤（3）中绘制的圆，如图 14-120 所示。

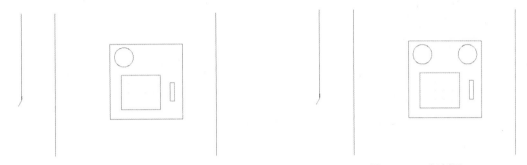

图 14-119　绘制圆　　　　　　　　　　　　图 14-120　复制圆

（5）单击"默认"选项卡"绘图"面板中的"直线"按钮╱，在两圆之间绘制一条水平直线，如图 14-121 所示。

（6）单击"默认"选项卡"修改"面板中的"偏移"按钮⊑，将水平直线向下偏移，如图 14-122 所示。

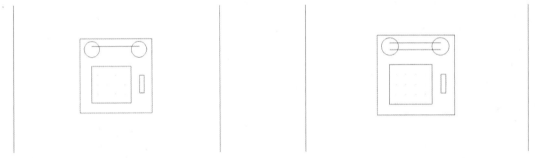

图 14-121　绘制直线　　　　　　　　　　　图 14-122　偏移直线

（7）单击"默认"选项卡"修改"面板中的"修剪"按钮🗲，修剪掉多余的直线，完成话筒的绘制，如图 14-123 所示。命令行提示与操作如下。

```
命令：_TRIM
当前设置：投影=UCS，边=无
选择剪切边...
选择对象或 <全部选择>：（选择两条直线为剪切边界）
选择对象：（按 Enter 键）
选择要修剪的对象，或按住 Shift 键选择要延伸的对象，或[栏选(F)/窗交(C)/投影(P)/边(E)/删除(R)/
放弃(U)]：（选择一侧圆为剪切对象）
选择要修剪的对象，或按住 Shift 键选择要延伸的对象，或[栏选(F)/窗交(C)/投影(P)/边(E)/删除(R)/
放弃(U)]：（选择另一侧的圆剪切对象）
选择要修剪的对象，或按住 Shift 键选择要延伸的对象，或[栏选(F)/窗交(C)/投影(P)/边(E)/删除(R)/
放弃(U)]：（按 Enter 键）
```

（8）单击"默认"选项卡"绘图"面板中的"直线"按钮╱和"修改"面板中的"复制"按钮🖧，绘制话筒与电话机连接线，如图 14-124 所示。

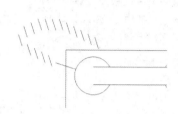

图 14-123　绘制话筒　　　　　　　　　图 14-124　绘制连接线

（9）单击"默认"选项卡"绘图"面板中的"多点"按钮∴，在电话机上绘制数字按键。在命令行中输入ZOOM，缩放视图，办公桌部分图形绘制完成，如图 14-125 所示。命令行提示与操作如下。

```
命令：ZOOM
指定窗口的角点，输入比例因子 (nX 或 nXP)，或者[全部(A)/中心(C)/动态(D)/范围(E)/上一个(P)/比例(S)/窗口(W)/对象(O)] <实时>：E
正在重新生成模型。
```

6. 绘制隔断

（1）单击"默认"选项卡"绘图"面板中的"直线"按钮╱，绘制办公桌的隔断轮廓线，如图 14-126 所示。

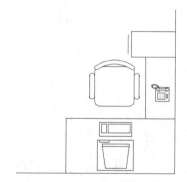

图 14-125　完成办公桌绘制　　　　　　图 14-126　绘制隔断轮廓线

（2）单击"默认"选项卡"修改"面板中的"偏移"按钮⊑，偏移轮廓线，如图 14-127 所示。

（3）使用同样的方法继续绘制隔断，形成一个标准办公桌单元，如图 14-128 所示。

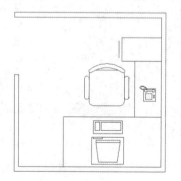

图 14-127　偏移轮廓线　　　　　　　　图 14-128　一个办公桌单元

7. 完成绘制

（1）单击"默认"选项卡"修改"面板中的"镜像"按钮 ⚮，进行镜像操作，得到对称的两个办公桌单元图形，命令行提示与操作如下。

> 命令：_MIRROR
> 选择对象：指定对角点：选取办公桌单元
> 选择对象：找到 42 个，总计 44 个
> 指定镜像线的第一点：（以中间的轴线位置作为镜像线）
> 指定镜像线的第二点：
> 要删除源对象吗？[是(Y)/否(N)] <否>：N（输入 N 按 Enter 键保留原有图形）

结果如图 14-129 所示。

📢 **注意：**

> 左右相同的办公桌单元造型可以通过镜像得到，而前后相同的办公单元造型可以通过复制得到。

（2）单击"默认"选项卡"修改"面板中的"复制"按钮 ⚙，通过复制得到相同方向排列的办公桌单元图形，如图 14-130 所示。

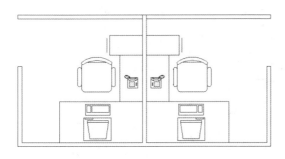

图 14-129　镜像办公桌单元

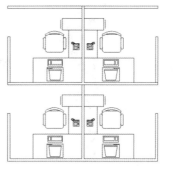

图 14-130　复制图形

动手练——绘制隔断办公桌

绘制如图 14-131 所示的隔断办公桌。

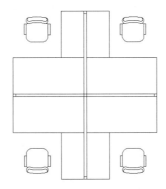

图 14-131　隔断办公桌

📋 **思路点拨：**

> **源文件**：源文件\第 14 章\隔断办公桌.dwg
> （1）利用绘图和编辑命令绘制办公椅图形。

（2）利用"直线"和"矩形"命令绘制办公桌轮廓线。
（3）进行两次镜像处理。

14.3 服务类桌台

服务类桌台设计一般采用较现代化的风格，本节主要介绍吧台、接待台的绘制过程，从而熟练掌握 AutoCAD 2020 的应用。

14.3.1 吧台

本实例将介绍吧台的绘制，利用"绘图"工具栏中的"直线""圆""圆弧"等命令以及"修改"工具栏中的"修剪""偏移""镜像"等命令来绘制吧台立面效果图，结果如图 14-132 所示。

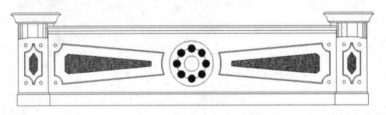

图 14-132　吧台立面图最终效果

扫一扫，看视频

操作步骤

1. 吧台平面图

（1）单击"绘图"工具栏中的"直线"按钮 、"圆"按钮 和"圆弧"按钮 ，绘制吧台平面图框架，如图 14-133 所示。

（2）单击"修改"工具栏中的"修剪"按钮 ，对图形进行修剪，最终效果如图 14-134 所示。

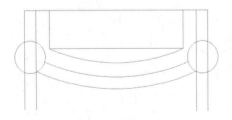

图 14-133　绘制吧台平面图框架

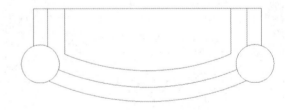

图 14-134　吧台平面图最终效果

2. 吧台立面图

（1）单击"绘图"工具栏中的"直线"按钮 、"圆弧"按钮 和"修改"工具栏中的"偏移"按钮 等，绘制立面图框架；单击"修改"工具栏中的"修剪"按钮 ，进行修剪，结果如图 14-135 所示。

（2）单击"绘图"工具栏中的"圆"按钮 和"修改"工具栏中的"偏移"按钮 等，绘制柱子装饰，并进行填充，结果如图14-136所示。

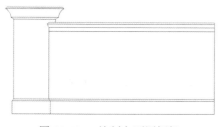

图14-135 绘制立面图框架

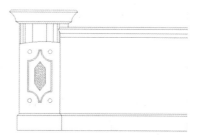

图14-136 绘制柱子图案

（3）单击"绘图"工具栏中的"直线"按钮 、"圆"按钮 、"圆弧"按钮 和"修改"工具栏中的"偏移"按钮 、"镜像"按钮 等，绘制吧台立面装饰，如图14-137所示。

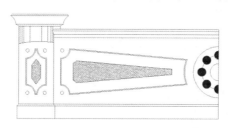

图14-137 绘制吧台立面装饰

（4）单击"修改"工具栏中的"镜像"按钮 ，将绘制的吧台立面装饰进行镜像，最终效果如图14-132所示。

14.3.2 接待台

扫一扫，看视频

本实例将介绍接待台的绘制，利用"默认"选项卡"绘图"面板中的"矩形""圆""直线"等命令以及"修改"面板中的"修剪""偏移"等命令来绘制接待台立面效果图。结果如图14-138所示。

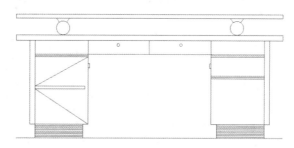

图14-138 接待台立面图最终效果

1．接待台平面图

（1）单击"绘图"工具栏中的"矩形"按钮 、"圆"按钮 、"直线"按钮 等，绘制平面图基本框架，如图14-139所示。

（2）单击"绘图"工具栏中的"直线"按钮 ，绘制玻璃效果，最终效果如图14-140所示。

图 14-139　绘制平面图基本框架

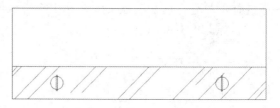

图 14-140　接待台平面图最终效果

2．接待台立面图

（1）单击"绘图"工具栏中的"直线"按钮／、"圆"按钮⊙和单击"修改"工具栏中的"偏移"按钮⊆等，绘制框架图，效果如图 14-141 所示。

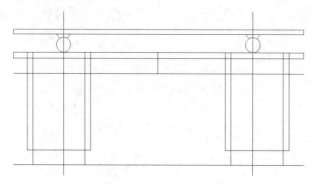

图 14-141　绘制框架图

（2）单击"修改"工具栏中的"修剪"按钮▼和"偏移"按钮⊆等，对图形进行整理，最终效果如图 14-138 所示。

动手练——绘制接待台

绘制如图 14-142 所示的接待台。

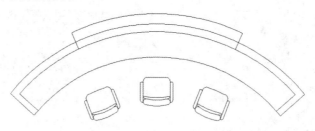

图 14-142　接待台

📋 **思路点拨：**

源文件：源文件\第 14 章\接待台.dwg
（1）利用"直线""圆弧"和"偏移"命令绘制桌子。
（2）利用绘图和编辑命令绘制椅子图形。
（3）利用"移动""旋转"和"复制"命令布置椅子。

第 15 章　储物类家具设计

内容简介

储物类家具的设计要求能存放物品数量充分、存放方式合理、存取方便、容易清洁整理、占据室内空间较小等，因此需对存放物品的规格尺寸、存放方式、物品使用要求以及使用过程中人体活动规律等有充分的了解，以便于设计。

储物类家具的设计必须充分考虑不同物品的使用要求，如电视机柜，除了具备散热条件外，还必须符合电视机的使用条件，结构布局要便于使用者调整，隔板高度要适合观看；对于多功能的多用柜、组合柜、博古柜等橱柜，还要考虑使用过程的程序。

内容要点

❑ 客厅储物类
❑ 卧室储物类

案例效果

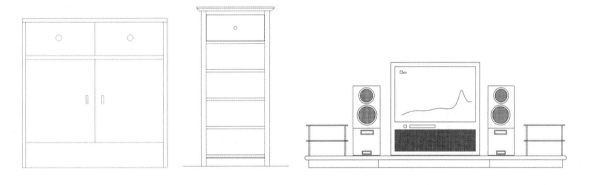

15.1　客厅储物类

一个有风格而且线条流畅的客厅，必须要有宽阔而合理的收纳设计。既要使日常用品能方便拿取，又要使视觉空间雅观，这就要求对储物类家具的设计更加合理化、人性化。接下来将举例介绍储物类家具的绘制过程。

15.1.1　鞋柜

本实例绘制如图 15-1 所示鞋柜。通过"矩形""分解""偏移"等命令来完成鞋柜的绘制。

图 15-1 鞋柜

扫一扫，看视频

操作步骤

（1）单击"默认"选项卡"绘图"面板中的"矩形"按钮，绘制一个长为 1200、宽为 1200 的矩形，如图 15-2 所示。

（2）单击"默认"选项卡"修改"面板中的"分解"按钮，将矩形分解。

（3）单击"默认"选项卡"修改"面板中的"偏移"按钮，将矩形上边向内偏移，偏移距离为30，如图 15-3 所示。

（4）继续单击"默认"选项卡"修改"面板中的"偏移"按钮，将矩形两侧边向内偏移，距离为30，如图 15-4 所示。

图 15-2 绘制矩形   图 15-3 偏移上边   图 15-4 偏移侧边

（5）单击"默认"选项卡"修改"面板中的"修剪"按钮，修剪掉多余的直线，如图 15-5 所示。

（6）单击"默认"选项卡"修改"面板中的"偏移"按钮，将最下侧水平直线向上偏移，直线之间的偏移距离分别为200、670、30，偏移后如图 15-6 所示。

（7）单击"默认"选项卡"修改"面板中的"修剪"按钮，修剪掉多余的直线，如图 15-7 所示。

图 15-5 修剪直线   图 15-6 偏移直线   图 15-7 修剪直线

（8）单击"默认"选项卡"绘图"面板中的"直线"按钮 ╱，以水平直线中点为起点，绘制两条竖直直线，如图 15-8 所示。

（9）单击"默认"选项卡"绘图"面板中的"矩形"按钮 ▭，绘制一个小矩形，作为柜子的把手，如图 15-9 所示。

（10）单击"默认"选项卡"修改"面板中的"镜像"按钮 ◁▷，将矩形镜像到另外一侧，如图 15-10 所示。

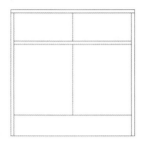

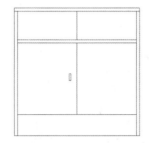

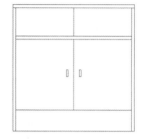

图 15-8　绘制竖直直线　　　　　图 15-9　绘制把手　　　　　图 15-10　镜像矩形

（11）单击"默认"选项卡"绘图"面板中的"圆"按钮 ⊙，绘制一个圆，如图 15-11 所示。

（12）单击"默认"选项卡"修改"面板中的"镜像"按钮 ◁▷，将步骤（11）中绘制的圆镜像到另外一侧，完成柜子的绘制，如图 15-12 所示。

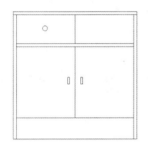

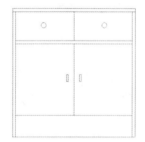

图 15-11　绘制圆　　　　　　　　　　　图 15-12　镜像圆

扫一扫，看视频

15.1.2　杂物柜

本实例利用"直线""矩形"和"圆弧"命令绘制初步结构，再利用"镜像"命令得到另外一部分，最后填充图形，如图 15-13 所示。

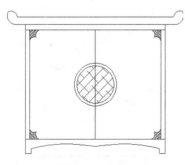

图 15-13　柜子

操作步骤

（1）单击"默认"选项卡"图层"面板中的"图层特性"按钮 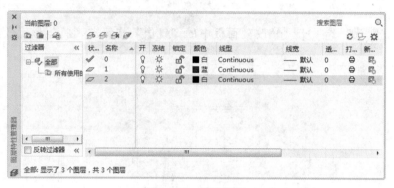，打开"图层特性管理器"选项板，新建图层，如图 15-14 所示。

图 15-14　新建图层

（2）将图层 1 置为当前图层，单击"默认"选项卡"绘图"面板中的"直线"按钮 ╱，绘制直线，命令行提示与操作如下。

```
命令：_LINE
指定第一个点：40,32
指定下一点或 [放弃(U)]：@0,-32
指定下一点或 [放弃(U)]：@-40,0
指定下一点或 [闭合(C)/放弃(U)]：@0,100
指定下一点或 [闭合(C)/放弃(U)]：
```

结果如图 15-15 所示。

（3）单击"默认"选项卡"绘图"面板中的"直线"按钮 ╱，绘制两个端点坐标为（30,100）和（@0,760）的直线，绘制结果如图 15-16 所示。

图 15-15　绘制直线

图 15-16　绘制竖向直线

（4）单击"默认"选项卡"绘图"面板中的"矩形"按钮 ▭，绘制矩形，命令行提示与操作如下。

```
命令：_RECTANG
指定第一个角点或 [倒角(C)/标高(E)/圆角(F)/厚度(T)/宽度(W)]：0,100
指定另一个角点或 [面积(A)/尺寸(D)/旋转(R)]：500,860
```

结果如图 15-17 所示。

（5）单击"默认"选项卡"绘图"面板中的"矩形"按钮 ▭，绘制角点坐标分别为{（0,860），

（1000,900）}、{（-60,900），（1060,950）}的两个矩形，绘制结果如图 15-18 所示。

图 15-17　绘制矩形　　　　　　　图 15-18　绘制其他矩形

（6）单击"默认"选项卡"绘图"面板中的"圆弧"按钮，绘制圆弧，命令行提示与操作如下。

```
命令：_ARC
指定圆弧的起点或 [圆心(C)]：500,47.4
指定圆弧的第二个点或 [圆心(C)/端点(E)]：269,65
指定圆弧的端点：40,32
```

结果如图 15-19 所示。

（7）单击"默认"选项卡"绘图"面板中的"圆弧"按钮，绘制 3 点坐标分别为{（500,630），（350,480），（500,330）}、{（500,610），（370,480），（500,350）}、{（30,172），（50,150.4），（79.4,152）}、{（79.4,152），（76.9,121.8），（98,100）}、{（30,788），（50,809.6），（79.4,807.7）}、{（79.4,807.7），（73.7,837），（101,860）}、{（-60,900），（-120,924），（-121.6,988.3）}、{（-121.6,988.3），（-81.1,984.7），（-60,950）}的另外 8 段圆弧，绘制结果如图 15-20 所示。

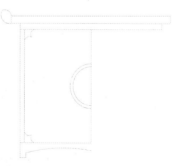

图 15-19　绘制圆弧　　　　　　　图 15-20　绘制其他圆弧

（8）单击"默认"选项卡"修改"面板中的"镜像"按钮，将图形进行镜像处理，命令行提示与操作如下。

```
命令：_MIRROR
选择对象：ALL（选取左侧所有图形）
找到 58 个
选择对象：
指定镜像线的第一点：500,100
指定镜像线的第二点：500,1000
要删除源对象吗？[是(Y)/否(N)] <否>：
```

绘制结果如图 15-21 所示。

（9）将图层 2 设置为当前图层，单击"默认"选项卡"绘图"面板中的"图案填充"按钮▨，打开"图案填充创建"选项卡，设置填充图案为 ANSI31，比例为 2，对柜子 4 个角进行填充，如图 15-22 所示。

图 15-21　镜像处理

图 15-22　填充柜子 4 个角

（10）使用同样的方法，继续利用"图案填充"命令，设置填充图案为 ANSI38，比例为 15，对同心圆区域进行填充，结果如图 15-23 所示。

（11）单击"默认"选项卡"修改"面板中的"分解"按钮▥，分解最上端的矩形，删除两侧的竖直线，结果如图 15-24 所示。

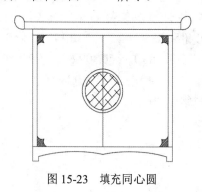

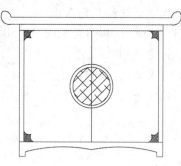

图 15-23　填充同心圆

图 15-24　删除线段

15.1.3　立柜

本节绘制如图 15-25 所示的立柜。首先设置图层，然后利用"直线""偏移""矩形阵列""修剪"命令绘制立面图的主体，最后利用"偏移""修剪""倒角"命令绘制柜面。

图 15-25　立柜

操作步骤

（1）单击"默认"选项卡"图层"面板中的"图层特性"按钮🔳，打开"图层特性管理器"选项板，新建图层，具体参数设置如图 15-26 所示。

（2）将"粗实线"图层设置为当前图层。单击"默认"选项卡"绘图"面板中的"直线"按钮╱，在图中适当位置绘制长度为 1200 的竖直线。重复"直线"命令，在竖直线的下方绘制一条水平直线，如图 15-27 所示。

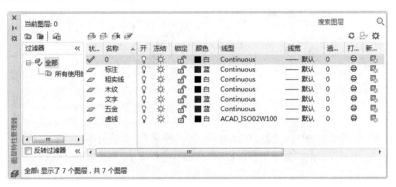

图 15-26 "图层特性管理器"选项板　　　　　　　　图 15-27 绘制直线

（3）单击"默认"选项卡"修改"面板中的"偏移"按钮⊑，将第（2）步绘制的竖直线向右偏移，偏移距离为 40、510、550；将水平直线向上偏移，偏移距离为 62、67、87、88、288，结果如图 15-28 所示。

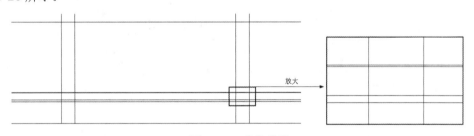

图 15-28 偏移线段

（4）单击"默认"选项卡"修改"面板中的"修剪"按钮📐，修剪多余的线段，结果如图 15-29 所示。

（5）单击"默认"选项卡"修改"面板中的"矩形阵列"按钮🔠，将视图中最上方的两条水平直线进行阵列，行数为 4，行数之间的距离为 220，列数为 1，结果如图 15-30 所示。

图 15-29 修剪线段　　　　　　　　　　　　　图 15-30 阵列图形

（6）单击"默认"选项卡"修改"面板中的"偏移"按钮⊆，将里面的两条竖直线分别向内偏移，偏移距离为1；将最上端的水平直线向上偏移，偏移距离为20、21、221、222，结果如图 15-31 所示。

（7）单击"默认"选项卡"修改"面板中的"修剪"按钮ㄨ，修剪多余的线段，结果如图 15-32 所示。

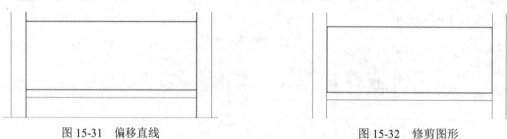

图 15-31 偏移直线   图 15-32 修剪图形

（8）将"五金"层设置为当前图层。单击"默认"选项卡"绘图"面板中的"圆"按钮⊙，单击"对象追踪"按钮，打开对象追踪，捕捉第（7）步修剪后的矩形中点，在如图 15-33 所示的中点延长线的交点处绘制半径为 12.5 的圆。

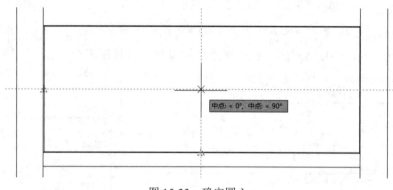

图 15-33 确定圆心

（9）将"粗实线"图层设置为当前图层。单击"默认"选项卡"修改"面板中的"偏移"按钮⊆，将左端竖直线向左偏移，偏移距离为35；然后向右偏移，偏移距离为585；将最上端的水平直线向上偏移，偏移距离为30、50、60，结果如图 15-34 所示。

（10）选中要偏移后的直线，将鼠标放在夹点处，在显示的快捷菜单中选择"拉长"命令，如图 15-35 所示，调整直线的长度；采用相同的方法调整直线的长度，结果如图 15-36 所示。

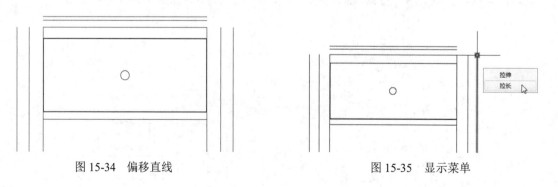

图 15-34 偏移直线   图 15-35 显示菜单

（11）单击"默认"选项卡"修改"面板中的"倒角"按钮，将倒角距离设置为 20，对图 15-36 中的边线 1、2 和 3、4 进行倒角，结果如图 15-37 所示。

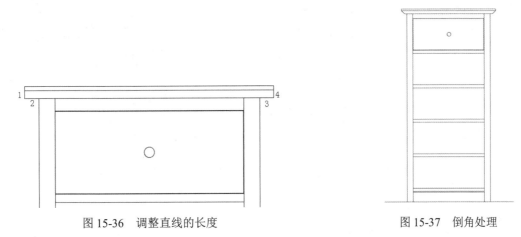

图 15-36　调整直线的长度　　　　　　　　图 15-37　倒角处理

动手练——绘制电视柜

绘制如图 15-38 所示的电视柜。

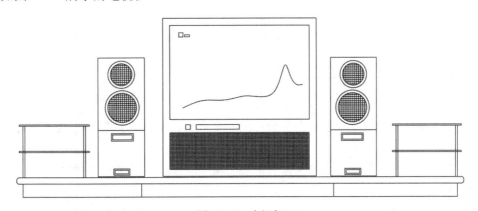

图 15-38　电视柜

思路点拨：

> **源文件**：源文件\第 15 章\电视柜.dwg
> （1）利用"矩形""分解""圆角"和"直线"命令绘制底座。
> （2）利用"矩形"和"镜像"命令绘制两侧的置物架。
> （3）利用"矩形""圆""偏移""样条曲线"和"图案填充"命令绘制电视机和音响。

15.2　卧室储物类

卧室的设计要追求功能和形式完美统一、优雅独特、简洁明快的设计风格，因此卧室储物类家具的设计要尽量符合上述特点。接下来将举例说明卧室储物类家具的绘制过程。

15.2.1 衣柜

本实例绘制的衣柜如图 15-39 所示。由图可知，该衣柜主要由直线和圆弧组成，在利用"直线""圆弧"绘图命令的同时配合使用几个简单的编辑命令来完成衣柜的绘制。

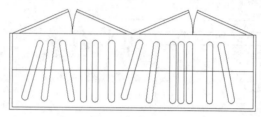

图 15-39　衣柜

扫一扫，看视频

操作步骤

（1）单击"默认"选项卡"绘图"面板中的"直线"按钮 ╱，绘制一条长为 4400 的水平直线，如图 15-40 所示。

（2）单击"默认"选项卡"绘图"面板中的"直线"按钮 ╱，分别以水平直线的左端点和右端点为起点绘制两条长为 1320 的竖直线，如图 15-41 所示。

图 15-40　绘制水平直线　　　　　图 15-41　绘制竖直线

（3）单击"默认"选项卡"绘图"面板中的"直线"按钮 ╱，连接两条竖直线的上端点，如图 15-42 所示。

（4）单击"默认"选项卡"修改"面板中的"偏移"按钮 ⊆，将矩形两个竖向边和底部水平边向内偏移 44，如图 15-43 所示。

图 15-42　绘制水平直线　　　　　　　　图 15-43　偏移直线

（5）单击"默认"选项卡"修改"面板中的"修剪"按钮 ✄，修剪偏移后的直线交叉处，如图 15-44 所示。

（6）单击"默认"选项卡"绘图"面板中的"直线"按钮 ╱，在柜子中间绘制一条直线，如图 15-45 所示。

（7）单击"默认"选项卡"绘图"面板中的"直线"按钮 ╱ 和"圆弧"按钮 ╱，绘制衣架，如图 15-46 所示。

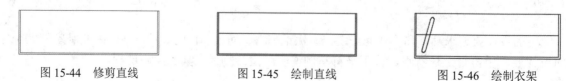

图 15-44　修剪直线　　　　图 15-45　绘制直线　　　　图 15-46　绘制衣架

（8）单击"默认"选项卡"修改"面板中的"复制"按钮🖧和"旋转"按钮↻，将第（7）步中绘制的衣架进行复制，如图 15-47 所示。

（9）单击"默认"选项卡"绘图"面板中的"直线"按钮╱和"圆弧"按钮╱，绘制衣柜门，如图 15-48 所示。

（10）单击"默认"选项卡"修改"面板中的"镜像"按钮◁▷，将第（9）步绘制的衣柜门进行镜像，完成衣柜的绘制，如图 15-49 所示。

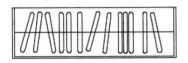

图 15-47　复制衣架

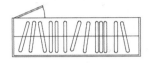

图 15-48　绘制衣柜门

图 15-49　完成衣柜的绘制

15.2.2　床头柜

本节绘制如图 15-50 所示的床头柜立面图。首先设置图层，然后利用"矩形""偏移""修剪"等命令绘制床头柜的主体，最后利用"偏移""修剪"等命令绘制抽屉。

图 15-50　床头柜立面图

扫一扫，看视频

操作步骤

（1）单击"默认"选项卡"图层"面板中的"图层特性"按钮🗂，打开"图层特性管理器"选项板，新建图层，具体参数设置如图 15-51 所示。

（2）将"粗实线"图层设置为当前图层。单击状态栏中的"显示/隐藏开关"按钮☰，单击"默认"选项卡"绘图"面板中的"矩形"按钮▢，在图中适当位置绘制 500×480 的矩形，如图 15-52 所示。

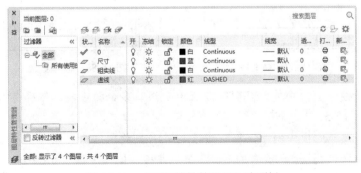

图 15-51　"图层特性管理器"选项板

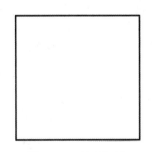

图 15-52　绘制矩形

（3）单击"默认"选项卡"修改"面板中的"分解"按钮，将第（2）步绘制的矩形进行分解。

（4）单击"默认"选项卡"修改"面板中的"偏移"按钮，将左侧竖直线向内偏移，偏移距离为29和36；重复"偏移"命令，将上方的水平直线和右侧竖直线向内偏移29和36；将偏移距离为29的直线转换到"虚线"层，结果如图15-53所示。

（5）单击"默认"选项卡"修改"面板中的"修剪"按钮，修剪多余的线段，结果如图15-54所示。

（6）单击"默认"选项卡"绘图"面板中的"直线"按钮，单击状态栏中的"二维对象捕捉"按钮，打开对象捕捉，捕捉图15-54中的点1和点2，绘制直线；重复"直线"命令，连接图15-54中的点3和点4，结果如图15-55所示。

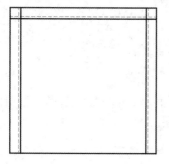
图 15-53 偏移线段

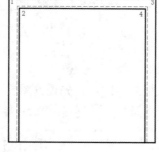
图 15-54 修剪图形

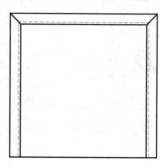
图 15-55 绘制直线

（7）单击"默认"选项卡"修改"面板中的"偏移"按钮，将最下方的水平直线向上偏移，偏移距离为50、68、311、336，结果如图15-56所示。

（8）单击"默认"选项卡"修改"面板中的"修剪"按钮，修剪多余的线段，结果如图15-57所示。

（9）单击"默认"选项卡"修改"面板中的"偏移"按钮，分别将图15-57所示的直线1和直线3向内偏移，偏移距离为3、13、25，将图15-57中的直线2向下偏移，偏移距离为3、18，将图15-57中的直线4向上偏移，偏移距离为5、10，结果如图15-58所示。

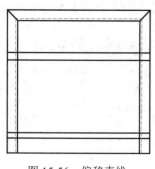

图 15-56 偏移直线

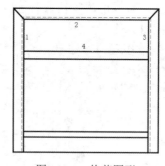
图 15-57 修剪图形

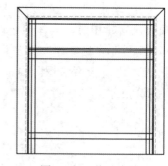
图 15-58 偏移直线

（10）单击"默认"选项卡"修改"面板中的"修剪"按钮，修剪多余的线段，然后将内部的线段转换到"虚线"层，结果如图15-59所示。

（11）单击"默认"选项卡"修改"面板中的"偏移"按钮，分别将图15-59所示的直线1和直线3向内偏移，偏移距离为7、176，将图15-59中的直线2向上偏移，偏移距离为5、10、35、45，结果如图15-60所示。

（12）单击"默认"选项卡"修改"面板中的"修剪"按钮，修剪多余的线段，然后将内部的矩形转换到"粗实线"层，结果如图 15-61 所示。

图 15-59　修剪曲线

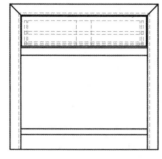

图 15-60　偏移直线

图 15-61　修剪图形

15.2.3　组合柜

组合柜是卧室中必不可少的设施，通过本实例，读者将掌握客房组合柜的绘制方法和技巧。首先绘制桌子，然后绘制抽屉，再绘制椅子，最后绘制镜子，结果如图 15-62 所示。

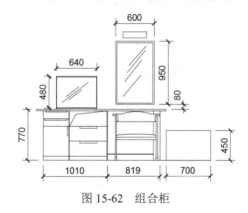

图 15-62　组合柜

扫一扫，看视频

操作步骤

1．绘制桌子

（1）单击"默认"选项卡"绘图"面板中的"矩形"按钮，绘制一个长为 2030、宽为 20 的矩形，如图 15-63 所示。

图 15-63　绘制矩形

（2）单击"默认"选项卡"绘图"面板中的"直线"按钮，绘制一条长为 750 的竖直直线，如图 15-64 所示。

（3）单击"默认"选项卡"修改"面板中的"偏移"按钮，将竖直直线向右偏移，偏移距离分别为 1010、819，如图 15-65 所示。

图 15-64　绘制直线　　　　　　　　　　　　　　图 15-65　偏移直线

（4）单击"默认"选项卡"绘图"面板中的"直线"按钮 ╱，以最左侧竖直直线的端点为起点绘制一条长为 2625 的水平直线，如图 15-66 所示。

（5）单击"默认"选项卡"修改"面板中的"分解"按钮 ⑩，将矩形分解。

（6）单击"默认"选项卡"修改"面板中的"偏移"按钮 ⊆，将矩形下侧直线向下偏移 240 和 450，如图 15-67 所示。

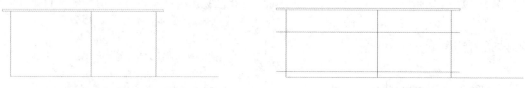

图 15-66　绘制水平直线　　　　　　　　　　　图 15-67　偏移直线

（7）同理，单击"默认"选项卡"修改"面板中的"偏移"按钮 ⊆，将左侧竖直直线向右偏移，偏移距离为 400、10 和 590，如图 15-68 所示。

（8）单击"默认"选项卡"修改"面板中的"修剪"按钮 ，修剪掉多余的直线，如图 15-69 所示。

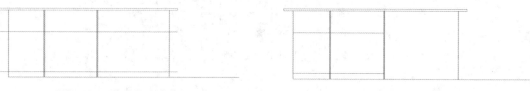

图 15-68　偏移竖直直线　　　　　　　　　　　图 15-69　修剪直线

（9）单击"默认"选项卡"绘图"面板中的"直线"按钮 ╱ 和"矩形"按钮 ▢，绘制抽屉，如图 15-70 所示。

（10）单击"默认"选项卡"绘图"面板中的"多段线"按钮 ，绘制折线，细化抽屉图形，如图 15-71 所示。

图 15-70　绘制抽屉　　　　　　　　　　　　　图 15-71　细化抽屉

（11）单击"默认"选项卡"修改"面板中的"偏移"按钮 ⊆，将最右侧直线向左偏移，偏移距离为 100，将最下侧水平线向上偏移 88 和 10，如图 15-72 所示。

（12）单击"默认"选项卡"修改"面板中的"修剪"按钮 ，修剪多余直线，完成柜子的绘制，如图 15-73 所示。

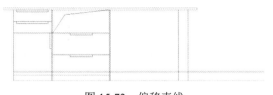

图 15-72　偏移直线

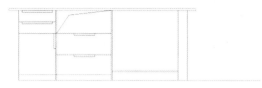

图 15-73　修剪直线

（13）单击"默认"选项卡"绘图"面板中的"矩形"按钮 ▢，以最下侧水平直线右端点为起点，绘制一个长为 700、宽为 450 的小矩形，完成小柜子的绘制，如图 15-74 所示。

2．绘制椅子

（1）单击"默认"选项卡"块"面板中的"插入"下拉菜单中的"其他图形中的块"选项，系统弹出"块"选项板，如图 15-75 所示。单击选项板顶部的 ••• 按钮，，选择椅子图块插入到图中合适的位置，如图 15-76 所示。

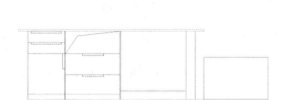

图 15-74　绘制小柜子

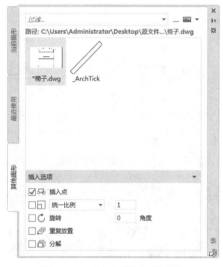

图 15-75　打开"块"选项板

（2）单击"默认"选项卡"修改"面板中的"修剪"按钮 ▼，修剪多余直线，如图 15-77 所示。

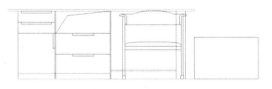

图 15-76　插入椅子图块

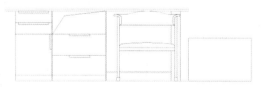

图 15-77　修剪直线

3．绘制镜子

（1）单击"默认"选项卡"绘图"面板中的"直线"按钮 ⁄，在柜子上侧绘制一条长为 40 的竖直直线，如图 15-78 所示。

（2）单击"默认"选项卡"修改"面板中的"偏移"按钮 ⊑，将步骤（1）中绘制的竖直直线向右偏移，偏移距离为 640，如图 15-79 所示。

（3）单击"默认"选项卡"绘图"面板中的"直线"按钮 ⁄，连接竖直直线的上端点。

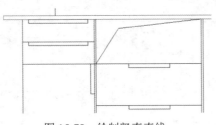
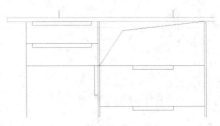

图 15-78　绘制竖直直线　　　　　　　　　　　图 15-79　偏移直线

（4）单击"默认"选项卡"绘图"面板中的"矩形"按钮 □，在柜子上侧绘制长为 640、宽为 480 的矩形，如图 15-80 所示。

（5）单击"默认"选项卡"修改"面板中的"偏移"按钮 ⊜，将矩形向内偏移，偏移距离为 8，如图 15-81 所示。

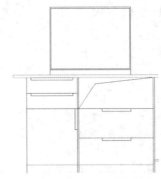

图 15-80　绘制矩形　　　　　　　　　　　　图 15-81　偏移矩形

（6）单击"默认"选项卡"绘图"面板中的"直线"按钮 ╱，细化镜子图形，如图 15-82 所示。

（7）单击"默认"选项卡"修改"面板中的"偏移"按钮 ⊜，将柜子最下侧水平直线向上偏移 850，如图 15-83 所示。

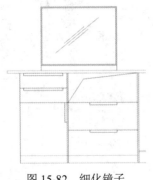
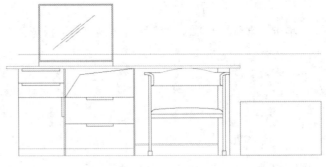

图 15-82　细化镜子　　　　　　　　　　　　图 15-83　偏移直线

（8）单击"默认"选项卡"绘图"面板中的"矩形"按钮 □，以步骤（7）中偏移后的直线上一点为起点，绘制一个长为 600、宽为 950 的矩形，然后单击"默认"选项卡"修改"面板中的"删除"按钮 ✍，将偏移后的水平直线删除，如图 15-84 所示。

（9）单击"默认"选项卡"修改"面板中的"偏移"按钮 ⊜，将步骤（8）中绘制的矩形向内偏移，偏移距离为 20，如图 15-85 所示。

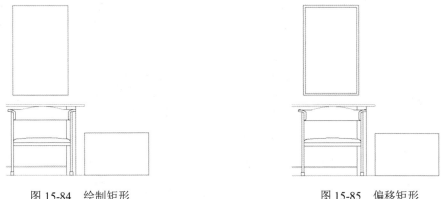

图 15-84 绘制矩形　　　　　　　　　图 15-85 偏移矩形

（10）单击"默认"选项卡"绘图"面板中的"直线"按钮，细化镜子图形，如图 15-86 所示。

（11）单击"默认"选项卡"绘图"面板中的"矩形"按钮，在镜子上侧绘制一个矩形（见图 15-87），最终完成图形的绘制。

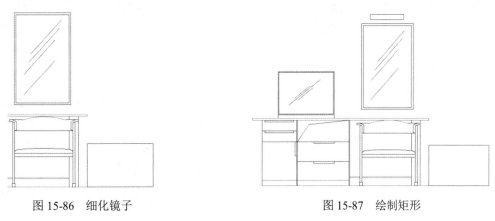

图 15-86 细化镜子　　　　　　　　　图 15-87 绘制矩形

4．标注尺寸

单击"默认"选项卡"注释"面板中的"线性"按钮，为卧室组合柜标注尺寸，如图 15-88 所示。

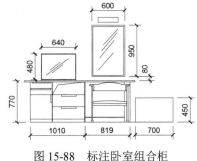

图 15-88 标注卧室组合柜

动手练——绘制柜子

绘制如图 15-89 所示的柜子。

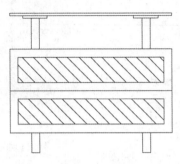

图 15-89　柜子

源文件：源文件\第 15 章\柜子.dwg

（1）利用"矩形"命令在适当位置绘制几个矩形。

（2）利用"复制"命令复制抽屉图形。

（3）利用"镜像"命令镜像支撑。

（4）利用"图案填充"命令填充图案。

第 16 章　床类家具设计

内容简介

床是供人躺卧休息的家具。人类约有 1/3 的时间在床上度过。经过演化，床不仅是休息的工具，也是家庭装饰品之一。

内容要点

↘ 简易类床
↘ 组合类床

案例效果

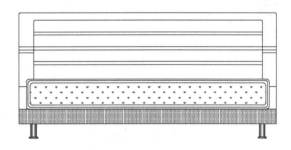

16.1　简　易　类　床

床的基本功能是供人躺在其上舒适地睡眠和休息，以消除疲劳，恢复精力和体力。因此，设计床类家具必须注重考虑床与人体的关系，着眼于床的尺度与弹性结构，使床具备支撑人体卧姿处于最佳状态的条件，使人体得到舒适的休息。

16.1.1　单人床

本实例利用前面所学的样条曲线功能绘制单人床，如图 16-1 所示。

在卧室设计图中，床是必不可少的内容，床分单人床和双人床。床的设计，需要结合考虑卧室的位置及床的摆放。同时，还要考虑舒适、采光、美观等因素。

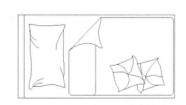

图 16-1　绘制单人床

操作步骤

（1）绘制矩形。单击"默认"选项卡"绘图"面板中的"矩形"按钮 ▢，绘制长为 300、宽

扫一扫，看视频

为150矩形，如图16-2所示。

（2）绘制床头。单击"默认"选项卡"绘图"面板中的"直线"按钮 ╱，在床左侧绘制一条垂直的直线。图16-3所示为床头的平面图。

（3）绘制被子轮廓。在空白位置绘制一个长为200、宽为140的矩形，并利用"移动"命令将其移动到床的右侧（注意两边的间距要尽量相等，右侧距床轮廓的边缘稍近），此矩形即为被子的轮廓，如图16-4所示。

图16-2　绘制矩形（床轮廓）　　　　图16-3　绘制床头　　　　图16-4　绘制被子轮廓

（4）进行圆角处理。在被子左侧顶端绘制一水平方向为40、垂直方向为140的矩形，如图16-5所示。利用"圆角"命令修改矩形的角部，设置圆角半径为5，如图16-6所示。

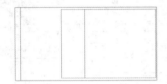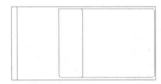

图16-5　绘制矩形　　　　　　　　　图16-6　修改圆角

（5）绘制辅助线。在被子轮廓的左上角绘制一条45°的斜线，单击"默认"选项卡"绘图"面板中的"直线"按钮 ╱，绘制一条水平直线。然后单击"默认"选项卡"修改"面板中的"旋转"按钮 ↻，选择线段一端为旋转基点，在角度提示行后面输入45，按 Enter 键，旋转直线，如图16-7所示。再将其移动到适当的位置，如图16-8所示。单击"默认"选项卡"修改"面板中的"修剪"按钮 ↘，将多余线段删除，删除直线左上侧的多余部分，如图16-9所示。

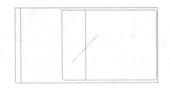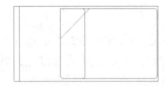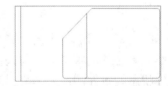

图16-7　绘制45°直线　　　　图16-8　移动直线　　　　图16-9　删除多余线段

（6）绘制样条曲线1。单击"默认"选项卡"绘图"面板中的"样条曲线拟合"按钮 ∿，单击已绘制的45°斜线的端点 A，然后依次单击点 B、C，再单击点 E，设置端点的切线方向，如图16-10所示。命令行提示与操作如下。

```
命令: _SPLINE
当前设置: 方式=拟合    节点=弦
指定第一个点或 [方式(M)/节点(K)/对象(O)]: _M
输入样条曲线创建方式 [拟合(F)/控制点(CV)] <拟合>: _FIT
当前设置: 方式=拟合    节点=弦
指定第一个点或 [方式(M)/节点(K)/对象(O)]: <对象捕捉追踪 开>  <对象捕捉 开>  <对象捕捉追踪
关> (选择点 A)
输入下一个点或 [起点切向(T)/公差(L)]: (选择点 B)
```

输入下一个点或 [端点相切(T)/公差(L)/放弃(U)]：（选择点 C）
输入下一个点或 [端点相切(T)/公差(L)/放弃(U)/闭合(C)]：T
指定端点切向：（选择点 E）

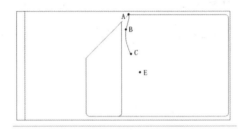

图 16-10　绘制样条曲线 1

（7）绘制样条曲线 2。同理，另外一侧的样条曲线如图 16-11 所示。首先依次单击点 A、B、C，然后按 Enter 键，以点 C 为起点切线方向，点 E 为终点切线方向。此为被子的掀开角，绘制完成后删除角内的多余直线，如图 16-12 所示。

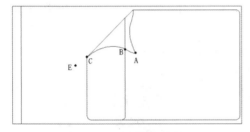

图 16-11　绘制样条曲线 2

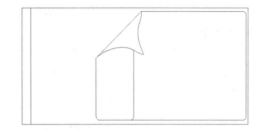

图 16-12　绘制掀开角

（8）绘制枕头和抱枕。用同样的方法绘制枕头和抱枕的图形，最终效果如图 16-1 所示。绘制完成后保存为单人床模块。

16.1.2　绘制双人床平面图

本小节绘制如图 16-13 所示的双人床。

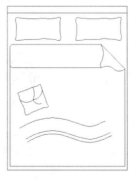

图 16-13　双人床

操作步骤

（1）单击"默认"选项卡"绘图"面板中的"矩形"按钮 ▢ ，绘制长为 1500、宽为 2000 的

扫一扫，看视频

矩形，完成双人床的外部轮廓线的绘制，如图 16-14 所示。

📢 注意：

> 双人床的大小一般为 2000×1800，单人床的大小一般为 2000×1000。

（2）单击"默认"选项卡"绘图"面板中的"直线"按钮／，绘制床单造型，如图 16-15 所示。

图 16-14　绘制轮廓　　　　　　　　　　图 16-15　绘制床单

（3）单击"默认"选项卡"绘图"面板中的"直线"按钮／，进一步绘制床单造型，如图 16-16 所示。

（4）单击"默认"选项卡"修改"面板中的"圆角"按钮∠，将圆角半径设置为 30，对图形进行圆角处理，如图 16-17 所示，命令行提示与操作如下。

```
命令：_FILLET
当前设置：模式 = 修剪，半径 = 0.0000
选择第一个对象或 [放弃(U)/多段线(P)/半径(R)/修剪(T)/多个(M)]：R（输入 R 设置圆角半径大小）
指定圆角半径 <0.0000>：30
选择第一个对象或 [放弃(U)/多段线(P)/半径(R)/修剪(T)/多个(M)]：（选择第 1 条圆角对象边界）
选择第二个对象，或按住 Shift 键选择对象以应用角点或 [半径(R)]：（选择第 2 条圆角对象边界）
```

图 16-16　进一步绘制床单　　　　　　　　图 16-17　绘制圆角

（5）单击"默认"选项卡"修改"面板中的"倒角"按钮∠，对图形进行倒角处理，如图 16-18 所示，命令行提示与操作如下。

```
命令：_CHAMFER
（"修剪"模式）当前倒角距离 1 = 0.0000，距离 2 = 0.0000
选择第一条直线或 [放弃(U)/多段线(P)/距离(D)/角度(A)/修剪(T)/方式(E)/多个(M)]：d（输入 D 设置倒角距离大小）
指定第一个倒角距离 <0.0000>：300
指定第二个倒角距离 <300.0000>：
选择第一条直线或 [放弃(U)/多段线(P)/距离(D)/角度(A)/修剪(T)/方式(E)/多个(M)]：（选择第 1 条倒角对象边界）
```

选择第二条直线，或按住 Shift 键选择直线以应用角点或 [距离(D)/角度(A)/方法(M)]: (选择第2条倒角对象边界)

（6）单击"默认"选项卡"绘图"面板中的"圆弧"按钮 ⌒ ，在图中合适的位置处绘制圆弧，如图 16-19 所示。

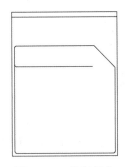

图 16-18 绘制倒角

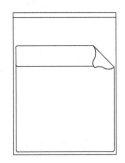

图 16-19 绘制圆弧

（7）单击"默认"选项卡"绘图"面板中的"样条曲线拟合"按钮 N ，建立枕头外轮廓造型，如图 16-20 所示。

📢 注意:

可以使用弧线功能命令 ARC、LINE 等绘制枕头折线，使其效果更为逼真。

（8）单击"默认"选项卡"修改"面板中的"复制"按钮 ℅ ，复制得到另外一个枕头造型，如图 16-21 所示。

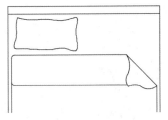

图 16-20 绘制枕头折线

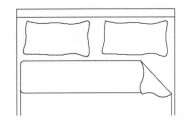

图 16-21 复制枕头造型

（9）单击"默认"选项卡"绘图"面板中的"样条曲线拟合"按钮 N ，在床尾部建立床单尾部的造型，如图 16-22 所示。

（10）单击"默认"选项卡"修改"面板中的"偏移"按钮 ⊆ ，通过偏移得到一组平行线造型，如图 16-23 所示。

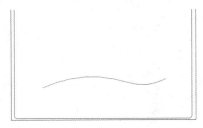

图 16-22 建立床单尾部造型

图 16-23 偏移得到平行线

（11）单击"默认"选项卡"绘图"面板中的"样条曲线拟合"按钮 N ，绘制一个靠垫造型，如图 16-24 所示。

（12）单击"默认"选项卡"绘图"面板中的"圆弧"按钮，绘制靠垫内部线条造型，如图 16-25 所示。

图 16-24　绘制靠垫造型　　　　　　　　图 16-25　绘制靠垫内部线条

16.1.3　绘制双人床立面图

本小节绘制如图 16-26 所示的双人床立面图。首先设置图层，然后绘制床头部分，再绘制床垫部分，最后绘制床脚。

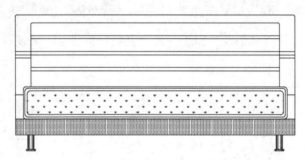

图 16-26　双人床立面图

扫一扫，看视频

操作步骤

（1）单击"默认"选项卡"图层"面板中的"图层特性"按钮，打开"图层特性管理器"选项板，新建图层，具体参数设置如图 16-27 所示。

图 16-27　"图层特性管理器"选项板

（2）将"轮廓线"图层设置为当前图层。单击"默认"选项卡"绘图"面板中的"矩形"按

钮 ⊏，在图中适当位置绘制 1800×100 的矩形；单击"默认"选项卡"修改"面板中的"分解"按钮 ⑥，将刚绘制的矩形进行分解。

（3）单击"默认"选项卡"修改"面板中的"偏移"按钮 ⊆，将矩形的上端水平直线向上偏移，偏移距离为 150、380、399.5、419、650。

（4）单击"默认"选项卡"修改"面板中的"延伸"按钮 →，将两侧竖直边线延伸至偏移后的直线，结果如图 16-28 所示。

（5）单击"默认"选项卡"修改"面板中的"圆角"按钮 ◠，对上端进行圆角处理，圆角半径为 10，结果如图 16-29 所示。

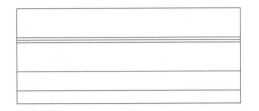

图 16-28 延伸直线

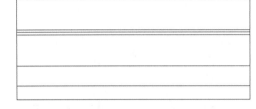

图 16-29 圆角处理

（6）绘制靠背。

① 单击"默认"选项卡"修改"面板中的"偏移"按钮 ⊆，将矩形的上端水平直线向上偏移，偏移距离为 300、320、400、420、500、520、600；重复"偏移"命令，分别将左右两侧的竖直线向内偏移，偏移距离为 100。

② 单击"默认"选项卡"修改"面板中的"修剪"按钮 ✂，修剪和删除多余的线段，结果如图 16-30 所示。

③ 单击"默认"选项卡"修改"面板中的"圆角"按钮 ◠，对靠背上端进行圆角处理，圆角半径为 10，结果如图 16-31 所示。

图 16-30 修剪图形

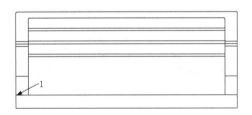

图 16-31 圆角处理

（7）绘制床垫。

① 单击"默认"选项卡"绘图"面板中的"矩形"按钮 ⊏，以图 16-31 中的点 1 为基点绘制 1700×200 的矩形。命令行提示与操作如下。

```
命令： _RECTANG
指定第一个角点或 [倒角(C)/标高(E)/圆角(F)/厚度(T)/宽度(W)]：from
基点：<偏移>：（选取图 16-11 中的点 1 为基点）
>>输入 ORTHOMODE 的新值 <0>：
正在恢复执行 RECTANG 命令。
<偏移>：@50,0
指定另一个角点或 [面积(A)/尺寸(D)/旋转(R)]：@1700,200
```

② 单击"默认"选项卡"修改"面板中的"偏移"按钮 ⊜，将第①步绘制的矩形向内偏移，偏移距离为 10 和 25。

③ 单击"默认"选项卡"修改"面板中的"圆角"按钮 ，对矩形和偏移后的矩形进行圆角处理，圆角半径为 20。

④ 单击"默认"选项卡"修改"面板中的"修剪"按钮 ，修剪和删除多余的线段，结果如图 16-32 所示。

⑤ 将"填充"图层设置为当前图层。单击"默认"选项卡"绘图"面板中的"图案填充"按钮 ，打开"图案填充创建"选项卡，在"图案"面板中选择 GRASS 图案，输入比例为 2，选取最里面的矩形进行图案填充，结果如图 16-33 所示。

图 16-32　修剪图形

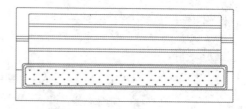
图 16-33　填充图案

（8）绘制床腿。

① 将"轮廓线"图层设置为当前图层。单击"默认"选项卡"绘图"面板中的"矩形"按钮 ，以左下端点为基点，向右偏移 80，绘制 40×90 的矩形；单击"默认"选项卡"修改"面板中的"分解"按钮 ，将刚绘制的矩形进行分解。

② 单击"默认"选项卡"修改"面板中的"偏移"按钮 ⊜，分别将第①步绘制的矩形两侧竖直边向内偏移，偏移距离为 1、3、7 和 12，并将偏移后的直线转换至填充图层，如图 16-34 所示。

③ 单击"默认"选项卡"绘图"面板中的"矩形"按钮 ，以左下端点为基点，向左偏移 10，绘制 60×10 的矩形；单击"默认"选项卡"修改"面板中的"分解"按钮 ，将刚绘制的矩形进行分解。

④ 单击"默认"选项卡"修改"面板中的"偏移"按钮 ⊜，分别将第③步绘制的矩形两侧竖直边向内偏移，偏移距离为 0.5、2、4、6.5、11、17 和 25，并将偏移后的直线转换至填充图层，如图 16-35 所示。

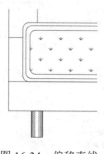
图 16-34　偏移直线

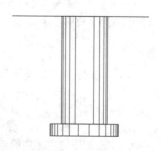
图 16-35　绘制床腿

⑤ 单击"默认"选项卡"修改"面板中的"复制"按钮 ，将步骤①～④绘制的床腿复制到右侧，距离为 1600，结果如图 16-36 所示。

（9）将"填充"图层设置为当前图层。单击"默认"选项卡"绘图"面板中的"图案填充"按钮▨，打开"图案填充创建"选项卡，在"图案"面板中选择BRASS图案，输入比例为2，角度为 90，选取图 16-36 中的区域 1 进行图案填充，结果如图 16-37 所示。

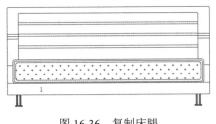

图 16-36　复制床腿

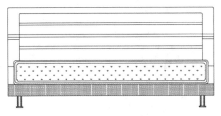

图 16-37　填充图案

动手练——绘制按摩床

绘制如图 16-38 所示的按摩床。

图 16-38　按摩床

📋 **思路点拨：**

> **源文件：**源文件\第 15 章\按摩床.dwg
> （1）利用"矩形"命令绘制床的外轮廓。
> （2）利用"矩形""样条曲线""圆弧"和"图案填充"命令绘制枕头。
> （3）利用"移动"命令将枕头移动到床上。
> （4）利用"圆弧"命令绘制床单褶皱。

16.2　组 合 类 床

组合床类家具的设计，需遵循最大化利用空间的原则，并需考虑到与休息环境的协调。接下来将举例讲解组合类床的绘制过程。

16.2.1　双人床和床头柜

本小节绘制如图 16-39 所示的双人床和床头柜。通过"绘图"面板中的命令绘制基础图形，并利用"修改"面板中的命令完善图形。

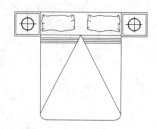

图 16-39 双人床和床头柜

扫一扫，看视频

操作步骤

（1）单击"默认"选项卡"绘图"面板中的"矩形"按钮 □，绘制一个 2000×1500 的矩形，如图 16-40 所示。

（2）单击"默认"选项卡"绘图"面板中的"样条曲线拟合"按钮 ∿，绘制枕头图形的外部轮廓。然后单击"默认"选项卡"绘图"面板中的"直线"按钮 ∕，绘制枕头图形内部的细节线条。

（3）单击"默认"选项卡"修改"面板中的"复制"按钮 ⅋，选取第（2）步绘制完成的枕头图形向右复制，如图 16-41 所示。

（4）单击"默认"选项卡"绘图"面板中的"直线"按钮 ∕，在第（3）步绘制完的枕头图形下方绘制一条直线，如图 16-42 所示。

图 16-40 绘制矩形

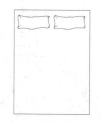

图 16-41 复制枕头

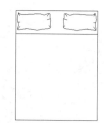

图 16-42 绘制直线

（5）单击"默认"选项卡"修改"面板中的"偏移"按钮 ⊆，选择第（4）步绘制的直线连续向下偏移，偏移距离为 60、30、30、30，如图 16-43 所示。

（6）单击"默认"选项卡"修改"面板中的"圆角"按钮 ⌐，对矩形底边进行圆角处理，圆角半径为 100，如图 16-44 所示。

（7）单击"默认"选项卡"绘图"面板中的"直线"按钮 ∕，绘制矩形底边对角线，如图 16-45 所示。

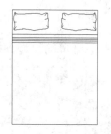

图 16-43 偏移直线

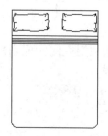

图 16-44 圆角处理

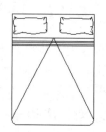

图 16-45 绘制对角线

（8）单击"默认"选项卡"修改"面板中的"修剪"按钮，对第（7）步绘制的对角线与水平直线相交部分的多余线段进行修剪，如图 16-46 所示。

（9）单击"默认"选项卡"绘图"面板中的"矩形"按钮，以床图形外部矩形上端点为起点绘制一个 500×500 的矩形，如图 16-47 所示。

（10）单击"默认"选项卡"修改"面板中的"偏移"按钮，选取矩形向内偏移，偏移距离为 50，如图 16-48 所示。

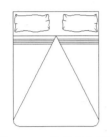

图 16-46　修剪多余线段

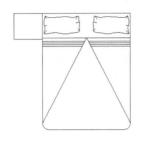

图 16-47　绘制一个矩形

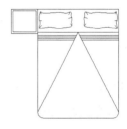

图 16-48　偏移矩形

（11）单击"默认"选项卡"绘图"面板中的"直线"按钮，绘制矩形的水平中心线和垂直中心线，如图 16-49 所示。

（12）单击"默认"选项卡"绘图"面板中的"圆"按钮，以中心线交点为圆心，绘制一个半径为 100 的圆，如图 16-50 所示。

（13）单击"默认"选项卡"修改"面板中的"偏移"按钮，将圆向外偏移，偏移距离为 20，如图 16-51 所示。

（14）单击"默认"选项卡"修改"面板中的"打断"按钮，将绘制的两条直线进行打断处理，如图 16-52 所示。

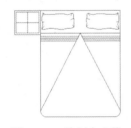

图 16-49　绘制中心线

图 16-50　绘制圆

图 16-51　偏移圆

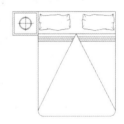

图 16-52　打断线段

📝 说明：

> AutoCAD 会沿逆时针方向将圆上从第一断点到第二断点之间的那段线段删除。

（15）单击"默认"选项卡"修改"面板中的"镜像"按钮，选取已经绘制完的床头图形，以绘制的床外边矩形中点为镜像线。完成右侧床头柜图形的绘制，最终结果如图 16-39 所示。

16.2.2　双人床和地毯

本小节将详细介绍双人床和地毯的绘制方法和技巧，首先绘制床，然后绘制枕头，最后绘制地毯，如图 16-53 所示。

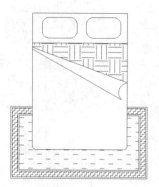

图 16-53　双人床和地毯

操作步骤

1．绘制双人床

（1）单击"默认"选项卡"绘图"面板中的"矩形"按钮 □，绘制一个长为 1350、宽为 1900 的矩形，如图 16-54 所示。

（2）单击"默认"选项卡"修改"面板中的"分解"按钮 ，将矩形分解。

（3）单击"默认"选项卡"修改"面板中的"圆角"按钮 ，将圆角半径设置为 50，对矩形底部进行圆角处理，如图 16-55 所示，命令行提示与操作如下。

```
命令：_FILLET
当前设置：模式 = 修剪，半径 = 100
选择第一个对象或 [放弃(U)/多段线(P)/半径(R)/修剪(T)/多个(M)]：R
指定圆角半径 <100>：50
选择第一个对象或 [放弃(U)/多段线(P)/半径(R)/修剪(T)/多个(M)]：
选择第二个对象，或按住 Shift 键选择对象以应用角点或 [半径(R)]：
```

图 16-54　绘制矩形

图 16-55　绘制圆角

（4）单击"默认"选项卡"修改"面板中的"偏移"按钮 ，将矩形最上侧水平直线向下偏移，偏移距离为 418，如图 16-56 所示，命令行提示与操作如下。

```
命令：_OFFSET
当前设置：删除源=否  图层=源  OFFSETGAPTYPE=0
指定偏移距离或 [通过(T)/删除(E)/图层(L)] <通过>：418
选择要偏移的对象，或 [退出(E)/放弃(U)] <退出>：
指定要偏移的那一侧上的点，或 [退出(E)/多个(M)/放弃(U)] <退出>：
选择要偏移的对象，或 [退出(E)/放弃(U)] <退出>：
```

（5）单击"默认"选项卡"绘图"面板中的"直线"按钮 ，绘制两条斜线，如图 16-57 所示。

（6）单击"默认"选项卡"绘图"面板中的"圆弧"按钮 ，绘制一段圆弧，完成被子折角的绘制，如图 16-58 所示。

图 16-56　偏移直线

图 16-57　绘制被子折角

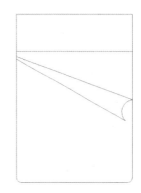
图 16-58　绘制圆弧

（7）单击"默认"选项卡"绘图"面板中的"图案填充"按钮 ，打开"图案填充创建"选项卡，在"图案"面板中设置图案为 EARTH，填充比例为 30，如图 16-59 所示。选择填充区域，填充图形，结果如图 16-60 所示。

图 16-59　"图案填充创建"选项卡

（8）单击"默认"选项卡"绘图"面板中的"矩形"按钮 ，在图中合适的位置绘制一个长为 495、宽为 288 的矩形，命令行提示与操作如下。

```
命令：_RECTANG
指定第一个角点或 [倒角(C)/标高(E)/圆角(F)/厚度(T)/宽度(W)]：在图中合适的位置单击
指定另一个角点或 [面积(A)/尺寸(D)/旋转(R)]：@495,288
```

结果如图 16-61 所示。

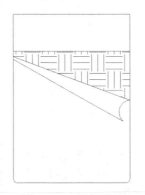
图 16-60　填充图形

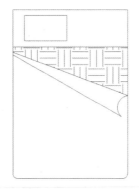
图 16-61　绘制矩形

（9）单击"默认"选项卡"修改"面板中的"圆角"按钮 ，设置圆角半径为 100，对矩形进行圆角处理，完成枕头的绘制，如图 16-62 所示。

（10）单击"默认"选项卡"修改"面板中的"复制"按钮 ，将步骤（9）中绘制的枕头复制到另外一侧，完成双人床的绘制，如图 16-63 所示。

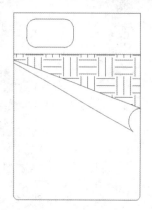

图 16-62　绘制圆角

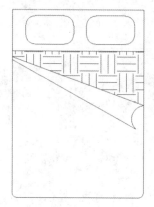

图 16-63　复制枕头

2. 绘制地毯

（1）单击"默认"选项卡"绘图"面板中的"矩形"按钮 ，在图中合适的位置处绘制一个长为 1940、宽为 996 的矩形，完成地毯外轮廓的绘制，如图 16-64 所示。

（2）单击"默认"选项卡"修改"面板中的"偏移"按钮 ，将矩形向内偏移，偏移距离为 20、80 和 20，如图 16-65 所示。

（3）单击"默认"选项卡"修改"面板中的"修剪"按钮 ，修剪图形，如图 16-66 所示。

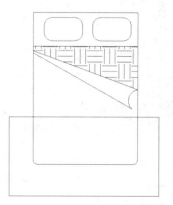

图 16-64　绘制矩形（外轮廓）

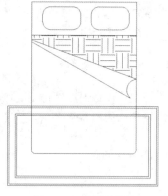

图 16-65　偏移矩形

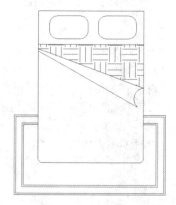

图 16-66　修剪图形

（4）单击"默认"选项卡"绘图"面板中的"图案填充"按钮 ，打开"图案填充创建"选项卡，在"图案"面板中设置图案为 ZIGZAG，填充比例为 10，选择填充区域，填充图形，结果如图 16-67 所示。

（5）同理，单击"默认"选项卡"绘图"面板中的"图案填充"按钮 ，打开"图案填充创建"选项卡，在"图案"面板中设置图案为 MUDST，填充比例为 10，选择填充区域，填充图形，完成地毯的绘制，结果如图 16-68 所示。

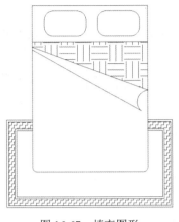
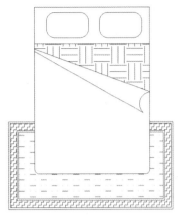

图 16-67 填充图形 　　　　　　　　　　　　　图 16-68 填充图形

16.2.3 组合双人床立面图

本实例绘制的组合双人床立面图如图 16-69 所示。由图可知，该组合双人床立面图主要由"多段线"和"直线"等二维绘图命令绘制，同时用到了"偏移""修剪""镜像"等二维编辑命令。

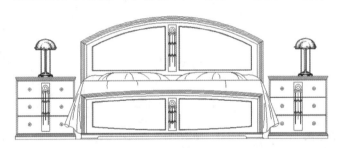

图 16-69 组合双人床立面图

操作步骤

1. 绘制床头

（1）单击"默认"选项卡"绘图"面板中的"多段线"按钮⊃，绘制床头外轮廓，如图 16-70 所示。

（2）单击"默认"选项卡"修改"面板中的"偏移"按钮⊂，将第（1）步中绘制的多段线进行偏移，如图 16-71 所示。

（3）单击"默认"选项卡"绘图"面板中的"直线"按钮／，用斜线连接床头拐角处，如图 16-72 所示。

图 16-70 绘制床头外轮廓 　　　图 16-71 偏移多段线 　　　图 16-72 绘制斜线

（4）单击"默认"选项卡"绘图"面板中的"多段线"按钮⊃，绘制床头上的花纹，如

图 16-73 所示。

（5）单击"默认"选项卡"修改"面板中的"偏移"按钮 ⊆，将第（4）步中绘制的花纹向内偏移适当距离，如图 16-74 所示。

（6）单击"默认"选项卡"绘图"面板中的"矩形"按钮 □，在多段线旁边绘制适当大小的矩形，如图 16-75 所示。

图 16-73　绘制花纹　　　　　图 16-74　偏移多段线　　　　　图 16-75　绘制矩形

（7）单击"默认"选项卡"绘图"面板中的"圆"按钮 ⊙ 和"直线"按钮 ∕，在第（6）步中绘制的矩形内绘制图案，如图 16-76 所示。

（8）单击"默认"选项卡"修改"面板中的"镜像"按钮 ⚊，将绘制的图案进行镜像，床头图案的绘制完成，如图 16-77 所示。

2．绘制床单

（1）单击"默认"选项卡"绘图"面板中的"多段线"按钮 ⊃，绘制左侧床单的外轮廓，如图 16-78 所示。

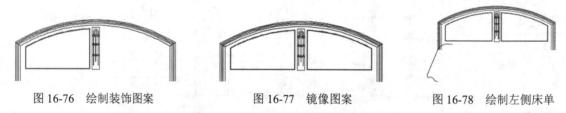

图 16-76　绘制装饰图案　　　　图 16-77　镜像图案　　　　图 16-78　绘制左侧床单

（2）单击"默认"选项卡"修改"面板中的"镜像"按钮 ⚊，将绘制的左侧床单进行镜像，如图 16-79 所示。

（3）单击"默认"选项卡"绘图"面板中的"直线"按钮 ∕，用直线连接左右两侧床单的上下部分，如图 16-80 所示。

3．绘制枕头

（1）单击"默认"选项卡"绘图"面板中的"多段线"按钮 ⊃，在床上适当的位置绘制左侧枕头的外轮廓线，如图 16-81 所示。

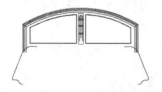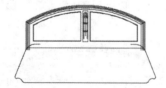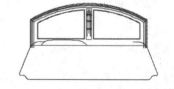

图 16-79　镜像左侧床单　　　　图 16-80　绘制直线　　　　图 16-81　绘制左侧枕头外轮廓线

（2）单击"默认"选项卡"绘图"面板中的"圆弧"按钮 ⌒，绘制枕头上的折痕，如图 16-82 所示。

（3）单击"默认"选项卡"修改"面板中的"镜像"按钮⚠，将绘制的左侧枕头进行镜像，如图 16-83 所示。

（4）单击"默认"选项卡"修改"面板中的"修剪"按钮，将床头与床单相交处的直线进行修剪处理，如图 16-84 所示。

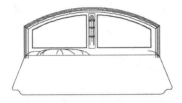
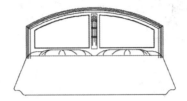
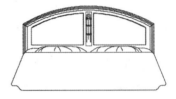

图 16-82 绘制左侧枕头上的折痕　　图 16-83 镜像处理左侧枕头　　图 16-84 修剪处理图形

4．绘制装饰图案

（1）单击"默认"选项卡"绘图"面板中的"多段线"按钮，绘制床正面图案的外轮廓，如图 16-85 所示。

（2）单击"默认"选项卡"修改"面板中的"偏移"按钮⚏，将绘制的外轮廓线依次向内偏移 12、12、12、24，如图 16-86 所示。

（3）单击"默认"选项卡"绘图"面板中的"直线"按钮╱，在偏移后的图形左右两角处用斜线将其连接，如图 16-87 所示。

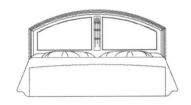
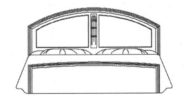
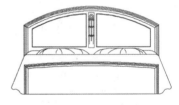

图 16-85 绘制图案外轮廓　　图 16-86 偏移外轮廓　　图 16-87 绘制斜线

（4）单击"默认"选项卡"绘图"面板中的"多段线"按钮，绘制轮廓线内左侧的图形，如图 16-88 所示。

（5）单击"默认"选项卡"修改"面板中的"偏移"按钮⚏，将第（4）步中绘制的左侧图形向外偏移 6，如图 16-89 所示。

（6）单击"默认"选项卡"修改"面板中的"复制"按钮，将床头上中间图案复制到第（5）步中绘制图形的右侧适当位置，如图 16-90 所示。

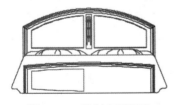
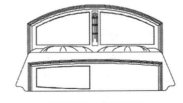
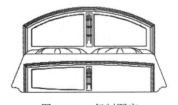

图 16-88 绘制左侧图形　　图 16-89 偏移图形　　图 16-90 复制图案

（7）单击"默认"选项卡"修改"面板中的"镜像"按钮⚠，将左侧绘制的图形镜像到右侧，如图 16-91 所示。

5. 绘制床底板

单击"默认"选项卡"绘图"面板中的"直线"按钮 ╱ ，绘制床底板，如图 16-92 所示。

6. 绘制床腿

（1）单击"默认"选项卡"绘图"面板中的"直线"按钮 ╱ 和"圆弧"按钮 ⌒ ，绘制床腿，如图 16-93 所示。

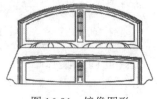

图 16-91　镜像图形

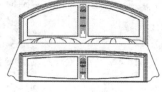

图 16-92　绘制床底板

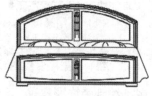

图 16-93　绘制床腿

（2）单击"默认"选项卡"绘图"面板中的"圆弧"按钮 ⌒ ，绘制床单上的折痕，床的绘制完成，如图 16-94 所示。

7. 绘制左侧床头柜

（1）单击"默认"选项卡"绘图"面板中的"多段线"按钮 ⌐ ，在空白处绘制床头柜的左侧外轮廓线，如图 16-95 所示。

（2）单击"默认"选项卡"绘图"面板中的"直线"按钮 ╱ ，以第（1）步中绘制轮廓线的上侧端点为起点向右绘制适当长度的直线，如图 16-96 所示。

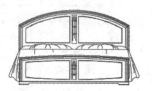

图 16-94　完成床的绘制

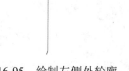

图 16-95　绘制左侧外轮廓

图 16-96　绘制水平直线

（3）单击"默认"选项卡"修改"面板中的"镜像"按钮 ⚎ ，将绘制的左侧轮廓线进行镜像，如图 16-97 所示。

（4）单击"默认"选项卡"绘图"面板中的"直线"按钮 ╱ ，在轮廓线内用直线连接圆弧处，如图 16-98 所示。

（5）单击"默认"选项卡"修改"面板中的"分解"按钮 ⬚ ，将左右两侧的多段线轮廓分解，然后单击"默认"选项卡"修改"面板中的"偏移"按钮 ⊑ ，将左右两侧竖直线分别向内偏移 14.4，如图 16-99 所示。

图 16-97　镜像处理图形

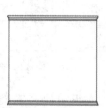

图 16-98　绘制直线

图 16-99　偏移竖直线

（6）单击"默认"选项卡"修改"面板中的"偏移"按钮，在内侧将第（4）步中绘制的最下侧直线向上依次偏移 7.8、196.8、6、202.8、6、196.8，如图 16-100 所示。

（7）单击"默认"选项卡"修改"面板中的"修剪"按钮，将偏移后的直线进行修剪，如图 16-101 所示。

（8）单击"默认"选项卡"绘图"面板中的"圆"按钮，在床头柜的左上侧绘制半径为 6.5 的圆，如图 16-102 所示。

图 16-100　偏移水平直线

图 16-101　修剪直线

图 16-102　绘制圆

（9）单击"默认"选项卡"修改"面板中的"偏移"按钮，将第（8）步中绘制的圆向外偏移 12，如图 16-103 所示。

（10）单击"默认"选项卡"修改"面板中的"复制"按钮，将绘制的圆进行复制，如图 16-104 所示。

（11）单击"默认"选项卡"绘图"面板中的"矩形"按钮，在两列圆中间绘制适当大小的矩形，如图 16-105 所示。

图 16-103　偏移圆

图 16-104　复制圆

图 16-105　绘制矩形

（12）单击"默认"选项卡"绘图"面板中的"圆"按钮和"直线"按钮，在第（11）步中绘制的矩形内绘制图案，如图 16-106 所示。

（13）单击"默认"选项卡"修改"面板中的"修剪"按钮，将绘制的图案与水平线交叉处进行修剪处理，如图 16-107 所示。

（14）单击"默认"选项卡"绘图"面板中的"直线"按钮，在床头柜底部两侧绘制两条适当长度的竖直线，如图 16-108 所示。

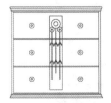
图 16-106　绘制装饰图案

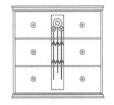
图 16-107　修剪装饰图案

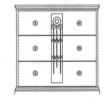
图 16-108　绘制直线

（15）单击"默认"选项卡"绘图"面板中的"直线"按钮，在绘制的竖直线处用一条水平直线连接，如图 16-109 所示。

8. 绘制左侧台灯

（1）单击"默认"选项卡"绘图"面板中的"矩形"按钮 □，在床头柜面上中间处绘制适当大小的矩形，如图 16-110 所示。

（2）单击"默认"选项卡"绘图"面板中的"圆弧"按钮 ⌒，在绘制的矩形上边左右端点处各绘制两个圆弧，如图 16-111 所示。

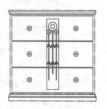
图 16-109　绘制连接直线

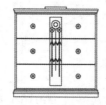
图 16-110　绘制矩形

图 16-111　绘制圆弧

（3）单击"默认"选项卡"绘图"面板中的"直线"按钮 ╱，在绘制的圆弧内以及上边端点处各绘制一条水平线，如图 16-112 所示。

（4）单击"默认"选项卡"绘图"面板中的"直线"按钮 ╱，在台灯底座上绘制一条竖直线，如图 16-113 所示。

（5）单击"默认"选项卡"修改"面板中的"偏移"按钮 ⊂，将绘制的竖直线依次向右偏移 8.69、35.62、8.69、8.36、8.69、34.51、8.69，如图 16-114 所示。

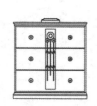
图 16-112　绘制直线

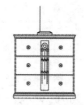
图 16-113　绘制竖直线

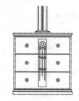
图 16-114　偏移竖直线

（6）单击"默认"选项卡"绘图"面板中的"圆弧"按钮 ⌒，在竖直线上边适当的位置绘制台灯帽，如图 16-115 所示。

（7）单击"默认"选项卡"修改"面板中的"修剪"按钮 ⅋，将圆弧与竖直线交叉处的圆弧进行修剪，如图 16-116 所示。

（8）单击"默认"选项卡"绘图"面板中的"圆"按钮 ⊙，绘制台灯帽上的装饰图形，如图 16-117 所示。

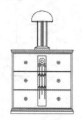
图 16-115　绘制台灯帽

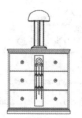
图 16-116　修剪图形

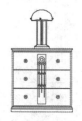
图 16-117　绘制台灯帽装饰图

（9）单击"默认"选项卡"修改"面板中的"修剪"按钮，将绘制的两边圆进行修剪，如图16-118所示。

（10）单击"默认"选项卡"绘图"面板中的"圆弧"按钮，在底座处绘制装饰物，如图16-119所示。

（11）单击"默认"选项卡"修改"面板中的"修剪"按钮，修剪点装饰物与直线的交叉处，如图16-120所示。

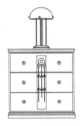 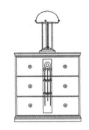 

图16-118 修剪圆   图16-119 绘制底座装饰物   图16-120 修剪底座装饰物

（12）单击"默认"选项卡"绘图"面板中的"多点"按钮，在灯帽和灯底座内绘出不均匀的点，台灯的绘制完成，如图16-121所示。

9．绘制右侧床头柜和台灯

（1）单击"默认"选项卡"修改"面板中的"移动"按钮，将绘制好的床头柜移动到双人床左边的适当位置，如图16-122所示。

 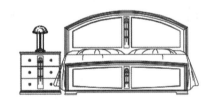

图16-121 完成台灯的绘制   图16-122 移动床头柜

（2）单击"默认"选项卡"修改"面板中的"修剪"按钮，将床头柜与床单交叉处进行修剪处理，如图16-123所示。

（3）单击"默认"选项卡"修改"面板中的"镜像"按钮，将绘制的左侧床头柜进行镜像处理，如图16-124所示。

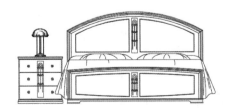 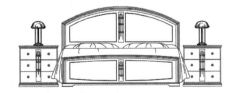

图16-123 修剪处理床头柜   图16-124 镜像处理床头柜

（4）单击"默认"选项卡"绘图"面板中的"直线"按钮，以左床头柜的底边最左侧为起点，右侧床头柜最右侧为终点绘制一条水平直线作为地面线，双人床立面图的绘制完成，如图 16-69 所示。

动手练——绘制双人床组合

绘制如图 16-125 所示的双人床组合。

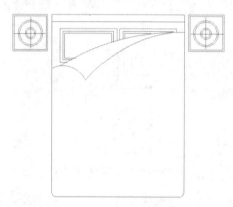

图 16-125　双人床组合

思路点拨：

源文件：源文件\第 16 章\双人床组合.dwg
（1）利用"矩形"和"圆角"命令绘制床轮廓。
（2）利用"圆弧"命令绘制被子折角。
（3）利用"矩形"命令绘制枕头。
（4）利用"矩形"和"圆"命令绘制床头柜。

第 17 章　办公楼家具布置图

内容简介

本章以办公楼一层家具布置图为主介绍办公楼的家具布置方法。一层家具布置图主要表现一层各个建筑结构单元的家具和办公设备陈设的布置情况。

左边部分的餐厅区，根据就餐对象不同，员工餐厅整齐有序地摆放 12 张方餐桌；客人餐厅摆放两张圆餐桌，中间布置活动屏风，可根据需要，随时将两张餐桌分开或合并。

右边部分的办公区则根据需要有序地摆放 5 张电脑办公桌，同时在最右侧摆放客人休息组合沙发茶几，便于来办事的外单位或科室人员临时就座。

中间的大厅布置简单的沙发茶几供外单位拜访人员临时就座，以过道为界，前厅要求敞亮，所以只在一侧贴墙摆放 4 张单人沙发，不影响人员进出；后厅则摆放组合沙发茶几，可以供较多的客人停歇而不至于影响人员进出。

在进门处或有可能有客人停留的沙发休息区摆设盆景，使人心情愉悦，休息放松。整个一层的室内布局既严谨有序，又整洁漂亮，在满足办公交流实际需要的同时也营造出一种祥和的氛围。

内容要点

- ↳ 绘图准备
- ↳ 绘制家具图块
- ↳ 布置家具图块

案例效果

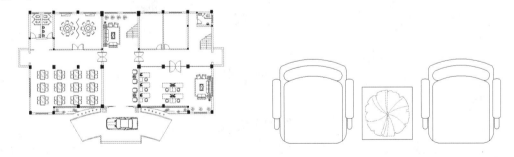

17.1　绘　图　准　备

本节主要为绘制办公楼家具布置图做基础，只需将办公楼一层平面图打开进行整理即可。

操作步骤

（1）单击快速访问工具栏中的"打开"按钮🗁，弹出"选择文件"对话框，如图 17-1 所示。

选择"源文件\第17章\一层平面图"文件，单击"打开"按钮，打开绘制的一层平面图。

图 17-1 "选择文件"对话框

（2）单击快速访问工具栏中的"另存为"按钮🖫，弹出"图形另存为"对话框，将打开的"一层平面图"另存为"办公楼一层家具布置图"。

（3）单击"默认"选项卡"修改"面板中的"删除"按钮🖉，将图形中的文字等不需要的部分作为删除对象对其进行删除，并关闭"标注"图层，如图 17-2 所示。

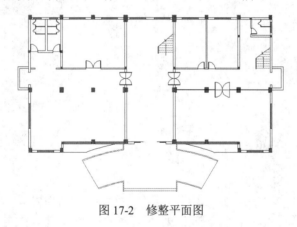

图 17-2 修整平面图

17.2 绘制家具图块

利用二维绘图和"修改"命令绘制办公楼家具图形，然后将其创建成块，以便后面布置家具。

17.2.1 绘制八人餐桌

本实例将介绍八人餐桌的绘制过程，利用"圆""直线""偏移"及"镜像"命令等来绘制平面图形。

操作步骤

（1）单击"默认"选项卡"绘图"面板中的"圆"按钮⊙，在图形空白区域任选一点为圆心，绘制一个半径为600的圆，如图17-3所示。

（2）单击"默认"选项卡"修改"面板中的"偏移"按钮⊜，选择第（1）步绘制的圆形为偏移对象并向内进行偏移，偏移距离为273、39，如图17-4所示。

（3）单击"默认"选项卡"绘图"面板中的"直线"按钮／，在绘制的初始圆上绘制一条斜向直线，如图17-5所示。

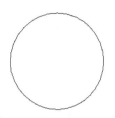

图17-3 绘制圆

图17-4 偏移圆

图17-5 绘制斜向直线

（4）单击"默认"选项卡"修改"面板中的"镜像"按钮⚖，选择绘制的斜向直线为镜像图形，对其进行竖直镜像，如图17-6所示。

（5）单击"默认"选项卡"修改"面板中的"环形阵列"按钮⚙，选择第（4）步绘制的两条线段为阵列对象，对其进行环形阵列，设置阵列数目为11，如图17-7所示。

（6）单击"默认"选项卡"绘图"面板中的"直线"按钮／，在图形空白区域绘制4条不相等的线段，如图17-8所示。

图17-6 镜像线段

图17-7 阵列图形

图17-8 绘制直线

（7）单击"默认"选项卡"修改"面板中的"圆角"按钮，选择绘制的4条直线为圆角对象对其进行圆角处理，圆角半径为95，结果如图17-9所示。

（8）单击"默认"选项卡"绘图"面板中的"直线"按钮／，在第（7）步绘制的图形上选取一点作为直线起点向上绘制一条长为37的竖直直线，如图17-10所示。

图17-9 圆角处理

图17-10 绘制直线

（9）单击"默认"选项卡"修改"面板中的"偏移"按钮⊜，选择第（8）步绘制的竖直直线为偏移对象并向右进行偏移，偏移距离为 80，如图 17-11 所示。

（10）单击"默认"选项卡"绘图"面板中的"圆弧"按钮，在第（9）步图形上方绘制一段适当半径的圆弧，如图 17-12 所示。

（11）单击"默认"选项卡"修改"面板中的"偏移"按钮，选择第（10）步绘制的圆弧为偏移对象并向上进行偏移，偏移距离为 50，如图 17-13 所示。

图 17-11　偏移直线

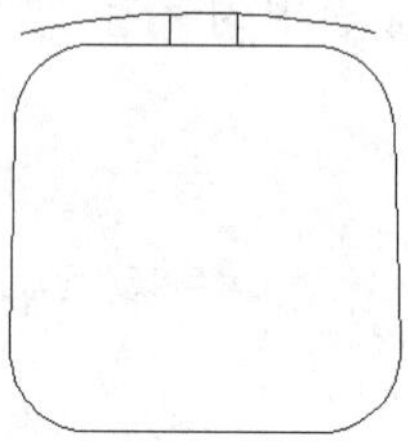

图 17-12　绘制圆弧

图 17-13　偏移圆弧

（12）单击"默认"选项卡"绘图"面板中的"圆弧"按钮，绘制两段圆弧封闭第（11）步绘制的两段圆弧的端口，如图 17-14 所示。

（13）单击"默认"选项卡"修改"面板中的"移动"按钮，选择绘制的椅子图形为移动对象并将其移动放置到桌子图形处，如图 17-15 所示。

（14）单击"默认"选项卡"修改"面板中的"环形阵列"按钮，选择第（13）步移动的椅子图形为阵列对象，设置圆形桌子圆心为阵列中心，阵列个数为 8，完成图形的绘制，如图 17-16 所示。

图 17-14　绘制圆弧

图 17-15　移动椅子

图 17-16　环形阵列椅子

（15）单击"默认"选项卡"块"面板中的"创建"按钮，弹出"块定义"对话框，如图 17-17 所示。选择第（14）步图形为定义对象，选择任意点为基点，将其定义为块，块名为"八人餐桌"。

图 17-17　"块定义"对话框

17.2.2 绘制四人餐桌

本实例将介绍四人餐桌的绘制过程，首先利用"矩形""直线"及"偏移"等命令来绘制餐桌，然后利用"绘图"面板中的指定命令绘制餐桌椅，最终完成四人餐桌的绘制。

扫一扫，看视频

操作步骤

（1）单击"默认"选项卡"绘图"面板中的"矩形"按钮 □，在图形空白区域绘制一个800×1500的矩形，如图17-18所示。

（2）单击"默认"选项卡"修改"面板中的"偏移"按钮 ⊂，选择绘制的矩形为偏移对象并向内进行偏移，偏移距离为40，如图17-19所示。

（3）单击"默认"选项卡"绘图"面板中的"直线"按钮 ╱，绘制4条斜向直线，如图17-20所示。

（4）单击"默认"选项卡"绘图"面板中的"直线"按钮 ╱，在矩形图形内绘制多条斜向直线，如图17-21所示。

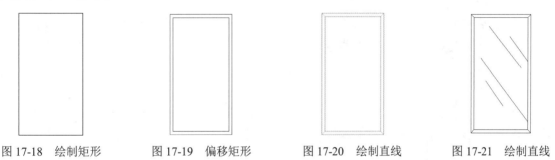

图17-18 绘制矩形   图17-19 偏移矩形   图17-20 绘制直线   图17-21 绘制直线

（5）单击"默认"选项卡"绘图"面板中的"矩形"按钮 □，在图形空白区域绘制一个400×500的矩形，如图17-22所示。

（6）单击"默认"选项卡"修改"面板中的"倒角"按钮 ╱，选择第（5）步绘制矩形的4条边为倒角对象并对其进行倒角处理，倒角距离为81，如图17-23所示。

（7）单击"默认"选项卡"绘图"面板中的"矩形"按钮 □，在第（6）步倒角后的矩形下端绘制一个22×32的矩形，如图17-24所示。

图17-22 绘制矩形   图17-23 倒角处理   图17-24 绘制矩形

（8）单击"默认"选项卡"绘图"面板中的"直线"按钮 ╱，在第（7）步绘制的矩形内绘制一条竖直直线，如图17 25所示。

（9）单击"默认"选项卡"修改"面板中的"复制"按钮 ％，选择第（8）步绘制的图形为复制对象并向上进行复制，如图 17-26 所示。

（10）单击"默认"选项卡"绘图"面板中的"矩形"按钮 ▢，在绘制的大矩形左端绘制一个 38×510 的矩形，如图 17-27 所示。

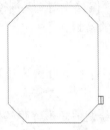

图 17-25　绘制直线

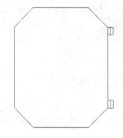

图 17-26　复制图形

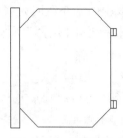

图 17-27　绘制矩形

（11）单击"默认"选项卡"修改"面板中的"圆角"按钮 ⌐，选择第（10）步绘制的矩形为圆角对象并对其进行圆角处理，圆角半径为 15，如图 17-28 所示。

（12）单击"默认"选项卡"绘图"面板中的"矩形"按钮 ▢，在第（11）步绘制的矩形左侧绘制一个 18×32 的矩形，如图 17-29 所示。

（13）单击"默认"选项卡"修改"面板中的"复制"按钮 ⅋，选择第（12）步绘制的矩形为复制对象并向上进行复制，完成图形的绘制，如图 17-30 所示。

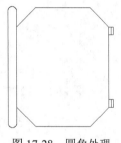

图 17-28　圆角处理

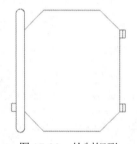

图 17-29　绘制矩形

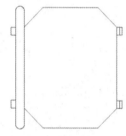

图 17-30　复制矩形

（14）单击"默认"选项卡"修改"面板中的"移动"按钮 ✛，选择第（13）步绘制完成的椅子图形为移动对象，将其移动放置到餐桌处，如图 17-31 所示。

（15）单击"默认"选项卡"修改"面板中的"复制"按钮 ⅋，选择第（14）步移动的椅子图形为复制对象并向下复制一个椅子图形。

（16）单击"默认"选项卡"修改"面板中的"镜像"按钮 ⚌，选择第（15）步绘制的两个椅子图形为镜像对象，将其向右侧进行镜像，如图 17-32 所示。

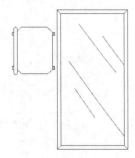

图 17-31　移动椅子

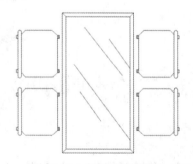

图 17-32　复制和镜像椅子

（17）单击"默认"选项卡"块"面板中的"创建"按钮🖼，弹出"块定义"对话框，选择第（16）步图形为定义对象，选择任意点为基点，将其定义为块，块名为"四人餐桌"。

17.2.3 绘制办公桌

本实例将介绍办公桌的绘制过程，利用"矩形"命令完成桌子的绘制，继而利用"矩形""直线"以及"镜像"等命令来绘制电脑立面图，最后利用"矩形"等命令来绘制电脑键盘，最终完成办公桌的绘制。

操作步骤

（1）单击"默认"选项卡"绘图"面板中的"矩形"按钮 ▢，在图形空白区域绘制一个1650×750的矩形，如图17-33所示。

（2）单击"默认"选项卡"绘图"面板中的"矩形"按钮 ▢，在绘制矩形的下端绘制一个450×643的矩形，如图17-34所示。

图17-33 绘制1650×750的矩形　　　　　图17-34 绘制450×643的矩形

（3）单击"默认"选项卡"绘图"面板中的"矩形"按钮 ▢，在图形空白区域绘制 450×28、450×32、420×28 和339×42的矩形。

（4）单击"默认"选项卡"修改"面板中的"移动"按钮✛，选择第（3）步绘制的矩形进行移动，将矩形位置进行调整，如图17-35所示。

（5）单击"默认"选项卡"绘图"面板中的"直线"按钮 ╱，在第（4）步绘制的图形上方绘制连续直线，如图17-36所示。

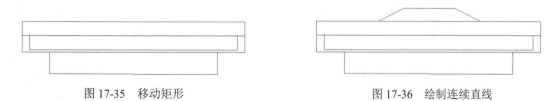

图17-35 移动矩形　　　　　　　　图17-36 绘制连续直线

（6）单击"默认"选项卡"绘图"面板中的"直线"按钮 ╱，在底部矩形内绘制一条斜向直线，如图17-37所示。

（7）单击"默认"选项卡"修改"面板中的"镜像"按钮⚠，选择绘制的斜向直线为镜像对象并对其进行镜像操作，如图17-38所示。

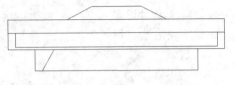

图 17-37 绘制斜向直线

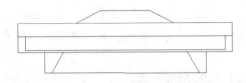

图 17-38 镜像直线

（8）单击"默认"选项卡"修改"面板中的"旋转"按钮 ↺，选择绘制的图形为旋转对象，任选一点为旋转基点，将其旋转-27°，完成电脑的绘制，如图 17-39 所示。

（9）单击"默认"选项卡"绘图"面板中的"多段线"按钮 ⁀，在图形空白区域绘制连续多段线，如图 17-40 所示。

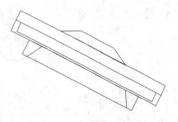

图 17-39 旋转图形

图 17-40 绘制图形

（10）单击"默认"选项卡"绘图"面板中的"矩形"按钮 ▭，在第（9）步图形内绘制多个矩形，完成电脑键盘的绘制，如图 17-41 所示。

（11）单击"默认"选项卡"修改"面板中的"移动"按钮 ✛，选择绘制的电脑及电脑键盘为移动对象并将其移动放置到办公桌图形上，如图 17-42 所示。

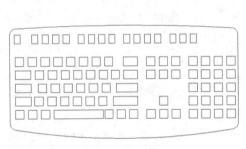

图 17-41 绘制矩形

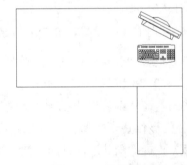

图 17-42 移动图形

（12）单击"默认"选项卡"块"面板中的"创建"按钮 ⛋，弹出"块定义"对话框，选择第（11）步图形为定义对象，选择任意点为基点，将其定义为块，块名为"办公桌"。

17.2.4 绘制办公椅

本实例将介绍办公椅的绘制，利用绘图面板中的"多段线""圆弧""直线""镜像"等命令来绘制该图形。

操作步骤

（1）单击"默认"选项卡"绘图"面板中的"多段线"按钮 ⁀，在图形适当位置绘制连续多

扫一扫，看视频

段线，如图 17-43 所示。

（2）单击"默认"选项卡"绘图"面板中的"圆弧"按钮，在图形适当位置绘制圆弧，完成椅背的绘制，如图 17-44 所示。

图 17-43 绘制连续多段线

图 17-44 绘制圆弧

（3）单击"默认"选项卡"绘图"面板中的"直线"按钮，在图形适当位置绘制两条竖直直线，如图 17-45 所示。

（4）单击"默认"选项卡"绘图"面板中的"圆弧"按钮，绘制圆弧封闭两竖直直线端口，如图 17-46 所示。

（5）单击"默认"选项卡"修改"面板中的"镜像"按钮，选择第（4）步绘制的图形为镜像对象，将其进行镜像，完成扶手的绘制，如图 17-47 所示。

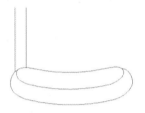

图 17-45 绘制竖直直线

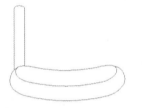

图 17-46 绘制圆弧

图 17-47 镜像图形

（6）单击"默认"选项卡"绘图"面板中的"直线"按钮和"圆弧"按钮，完成椅面的绘制，如图 17-48 所示。

（7）单击"默认"选项卡"绘图"面板中的"直线"按钮和"圆弧"按钮，完成剩余椅面的绘制，如图 17-49 所示。

（8）单击"默认"选项卡"绘图"面板中的"圆弧"按钮，在图形底部绘制一段圆弧，如图 17-50 所示。

图 17-48 绘制椅面

图 17-49 绘制外围线

图 17-50 绘制圆弧

（9）单击"默认"选项卡"绘图"面板中的"直线"按钮，在第（8）步绘制的圆弧上选取一点为起点绘制连续直线，如图 17-51 所示。利用上述方法完成椅子剩余图形的绘制，如图 17-52 所示。

（10）单击"默认"选项卡"块"面板中的"创建"按钮，弹出"块定义"对话框，选择第（9）步图形为定义对象，选择任意点为基点，将其定义为块，块名为"椅子"。

（11）单击"默认"选项卡"修改"面板中的"移动"按钮✛，选择第（10）步定义为块的椅子图形并将其移动放置到办公桌处，如图 17-53 所示。

图 17-51　绘制连续直线

图 17-52　绘制剩余图形

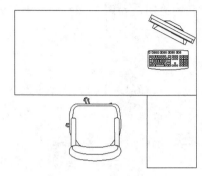
图 17-53　移动图形

（12）单击"默认"选项卡"块"面板中的"创建"按钮⌸，弹出"块定义"对话框，选择绘制的办公桌和椅子为定义对象，选择任意点为基点，将其定义为块，块名为"办公桌椅"。

17.2.5　绘制会客桌椅

操作步骤

（1）利用上述绘制椅子的方法绘制会客椅图形，如图 17-54 所示。

（2）单击"默认"选项卡"绘图"面板中的"矩形"按钮▢，在第（1）步绘制的图形右侧绘制一个 500×500 的矩形，如图 17-55 所示。

图 17-54　绘制会客椅

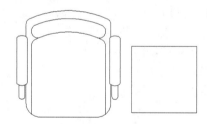
图 17-55　绘制矩形

（3）单击"默认"选项卡"块"面板中的"插入"下拉菜单中的"其他图形中的块"选项，系统弹出"块"选项板，将"装饰物"图块插入到图中，如图 17-56 所示。

（4）单击"默认"选项卡"修改"面板中的"镜像"按钮◁▷，选择会客椅图形为镜像对象并向右进行竖直镜像，如图 17-57 所示。

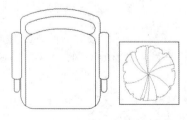
图 17-56　绘制装饰物

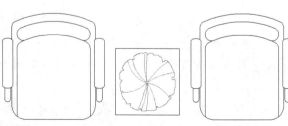
图 17-57　镜像图形

（5）单击"默认"选项卡"块"面板中的"创建"按钮，弹出"块定义"对话框，选择第（4）步图形为定义对象，选择任意点为基点，将其定义为块，块名为"会客桌椅"。

17.2.6 绘制沙发和茶几

本实例将介绍沙发和茶几的绘制方法，利用"多段线""直线""偏移"及"镜像"等命令来绘制图形。

扫一扫，看视频

操作步骤

（1）单击"默认"选项卡"绘图"面板中的"多段线"按钮，在图形空白区域绘制连续直线，如图 17-58 所示。

（2）单击"默认"选项卡"绘图"面板中的"直线"按钮，在第（1）步图形内适当位置绘制两条竖直直线，如图 17-59 所示。

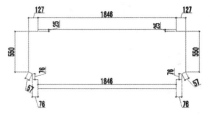

图 17-58 绘制连续直线

图 17-59 绘制竖直直线

（3）单击"默认"选项卡"绘图"面板中的"直线"按钮，连接第（2）步绘制的两竖直线，绘制一条水平直线，如图 17-60 所示。

（4）单击"默认"选项卡"修改"面板中的"偏移"按钮，选择步骤（2）绘制的左侧竖直直线为偏移对象并向右进行偏移，偏移距离为 610 和 627，如图 17-61 所示。

图 17-60 绘制水平直线

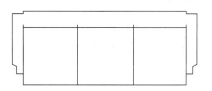

图 17-61 偏移线段

（5）单击"默认"选项卡"修改"面板中的"修剪"按钮，对竖直直线超出水平直线部分进行修剪，如图 17-62 所示。

（6）单击"默认"选项卡"修改"面板中的"偏移"按钮，选择前面绘制的水平直线为偏移对象并向下进行偏移，偏移距离为 178、51 和 51，如图 17-63 所示。

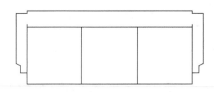

图 17-62 修剪线段

图 17-63 偏移水平直线

（7）单击"默认"选项卡"绘图"面板中的"直线"按钮／，在左侧图形下端绘制连续直线，如图17-64所示。

（8）单击"默认"选项卡"修改"面板中的"镜像"按钮⚠，选择第（7）步绘制的图形为镜像图形并将其向右侧进行镜像，如图17-65所示。

图17-64　绘制连续直线

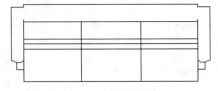

图17-65　镜像图形

（9）剩余沙发图形的绘制方法基本相同，这里不再详细阐述，结果如图17-66所示。

（10）单击"默认"选项卡"绘图"面板中的"矩形"按钮 ⟂，在沙发左侧绘制一个558×568的矩形，如图17-67所示。

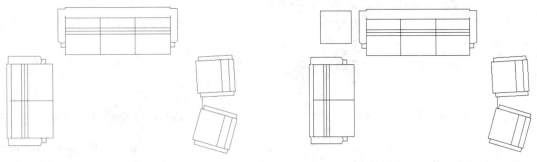

图17-66　绘制剩余图形　　　　　　　　　　　图17-67　绘制矩形

（11）单击"默认"选项卡"修改"面板中的"偏移"按钮 ⊜，选择第（10）步绘制的矩形为偏移对象并向内进行偏移，偏移距离为60，如图17-68所示。

（12）单击"默认"选项卡"绘图"面板中的"直线"按钮／，在第（10）步绘制的矩形内绘制十字交叉线，如图17-69所示。

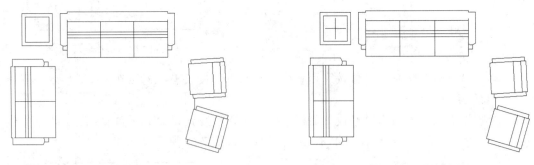

图17-68　偏移矩形　　　　　　　　　　　图17-69　绘制直线

（13）单击"默认"选项卡"绘图"面板中的"圆"按钮⊙，以第（12）步绘制的十字线交点为圆心绘制一个半径为129的圆，如图17-70所示。

（14）单击"默认"选项卡"绘图"面板中的"直线"按钮／，绘制茶几与沙发之间的连接线，如图17-71所示。

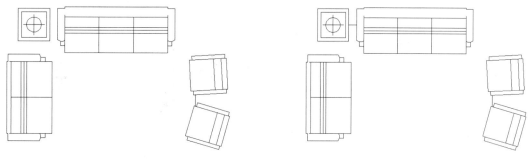

图 17-70　绘制圆　　　　　　　　　　　　　图 17-71　绘制连接线

（15）单击"默认"选项卡"修改"面板中的"镜像"按钮▲，选择绘制的茶几及茶几与沙发之间的连接线为镜像对象并将其向右侧进行镜像，如图 17-72 所示。

（16）单击"默认"选项卡"绘图"面板中的"矩形"按钮▭，在沙发中间位置绘制一个 2910×2436 的矩形，如图 17-73 所示。

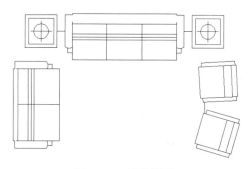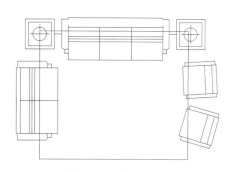

图 17-72　镜像图形　　　　　　　　　　　　图 17-73　绘制矩形

（17）单击"默认"选项卡"修改"面板中的"偏移"按钮⊏，选择第（16）步绘制的矩形为偏移对象并向内进行偏移，偏移距离为 119，如图 17-74 所示。

（18）单击"默认"选项卡"修改"面板中的"修剪"按钮¥，对第（17）步完成的两个矩形进行修剪处理，如图 17-75 所示。

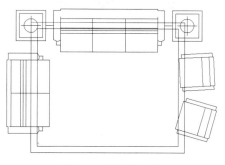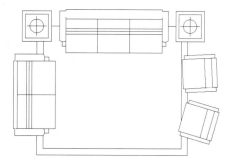

图 17-74　偏移矩形　　　　　　　　　　　　图 17-75　修剪图形

（19）单击"默认"选项卡"绘图"面板中的"矩形"按钮▭，在第（18）步完成的图形内绘制一个 1059×616 的矩形，如图 17-76 所示。

（20）单击"默认"选项卡"修改"面板中的"偏移"按钮⊏，选择第（19）步绘制的矩形为偏移对象并向内进行偏移，偏移距离为 80 和 20，如图 17-77 所示。

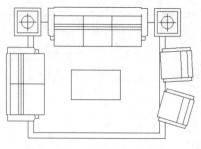

图 17-76　绘制矩形

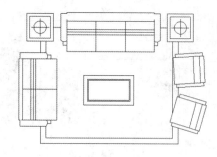

图 17-77　偏移矩形

（21）结合所学知识完成剩余图形的绘制，如图 17-78 所示。

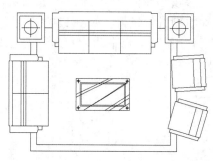

图 17-78　绘制剩余图形

（22）单击"默认"选项卡"块"面板中的"创建"按钮，弹出"块定义"对话框，选择第（21）步图形为定义对象，选择任意点为基点，将其定义为块，块名为"沙发和茶几"。

17.2.7　绘制餐区隔断

扫一扫，看视频

本实例介绍餐区隔断的绘制，利用"多段线""偏移""直线"等命令来绘制隔断。

操作步骤

（1）单击"默认"选项卡"绘图"面板中的"多段线"按钮，在图形适当位置绘制连续多段线，如图 17-79 所示。

（2）单击"默认"选项卡"修改"面板中的"偏移"按钮，选择绘制的连续多段线为偏移对象并向右侧进行偏移，偏移距离为 36，如图 17-80 所示。

（3）单击"默认"选项卡"绘图"面板中的"直线"按钮，封闭第（2）步偏移线段的上下两个端口，如图 17-81 所示。

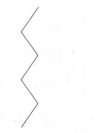

图 17-79　绘制连续多段线

图 17-80　偏移线段

图 17-81　绘制封闭线段

（4）单击"默认"选项卡"块"面板中的"创建"按钮，弹出"块定义"对话框，选择第（3）步图形为定义对象，选择任意点为基点，将其定义为块，块名为"餐区隔断"。

17.3　布置家具图块

本节主要讲述"插入块"命令的运用，只需将上节中创建的块插入到平面图中即可，最后细化图形，完成装饰平面图的绘制。

操作步骤

（1）单击"默认"选项卡"块"面板中的"插入"下拉菜单中的"最近使用的块"选项，系统弹出"块"选项板，选择"当前图形"选项卡，在"预览列表"中选择"餐区隔断"图块插入到绘图区域内，完成图块插入，如图 17-82 所示。

（2）单击"默认"选项卡"块"面板中的"插入"下拉菜单中的"最近使用的块"选项，系统弹出"块"选项板，选择"当前图形"选项卡，在"预览列表"中选择"八人餐桌"图块插入到绘图区域内，完成图块插入，如图 17-83 所示。

图 17-82　插入餐区隔断

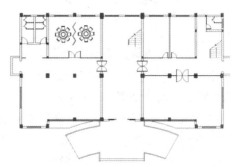

图 17-83　插入八人餐桌

（3）单击"默认"选项卡"块"面板中的"插入"下拉菜单中的"最近使用的块"选项，系统弹出"块"选项板，选择"当前图形"选项卡，选择"四人餐桌"图块插入到绘图区域内，完成图块插入，如图 17-84 所示。

（4）单击"默认"选项卡"块"面板中的"插入"下拉菜单中的"最近使用的块"选项，系统弹出"块"选项板，选择"当前图形"选项卡，选择"沙发和茶几"图块插入到绘图区域内，完成图块插入，如图 17-85 所示。

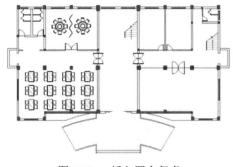

图 17-84　插入四人餐桌

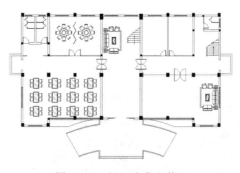

图 17-85　插入沙发和茶几

（5）单击"默认"选项卡"块"面板中的"插入"下拉菜单中的"最近使用的块"选项，系统弹出"块"选项板，选择"当前图形"选项卡，选择"办公桌椅"图块插入到绘图区域内，完成图块插入，最后整理图形，结果如图 17-86 所示。

（6）单击"默认"选项卡"块"面板中的"插入"下拉菜单中的"最近使用的块"选项，系统弹出"块"选项板，选择"当前图形"选项卡，选择"会客桌椅"图块插入到绘图区域内，完成图块插入，如图 17-87 所示。

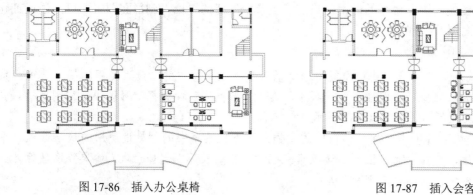

图 17-86　插入办公桌椅　　　　　　　　　图 17-87　插入会客桌椅

（7）单击"默认"选项卡"块"面板中的"插入"下拉菜单中的"其他图形中的块"选项，系统弹出"块"选项板，单击选项板顶部的···按钮；选择"源文件\第 17 章\图块\蹲便器"图块，单击"打开"按钮；回到"块"选项板，在"预览列表"中选择"蹲便器"图块插入到绘图区域内，完成图块插入，如图 17-88 所示。

（8）单击"默认"选项卡"块"面板中的"插入"下拉菜单中的"其他图形中的块"选项，系统弹出"块"选项板，单击选项板顶部的···按钮；选择"源文件\第 17 章\图块\洗手盆"图块，单击"打开"按钮；回到"块"选项板，在"预览列表"中选择"洗手盆"图块插入到绘图区域内，完成图块插入，如图 17-89 所示。

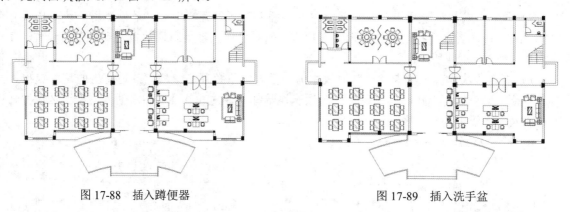

图 17-88　插入蹲便器　　　　　　　　　图 17-89　插入洗手盆

（9）单击"默认"选项卡"块"面板中的"插入"下拉菜单中的"其他图形中的块"选项，系统弹出"块"选项板，单击选项板顶部的···按钮；选择"源文件\第 17 章\图块\装饰物"图块，单击"打开"按钮；回到"块"选项板，在"预览列表"中选择"装饰物"图块插入到绘图区域内，完成图块插入。最后调整插入图块的比例，结果如图 17-90 所示。

（10）单击"默认"选项卡"块"面板中的"插入"下拉菜单中的"其他图形中的块"选项，系统弹出"块"选项板，单击选项板顶部的•••按钮；选择"源文件\第17章\图块\绿植1"图块，单击"打开"按钮；回到"块"选项板，在"预览列表"中选择"绿植 1"图块插入到绘图区域内，完成图块插入，如图 17-91 所示。

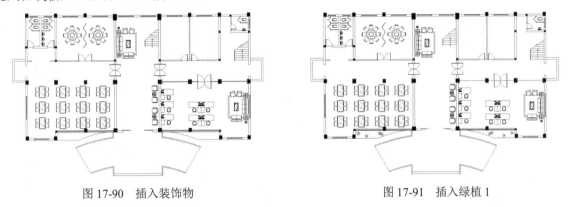

图 17-90　插入装饰物　　　　　　　图 17-91　插入绿植 1

（11）单击"默认"选项卡"块"面板中的"插入"下拉菜单中的"其他图形中的块"选项，系统弹出"块"选项板，单击选项板顶部的•••按钮；选择"源文件\第17章\图块\绿植2"图块，单击"打开"按钮；回到"块"选项板，在"预览列表"中选择"绿植 2"图块插入到绘图区域内，完成图块插入，如图 17-92 所示。

（12）单击"默认"选项卡"块"面板中的"插入"下拉菜单中的"其他图形中的块"选项，系统弹出"块"选项板，单击选项板顶部的•••按钮；选择"源文件\第17章\图块\绿植3"图块，单击"打开"按钮，回到"块"选项板，在"预览列表"中选择"绿植 3"图块插入到绘图区域内，完成图块插入，如图 17-93 所示。

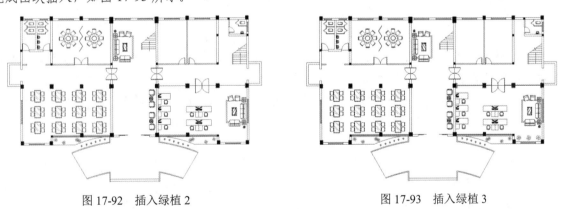

图 17-92　插入绿植 2　　　　　　　图 17-93　插入绿植 3

（13）单击"默认"选项卡"块"面板中的"插入"下拉菜单中的"其他图形中的块"选项，系统弹出"块"选项板，单击选项板顶部的•••按钮；选择"源文件\第17章\图块\绿植4"图块，单击"打开"按钮；回到"块"选项板，在"预览列表"中选择"绿植 4"图块插入到绘图区域内，如图 17-94 所示。

（14）单击"默认"选项卡"块"面板中的"插入"下拉菜单中的"其他图形中的块"选项，系统弹出"块"选项板，单击选项板顶部的•••按钮；选择"源文件\第 17 章\图块\汽车"图块，单击"打开"按钮；回到"块"选项板，在"预览列表"中选择"汽车"图块插入到绘图区域内，完成图块插入，如图 17-95 所示。

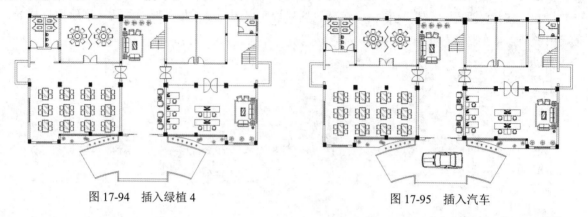

图 17-94　插入绿植 4　　　　　　　　　　图 17-95　插入汽车

（15）单击"默认"选项卡"绘图"面板中的"矩形"按钮 ▢，在客人餐厅窗户位置绘制一个 1500×350 的矩形，如图 17-96 所示。

（16）单击"默认"选项卡"绘图"面板中的"直线"按钮 ⁄，在第（15）步绘制的矩形内绘制一条斜向直线，如图 17-97 所示。

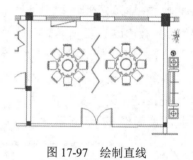

图 17-96　绘制矩形　　　　　　　　　　图 17-97　绘制直线

（17）单击"默认"选项卡"修改"面板中的"复制"按钮 ％，选择第（16）步绘制的图形为复制对象，将其向右进行复制，如图 17-98 所示。

（18）单击"默认"选项卡"绘图"面板中的"矩形"按钮 ▢，在图形适当位置绘制一个 350×500 的矩形，如图 17-99 所示。

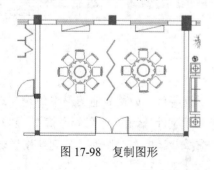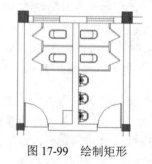

图 17-98　复制图形　　　　　　　　　　图 17-99　绘制矩形

（19）单击"默认"选项卡"修改"面板中的"偏移"按钮 ⋐，选择第（18）步绘制的矩形为偏移对象并向内进行偏移，偏移距离为 20，如图 17-100 所示。

（20）单击"默认"选项卡"绘图"面板中的"圆"按钮⊙，在第（19）步偏移矩形内绘制一个半径为 15 的圆，如图 17-101 所示。

（21）单击"默认"选项卡"绘图"面板中的"直线"按钮╱，绘制内部矩形的对角线。

（22）单击"默认"选项卡"修改"面板中的"修剪"按钮✂，修剪圆内的对角线，如图 17-102 所示。

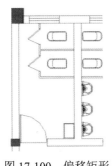

图 17-100　偏移矩形

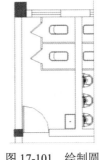

图 17-101　绘制圆

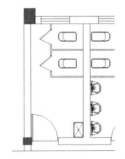

图 17-102　绘制并修剪对角线

（23）利用上述方法完成相同图形的绘制，如图 17-103 所示。

（24）单击"默认"选项卡"绘图"面板中的"矩形"按钮▢，在图 17-104 所示的位置绘制一个 600×700 的矩形。

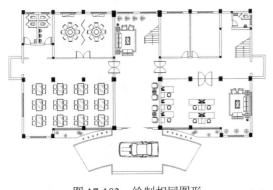

图 17-103　绘制相同图形

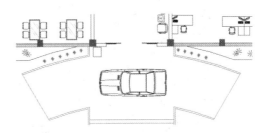

图 17-104　绘制矩形

（25）单击"默认"选项卡"修改"面板中的"偏移"按钮⬒，选择上步绘制的矩形为偏移对象并向内进行偏移，偏移距离为 172，如图 17-105 所示。

（26）单击"默认"选项卡"修改"面板中的"复制"按钮⬚，选择第（25）步绘制的图形为复制对象并向右进行复制，如图 17-106 所示。

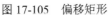

图 17-105　偏移矩形

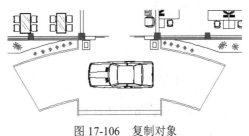

图 17-106　复制对象

（27）单击"默认"选项卡"绘图"面板中的"直线"按钮 ⁄ ，在底部图形处绘制多条水平直线，如图 17-107 所示。

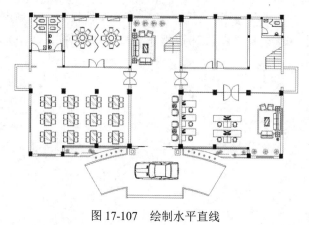

图 17-107　绘制水平直线

（28）单击关闭的"标注"图层，将其打开，最终完成办公楼一层家具布置图的绘制，如图 17-108 所示。

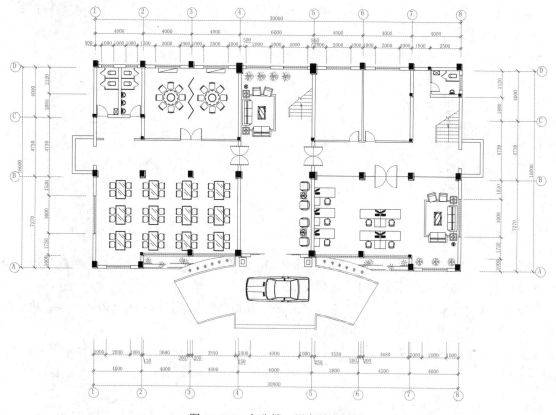

图 17-108　办公楼一层家具布置图

动手练——董事长办公室家具布置图

绘制如图 17-109 所示的董事长办公室家具布置图。

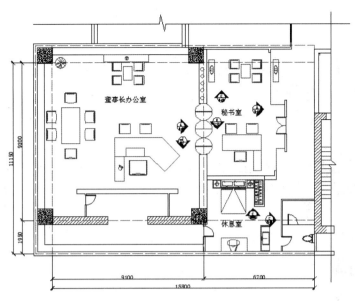

图 17-109　董事长办公室家具布置图

思路点拨：

源文件：源文件\第 17 章\董事长办公室家具布置图.dwg

（1）打开董事长办公室平面图。

（2）绘制家具图块。

（3）布置家具。

（4）进行尺寸和文字标注。

第 18 章 酒店客房家具布置图

内容简介

客房作为酒店的基本要素，是酒店设计中最重要的一环，客房室内环境的好坏也直接关系着客人对酒店的整体印象以及酒店的盈利结果。

内容要点

- ➥ 绘图准备
- ➥ 绘制家具图块
- ➥ 布置家具图块

案例效果

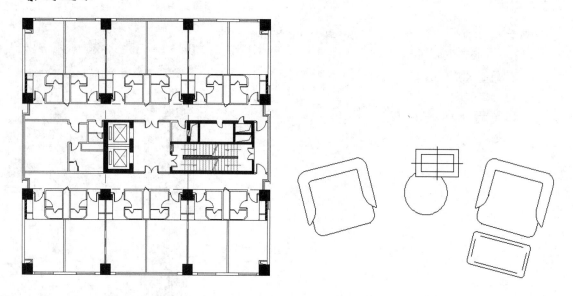

18.1 绘 图 准 备

本节主要是为绘制酒店客房家具布置图做基础，只需将客房平面图打开进行整理即可。

操作步骤

（1）单击快速访问工具栏中的"打开"按钮 📂，弹出"选择文件"对话框，选择"源文件\第18章\客房平面图"文件，单击"打开"按钮，打开绘制的客房平面图。

（2）单击快速访问工具栏中的"另存为"按钮 💾，将打开的"客房平面图"另存为"客房家具布置图"，并进行整理，如图 18-1 所示。

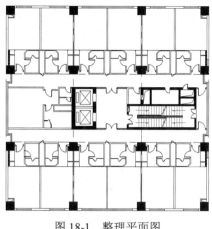

图 18-1 整理平面图

18.2 绘制家具图块

利用二维绘图和"修改"命令绘制酒店客房家具图形，然后将其创建成块，以便于后面家具的布置。

18.2.1 绘制沙发及圆形茶几

本实例将介绍沙发及圆形茶几的绘制过程，通过"绘图"面板中的"矩形""圆""直线"等命令、"修改"面板中的"分解""偏移""圆角"等命令以及"块"面板中的"创建"命令来绘制该平面图。

扫一扫，看视频

操作步骤

（1）单击"默认"选项卡"绘图"面板中的"矩形"按钮 囗，在图形空白区域绘制一个 650×600 的矩形，如图 18-2 所示。

（2）单击"默认"选项卡"修改"面板中的"分解"按钮 卣，选择绘制的矩形为分解对象，对其进行分解，按 Enter 键确认。

（3）单击"默认"选项卡"修改"面板中的"偏移"按钮 ⊂，选择分解矩形的右侧竖直边并向左进行连续偏移，偏移距离为 47.5、47.5、460、47.5 和 47.5，如图 18-3 所示。

（4）单击"默认"选项卡"修改"面板中的"偏移"按钮 ⊂，选择分解矩形的上侧水平边为偏移对象并向下进行偏移，偏移距离为 95 和 383，如图 18-4 所示。

图 18-2 绘制矩形

图 18-3 偏移竖直直线

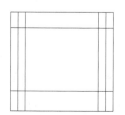

图 18-4 偏移水平直线

（5）单击"默认"选项卡"修改"面板中的"圆角"按钮◢，选择图18-5中的边1、边2、边3、边4进行圆角处理，圆角半径分别为84、10、20和63，如图18-6所示。

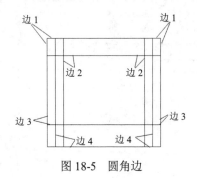

图18-5　圆角边

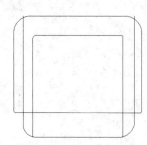

图18-6　圆角处理

（6）单击"默认"选项卡"绘图"面板中的"圆弧"按钮◢，在图形适当位置绘制两段圆弧，如图18-7所示。

（7）单击"默认"选项卡"修改"面板中的"修剪"按钮▼，对图形中的多余线段进行修剪，如图18-8所示。

（8）单击"默认"选项卡"修改"面板中的"旋转"按钮⟲，选择修剪后的图形为旋转对象，选择图形底部水平边为旋转基点，将其旋转15°，如图18-9所示。

图18-7　绘制圆弧

图18-8　修剪圆弧

图18-9　旋转图形

（9）单击"默认"选项卡"绘图"面板中的"圆"按钮⊙，在图形的右侧绘制一个半径为200的圆作为圆形茶几，如图18-10所示。

（10）单击"默认"选项卡"绘图"面板中的"矩形"按钮▢，在圆上绘制一个400×250的矩形，如图18-11所示。

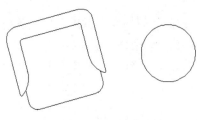

图18-10　绘制圆

图18-11　绘制矩形

（11）单击"默认"选项卡"修改"面板中的"偏移"按钮▣，选择绘制的矩形并向内进行偏移，偏移距离为50，如图18-12所示。

（12）单击"默认"选项卡"修改"面板中的"修剪"按钮▼，对偏移矩形内的多余线段进行修剪，如图18-13所示。

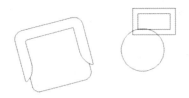

图18-12 偏移矩形

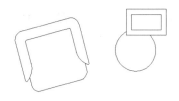

图18-13 修剪图形

（13）单击"默认"选项卡"绘图"面板中的"直线"按钮 ／，分别过矩形水平边和竖直边中点绘制十字交叉线，如图18-14所示。

（14）单击"默认"选项卡"修改"面板中的"镜像"按钮 ⚏，选择前面绘制完成的沙发图形为镜像对象，以半径为200的圆的圆心与端点为镜像点，完成镜像操作，如图18-15所示。

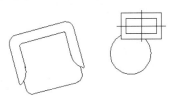

图18-14 绘制直线

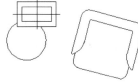

图18-15 镜像图形

（15）单击"默认"选项卡"绘图"面板中的"矩形"按钮 ▭，在右侧沙发下侧绘制一个550×300的矩形，如图18-16所示。

（16）单击"默认"选项卡"修改"面板中的"旋转"按钮 ↻，选择刚绘制的矩形为旋转对象，以矩形底部水平边中点为旋转基点将其旋转-15°，如图18-17所示。

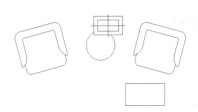

图18-16 绘制矩形

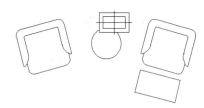

图18-17 旋转矩形

（17）单击"默认"选项卡"修改"面板中的"圆角"按钮 ⌐，选择绘制的矩形进行圆角处理，圆角半径为30，如图18-18所示。

（18）单击"默认"选项卡"修改"面板中的"分解"按钮 ⬚，选择进行圆角处理后的矩形为分解对象，按Enter键确认进行分解。

（19）单击"默认"选项卡"修改"面板中的"偏移"按钮 ⊑，选择分解后的矩形为偏移对象，将矩形的4条边分别向内进行偏移，偏移距离为30，如图18-19所示。

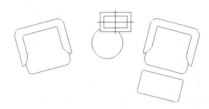

图18-18 圆角处理

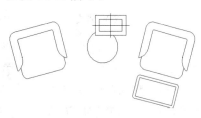

图18-19 偏移直线

（20）单击"默认"选项卡"修改"面板中的"圆角"按钮 ，选择偏移的4条边进行圆角处理，圆角半径为40，如图18-20所示。

（21）单击"默认"选项卡"修改"面板中的"删除"按钮 ，选择圆角边进行删除，如图18-21所示。

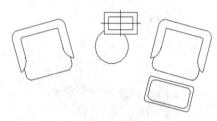

图18-20　圆角处理

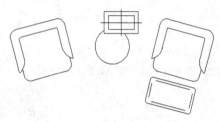

图18-21　删除多余边

（22）单击"默认"选项卡"块"面板中的"创建"按钮 ，弹出"块定义"对话框，选择第（21）步的图形为定义对象，选择任意点为基点，将其定义为块，块名为"沙发及茶几"。

18.2.2　绘制双人床

本实例将介绍双人床的绘制过程，利用"绘图"面板中的"直线""样条曲线拟合""矩形"等命令、"修改"面板中的"镜像""偏移"等命令以及"块"面板中的"创建""插入块"命令来完成双人床平面图的绘制过程。

操作步骤

（1）单击"默认"选项卡"绘图"面板中的"直线"按钮 和"样条曲线"按钮 ，绘制双人床外轮廓线，如图18-22所示。

（2）单击"默认"选项卡"绘图"面板中的"样条曲线拟合"按钮 ，绘制双人床的细部轮廓线，如图18-23所示。

（3）单击"默认"选项卡"绘图"面板中的"样条曲线拟合"按钮 ，绘制双人床枕头轮廓线，如图18-24所示。

图18-22　绘制双人床外轮廓线

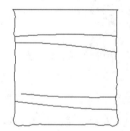

图18-23　绘制双人床细部轮廓线

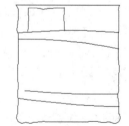

图18-24　绘制枕头轮廓线

（4）单击"默认"选项卡"修改"面板中的"镜像"按钮 ，选择绘制的枕头轮廓线为镜像对象并向右侧进行镜像，如图18-25所示。

（5）单击"默认"选项卡"绘图"面板中的"矩形"按钮 ，在双人床左侧床头位置绘制一个584×500的矩形，如图18-26所示。

（6）单击"默认"选项卡"绘图"面板中的"矩形"按钮▢，在刚绘制的矩形内绘制一个 320×200 的矩形，如图 18-27 所示。

图 18-25　镜像枕头轮廓线

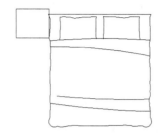
图 18-26　绘制矩形

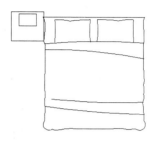
图 18-27　绘制小矩形

（7）单击"默认"选项卡"修改"面板中的"偏移"按钮⊏，选择第（6）步绘制的矩形为偏移对象并向内进行偏移，偏移距离为 40，如图 18-28 所示。

（8）单击"默认"选项卡"绘图"面板中的"直线"按钮╱，过偏移的矩形水平边及竖直边中点绘制十字交叉线，如图 18-29 所示。

图 18-28　偏移小矩形

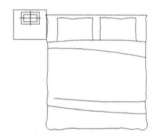
图 18-29　绘制直线

（9）单击"默认"选项卡"修改"面板中的"修剪"按钮⅄，对第（8）步绘制的图形与双人床边界线进行修剪，如图 18-30 所示。

（10）单击"默认"选项卡"修改"面板中的"镜像"按钮◭，选择第（9）步完成的图形为镜像对象，以双人床上下两边中点为镜像点进行镜像，最终完成双人床图形的绘制，如图 18-31 所示。

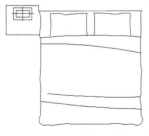
图 18-30　修剪图形

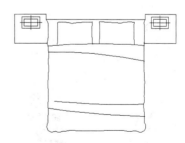
图 18-31　镜像图形

（11）单击"默认"选项卡"块"面板中的"插入"下拉菜单中的"其他图形中的块"选项，系统弹出"块"选项板，单击选项板顶部的▪▪▪按钮，选择"源文件\第 18 章\图块\电话"图块，单击"打开"按钮，回到"块"选项板，在"预览列表"中选择"电话"图块插入到绘图区域内，完成图块插入，如图 18-32 所示。

（12）单击"默认"选项卡"块"面板中的"创建"按钮🖳，弹出"块定义"对话框，选择第（11）步的图形为定义对象，选择任意点为基点，将其定义为块，块名为"双人床"。

豪华双人床的绘制方法与双人床的绘制方法基本相同，这里不再详细阐述，如图 18-33 所示。

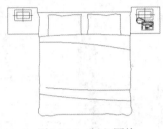

图 18-32　插入图块

图 18-33　绘制豪华双人床

18.2.3　绘制组合柜

扫一扫，看视频

本实例将介绍组合柜的绘制过程，利用"绘图"面板中的"矩形""直线"等命令、"修改"面板中的"偏移"等命令以及"块"面板中的"创建"命令来完成该平面图的绘制。

操作步骤

（1）单击"默认"选项卡"绘图"面板中的"矩形"按钮 □，在图形适当位置绘制一个600×500的矩形，如图 18-34 所示。

（2）单击"默认"选项卡"绘图"面板中的"直线"按钮 ╱，在绘制的矩形内绘制一条长度为 500 的直线，如图 18-35 所示。

（3）单击"默认"选项卡"修改"面板中的"偏移"按钮 ⊑，选择绘制的水平直线为偏移对象并向下进行偏移，偏移距离为 30，偏移 12 次，如图 18-36 所示。

图 18-34　绘制矩形

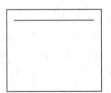

图 18-35　绘制直线

图 18-36　偏移直线

（4）单击"默认"选项卡"绘图"面板中的"矩形"按钮 □，在完成的图形右侧绘制一个1300×450的矩形，如图 18-37 所示。

（5）单击"默认"选项卡"绘图"面板中的"直线"按钮 ╱，在刚绘制的矩形内绘制长度为25 的竖直直线，如图 18-38 所示。

图 18-37　绘制矩形

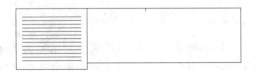

图 18-38　绘制直线

（6）单击"默认"选项卡"修改"面板中的"偏移"按钮 ⊑，选择绘制的竖直直线为偏移对象并向右进行偏移，偏移距离为 300，如图 18-39 所示。

（7）单击"默认"选项卡"绘图"面板中的"直线"按钮／，在偏移线段下端绘制连续直线，如图 18-40 所示。

图 18-39　偏移直线　　　　　　　　　　　　　图 18-40　绘制连续直线

（8）单击"默认"选项卡"绘图"面板中的"矩形"按钮 ▢，在完成的图形右侧绘制一个 1300×600 的矩形，如图 18-41 所示。

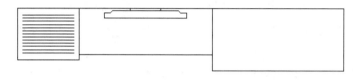

图 18-41　绘制矩形

（9）单击"默认"选项卡"绘图"面板中的"直线"按钮／，在矩形图形下方绘制一个单人座椅，然后单击"默认"选项卡"绘图"面板中的"矩形"按钮 ▢ 和"修改"面板中的"修剪"按钮 ▼，绘制剩余图形，最终完成组合柜的绘制，如图 18-42 所示。

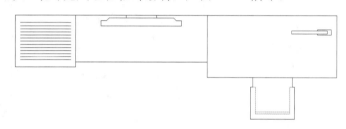

图 18-42　组合柜

（10）单击"默认"选项卡"块"面板中的"创建"按钮 ▣，弹出"块定义"对话框，选择第（9）步图形为定义对象，选择任意点为基点，将其定义为块，块名为"组合柜"。

18.2.4　绘制衣柜

本实例将介绍衣柜的绘制过程，利用"绘图"面板中的"矩形""直线"等命令、"修改"面板中的"偏移""镜像""圆角"等命令以及"块"面板中的"创建"命令来完成衣柜的绘制。

操作步骤

（1）单击"默认"选项卡"绘图"面板中的"矩形"按钮 ▢，在图形适当位置绘制一个 600×1220 的矩形，如图 18-43 所示。

（2）单击"默认"选项卡"修改"面板中的"偏移"按钮 ⊆，选择绘制的矩形为偏移对象并向内进行偏移，偏移距离为 50，如图 18-44 所示。

（3）单击"默认"选项卡"绘图"面板中的"矩形"按钮 ▢，在偏移矩形的上侧水平边中间

扫一扫，看视频

位置绘制一个 80×20 的矩形，如图 18-45 所示。

（4）单击"默认"选项卡"修改"面板中的"镜像"按钮△，选择刚绘制的矩形为镜像对象，分别以偏移矩形左右两竖直边中点为镜像点进行镜像，如图 18-46 所示。

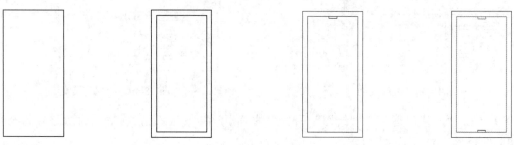

图 18-43　绘制矩形　　　　图 18-44　偏移矩形　　　　图 18-45　绘制矩形　　　　图 18-46　镜像矩形

（5）单击"默认"选项卡"绘图"面板中的"直线"按钮╱，连接镜像的两矩形绘制一条竖直直线，如图 18-47 所示。

（6）单击"默认"选项卡"修改"面板中的"偏移"按钮⊂，选择绘制的竖直直线为偏移对象并向右进行偏移，偏移距离为 20，如图 18-48 所示。

（7）单击"默认"选项卡"绘图"面板中的"直线"按钮╱，在竖直直线上适当位置绘制长为 39 的水平直线，如图 18-49 所示。

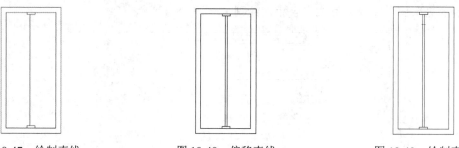

图 18-47　绘制直线　　　　　　　图 18-48　偏移直线　　　　　　　图 18-49　绘制直线

（8）单击"默认"选项卡"修改"面板中的"偏移"按钮⊂，选择绘制的水平直线并向下进行偏移，偏移距离为 1，如图 18-50 所示。

（9）单击"默认"选项卡"修改"面板中的"复制"按钮％，选择上步偏移的两直线为复制对象并连续向下进行复制，复制距离为 238、100、100、100、100、100 和 100，如图 18-51 所示。

（10）单击"默认"选项卡"绘图"面板中的"直线"按钮╱，绘制长度为 158、间距为 25 的不平行直线，如图 18-52 所示。

　　　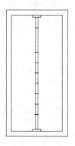　　　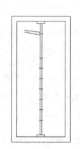

图 18-50　偏移直线　　　　　　　图 18-51　复制直线　　　　　　　图 18-52　绘制直线

（11）单击"默认"选项卡"修改"面板中的"圆角"按钮，选择第（10）步绘制的两直线进行圆角处理，圆角半径为 9，如图 18-53 所示。

（12）利用上述方法完成左侧相同图形的绘制，如图 18-54 所示。

（13）单击"默认"选项卡"修改"面板中的"镜像"按钮，选择第（12）步复制的图形并向右侧进行镜像，完成衣柜的绘制，如图 18-55 所示。

（14）单击"默认"选项卡"块"面板中的"创建"按钮，弹出"块定义"对话框，选择第（13）步图形为定义对象，选择任意点为基点，将其定义为块，块名为"衣柜"。

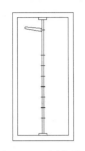  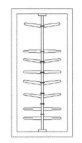

图 18-53　圆角处理　　　　图 18-54　复制图形　　　　图 18-55　镜像图形

18.3　布置家具图块

本节主要讲述"插入块"命令的运用，只需将上节中创建的块插入到平面图中即可。

操作步骤

（1）单击"默认"选项卡"块"面板中的"插入"下拉菜单中的"最近使用的块"选项，系统弹出"块"选项板，选择"当前图形"选项卡，在"预览列表"中选择"沙发及茶几"图块插入到绘图区域内，完成图块插入，如图 18-56 所示。

（2）单击"默认"选项卡"块"面板中的"插入"下拉菜单中的"最近使用的块"选项，系统弹出"块"选项板，选择"当前图形"选项卡，在"预览列表"中选择"组合柜"图块插入到绘图区域内，完成图块插入，如图 18-57 所示。

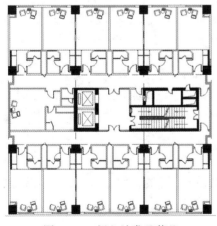 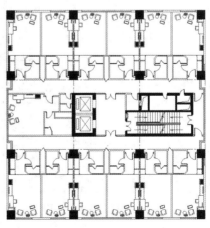

图 18-56　插入沙发及茶几　　　　图 18-57　插入组合柜

（3）单击"默认"选项卡"绘图"面板中的"矩形"按钮 □，绘制一个长、宽分别为450的矩形；然后单击"默认"选项卡"绘图"面板中的"直线"按钮 ✓，绘制矩形内的对角线，并加载线型；最后单击"默认"选项卡"修改"面板中的"复制"按钮 ⅜，将图形复制到图中其他位置处，结果如图18-58所示。

（4）单击"默认"选项卡"块"面板中的"插入"下拉菜单中的"最近使用的块"选项，系统弹出"块"选项板，选择"当前图形"选项卡，在"预览列表"中选择"双人床"图块，单击"确定"按钮，完成图块插入，如图18-59所示。

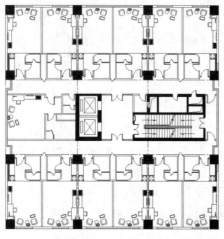

图18-58　绘制图形

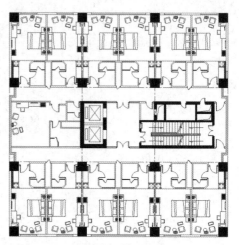

图18-59　插入双人床

（5）单击"默认"选项卡"块"面板中的"插入"下拉菜单中的"最近使用的块"选项，系统弹出"块"选项板，选择"当前图形"选项卡，在"预览列表"中选择"豪华双人床"图块插入到绘图区域内，完成图块插入，如图18-60所示。

（6）单击"默认"选项卡"块"面板中的"插入"下拉菜单中的"最近使用的块"选项，系统弹出"块"选项板，选择"当前图形"选项卡，在"预览列表"中选择"衣柜"图块插入到绘图区域内，完成图块插入，如图18-61所示。

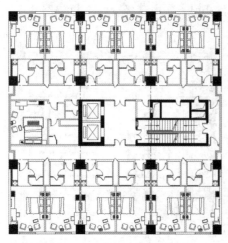

图18-60　插入豪华双人床

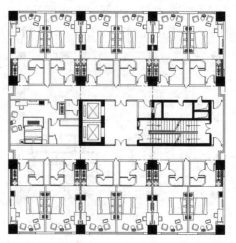

图18-61　插入衣柜

（7）单击"默认"选项卡"块"面板中的"插入"下拉菜单中的"其他图形中的块"选项，系统弹出"块"选项板，单击选项板顶部的···按钮；选择"源文件\第 18 章\图块\坐便器"图块插入到绘图区域内，完成图块插入，如图 18-62 所示。

（8）单击"默认"选项卡"块"面板中的"插入"下拉菜单中的"其他图形中的块"选项，系统弹出"块"选项板，单击选项板顶部的···按钮；选择"源文件\第 18 章\图块\洗手盆"图块插入到绘图区域内，完成图块插入，如图 18-63 所示。

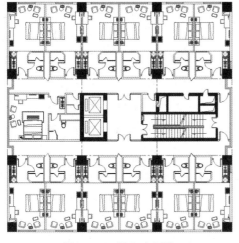

图 18-62　插入坐便器

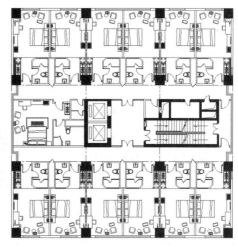

图 18-63　插入洗手盆

（9）单击"默认"选项卡"块"面板中的"插入"下拉菜单中的"其他图形中的块"选项，系统弹出"块"选项板，单击选项板顶部的···按钮；选择"源文件\第 18 章\图块\高级洗手盆"图块插入到绘图区域内，完成图块插入，如图 18-64 所示。

（10）单击"默认"选项卡"块"面板中的"插入"下拉菜单中的"其他图形中的块"选项，系统弹出"块"选项板，单击选项板顶部的···按钮；选择"源文件\第 18 章\图块\蹲便器"图块插入到绘图区域内，完成图块插入，如图 18-65 所示。

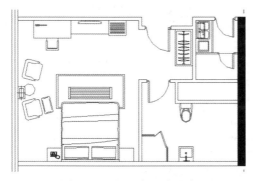

图 18-64　插入高级洗手盆

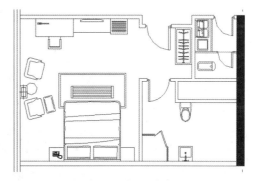

图 18-65　插入蹲便器

（11）单击"默认"选项卡"块"面板中的"插入"下拉菜单中的"其他图形中的块"选项，系统弹出"块"选项板，单击选项板顶部的···按钮；选择"源文件\第 18 章\图块\浴缸"图块插入到绘图区域内，完成图块插入，如图 18-66 所示。

（12）单击"默认"选项卡"块"面板中的"插入"下拉菜单中的"其他图形中的块"选项，系统弹出"块"选项板，单击选项板顶部的┄┄按钮；选择"源文件\第 18 章\图块\毛巾架"图块插入到绘图区域内，完成图块插入，如图 18-67 所示。

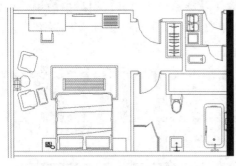

图 18-66　插入浴缸

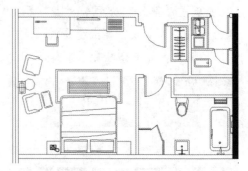

图 18-67　插入毛巾架

（13）单击"默认"选项卡"绘图"面板中的"圆"按钮⊙，在图形适当位置绘制一个半径为 43 的圆，如图 18-68 所示。

（14）单击"默认"选项卡"绘图"面板中的"直线"按钮╱，绘制如图 18-69 所示的连接线。

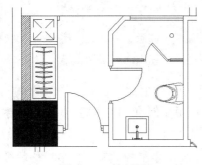

图 18-68　绘制圆

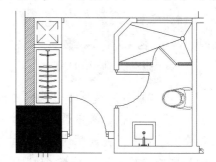

图 18-69　绘制连接线

（15）利用上述方法完成相同图形的绘制，如图 18-70 所示。

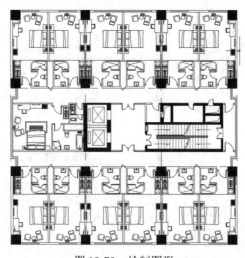

图 18-70　绘制图形

（16）单击"默认"选项卡"绘图"面板中的"直线"按钮 ∕，在卫生间适当位置绘制一条水平直线，如图 18-71 所示。

（17）利用上述方法完成剩余图形的绘制，如图 18-72 所示。

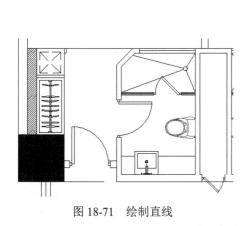

图 18-71　绘制直线

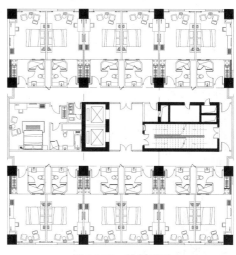

图 18-72　绘制图形

（18）打开关闭的"尺寸"图层及"文字"图层，完成客房家具布置图的绘制，如图 18-73 所示。

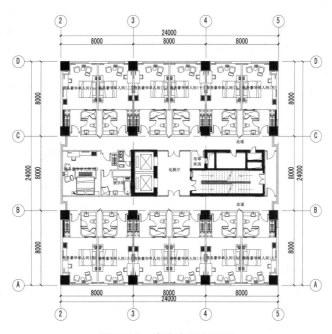

图 18-73　客房家具布置图

动手练——宾馆大堂家具布置图

绘制如图 18-74 所示的宾馆大堂家具布置图。

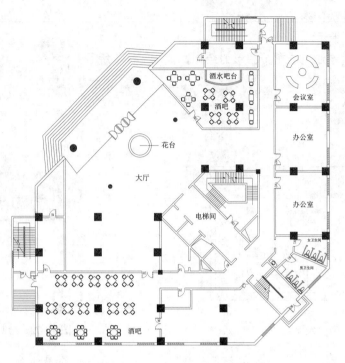

图 18-74　宾馆大堂家具布置图

思路点拨：

> 源文件：源文件\第 18 章\宾馆大堂家具布置图.dwg
> （1）打开宾馆大堂平面图。
> （2）绘制家具图块。
> （3）布置家具。
> （4）进行尺寸和文字标注。

3

三维设计具有形象具体、细腻逼真等优点。在家具设计过程中，有时需要通过三维设计来展示家具设计的具体效果和设计理念。

第3篇　三维家具设计篇

本篇主要讲解三维家具设计的基本方法。具体讲解方法是在讲解 AutoCAD 三维绘图工具基本功能的同时穿插大量三维家具设计实例，让读者熟悉 AutoCAD 三维绘图，同时掌握三维家具设计的基本技巧。

第 19 章　三维造型基础知识

内容简介

随着 AutoCAD 技术的普及，越来越多的工程技术人员使用 AutoCAD 来进行工程设计。虽然在工程设计中通常都使用二维图形描述三维实体，但是由于三维图形的逼真效果，可以通过三维立体图直接得到透视图或平面效果图。因此，计算机三维设计越来越受到工程技术人员的青睐。

本章主要介绍三维坐标系统、动态观察三维图形、漫游和飞行、显示形式和渲染实体等知识。

内容要点

➥ 三维坐标系统
➥ 动态观察
➥ 漫游和飞行
➥ 相机
➥ 显示形式
➥ 渲染实体
➥ 视点设置
➥ 模拟认证考试

案例效果

19.1　三维坐标系统

AutoCAD 2020 使用的是笛卡儿坐标系，其直角坐标系有两种类型：一种是世界坐标系（WCS）；另一种是用户坐标系（UCS）。绘制二维图形时，常用的坐标系即世界坐标系（WCS），由系统默认提供。世界坐标系又称通用坐标系或绝对坐标系，对于二维绘图来说，世界坐标系足以满足要求。为了方便创建三维模型，AutoCAD 2020 允许用户根据自己的需要设定坐标系，即用户坐标系（UCS）。合理地创建 UCS，可以方便地创建三维模型。

AutoCAD 有两种视图显示方式：模型空间和图纸空间。模型空间使用单一视图显示，我们通常使用的都是这种显示方式；图纸空间能够在绘图区创建图形的多视图，用户可以对其中每一个视图进行单独操作。在默认情况下，当前 UCS 与 WCS 重合。图 19-1（a）所示为模型空间下的 UCS 坐标系图标，通常放在绘图区左下角处；也可以将它放在当前 UCS 的实际坐标原点位置，如图 19-1（b）所示；图 19-1（c）所示为布局空间下的坐标系图标。

（a）模型空间下的 UCS 坐标系图标　（b）实际坐标原点位置的 UCS 坐标系图标　（c）布局空间下的坐标系图标

图 19-1　坐标系图标

19.1.1　右手法则与坐标系

在 AutoCAD 中通过右手法则确定直角坐标系 Z 轴的正方向和绕轴线旋转的正方向，称之为"右手定则"。这是因为用户只需要简单地使用右手即可确定所需要的坐标信息。

在 AutoCAD 中输入坐标采用绝对坐标和相对坐标两种形式，格式如下。

➲　绝对坐标格式：X，Y，Z。

➲　相对坐标格式：@X，Y，Z。

AutoCAD 可以用柱坐标和球坐标定义点的位置。

柱面坐标系统类似于 2D 极坐标输入，由该点在 XY 平面的投影点到 Z 轴的距离、该点与坐标原点的连线在 XY 平面的投影与 X 轴的夹角及该点沿 Z 轴的距离来定义。格式如下。

➲　绝对坐标形式：XY 距离 < 角度，Z 距离。

➲　相对坐标形式：@ XY 距离 < 角度，Z 距离。

例如，绝对坐标 10<60，20 表示在 XY 平面的投影点距离 Z 轴 10 个单位，该投影点与原点在 XY 平面的连线相对于 X 轴的夹角为 60°，沿 Z 轴离原点 20 个单位的一个点，如图 19-2 所示。

球面坐标系统中，3D 球面坐标的输入也类似于 2D 极坐标的输入。球面坐标系统由坐标点到原点的距离、该点与坐标原点的连线在 XY 平面内的投影与 X 轴的夹角以及该点与坐标原点的连线与 XY 平面的夹角来定义。具体格式如下。

➲　绝对坐标形式：XYZ 距离 <XY 平面内投影角度 < 与 XY 平面夹角。

➲　相对坐标形式：@ XYZ 距离 <XY 平面内投影角度 < 与 XY 平面夹角。

例如，坐标 10<60<15 表示该点距离原点为 10 个单位，与原点连线的投影在 XY 平面内与 X 轴成 60° 夹角，连线与 XY 平面成 15° 夹角，如图 19-3 所示。

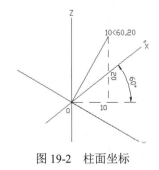

图 19-2　柱面坐标

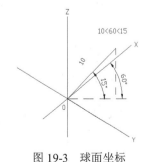

图 19-3　球面坐标

19.1.2 坐标系设置

可以利用相关命令对坐标系进行设置，具体方法如下。

【执行方式】

↳ 命令行：UCSMAN（快捷命令：UC）。

↳ 菜单栏：选择菜单栏中的"工具"→"命名UCS"命令。

↳ 工具栏：单击"UCS Ⅱ"工具栏中的"命名UCS"按钮 。

↳ 功能区：单击"视图"选项卡"坐标"面板中的"命名UCS"按钮 。

【操作步骤】

命令：UC↙

执行上述操作后，系统打开如图19-4所示的UCS对话框。

【选项说明】

（1）"命名UCS"选项卡：用于显示已有的UCS、设置当前坐标系，如图19-4所示。

在"命名UCS"选项卡中，用户可以将世界坐标系、上一次使用的UCS或某一命名的UCS设置为当前坐标。其具体方法是：从列表框中选择某一坐标系，单击"置为当前"按钮。还可以利用选项卡中的"详细信息"按钮了解指定坐标系相对于某一坐标系的详细信息。其具体步骤是：单击"详细信息"按钮，系统打开如图19-5所示的"UCS详细信息"对话框，该对话框详细说明了用户所选坐标系的原点及X、Y和Z轴的方向。

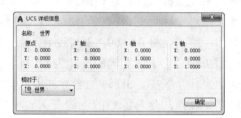

图19-4　UCS对话框　　　　　　　　　　图19-5　"UCS详细信息"对话框

（2）"正交UCS"选项卡：用于将UCS设置成某一正交模式，如图19-6所示。其中，"深度"列用来定义用户坐标系XY平面上的正投影与通过用户坐标系原点平行平面之间的距离。

（3）"设置"选项卡：用于设置UCS图标的显示形式、应用范围等，如图19-7所示。

图19-6　"正交UCS"选项卡　　　　　　　图19-7　"设置"选项卡

19.1.3 创建坐标系

在三维环境中创建或修改对象时，可以在三维空间中的任何位置移动和重新定向 UCS 以简化工作。

【执行方式】

- ↳ 命令行：UCS。
- ↳ 菜单栏：选择菜单栏中的"工具"→"新建 UCS"命令。
- ↳ 工具栏：单击"UCS"工具栏中的"UCS"按钮⯐。
- ↳ 功能区：单击"视图"选项卡"坐标"面板中的 UCS 按钮⯐。

【操作步骤】

```
命令：UCS✓
当前 UCS 名称：*世界*
指定 UCS 的原点或 [面(F)/命名(NA)/对象(OB)/上一个(P)/视图(V)/世界(W)/X/Y/Z/Z 轴(ZA)]
<世界>：
```

【选项说明】

（1）指定 UCS 的原点：使用一点、两点或三点定义一个新的 UCS。如果指定单个点 1，当前 UCS 的原点将会移动而不会更改 X、Y 和 Z 轴的方向。选择该选项，命令行提示与操作如下。

```
指定 X 轴上的点或 <接受>：继续指定 X 轴通过的点 2 或直接按 Enter 键，接受原坐标系 X 轴为新坐标系的
X 轴
指定 XY 平面上的点或 <接受>：继续指定 XY 平面通过的点 3 以确定 Y 轴或直接按 Enter 键，接受原坐标系
XY 平面为新坐标系的 XY 平面，根据右手法则，相应的 Z 轴也同时确定
```

示意图如图 19-8 所示。

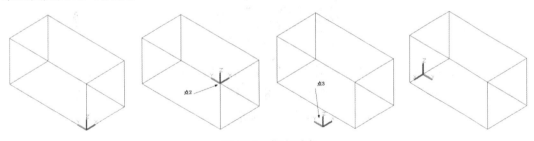

图 19-8　指定原点

（2）面(F)：将 UCS 与三维实体的选定面对齐。要选择一个面，请在此面的边界内或面的边上单击，被选中的面将亮显，UCS 的 X 轴将与找到的第一个面上最近的边对齐。选择该选项，命令行提示与操作如下。

```
选择实体面、曲面或网格：（选择面）
输入选项 [下一个(N)/X 轴反向(X)/Y 轴反向(Y)] <接受>：✓
```

结果如图 19-9 所示。

如果选择"下一个"选项，系统将 UCS 定位于邻接的面或选定边的后向面。

（3）对象(OB)：根据选定三维对象定义新的坐标系，如图 19-10 所示。新建 UCS 的拉伸方向（Z 轴正方向）与选定对象的拉伸方向相同。选择该选项，命令行提示与操作如下。

```
选择对齐 UCS 的对象：选择对象
```

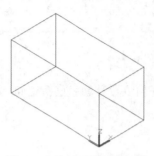

图 19-9　选择面确定坐标系

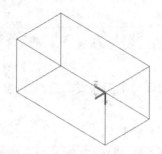

图 19-10　选择对象确定坐标系

对于大多数对象，新 UCS 的原点位于离选定对象最近的顶点处，并且 X 轴与一条边对齐或相切。对于平面对象，UCS 的 XY 平面与该对象所在的平面对齐。对于复杂对象，将重新定位原点，但是轴的当前方向保持不变。

（4）视图(V)：以垂直于观察方向（平行于屏幕）的平面为 XY 平面，创建新的坐标系。UCS 原点保持不变。

（5）世界(W)：将当前用户坐标系设置为世界坐标系。WCS 是所有用户坐标系的基准，不能被重新定义。

✍ 技巧：

> 该选项不能用于下列对象：三维多段线、三维网格和构造线。

（6）X、Y、Z：绕指定轴旋转当前 UCS。

（7）Z 轴(ZA)：利用指定的 Z 轴正半轴定义 UCS。

19.2　动态观察

AutoCAD 2020 提供了具有交互控制功能的三维动态观测器，用户利用三维动态观测器可以实时地控制和改变当前视口中创建的三维视图，以得到期望的效果。动态观察分为 3 类，分别是受约束的动态观察、自由动态观察和连续动态观察，具体介绍如下。

19.2.1　受约束的动态观察

启用"受约束的动态观察"（3DORBIT）命令可在当前视口中激活三维动态观察视图，并且将显示三维动态观察光标图标。

【执行方式】

➔　命令行：3DORBIT（快捷命令：3DO）。

➔　菜单栏：选择菜单栏中的"视图"→"动态观察"→"受约束的动态观察"命令。

➔　快捷菜单：启用交互式三维视图后，在视口中右击，在弹出的快捷菜单中选择"其他导航模式"→"受约束的动态观察"命令，如图 19-11 所示。

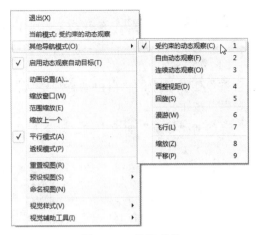

图 19-11　快捷菜单

➷ 工具栏：单击"动态观察"工具栏中的"受约束的动态观察"按钮 或单击"三维导
航"工具栏中的"受约束的动态观察"按钮 。

➷ 功能区：单击"视图"选项卡"导航"面板中的"动态观察"下拉菜单中的"动态观察"
按钮 。

【操作步骤】

执行上述操作后，视图的目标将保持静止，而视点将围绕目标移动。但是，从用户的视点看起
来就像三维模型正在随着光标的移动而旋转，用户可以此方式指定模型的任意视图。

系统显示三维动态观察光标图标。如果水平拖动鼠标，相机将平行于世界坐标系（WCS）的 XY
平面移动。如果垂直拖动鼠标，相机将沿 Z 轴移动，如图 19-12 所示。

图 19-12　受约束的三维动态观察

✎ 技巧：

　　3DORBIT 命令处于活动状态时，无法编辑对象。

19.2.2　自由动态观察

启用"自由动态观察"（3DFORBIT）命令，在当前视口中激活三维自由动态观察视图。

【执行方式】

➷ 命令行：3DFORBIT。

- 菜单栏：选择菜单栏中的"视图"→"动态观察"→"自由动态观察"命令。
- 快捷菜单：启用交互式三维视图后，在视口中右击，在弹出的快捷菜单中选择"自由动态观察"命令，如图19-11所示。
- 工具栏：单击"动态观察"工具栏中的"自由动态观察"按钮 或单击"三维导航"工具栏中的"自由动态观察"按钮 。
- 功能区：单击"视图"选项卡"导航"面板中的"动态观察"下拉菜单中的"自由动态观察"按钮 。

【操作步骤】

执行上述操作后，在当前视口出现一个绿色的大圆，在大圆上有4个绿色的小圆，如图19-13所示。此时通过拖动鼠标就可以对视图进行旋转观察。

在三维动态观测器中，查看目标的点被固定，用户可以利用鼠标控制相机位置绕观察对象得到动态的观测效果。当光标在绿色大圆的不同位置进行拖动时，光标的表现形式是不同的，视图的旋转方向也不同。视图的旋转由光标的表现形式和其位置决定，光标在不同的位置有⊙、 、 、 几种表现形式，可分别对对象进行不同形式的旋转。

图 19-13 自由动态观察

19.2.3 连续动态观察

"连续动态观察"（3DCORBIT）命令可在三维空间中连续旋转视图。

【执行方式】

- 命令行：3DCORBIT。
- 菜单栏：选择菜单栏中的"视图"→"动态观察"→"连续动态观察"命令。
- 快捷菜单：启用交互式三维视图后，在视口中右击，在弹出的快捷菜单中选择"连续动态观察"命令，如图19-11所示。
- 工具栏：单击"动态观察"工具栏中的"连续动态观察"按钮 或单击"三维导航"工具栏中的"连续动态观察"按钮 。
- 功能区：单击"视图"选项卡"导航"面板中的"动态观察"下拉菜单中的"连续动态观察"按钮 。

【操作步骤】

命令：3DCORBIT✓

执行上述操作后，绘图区出现动态观察图标，按住鼠标左键拖动，图形按鼠标拖动的方向旋转，旋转速度为鼠标拖动的速度，如图19-14所示。

✍ 技巧：

> 如果设置了相对于当前 UCS 的平面视图，就可以在当前视图中用绘制二维图形的方法在三维对象的相应面上绘制图形。

动手练——观察几案

观察如图 19-15 所示的几案。

图 19-14　连续动态观察

图 19-15　几案

📋 **思路点拨:**

> 源文件: 源文件\第 19 章\几案.dwg
> (1)打开三维动态观察器。
> (2)灵活利用三维动态观察器的各种工具进行动态观察。

19.3　漫游和飞行

使用漫游和飞行功能可以产生一种在 XY 平面行走或飞越视图的观察效果。

19.3.1　漫游

启用"漫游"命令可以交互式更改图形中的三维视图,以创建在模型中漫游的外观。

【执行方式】

➥　命令行:3DWALK。

➥　菜单栏:选择菜单栏中的"视图"→"漫游和飞行"→"漫游"命令。

➥　快捷菜单:启用交互式三维视图后,在视口中右击,在弹出的快捷菜单中选择"漫游"命令。

➥　工具栏:单击"漫游和飞行"工具栏中的"漫游"按钮👣 或单击"三维导航"工具栏中的"漫游"按钮👣。

➥　功能区:单击"可视化"选项卡"动画"面板中的"漫游"按钮👣。

【操作步骤】

命令:3DWALK✓

执行该命令后,系统打开如图 19-16 所示的提示对话框。单击"修改"按钮,在当前视口中激活漫游模式,在当前视图中显示一个绿色的十字形表示当前漫游位置,同时系统打开"定位器"选项板。在键盘上使用 4 个箭头键或 W(前)、A(左)、S(后)、D(右)键和鼠标来确定漫游的方向。要指定视图的方向,请沿要进行观察的方向拖动鼠标,也可以直接通过"定位器"选项板调节目标指示器,设置漫游位置,如图 19-17 所示。

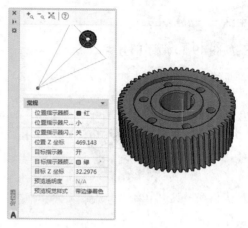

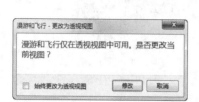

图 19-16　提示对话框

图 19-17　漫游设置

19.3.2　飞行

启用"飞行"命令可以交互式更改图形中的三维视图，以创建在模型中飞行的外观。

【执行方式】

- 命令行：3DFLY。
- 菜单栏：选择菜单栏中的"视图"→"漫游和飞行"→"飞行"命令。
- 快捷菜单：启用交互式三维视图后，在视口中右击，在弹出的快捷菜单中选择"飞行"命令。
- 工具栏：单击"漫游和飞行"工具栏中的"飞行"按钮 或单击"三维导航"工具栏中的"飞行"按钮 。
- 功能区：单击"可视化"选项卡"动画"面板中的"飞机"按钮 。

【操作步骤】

命令：3DFLY↙

执行该命令后，系统在当前视口中激活飞行模式，同时系统打开"定位器"选项板。可以离开 XY 平面，就像在模型中飞越或环绕模型飞行一样。在键盘上使用 4 个箭头键或 W（前）、A（左）、S（后）、D（右）键和鼠标来确定飞行的方向，如图 19-18 所示。

图 19-18　飞行设置

19.3.3　漫游和飞行设置

利用"漫游和飞行设置"命令可以控制漫游和飞行导航设置。

【执行方式】

- 命令行：WALKFLYSETTINGS。
- 菜单栏：选择菜单栏中的"视图"→"漫游和飞行"→"漫游和飞行设置"命令。
- 快捷菜单：启用交互式三维视图后，在视口中右击，在弹出的快捷菜单中选择"飞行"命令。
- 工具栏：单击"漫游和飞行"工具栏中的"漫游和飞行设置"按钮 或单击"三维导航"工具栏中的"漫游和飞行设置"按钮 。
- 功能区：单击"可视化"选项卡"动画"面板中"漫游"下拉列表中的"漫游和飞机设置"按钮 。

【操作步骤】

命令：WALKFLYSETTINGS✓

执行该命令后，系统打开"漫游和飞行设置"对话框（见图 19-19），可以通过该对话框设置漫游和飞行的相关参数。

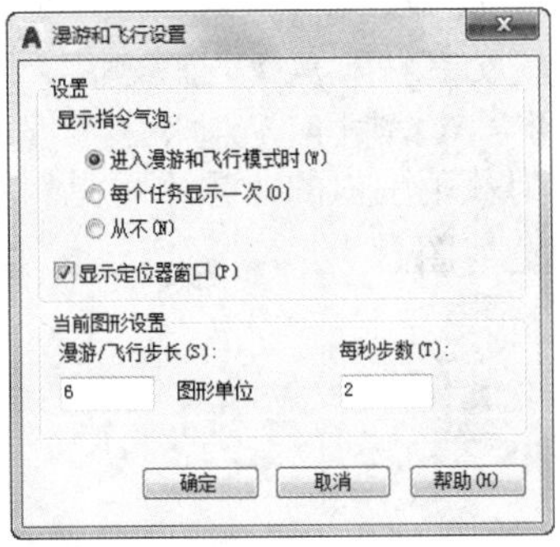

图 19-19　"漫游和飞行设置"对话框

19.4　相　机

相机是 AutoCAD 提供的另外一种三维动态观察功能。相机与动态观察的不同之处在于：动态观察是视点相对对象位置发生变化，相机观察是视点相对对象位置不发生变化。

19.4.1　创建相机

利用"创建相机"命令可以设置相机位置和目标位置，以创建并保存对象的三维透视视图。

【执行方式】

- 命令行：CAMERA。
- 菜单栏：选择菜单栏中的"视图"→"创建相机"命令。
- 功能区：单击"可视化"选项卡"相机"面板中的"创建相机"按钮 。

【操作步骤】

命令：CAMERA
当前相机设置：高度=0 镜头长度=50 毫米
指定相机位置：（指定位置）

指定目标位置：（指定位置）
输入选项 [?/名称(N)/位置(LO)/高度(H)/坐标(T)/镜头(LE)/剪裁(C)/视图(V)/退出(X)] <退出>:
设置完毕后，界面出现一个相机符号，表示创建了一个相机。

【选项说明】

（1）位置(LO)：指定相机的位置。

（2）高度(H)：更改相机的高度。

（3）坐标(T)：指定相机的目标。

（4）镜头(LE)：更改相机的焦距。

（5）剪裁(C)：定义前后剪裁平面并设置它们的值。选择该选项，系统提示与操作如下。

是否启用前向剪裁平面？ [是(Y)/否(N)] <否>:（指定"是"启用前向剪裁）
指定从坐标平面的后向剪裁平面偏移 <0>:（输入距离）
是否启用后向剪裁平面？ [是(Y)/否(N)] <否>:（指定"是"启用后向剪裁）
指定从坐标平面的后向剪裁平面偏移 <0>:（输入距离）

剪裁范围内的对象不可见。图 19-20 所示为设置剪裁平面后单击相机符号，系统显示对应的相机预览视图。

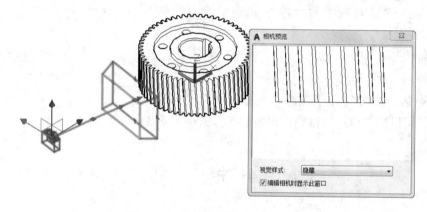

图 19-20　相机及其对应的相机预览

（6）视图(V)：设置当前视图以匹配相机设置。选择该选项，系统提示与操作如下。

是否切换到相机视图？[是(Y)/否(N)] <否>

19.4.2　调整视距

"调整视距"命令可以启用交互式三维视图并使对象显示得更近或更远。

【执行方式】

➤ 命令行：3DDISTANCE。

➤ 菜单栏：选择菜单栏中的"视图"→"相机"→"调整视距"命令。

➤ 快捷菜单：启用交互式三维视图后，在视口中右击，在弹出的快捷菜单中选择"调整视距"命令。

➤ 工具栏：单击"相机调整"工具栏中的"调整视距"按钮 或单击"三维导航"工具栏中的"调整视距"按钮 。

图 19-21 调整视距

【操作步骤】

命令：3DDISTANCE✓
按 Esc 键或 Enter 键退出，或者右击显示快捷菜单

执行该命令后，系统将光标更改为具有上箭头和下箭头的直线。单击并向屏幕顶部垂直拖动光标使相机靠近对象，从而使对象显示得更大。单击并向屏幕底部垂直拖动光标使相机远离对象，从而使对象显示得更小，如图 19-21 所示。

19.4.3 回旋

启用回旋命令可以在拖动方向上更改视图的目标。

【执行方式】

- ↘ 命令行：3DSWIVEL。
- ↘ 菜单栏：选择菜单栏中的"视图"→"相机"→"回旋"命令。
- ↘ 快捷菜单：启用交互式三维视图后，在视口中右击，在弹出的快捷菜单中选择"回旋"命令。
- ↘ 工具栏：单击"相机调整"工具栏中的"回旋"按钮 或单击"三维导航"工具栏中的"回旋"按钮 。

【操作步骤】

命令：3DSWIVEL✓
按 Esc 或 Enter 键退出，或者右击显示快捷菜单

执行该命令后，系统在拖动方向上模拟平移相机，查看的目标将更改。可以沿 XY 平面或 Z 轴回旋视图，如图 19-22 所示。

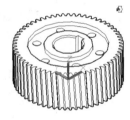

图 19-22 回旋

19.5 显 示 形 式

在 AutoCAD 中，三维实体有多种显示形式，包括二维线框、三维线框、三维消隐、真实、概念、消隐显示等。

19.5.1 视觉样式

零件的不同视觉样式呈现出不同的视觉效果。如果要形象地展示模型效果，可以切换为概念样式；如果要表达模型的内部结构，可以切换为线框样式。

【执行方式】

- ↘ 命令行：VSCURRENT。
- ↘ 菜单栏：选择菜单栏中的"视图"→"视觉样式"→"二维线框"命令。

➥　工具栏：单击"视觉样式"工具栏中的"二维线框"按钮⬚。

➥　功能区：单击"视图"选项卡"视觉样式"面板中的"二维线框"按钮等。

【操作步骤】

命令：VSCURRENT↙
输入选项 [二维线框(2)/线框(W)/隐藏(H)/真实(R)/概念(C)/着色(S)/带边缘着色(E)/灰度(G)/勾画(SK)/X 射线(X)/其他(O)] <二维线框>：

【选项说明】

（1）二维线框(2)：用直线和曲线表示对象的边界。光栅和 OLE 对象、线型和线宽都是可见的。即使将 COMPASS 系统变量的值设置为 1，它也不会出现在二维线框视图中。图 19-23 所示为纽扣的二维线框图。

（2）线框(W)：显示对象时利用直线和曲线表示边界。显示一个已着色的三维 UCS 图标，光栅和 OLE 对象、线型及线宽不可见。可将 COMPASS 系统变量设置为 1 来查看坐标球，将显示应用到对象的材质颜色。图 19-24 所示为纽扣的三维线框图。

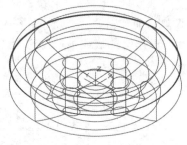　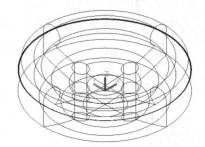

图 19-23　纽扣的二维线框图　　　　　　图 19-24　纽扣的三维线框图

（3）隐藏(H)：显示用三维线框表示的对象并隐藏表示后面的直线。图 19-25 所示为纽扣的隐藏图。

（4）真实(R)：着色多边形平面间的对象，并使对象的边平滑化。如果已为对象附着材质，将显示已附着到对象材质。图 19-26 所示为纽扣的真实图。

（5）概念(C)：着色多边形平面间的对象，并使对象的边平滑化。着色使用冷色和暖色之间的过渡，效果缺乏真实感，但是可以更方便地查看模型的细节。图 19-27 所示为纽扣的概念图。

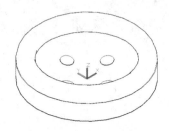　　

图 19-25　纽扣的隐藏图　　　　图 19-26　纽扣的真实图　　　　图 19-27　纽扣的概念图

（6）着色(S)：产生平滑的着色模型。图 19-28 所示为纽扣的着色图。

（7）带边缘着色(E)：产生平滑、带有可见边的着色模型。图 19-29 所示为纽扣的带边缘着色图。

（8）灰度(G)：使用单色面颜色模式可以产生灰色效果。图 19-30 所示为纽扣的灰度图。

图 19-28　纽扣的着色图

图 19-29　纽扣的带边缘着色图

图 19-30　纽扣的灰度图

（9）勾画(SK)：使用外伸和抖动产生手绘效果。图 19-31 所示为纽扣的勾画图。

（10）X 射线(X)：更改面的不透明度使整个场景变成部分透明。图 19-32 所示为纽扣的 X 射线图。

图 19-31　纽扣的勾画图

图 19-32　纽扣的 X 射线图

（11）其他(O)：选择该选项，命令行提示与操作如下。

输入视觉样式名称 [?]：

可以输入当前图形中的视觉样式名称或输入"?"，以显示名称列表并重复该提示。

19.5.2　视觉样式管理器

视觉样式用来控制视口中模型边和着色的显示，可以在视觉样式管理器中创建和更改视觉样式的设置。

【执行方式】

- ↘　命令行：VISUALSTYLES。
- ↘　菜单栏：选择菜单栏中的"视图"→"视觉样式"→"视觉样式管理器"命令或选择"工具"→"选项板"→"视觉样式"命令。
- ↘　工具栏：单击"视觉样式"工具栏中的"管理视觉样式"按钮 ⓐ。
- ↘　功能区：单击"视图"选项卡"视觉样式"面板中的"视觉样式"下拉菜单中的"视觉样式管理器"按钮。

动手学——更改纽扣的概念视觉效果

源文件：源文件\第 19 章\更改纽扣的概念视觉效果.dwg

本实例更改纽扣的概念视觉效果，如图 19-33 所示。

✍ 技巧：

　　图 19-33 所示为按图 19-35 所示进行设置的概念图显示结果，读者可以与图 19-34 进行比较，感觉它们之间的差别。

操作步骤

（1）打开初始文件\第 19 章\纽扣.DWG 文件（见图 19-34），并将视觉效果设置为概念图。

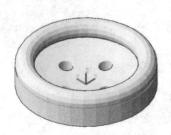

图 19-33　概念视觉效果

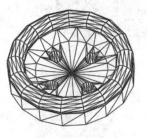

图 19-34　纽扣

（2）单击"视图"选项卡"视觉样式"面板中的"视觉样式管理器"按钮，打开如图 19-35 所示的"视觉样式管理器"选项板。

（3）在选项板中选取"概念"视觉样式，更改光源质量为"镶嵌面的"，颜色为"单色"，阴影显示为"地面阴影"，显示为"无"，如图 19-36 所示。

图 19-35　"视觉样式管理器"选项板

图 19-36　设置概念

（4）更改"概念"视觉效果后的纽扣如图 19-33 所示。

19.6　渲染实体

渲染是对三维图形对象加上颜色和材质因素或灯光、背景、场景等因素的操作，能够更真实地表达图形的外观和纹理。渲染是输出图形前的关键步骤，尤其是在效果图的设计中。

19.6.1　贴图

贴图的功能是在实体附着带纹理的材质后，调整实体或面上纹理贴图的方向。当材质被映射后，调整材质以适应对象的形状，将合适的材质贴图类型应用到对象中，可以使之更加适合于对象。

【执行方式】

↘　命令行：MATERIALMAP。

↘　菜单栏：选择菜单栏中的"视图"→"渲染"→"贴图"命令。

↘　工具栏：单击"渲染"工具栏中的"贴图"按钮或单击"贴图"工具栏中的按钮。

【操作步骤】

```
命令：MATERIALMAP↙
选择选项[长方体(B)/平面(P)/球面(S)/柱面(C)/复制贴图至(Y)/重置贴图(R)] <长方体>：
```

【选项说明】

（1）长方体(B)：将图像映射到类似长方体的实体上。该图像将在对象的每个面上重复使用。

（2）平面(P)：将图像映射到对象上，就像将其从幻灯片投影器投影到二维曲面上一样，图像不会失真，但是会被缩放以适应对象。该贴图最常用于面。

（3）球面(S)：在水平和垂直两个方向上同时使图像弯曲。纹理贴图的顶边在球体的"北极"压缩为一个点；同样，底边在"南极"压缩为一个点。

（4）柱面(C)：将图像映射到圆柱形对象上，水平边将一起弯曲，但顶边和底边不会弯曲。图像的高度将沿圆柱体的轴进行缩放。

（5）复制贴图至(Y)：将贴图从原始对象或面应用到选定对象。

（6）重置贴图(R)：将 UV 坐标重置为贴图的默认坐标。

19.6.2　材质

材质的处理分为"材质浏览器"和"材质编辑器"两种编辑方式。

【执行方式】

↘　命令行：RMAT。

↘　命令行：MATBROWSEROPEN。

↘　菜单栏：选择菜单栏中的"视图"→"渲染"→"材质浏览器"命令。

↘　工具栏：单击"渲染"工具栏中的"材质浏览器"按钮◈。

↘　功能区：单击"视图"选项卡"选项板"面板中的"材质浏览器"按钮◈或单击"可视化"选项卡"材质"面板中的"材质浏览器"按钮◈。

动手学——对长凳添加材质

源文件：源文件\第 19 章\对长凳添加材质.dwg

本实例对长凳添加材质，如图 19-37 所示。

扫一扫，看视频

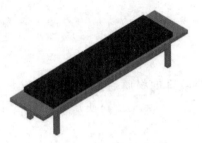

图 19-37　对长凳添加材质

操作步骤

（1）打开初始文件\第 19 章\长凳.dwg 文件，如图 19-38 所示。

（2）单击"视图"选项卡"视觉样式"面板中的"视觉样式"下拉列表中的"概念"样式，结果如图 19-39 所示。

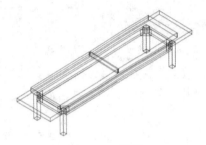

图 19-38　凳子

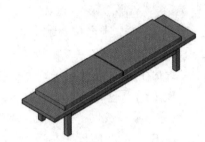

图 19-39　"概念"样式

（3）单击"可视化"选项卡"材质"面板中的"材质浏览器"按钮🔳，弹出"材质浏览器"选项板，单击"主视图"→"Autodesk库"→"织物"→"皮革"，然后选择"深褐色"材质，再单击旁边的"将材质添加到文档中"按钮⬆️，将材质添加至材质浏览器的上端"文档材质"列表中，如图 19-40 所示。选取刚添加的材质，拖动到视图中并放置到长凳的海绵垫上，如图 19-41 所示。

图 19-40　选取材质

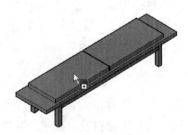

图 19-41　添加材质

（4）单击"视图"选项卡"视觉样式"面板中的"视觉样式"下拉列表中的"真实"样式，结果如图19-42所示。

（5）单击"主视图"→"Autodesk库"→"木材"，然后选择"红橡木"材质，再单击旁边的"将材质添加到文档中"按钮，将材质添加至材质浏览器的上端"文档材质"列表中。选取刚添加的材质，拖动到视图中并放置到长凳的其他位置，结果如图19-37所示。

图19-42 "真实"样式

19.6.3 渲染

与线框图像或着色图像相比，渲染的图像使人更容易想象 3D 对象的形状和大小。渲染对象也使设计者更容易表达其设计思想。

1．高级渲染设置

【执行方式】

- 命令行：RPREF（快捷命令：RPR）。
- 菜单栏：选择菜单栏中的"视图"→"渲染"→"高级渲染设置"命令。
- 工具栏：单击"渲染"工具栏中的"高级渲染设置"按钮。
- 功能区：单击"视图"选项卡"选项板"面板中的"高级渲染设置"按钮。

2．渲染

【执行方式】

- 命令行：RENDER（快捷命令：RR）。
- 功能区：单击"可视化"选项卡"渲染"面板中的"渲染到尺寸"按钮。

动手学——渲染长凳

源文件：源文件\第 19 章\渲染长凳.dwg

本实例对附着材质后的长凳进行渲染，如图19-43所示。

图19-43 渲染长凳

操作步骤

（1）打开源文件\第 19 章\对长凳添加材质.dwg 文件。

（2）选择菜单栏中的"视图"→"渲染"→"高级渲染设置"命令，打开"渲染预设管理器"选项板，设置渲染位置为"视口"，渲染精确性为"高"，其他采用默认设置，如图19-44所示。

（3）单击"可视化"选项卡"渲染"面板中的"渲染到尺寸"按钮，对长凳进行渲染，结果如图19-43所示。

（4）选择菜单栏中的"视图"→"渲染"→"高级渲染设置"命令，打开"渲染预设管理器"选项板，设置渲染位置为"窗口"，渲染精确性为"草稿"，其他采用默认设置，如图 19-45所示。

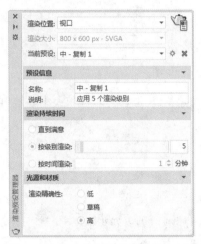

图 19-44　"渲染预设管理器"选项板

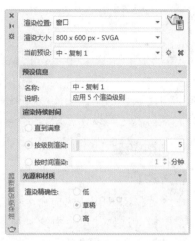

图 19-45　"渲染预设管理器"选项板

（5）单击"可视化"选项卡"渲染"面板中的"渲染到尺寸"按钮，打开渲染窗口对长凳进行渲染，结果如图19-46所示。

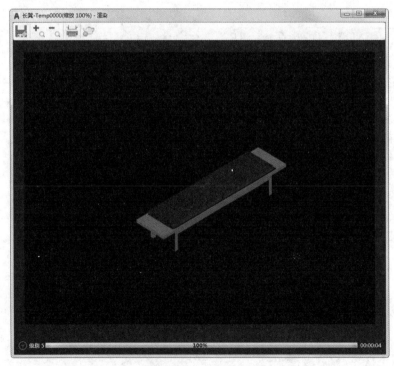

图 19-46　渲染窗口

19.7　视 点 设 置

对三维造型而言，不同的角度和视点观察的效果完全不同，所谓"横看成岭侧成峰"。为了以合适的角度观察物体，需要设置观察的视点。AutoCAD 为用户提供了相关的方法。

19.7.1　利用对话框设置视点

AutoCAD 提供了"视点预设"功能，帮助读者事先设置观察视点。具体操作方法如下。

【执行方式】

❧　命令行：DDVPOINT。

❧　菜单栏：选择菜单栏中的"视图"→"三维视图"→"视点预设"命令。

【操作步骤】

命令：DDVPOINT↙

执行上述操作后，AutoCAD 弹出"视点预设"对话框，如图 19-47 所示。

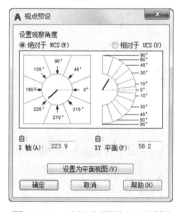

图 19-47　"视点预设"对话框

在"视点预设"对话框中，左侧的图形用于确定视点和原点的连线在 XY 平面的投影与 X 轴正方向的夹角；右侧的图形用于确定视点和原点的连线与其在 XY 平面的投影的夹角。用户也可以在"自：X 轴"和"自：XY 平面"两个文本框中输入相应的角度。"设置为平面视图"按钮用于将三维视图设置为平面视图。用户设置好视点的角度后，单击"确定"按钮，AutoCAD 2020 按该点显示图形。

19.7.2　利用罗盘确定视点

在 AutoCAD 中，用户可以通过罗盘和三轴架确定视点。罗盘是以二维显示的地球仪，它的中心是北极（0,0,1），相当于视点位于 Z 轴的正方向；内部的圆环为赤道（n,n,0）；外部的圆环为南极（0,0,-1），相当于视点位于 Z 轴的负方向。

【执行方式】

➥ 命令行：VPOINT。

➥ 菜单栏：选择菜单栏中的"视图"→"三维视图"→"视点"命令。

【操作步骤】

命令行提示与操作如下。

```
命令: VPOINT
当前视图方向: VIEWDIR=0.0000,0.0000,1.0000
指定视点或 [旋转(R)] <显示指南针和三轴架>:
```

"显示指南针和三轴架"是系统默认的选项，直接按 Enter 键即执行<显示坐标球和三轴架>命令，AutoCAD 出现如图 19-48 所示的罗盘和三轴架。

在图 19-48 中，罗盘相当于球体的俯视图，十字光标表示视点的位置。确定视点时，拖动鼠标使光标在坐标球移动时，三轴架的 X、Y 轴也会绕 Z 轴转动。三轴架转动的角度与光标在坐标球上的位置相对应，光标位于坐标球的不同位置，对应的视点也

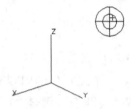

图 19-48　罗盘和三轴架

不相同。当光标位于内环内部时，相当于视点在球体的上半球；当光标位于内环与外环之间时，相当于视点在球体的下半球。用户根据需要确定好视点的位置后按 Enter 键，AutoCAD 按该视点显示三维模型。

19.8　模拟认证考试

1. 在对三维模型进行操作时下列说法错误的是（　　）。

　　A．消隐指的是显示用三维线框表示的对象并隐藏表示后方的直线

　　B．在三维模型使用着色后，使用"重画"命令可停止着色图形以网格显示

　　C．用于着色操作的面板名称是视觉样式

　　D．在命令行中可以用 SHADEMODE 命令配合参数实现着色操作

2. 在 Streering Wheels 控制盘中，单击动态观察选项，可以围绕轴心进行动态观察，动态观察的轴心使用鼠标加（　　）键可以调整。

　　A．Shift　　　　　　　　　　　　　B．Ctrl

　　C．Alt　　　　　　　　　　　　　　D．Tab

3. 用 VPOINT 命令输入视点坐标（-1，-1，1）后，结果同（　　）三维视图。

　　A．西南等轴测　　　　　　　　　　B．东南等轴测

　　C．东北等轴测　　　　　　　　　　D．西北等轴测

4. 在三点定义 UCS 时，其中第三点表示为（　　）。

　　A．坐标系原点　　　　　　　　　　B．X 轴正方向

　　C．Y 轴正方向　　　　　　　　　　D．Z 轴正方向

5. 如果需要在实体表面另外绘制二维截面轮廓，则必须应用（　　）命令来建立绘图平面。

　　A．建模工具　　　　　　　　　　　B．实体编辑工具

C．ucs D．三维导航工具

6．利用三维动态观察器观察如图 19-49 所示的图形。

7．给图 19-49 所示的图形添加材质并渲染。

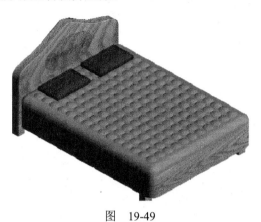

图　19-49

第 20 章　三维曲面造型

内容简介

本章主要介绍不同三维曲面造型的绘制方法、曲面操作和曲面编辑，具体内容包括三维多段线、三维面、长方体、圆柱体、偏移曲面、过渡曲面等。

内容要点

- ➥ 基本三维绘制
- ➥ 绘制基本三维网格
- ➥ 绘制三维网格
- ➥ 曲面操作
- ➥ 模拟认证考试

案例效果

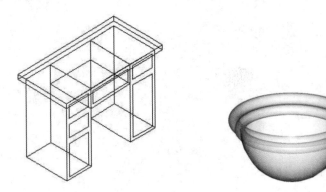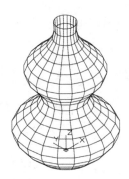

20.1　基本三维绘制

在三维图形中，有一些最基本的图形元素，它们是组成三维图形的最基本要素。下面依次进行讲解。

20.1.1　绘制三维多段线

在前面学习过二维多段线，三维多段线与二维多段线类似，也是由具有宽度的线段和圆弧组成。只是这些线段和圆弧是空间的。

【执行方式】

➥ 命令行：3DPLOY。

➥ 菜单栏：选择菜单栏中的"绘图"→"三维多段线"命令。

➥ 功能区：单击"默认"选项卡"绘图"面板中的"三维多段线"按钮 。

【操作步骤】

```
命令：3DPLOY↙
指定多段线的起点：（指定某一点或者输入坐标点）
指定直线的端点或 [放弃(U)]：（指定下一点）
指定直线的端点或 [闭合(C)/放弃(U)]：（指定下一点）
指定直线的端点或 [闭合(C)/放弃(U)]：
```

20.1.2 绘制三维面

三维面是指以空间 3 个点或 4 个点组成一个面。可以通过任意指点 3 点或 4 点来绘制三维面。下面具体讲述其绘制方法。

【执行方式】

➥ 命令行：3DFACE（快捷命令：3F）。

➥ 菜单栏：选择菜单栏中的"绘图"→"建模"→"网格"→"三维面"命令。

动手学——写字台

源文件：源文件\第 20 章\写字台.dwg
本实例绘制的写字台如图 20-1 所示。

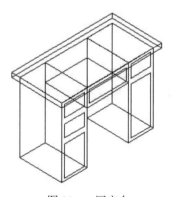

图 20-1　写字台

操作步骤

（1）将视区设置为主视图、俯视图、左视图和西南等轴测视图 4 个视图。选择菜单栏中的"视图"→"视口"→"四个视口"命令，将视区设置为 4 个视口。单击左上角视口，将该视图激活。

（2）单击"视图"选项卡"视图"面板中的"视图"下拉列表中的"前图"按钮 ，将其设置为主视图。利用相同的方法，将右上角的视图设置为左视图，左下角的视图设置为俯视图，右下角设置为西南等轴测视图。设置好的视图如图 20-2 所示。

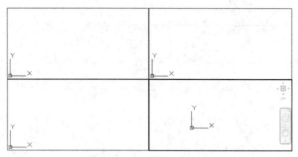

图 20-2　设置好的视图

（3）激活俯视图，单击"三维视图"选项卡"建模"面板中的"长方体"按钮，在俯视图中绘制两个长方体，作为写字台的两条腿。

```
命令：BOX
指定第一个角点或 [中心(C)]：100,100,100
指定其他角点或 [立方体(C)/长度(L)]：@30,50,80
```

用同样方法绘制长方体，角点坐标是（180,100,100）和（@30,50,80）。执行上述步骤后的图形如图 20-3 所示。

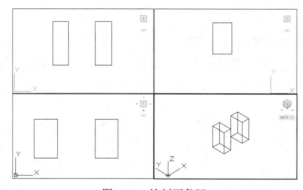

图 20-3　绘制两条腿

（4）在写字台的中间部分绘制一个抽屉。用同样的方法绘制长方体，角点坐标是（130,100,160）和（@50,50,20）。执行上述操作步骤后的图形如图 20-4 所示。

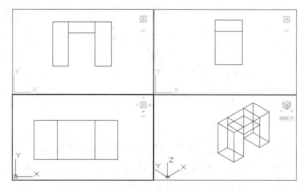

图 20-4　添加了抽屉后的图形

（5）绘制写字台的桌面，用同样的方法绘制长方体，角点坐标是（95,95,180）和（@120,60,5），结果如图 20-5 所示。

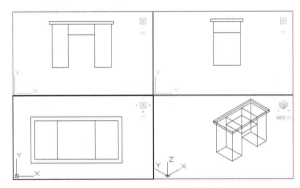

图 20-5　绘制了桌面后的图形

（6）激活主视图，在命令行中输入 UCS 命令，修改坐标系。命令行提示与操作如下。

```
命令: UCS↙
当前 UCS 名称: *世界*
指定 UCS 的原点或 [面(F)/命名(NA)/对象(OB)/上一个(P)/视图(V)/世界(W)/X/Y/Z/Z 轴(ZA)]
<世界>: (捕捉写字台左下角点)
指定 X 轴上的点或 <接受>:↙
```

（7）利用 3DFACE 命令绘制写字台的抽屉。

```
命令: 3DFACE↙
指定第一点或 [不可见(I)]: 3,3,0↙
指定第二点或 [不可见(I)]: 27,3,0↙
指定第三点或 [不可见(I)] <退出>: 27,37,0↙
指定第四点或 [不可见(I)] <创建三侧面>: 3,37,0↙
指定第三点或 [不可见(I)] <退出>:↙
```

用同样的方法执行 3DFACE 命令，给出第一、二、三、四点的坐标分别为{（3,43,0）、（27,43,0）、（27,57,0）、（3,57,0）}，{（3,63,0）、（27,63,0）、（27,77,0）、（3,77,0）}，{（33,63,0）、（77,63,0）、（77,77,0）、（33,77,0）}，{（83,63,0）、（107,63,0）、（107,77,0）、（83,77,0）}，{（83,57,0）、（107,57,0）、（107,3,0）、（83,3,0）}，结果如图 20-1 所示。

【选项说明】

（1）指定第一点：输入某一点的坐标或用鼠标确定某一点，以定义三维面的起点。在输入第一点后，可按顺时针或逆时针方向输入其余的点，以创建普通三维面。如果在输入 4 点后按 Enter 键，则以指定第 4 点生成一个空间的三维平面。如果在提示下继续输入第二个平面上的第 3 点和第 4 点坐标，则生成第二个平面。该平面以第一个平面的第 3 点和第 4 点作为第二个平面的第一点和第二点，创建第二个三维平面。继续输入点可以创建用户要创建的平面，按 Enter 键结束。

（2）不可见(I)：控制三维面各边的可见性，以便创建有孔对象的正确模型。如果在输入某一边之前输入 "I"，则可以使该边不可见。

图 20-6 所示为创建一长方体时某一边使用 I 命令和不使用 I 命令的视图比较。

（a）可见边

（b）不可见边

图 20-6　使用 I 命令与不使用 I 命令的视图比较

20.1.3 绘制三维网格

在 AutoCAD 中，可以指定多个点来组成三维网格，这些点按指定的顺序来确定其空间位置。下面简要介绍其具体方法。

【执行方式】

命令行：3DMESH。

【操作步骤】

```
命令：3DMESH↙
输入 M 方向上的网格数量：输入 2～256 之间的值
输入 N 方向上的网格数量：输入 2～256 之间的值
为顶点(0,0)指定位置：输入第一行第一列的顶点坐标
为顶点(0,1)指定位置：输入第一行第二列的顶点坐标
为顶点(0,2)指定位置：输入第一行第三列的顶点坐标
...
为顶点(0,N-1)指定位置：输入第一行第 N 列的顶点坐标
为顶点(1,0)指定位置：输入第二行第一列的顶点坐标
为顶点(1,1)指定位置：输入第二行第二列的顶点坐标
...
为顶点(1,N-1)指定位置：输入第二行第 N 列的顶点坐标
...
为顶点(M-1,N-1)指定位置：输入第 M 行第 N 列的顶点坐标
```

图 20-7 所示为绘制的三维网格表面。

图 20-7　三维网格表面

20.2　绘制基本三维网格

网格模型使用多边形来定义三维形状的顶点、边和面。三维基本图元与三维基本形体表面类似，有长方体表面、圆柱体表面、棱锥面、楔体表面、球面、圆锥面、圆环面等。但是与实体模型不同的是，网格没有质量特性。

20.2.1 绘制网格长方体

给定长、宽、高，绘制一个长方体。

【执行方式】

- ↘ 命令行：MESH。
- ↘ 菜单栏：选择菜单栏中的"绘图"→"建模"→"网格"→"图元"→"长方体(B)"命令。
- ↘ 工具栏：单击"平滑网格图元"工具栏中的"网格长方体"按钮▦。
- ↘ 功能区：单击"三维工具"选项卡"建模"面板中的"网格长方体"按钮▦。

【操作步骤】

```
命令：MESH
当前平滑度设置为：0
输入选项 [长方体(B)/圆锥体(C)/圆柱体(CY)/棱锥体(P)/球体(S)/楔体(W)/圆环体(T)/设置(SE)]
<长方体>:B
指定第一个角点或 [中心(C)]：
指定其他角点或 [立方体(C)/长度(L)]：
指定宽度：
指定高度或 [两点(2P)]：
```

【选项说明】

（1）指定第一个角点：设置网格长方体的第一个角点。

（2）中心(C)：设置网格长方体的中心。

（3）立方体(C)：将长方体的所有边设置为长度相等。

（4）指定宽度：设置网格长方体沿 Y 轴的宽度。

（5）指定高度：设置网格长方体沿 Z 轴的高度。

（6）两点（2P）：基于两点之间的距离设置高度。

20.2.2　绘制网格圆锥体

给定圆心、底圆半径和顶圆半径，绘制一个圆锥体。

【执行方式】

- ↘ 命令行：MESH。
- ↘ 菜单栏：选择菜单栏中的"绘图"→"建模"→"网格"→"图元"→"圆锥体(C)"命令。
- ↘ 工具栏：单击"平滑网格图元"工具栏中的"网格圆锥体"按钮▲。
- ↘ 功能区：单击"三维工具"选项卡"建模"面板中的"网格圆锥体"按钮▲。

【操作步骤】

```
命令：_.MESH
当前平滑度设置为：0
输入选项 [长方体(B)/圆锥体(C)/圆柱体(CY)/棱锥体(P)/球体(S)/楔体(W)/圆环体(T)/设置(SE)]
<圆锥体>:_CONE
指定底面的中心点或[三点(3P)/两点(2P)/切点、切点、半径(T)/椭圆(E)]：
指定底面半径或 [直径(D)]:D
指定直径：
指定高度或 [两点(2P)/轴端点(A)/顶面半径(T)] <100.0000>：
```

【选项说明】

（1）指定底面的中心点：设置网格圆锥体底面的中心点。

（2）三点(3P)：通过指定三点设置网格圆锥体的位置、大小和平面。

（3）两点（2P）：根据两点定义网格圆锥体的底面直径。

（4）切点、切点、半径(T)：定义具有指定半径，且半径与两个对象相切的网格圆锥体的底面。

（5）椭圆(E)：指定网格圆锥体的椭圆底面。

（6）指定底面半径：设置网格圆锥体底面的半径。

（7）指定直径：设置圆锥体的底面直径。

（8）指定高度：设置网格圆锥体沿与底面所在平面垂直的轴的高度。

（9）两点（2P）：通过指定两点之间的距离定义网格圆锥体的高度。

（10）轴端点(A)：设置圆锥体的顶点的位置，或圆锥体平截面顶面的中心位置。轴端点的方向可以为三维空间中的任意位置。

（11）顶面半径(T)：指定创建圆锥体平截面时圆锥体的顶面半径。

20.2.3　绘制网格圆柱体

下面绘制一个圆柱体。

【执行方式】

- ➥　命令行：MESH。
- ➥　菜单栏：选择菜单栏中的"绘图"→"建模"→"网格"→"图元"→"圆柱体(CY)"命令。
- ➥　工具栏：单击"平滑网格图元"工具栏中的"网格圆柱体"按钮 。
- ➥　功能区：单击"三维工具"选项卡"建模"面板中的"网格圆柱体"按钮 。

【操作步骤】

```
命令：_MESH
当前平滑度设置为：0
输入选项 [长方体(B)/圆锥体(C)/圆柱体(CY)/棱锥体(P)/球体(S)/楔体(W)/圆环体(T)/设置(SE)]
<圆柱体>：_CYLINDER
指定底面的中心点或 [三点(3P)/两点(2P)/切点、切点、半径(T)/椭圆(E)]：
指定底面半径或 [直径(D)]：
指定高度或 [两点(2P)/轴端点(A)] <100>：
```

【选项说明】

（1）指定底面的中心点：设置网格圆柱体底面的中心点。

（2）三点(3P)：通过指定三点设置网格圆柱体的位置、大小和平面。

（3）两点（直径）：通过指定两点设置网格圆柱体底面的直径。

（4）两点（高度）：通过指定两点之间的距离定义网格圆柱体的高度。

（5）切点、切点、半径(T)：定义具有指定半径，且半径与两个对象相切的网格圆柱体的底面。如果指定的条件可生成多种结果，则将使用最近的切点。

（6）椭圆(E)：指定网格圆柱体的椭圆底面。

（7）指定底面半径：设置网格圆柱体底面的半径。

（8）直径(D)：设置圆柱体的底面直径。

（9）指定高度：设置网格圆柱体沿与底面所在平面垂直的轴的高度。

（10）轴端点(A)：设置圆柱体顶面的位置。轴端点的方向可以为三维空间中的任意位置。

20.2.4　绘制网格棱锥体

给定棱台各顶点，绘制一个棱台，或者给定棱锥各顶点，绘制一个棱锥。

【执行方式】

➥ 命令行：MESH。

➥ 菜单栏：选择菜单栏中的"绘图"→"建模"→"网格"→"图元"→"棱锥体(P)"命令。

➥ 工具栏：单击"平滑网格图元"工具栏中的"网格棱锥体"按钮 ▲。

➥ 功能区：单击"三维工具"选项卡"建模"面板中的"网格棱锥体"按钮 ▲。

【操作步骤】

```
命令：_MESH
当前平滑度设置为：0
输入选项 [长方体(B)/圆锥体(C)/圆柱体(CY)/棱锥体(P)/球体(S)/楔体(W)/圆环体(T)/设置(SE)]
<棱锥体>：_PYRAMID
4 个侧面　外切
指定底面的中心点或 [边(E)/侧面(S)]：
指定底面半径或 [内接(I)] <50>::
指定高度或 [两点(2P)/轴端点(A)/顶面半径(T)] <100>：
```

【选项说明】

（1）指定底面的中心点：设置网格棱锥体底面的中心点。

（2）边(E)：设置网格棱锥体底面一条边的长度，如指定的两点所指明的长度一样。

（3）侧面(S)：设置网格棱锥体的侧面数，输入 3～32 的正值。

（4）指定底面半径：设置网格棱锥体底面的半径。

（5）内接(I)：指定网格棱锥体的底面是内接的，还是绘制在底面半径内。

（6）指定高度：设置网格棱锥体沿与底面所在的平面垂直的轴的高度。

（7）两点（2P）：通过指定两点之间的距离定义网格棱锥体的高度。

（8）轴端点(A)：设置棱锥体顶点的位置，或棱锥体平截面顶面的中心位置。轴端点的方向可以为三维空间中的任意位置。

（9）顶面半径(T)：指定创建棱锥体平截面时网格棱锥体的顶面半径。

（10）外切：指定棱锥体的底面是外切的，还是绕底面半径绘制。

20.2.5　绘制网格球体

给定圆心和半径，绘制一个球。

【执行方式】

➥ 命令行：MESH。

➥ 菜单栏：选择菜单栏中的"绘图"→"建模"→"网格"→"图元"→"球体(S)"命令。

➥ 工具栏：单击"平滑网格图元"工具栏中的"网格球体"按钮 。

➥ 功能区：单击"三维工具"选项卡"建模"面板中的"网格球体"按钮 。

【操作步骤】

```
命令：_MESH
当前平滑度设置为：0
输入选项 [长方体(B)/圆锥体(C)/圆柱体(CY)/棱锥体(P)/球体(S)/楔体(W)/圆环体(T)/设置(SE)]
<球体>：_SPHERE
指定中心点或 [三点(3P)/两点(2P)/切点、切点、半径(T)]：
指定半径或 [直径(D)] <214.2721>：
```

【选项说明】

（1）指定中心点：设置球体的中心点。

（2）三点(3P)：通过指定三点设置网格球体的位置、大小和平面。

（3）两点（直径）：通过指定两点设置网格球体的直径。

（4）切点、切点、半径(T)：使用与两个对象相切的指定半径定义网格球体。

20.2.6 绘制网格楔体

给定长、宽、高绘制一个立体楔形。

【执行方式】

➥ 命令行：MESH。

➥ 菜单栏：选择菜单栏中的"绘图"→"建模"→"网格"→"图元"→"楔体(W)"命令。

➥ 工具栏：单击"平滑网格图元"工具栏中的"网格楔体"按钮 。

➥ 功能区：单击"三维工具"选项卡"建模"面板中的"网格楔体"按钮 。

【操作步骤】

```
命令：_MESH
当前平滑度设置为：0
输入选项 [长方体(B)/圆锥体(C)/圆柱体(CY)/棱锥体(P)/球体(S)/楔体(W)/圆环体(T)/设置(SE)]
<楔体>：_WEDGE
指定第一个角点或 [中心(C)]：
指定其他角点或 [立方体(C)/长度(L)]：l
指定长度 <342.6887>：
指定宽度 <232.8676>：
指定高度或 [两点(2P)] <146.2245>：
```

【选项说明】

（1）立方体(C)：将网格楔体底面的所有边设为长度相等。

（2）长度(L)：设置网格楔体底面沿 X 轴的长度。

（3）指定宽度：设置网格楔体沿 Y 轴的宽度。

（4）指定高度：设置网格楔体的高度。输入正值将沿当前 UCS 的 Z 轴正方向绘制高度。输入负值将沿 Z 轴负方向绘制高度。

（5）两点（高度）：通过指定两点之间的距离定义网格楔体的高度。

20.2.7 绘制网格圆环体

给定圆心、环的半径和管的半径，绘制一个圆环。

【执行方式】

- 命令行：MESH。
- 菜单栏：选择菜单栏中的"绘图"→"建模"→"网格"→"图元"→"圆环体(T)"命令。
- 工具栏：单击"平滑网格图元"工具栏中的"网格圆环体"按钮 ⊛。
- 功能区：单击"三维工具"选项卡"建模"面板中的"网格圆环体"按钮 ⊛。

【操作步骤】

```
命令：_MESH
当前平滑度设置为：0
输入选项 [长方体(B)/圆锥体(C)/圆柱体(CY)/棱锥体(P)/球体(S)/楔体(W)/圆环体(T)/设置(SE)]
<圆环体>：_TORUS
指定中心点或 [三点(3P)/两点(2P)/切点、切点、半径(T)]：输入中心点或者指定中心点
指定半径或 [直径(D)]：输入半径
指定圆管半径或 [两点(2P)/直径(D)]：输入圆管半径
```

【选项说明】

（1）指定中心点：设置网格圆环体的中心点。

（2）三点(3P)：通过指定三点设置网格圆环体的位置、大小和旋转面。圆管的路径通过指定的点。

（3）两点（圆环体直径）：通过指定两点设置网格圆环体的直径。直径从圆环体的中心点开始计算，直至圆管的中心点。

（4）切点、切点、半径(T)：定义与两个对象相切的网格圆环体半径。

（5）指定半径（圆环体）：设置网格圆环体的半径，从圆环体的中心点开始测量，直至圆管的中心点。

（6）指定直径（圆环体）：设置网格圆环体的直径，从圆环体的中心点开始测量，直至圆管的中心点。

（7）指定圆管半径：设置沿网格圆环体路径扫掠的轮廓半径。

（8）两点（圆管半径）：基于指定的两点之间的距离设置圆管轮廓的半径。

20.3 绘制三维网格

在三维造型的生成过程中，有一种思路是通过二维图形来生成三维网格。AutoCAD 提供了以下几种方法来实现。

20.3.1　直纹网格

创建用于表示两直线或曲线之间的曲面的网格。

【执行方式】

➥　命令行：RULESURF。

➥　菜单栏：选择菜单栏中的"绘图"→"建模"→"网格"→"直纹网格"命令。

➥　功能区：单击"三维工具"选项卡"建模"面板中的"直纹曲面"按钮🖺。

【操作步骤】

```
命令：_RULESURF
当前线框密度：SURFTAB1=6
选择第一条定义曲线：
选择第二条定义曲线：
```

选择两条用于定义网格的边，边可以是直线、圆弧、样条曲线、圆或多段线。如果有一条边是闭合的，那么另一条边必须是闭合的。也可以将点用作开放曲线或闭合曲线的一条边。

MESHTYPE 系统变量设置创建的网格的类型。默认情况下创建网格对象，将变量设定为0以创建传统多面网格或多边形网格。

对于闭合曲线，无须考虑选择的对象。如果曲线是一个圆，直纹网格将从 0 度象限点开始绘制，此象限点由当前 X 轴加上 SNAPANG 系统变量的当前值确定。对于闭合多段线，直纹网格从最后一个顶点开始并反向沿着多段线的线段绘制，在圆和闭合多段线之间创建直纹网格可能会造成乱纹。

20.3.2　平移网格

将路径曲线沿方向矢量进行平移后构成平移曲面。

【执行方式】

➥　命令行：TABSURF。

➥　菜单栏：选择菜单栏中的"绘图"→"建模"→"网格"→"平移网格"命令。

➥　功能区：单击"三维工具"选项卡"建模"面板中的"平移曲面"按钮🗐。

【操作步骤】

```
命令：_TABSURF
当前线框密度：SURFTAB1=6
选择用作轮廓曲线的对象：（选择一个已经存在的轮廓曲线）
选择用作方向矢量的对象：（选择一个方向线）
```

【选项说明】

（1）轮廓曲线：可以是直线、圆弧、圆、椭圆、二维或三维多段线。AutoCAD 默认从轮廓曲线上离选定点最近的点开始绘制曲面。

（2）方向矢量：指出形状的拉伸方向和长度。在多段线或直线上选定的端点决定拉伸的方向。

20.3.3 旋转网格

使用 REVSURF 命令可以将曲线或轮廓绕指定的旋转轴旋转一定的角度，从而创建旋转网格。旋转轴可以是直线，也可以是开放的二维或三维多段线。

【执行方式】

➘ 命令行：REVSURF。

➘ 菜单栏：选择菜单栏中的"绘图"→"建模"→"网格"→"旋转网格"命令。

动手学——吸顶灯

源文件：源文件\第 20 章\吸顶灯.dwg

本实例绘制吸顶灯，如图 20-8 所示。

图 20-8 吸顶灯

操作步骤

（1）在命令行中输入"DIVMESHTORUSPATH"命令，输入网格数为 20。

（2）将视图切换到西南等轴测视图，单击"三维工具"选项卡"建模"面板中的"网格圆环体"按钮 ，以坐标原点为中心点，绘制半径为 50、圆管半径为 5 的圆环体。命令行提示与操作如下。

```
命令：_MESH
当前平滑度设置为：0
输入选项 [长方体(B)/圆锥体(C)/圆柱体(CY)/棱锥体(P)/球体(S)/楔体(W)/圆环体(T)/设置(SE)]
<圆环体>：_TORUS
指定中心点或 [三点(3P)/两点(2P)/切点、切点、半径(T)]：0,0,0
指定半径或 [直径(D)]：50
指定圆管半径或 [两点(2P)/直径(D)]：5
```

重复"网格圆环体"命令，以（0,0,-8）为中心点，绘制半径为 45、圆管半径为 4.5 的圆环体。结果如图 20-9 所示。

（3）将视图切换到前视图。单击"默认"选项卡"绘图"面板中的"直线"按钮 ，以（0，-9.5）和（@0，-45）为坐标点绘制直线。

（4）单击"默认"选项卡"绘图"面板中的"圆弧"按钮 ，以直线的下端点为起点，绘制端点为（45,-8）、半径为 45 的圆弧，结果如图 20-10 所示。

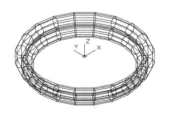

图 20-9 绘制圆环体

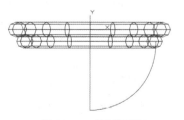

图 20-10 绘制圆弧

（5）选择菜单栏中的"绘图"→"建模"→"网格"→"旋转网格"命令，将圆弧绕竖直线进行旋转，命令行提示与操作如下。

```
命令：_REVSURF
当前线框密度：SURFTAB1=6  SURFTAB2=6
选择要旋转的对象：
选择定义旋转轴的对象：
指定起点角度 <0>：
指定夹角 （+=逆时针，-=顺时针） <360>：
```

结果如图 20-11 所示。

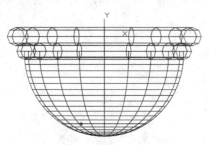

图 20-11　创建旋转网格

（6）设置视图方向。选择菜单栏中的"视图"→"三维视图"→"西南等轴测"命令，将当前视图设为"西南等轴测"视图，消隐后结果如图 20-8 所示。

【选项说明】

（1）起点角度：如果设置为非零值，平面将从生成路径曲线位置的某个偏移处开始旋转。

（2）夹角：用来指定绕旋转轴旋转的角度。

（3）系统变量 SURFTAB1 和 SURFTAB2：用来控制生成网格的密度。SURFTAB1 指定在旋转方向上绘制的网格线数目；SURFTAB2 指定将绘制的网格线数目进行等分。

20.3.4　平面曲面

可以选择关闭的对象或指定矩形表面的对角点创建平面曲面。支持首先拾取选择并基于闭合轮廓生成平面曲面。通过命令指定曲面的角点，创建平行于工作平面的曲面。

【执行方式】

➥　命令行：PLANESURF。

➥　菜单栏：选择菜单栏中的"绘图"→"建模"→"曲面"→"平面"命令。

➥　工具栏：单击"曲面创建"工具栏中的"平面曲面"按钮。

➥　功能区：单击"三维工具"选项卡"曲面"面板中的"平面曲面"按钮。

动手学——花瓶

源文件：源文件\第 20 章\花瓶.dwg

绘制如图 20-12 所示的花瓶。

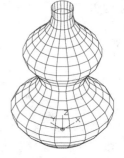

图 20-12　花瓶

扫一扫，看视频

操作步骤

（1）将视图切换到前视图，单击"默认"选项卡"绘图"面板中的"直线"按钮／和"样条曲线拟合"按钮∿，绘制如图 20-13 所示的图形。

（2）在命令行中输入 SURFTAB1 和 SURFTAB2，设置曲面的线框密度为 20。

（3）将视图切换到西南等轴测视图，选择菜单栏中的"绘图"→"建模"→"网格"→"旋转网格"命令，将样条曲线绕竖直线旋转 360°，创建旋转网格，结果如图 20-14 所示。

图 20-13　绘制图形

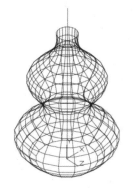

图 20-14　创建旋转网格

（4）在命令行中输入 UCS 命令，将坐标系恢复到世界坐标系。

（5）单击"默认"选项卡"绘图"面板中的"圆"按钮⊙，以坐标原点为圆心，捕捉旋转曲面下方端点绘制圆。

（6）单击"三维工具"选项卡"曲面"面板中的"平面曲面"按钮▨，以圆为对象创建平面。命令行提示与操作如下。

```
命令：_PLANESURF
指定第一个角点或 [对象(O)] <对象>：O
选择对象：（选择步骤（6）绘制的圆）
选择对象：
```

结果如图 20-15 所示。

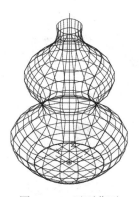

图 20-15　平面曲面

【选项说明】

（1）指定第一个角点：通过指定两个角点来创建矩形形状的平面曲面，如图 20-16 所示。

（2）对象(O)：通过指定平面对象创建平面曲面，如图 20-17 所示。

图 20-16　矩形形状的平面曲面

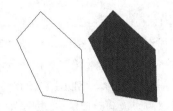
图 20-17　指定平面对象创建平面曲面

20.3.5　边界网格

使用 4 条首尾连接的边创建三维边界网格。

【执行方式】

➘　命令行：EDGESURF。

➘　菜单栏：选择菜单栏中的"绘图"→"建模"→"网格"→"边界网格"命令。

➘　功能区：单击"三维工具"选项卡"建模"面板中的"边界曲面"按钮 。

【操作步骤】

```
命令：_EDGESURF
当前线框密度：SURFTAB1=20　SURFTAB2=20
选择用作曲面边界的对象 1：选取边界 1
选择用作曲面边界的对象 2：选取边界 2
选择用作曲面边界的对象 3：选取边界 3
选择用作曲面边界的对象 4：选取边界 4
```

【选项说明】

系统变量 SURFTAB1 和 SURFTAB2 分别控制 M、N 方向的网格分段数。可在命令行输入 SURFTAB1 改变 M 方向的默认值，在命令行输入 SURFTAB2 改变 N 方向的默认值。

动手练——绘制花盆

绘制如图 20-18 所示的花盆。

图 20-18　绘制花盆

 思路点拨：

（1）利用"多段线"和"直线"命令绘制截面。
（2）利用"旋转网格"命令绘制花盆。

20.4　曲 面 操 作

AutoCAD 2020 提供了基准命令来创建和编辑曲面，本节主要介绍几种绘制和编辑曲面的方法，帮助读者熟悉三维曲面的功能。

20.4.1　偏移曲面

使用曲面"偏移"命令可以创建与原始曲面相距指定距离的平行曲面，可以指定偏移距离，以及偏移曲面是否保持与原始曲面的关联性，还可使用数学表达式指定偏移距离。

【执行方式】

- ➘ 命令行：SURFOFFSET。
- ➘ 菜单栏：选择菜单栏中的"绘图"→"建模"→"曲面"→"偏移"命令。
- ➘ 工具栏：单击"曲面创建"工具栏中的"曲面偏移"按钮💿。
- ➘ 功能区：单击"三维工具"选项卡"曲面"面板中的"曲面偏移"按钮💿。

扫一扫，看视频

动手学——创建偏移曲面

源文件：源文件\第 20 章\偏移曲面.dwg

本实例创建如图 20-19 所示的偏移曲面。

操作步骤

（1）单击"三维工具"选项卡"曲面"面板中的"平面曲面"按钮▨，以（0,0）和（50,50）为角点创建平面曲面，如图 20-20 所示。

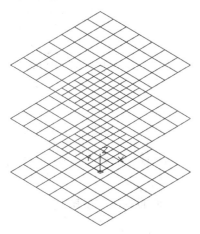

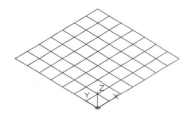

图 20-19　偏移曲面　　　　　　　　　　　图 20-20　平面曲面

（2）单击"三维工具"选项卡"曲面"面板中的"曲面偏移"按钮💿，将第（1）步创建的曲面向上偏移，偏移距离为 50，命令行提示与操作如下。

```
命令：_SURFOFFSET
连接相邻边 = 否
选择要偏移的曲面或面域：选取上步创建的曲面，显示偏移方向，如图20-21所示
选择要偏移的曲面或面域：
指定偏移距离或 [翻转方向(F)/两侧(B)/实体(S)/连接(C)/表达式(E)] <0.0000>: B
将针对每项选择创建 2 个偏移曲面。显示如图20-22所示的偏移方向
指定偏移距离或 [翻转方向(F)/两侧(B)/实体(S)/连接(C)/表达式(E)] <0.0000>: 25
1 个对象将偏移。
2 个偏移操作成功完成。
```

结果如图20-19所示。

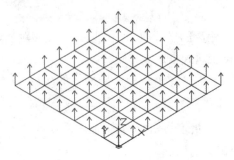

图20-21　显示偏移方向

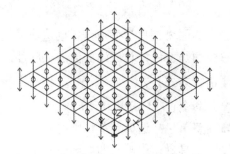

图20-22　显示两侧偏移方向

【选项说明】

（1）指定偏移距离：指定偏移曲面和原始曲面之间的距离。

（2）翻转方向(F)：反转箭头显示的偏移方向。

（3）两侧(B)：沿两个方向偏移曲面。

（4）实体(S)：从偏移创建实体。

（5）连接(C)：如果原始曲面是连接的，则连接多个偏移曲面。

20.4.2　过渡曲面

使用"过渡"命令在现有曲面和实体之间创建新曲面，对各曲面过渡以形成一个曲面时，可指定起始边和结束边的曲面连续性和凸度幅值。

【执行方式】

➥　命令行：SURFBLEND。

➥　菜单栏：选择菜单栏中的"绘图"→"建模"→"曲面"→"过渡"命令。

➥　工具栏：单击"曲面创建"工具栏中的"曲面过渡"按钮。

➥　功能区：单击"三维工具"选项卡"曲面"面板中的"曲面过渡"按钮。

动手学——创建过渡曲面

调用素材：源文件\第20章\偏移曲面.dwg

源文件：源文件\第20章\过渡曲面.dwg

本实例创建如图20-23所示的过渡曲面。

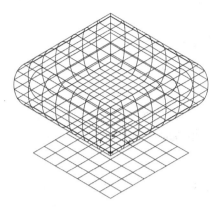

图 20-23 过渡曲面

操作步骤

（1）打开源文件\第 20 章\偏移曲面.dwg。

（2）单击"三维工具"选项卡"曲面"面板中的"曲面过渡"按钮，创建过渡曲面，命令行提示与操作如下。

```
命令：_SURFBLEND
连续性 = G1 - 相切，凸度幅值 = 0.5
选择要过渡的第一个曲面的边或 [链(CH)]：（选择如图 20-24 所示第一个曲面上的边 1,2,3,4）
选择要过渡的第一个曲面的边或 [链(CH)]：
选择要过渡的第二个曲面的边或 [链(CH)]：（选择如图 20-24 所示第二个曲面上的边 5,6,7,8）
选择要过渡的第二个曲面的边 [链(CH)]：
按 Enter 键接受过渡曲面或 [连续性(CON)/凸度幅值(B)]：B
第一条边的凸度幅值 <0.5000>：1
第二条边的凸度幅值 <0.5000>：1
按 Enter 键接受过渡曲面或 [连续性(CON)/凸度幅值(B)]：
```

结果如图 20-23 所示。

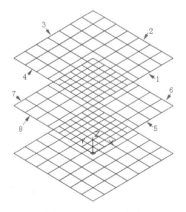

图 20-24 选取边线

【选项说明】

（1）选择要过渡的第一个（或第二个）曲面的边：选择边对象或者曲面或面域作为第一条边和第二条边。

（2）链(CH)：选择连续的连接边。

（3）连续性(CON)：测量曲面彼此融合的平滑程度。默认值为 G0。选择一个值或使用夹点来更改连续性。

（4）凸度幅值(B)：设定过渡曲面边与其原始曲面相交处该过渡曲面边的圆度。

20.4.3　圆角曲面

可以在两个曲面或面域之间创建截面轮廓的半径为常数的相切曲面，以对两个曲面或面域之间的区域进行圆角处理。

【执行方式】

- ⊾　命令行：SURFFILLET。
- ⊾　菜单栏：选择菜单栏中的"绘图"→"建模"→"曲面"→"圆角"命令。
- ⊾　工具栏：单击"曲面创建"工具栏中的"曲面圆角"按钮 。
- ⊾　功能区：单击"三维工具"选项卡"曲面"面板中的"曲面圆角"按钮 。

扫一扫，看视频

动手学——圆角曲面

调用素材：初始文件\第 20 章\曲面.dwg

源文件：源文件\第 20 章\圆角曲面.dwg

本实例创建如图 20-25 所示的圆角曲面。

操作步骤

（1）打开"初始文件\第 20 章\曲面.dwg"文件，如图 20-26 所示。

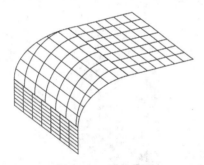
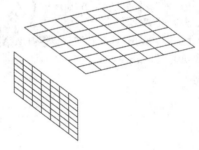

图 20-25　圆角曲面　　　　　　　　　　　　图 20-26　曲面

（2）单击"三维工具"选项卡"曲面"面板中的"曲面圆角"按钮 ，对曲面进行倒圆角，命令行提示与操作如下。

```
命令：SURFFILLET↙
半径 =0.0000，修剪曲面 = 是
选择要圆角化的第一个曲面或面域或者 [半径(R)/修剪曲面(T)]：R↙
指定半径或 [表达式(E)] <1.0000>:30
选择要圆角化的第一个曲面或面域或者 [半径(R)/修剪曲面(T)]:选择竖直曲面1
选择要圆角化的第二个曲面或面域或者 [半径(R)/修剪曲面(T)]:选择水平曲面2
按 Enter 键接受圆角曲面或 [半径(R)/修剪曲面(T)]:
```

结果如图 20-25 所示。

【选项说明】

（1）选择要圆角化的第一个（或第二个）曲面或面域：指定第一个和第二个曲面或面域。

（2）半径(R)：指定圆角半径。使用圆角夹点或输入值来更改半径。输入的值不能小于曲面之间的间隙。

（3）修剪曲面(T)：将原始曲面或面域修剪到圆角曲面的边。

20.4.4　网格曲面

在 U 方向和 V 方向的几条曲线之间的空间中创建曲面。

【执行方式】

- ➴　命令行：SURFNETWORK。
- ➴　菜单栏：选择菜单栏中的"绘图"→"建模"→"曲面"→"网格"命令。
- ➴　工具栏：单击"曲面创建"工具栏中的"曲面网格"按钮 。
- ➴　功能区：单击"三维工具"选项卡"曲面"面板中的"曲面网格"按钮 。

【操作步骤】

```
命令：SURFNETWORK↙
沿第一个方向选择曲线或曲面边：（选择图 20-27（a）中曲线 1）
沿第一个方向选择曲线或曲面边：（选择图 20-27（a）中曲线 2）
沿第一个方向选择曲线或曲面边：（选择图 20-27（a）中曲线 3）
沿第一个方向选择曲线或曲面边：（选择图 20-27（a）中曲线 4）
沿第一个方向选择曲线或曲面边：↙（也可以继续选择相应的对象）
沿第二个方向选择曲线或曲面边：（选择图 20-27（a）中曲线 5）
沿第二个方向选择曲线或曲面边：（选择图 20-27（a）中曲线 6）
沿第二个方向选择曲线或曲面边：（选择图 20-27（a）中曲线 7）
沿第二个方向选择曲线或曲面边：↙（也可以继续选择相应的对象）
```

结果如图 20-27（b）所示。

（a）已有曲线　　　　　　　　　　　　　（b）三维曲面

图 20-27　创建网格曲面

20.4.5　修补曲面

创建修补曲面是指通过在已有的封闭曲面边上构成一个曲面的方式来创建一个新曲面。图 20-28（a）所示是已有曲面，图 20-28（b）所示是创建出的修补曲面。

（a）已有曲面　　　　　　　　　　　　（b）创建修补曲面结果

图 20-28　创建修补曲面

【执行方式】

↳ 命令行：SURFPATCH。

↳ 菜单栏：选择菜单栏中的"绘图"→"建模"→"曲面"→"修补"命令。

↳ 工具栏：单击"曲面创建"工具栏中的"曲面修补"按钮 ■。

↳ 功能区：单击"三维工具"选项卡"曲面"面板中的"曲面修补"按钮 ■。

【操作步骤】

```
命令：SURFPATCH↙
连续性 = G0 - 位置，凸度幅值 = 0.5
选择要修补的曲面边或 [链(CH)/曲线(CU)] <曲线>：（选择对应的曲面边或曲线）
选择要修补的曲面边或 [链(CH)/曲线(CU)] <曲线>：↙（也可以继续选择曲面边或曲线）
按 Enter 键接受修补曲面或 [连续性(CON)/凸度幅值(B)/ 导向(G)]：
```

【选项说明】

（1）连续性(CON)：设置修补曲面的连续性。

（2）凸度幅值(B)：设置修补曲面边与原始曲面相交时的圆滑程度。

（3）约束几何图形(CONS)：选择附加的约束曲线来构成修补曲面。

20.5　模拟认证考试

1．SURFTAB1 和 SURFTAB2 是设置三维的（　　）系统变量。

　　A．设置物体的密度　　　　　　　　B．设置物体的长宽

　　C．设置曲面的形状　　　　　　　　D．设置物体的网格密度

2．以下（　　）命令的功能是创建绕选定轴旋转而成的旋转网格。

　　A．ROTATE3D　　　　　　　　　　B．ROTATE

　　C．RULESURF　　　　　　　　　　D．REVSURF

3．下列（　　）命令可以实现修改三维面的边的可见性。

　　A．EDGE　　　　　B．PEDIT　　　　C．3DFACE　　　　D．DDMODIFY

4．构建 RULESURF 曲面时，不产生扭曲或变形的原因是（　　）。

　　A．指定曲面边界时点的位置反了

　　B．指定曲面边界时顺序反了

　　C．连接曲面边界的点的几何信息相同而拓扑信息不同

　　D．曲面边界一个封闭而另一个不封闭

5．创建直纹曲面时，可能会出现网格面交叉和不交叉两种情况，若要使网格面交叉，选定实体时，应取（　　）。

　　A．相同方向的端点　　　　　　　　B．正反方向的端点

　　C．任意取端点　　　　　　　　　　D．实体的中点

6．绘制如图 20-29 所示的花篮。

7．绘制如图 20-30 所示的茶壶。

图 20-29　花篮

图 20-30　茶壶

第 21 章 三维实体建模

内容简介

实体建模是 AutoCAD 三维建模中比较重要的一部分。作为 3D 模型，其实体模型能够完整描述对象，比三维线框、三维曲面更能表达实物。本章主要介绍基本三维实体的创建、二维图形生成三维实体等知识。

内容要点

- ⬆ 创建基本三维实体
- ⬆ 由二维图形生成三维造型
- ⬆ 三维操作功能
- ⬆ 剖切视图
- ⬆ 实体三维操作
- ⬆ 模拟认证考试

案例效果

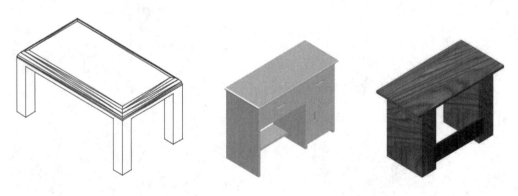

21.1 创建基本三维实体

复杂的三维实体都是由最基本的实体单元，例如长方体、圆柱体等通过各种方式组合而成的。本节将简要讲述这些基本实体单元的绘制方法。

21.1.1 长方体

除了通过拉伸创建长方体，还可以直接使用"长方体"命令来得到长方体。

【执行方式】

- ➥　命令行：BOX。
- ➥　菜单栏：选择菜单栏中的"绘图"→"建模"→"长方体"命令。
- ➥　工具栏：单击"建模"工具栏中的"长方体"按钮 ▢。
- ➥　功能区：单击"三维工具"选项卡"建模"面板中的"长方体"按钮 ▢。

扫一扫，看视频

动手学——小凳子

源文件：源文件\第 21 章\小凳子.dwg
本实例绘制如图 21-1 所示的小凳子。

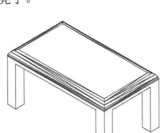

图 21-1　小凳子

操作步骤

（1）将当前视图设置为西南等轴测视图。单击"三维工具"选项卡"建模"面板中的"长方体"按钮 ▢，绘制长方体，命令行提示与操作如下。

```
命令：_BOX
指定第一个角点或 [中心(C)]: 10,10,0
指定其他角点或 [立方体(C)/长度(L)]: @40,70,6
```

完成凳面的绘制，结果如图 21-2 所示。

（2）单击"三维工具"选项卡"建模"面板中的"长方体"按钮 ▢，在凳面的 4 个角点绘制 4 个尺寸为 6×6×28 的长方体，完成凳腿的绘制，如图 21-3 所示。

（3）单击"默认"选项卡"修改"面板中的"圆角"按钮 ⌐，设置圆角半径为 4，对立方体各条边进行圆角处理，结果如图 21-4 所示。

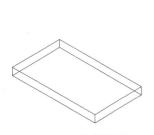

图 21-2　绘制凳面

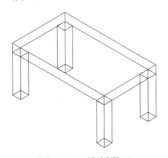

图 21-3　绘制凳腿

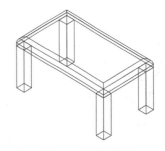

图 21-4　圆角凳面

（4）单击"三维工具"选项卡"实体编辑"面板中的"并集"按钮 ▰，选中要进行并集处理的凳面和凳腿。对图形进行消隐处理，结果如图 21-1 所示。

【选项说明】

（1）指定第一个角点：用于确定长方体的一个顶点位置。

（2）指定其他角点：用于指定长方体的其他角点。输入另一角点的数值，即可确定该长方体。如果输入的是正值，则沿着当前 UCS 的 X、Y 和 Z 轴的正向绘制长度。如果输入的是负值，则沿着 X、Y 和 Z 轴的负向绘制长度。图 21-5 所示为利用"角点"命令创建的长方体。

（3）立方体(C)：用于创建一个长、宽、高相等的长方体。图 21-6 所示为利用"立方体"命令创建的长方体。

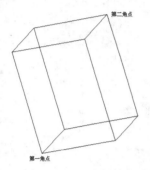
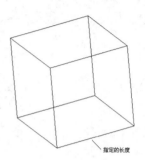

图 21-5 利用"角点"命令创建的长方体　　　图 21-6 利用"立方体"命令创建的长方体

（4）长度(L)：按要求输入长、宽、高的值。图 21-7 所示为利用"长、宽和高"命令创建的长方体。

（5）中心(C)：利用指定的中心点创建长方体。图 21-8 所示为利用"中心点"命令创建的长方体。

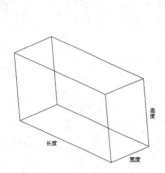
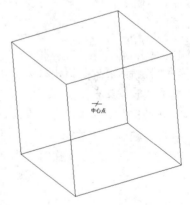

图 21-7 利用"长、宽和高"命令创建的长方体　　　图 21-8 利用"中心点"命令创建的长方体

技巧：

> 如果在创建长方体时选择"立方体"或"长度"选项，则还可以在单击指定长度时指定长方体在 **XY** 平面中的旋转角度；如果选择"中心点"选项，则可以利用指定中心点来创建长方体。

21.1.2　圆柱体

圆柱体的底面始终位于与工作平面平行的平面上，可以通过 FACETRES 系统变量控制着色或隐藏视觉样式的三维曲线式实体的平滑度。

【执行方式】

- ↳ 命令行：CYLINDER（快捷命令：CYL）。
- ↳ 菜单栏：选择菜单栏中的"绘图"→"建模"→"圆柱体"命令。
- ↳ 工具条：单击"建模"工具栏中的"圆柱体"按钮。
- ↳ 功能区：单击"三维工具"选项卡"建模"面板中的"圆柱体"按钮。

【操作步骤】

```
命令：_CYLINDER
指定底面的中心点或 [三点(3P)/两点(2P)/切点、切点、半径(T)/椭圆(E)]:输入圆心
指定底面半径或 [直径(D)] <5.0000>:输入半径
指定高度或 [两点(2P)/轴端点(A)] <6.0000>:输入高度
```

【选项说明】

（1）中心点：先输入底面圆心的坐标，然后指定底面的半径和高度，此选项为系统的默认选项。AutoCAD 按指定的高度创建圆柱体，且圆柱体的中心线与当前坐标系的 Z 轴平行，如图 21-9 所示。也可以指定另一个端面的圆心来指定高度，AutoCAD 根据圆柱体两个端面的中心位置来创建圆柱体，该圆柱体的中心线就是两个端面的连线，如图 21-10 所示。

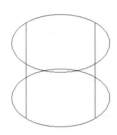 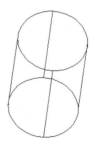

图 21-9　按指定高度创建圆柱体　　　　图 21-10　指定圆柱体另一个端面的中心位置

（2）椭圆(E)：创建椭圆柱体。椭圆端面的绘制方法与平面椭圆一样，创建的椭圆柱体如图 21-11 所示。

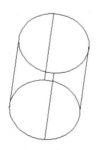

图 21-11　椭圆柱体

其他的基本实体，如楔体、圆锥体、球体、圆环体等的创建方法与长方体和圆柱体类似，此处不再赘述。

动手练——绘制办公桌

绘制如图 21-12 所示的办公桌。

图 21-12　办公桌

思路点拨：

> 源文件：源文件\第 21 章\办公桌.dwg
> （1）利用"长方体""复制"和"圆角"命令绘制主体。
> （2）利用"长方体""楔体"和"差集"命令绘制抽屉和柜门。

21.2　由二维图形生成三维造型

与三维网格的生成原理一样，也可以通过二维图形来生成三维实体。AutoCAD 提供了 5 种方法来实现，具体如下所述。

21.2.1　拉伸

从封闭区域的对象创建三维实体，或从具有开口的对象创建三维曲面。

【执行方式】

- ↘ 命令行：EXTRUDE（快捷命令：EXT）。
- ↘ 菜单栏：选择菜单栏中的"绘图"→"建模"→"拉伸"命令。
- ↘ 工具栏：单击"建模"工具栏中的"拉伸"按钮 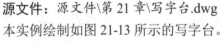。
- ↘ 功能区：单击"三维工具"选项卡"建模"面板中的"拉伸"按钮 。

动手学——写字台

扫一扫，看视频

源文件：源文件\第 21 章\写字台.dwg

本实例绘制如图 21-13 所示的写字台。

图 21-13　写字台

操作步骤

（1）在命令行中输入 ISOLINES，设置线框密度为 10。

（2）将当前视图设置为西南等轴测视图。单击"默认"选项卡"绘图"面板中的"矩形"按钮 □ ，以（-600，-300，765）和（600，300）为角点绘制矩形。

（3）单击"三维工具"选项卡"建模"面板中的"拉伸"按钮 ，将第（2）步绘制的矩形进行拉伸处理，命令行提示与操作如下。

```
命令: _EXTRUDE
当前线框密度: ISOLINES=10，闭合轮廓创建模式 = 实体
选择要拉伸的对象或 [模式(MO)]: 选取上步绘制的矩形
选择要拉伸的对象或 [模式(MO)]:
指定拉伸的高度或 [方向(D)/路径(P)/倾斜角(T)/表达式(E)] <-28.0000>: 30
```

结果如图 21-14 所示。

（4）单击"三维工具"选项卡"建模"面板中的"长方体"按钮 ，以（-500，-250，0）为角点绘制长度为 200、宽度为 500、高度为 780 的长方体，结果如图 21-15 所示。

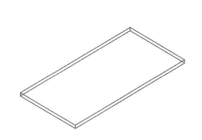

图 21-14　拉伸矩形

图 21-15　创建长方体

（5）单击"默认"选项卡"修改"面板中的"复制"按钮 ，将第（4）步绘制的长方体以坐标原点为基点复制到坐标点（@800，0，0）处，结果如图 21-16 所示。

（6）单击"三维工具"选项卡"建模"面板中的"长方体"按钮 ，以（-350，-250，330）和（350，-270，100）为角点绘制挡板，结果如图 21-17 所示。

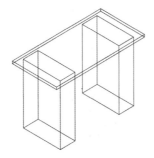

图 21-16　复制图形

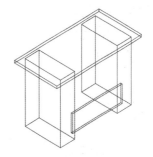

图 21-17　绘制挡板

【选项说明】

（1）指定拉伸的高度：按指定的高度拉伸出三维实体对象。输入高度值后，根据实际需要，指定拉伸的倾斜角度。如果指定的角度为 0，AutoCAD 则把二维对象按指定的高度拉伸成柱体；如果输入角度值，拉伸后实体截面沿拉伸方向按此角度变化，成为一个棱台或圆台体。如图 21-18 所

示为不同角度拉伸圆的结果。

（a）拉伸前　　　（b）拉伸锥角为0°　　　（c）拉伸锥角为10°　　　（d）拉伸锥角为-10°

图 21-18　拉伸圆效果

（2）路径(P)：以现有的图形对象作为拉伸创建三维实体对象。图 21-19 所示为沿圆弧曲线路径拉伸圆的结果。

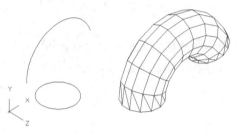

图 21-19　沿圆弧曲线路径拉伸圆

✍ 技巧：

> 可以使用创建圆柱体的"轴端点"命令确定圆柱体的高度和方向。轴端点是圆柱体顶面的中心点，轴端点可以位于三维空间的任意位置。

21.2.2　旋转

"旋转"命令通过绕轴旋转对象创建三维实体或曲面，不能旋转包含在块中的对象或将要自交的对象。

【执行方式】

- ➥ 命令行：REVOLVE（快捷命令：REV）。
- ➥ 菜单栏：选择菜单栏中的"绘图"→"建模"→"旋转"命令。
- ➥ 工具栏：单击"建模"工具栏中的"旋转"按钮 🔄 。
- ➥ 功能区：单击"三维工具"选项卡"建模"面板中的"旋转"按钮 🔄 。

【操作步骤】

```
命令：_REVOLVE
当前线框密度：ISOLINES=4，闭合轮廓创建模式 = 实体
选择要旋转的对象或 [模式(MO)]：选取要旋转的对象
选择要旋转的对象或 [模式(MO)]：
指定轴起点或根据以下选项之一定义轴 [对象(O)/X/Y/Z] <对象>:指定旋转轴
指定旋转角度或 [起点角度(ST)/反转(R)/表达式(EX)] <360>:输入旋转角度
```

【选项说明】

（1）指定旋转轴起点：通过两个点来定义旋转轴。AutoCAD 将按指定的角度和旋转轴旋转二

维对象。

（2）对象(O)：选择已经绘制好的直线或用多段线命令绘制的直线段作为旋转轴线。

（3）X/Y/Z：将二维对象绕当前坐标系（UCS）的 X/Y/Z 轴旋转。

21.2.3　扫掠

"扫掠"命令通过沿指定路径延伸轮廓形状来创建实体或曲面，沿路径扫掠轮廓时，轮廓将被移动并与路径垂直对齐。

【执行方式】

➥　命令行：SWEEP。

➥　菜单栏：选择菜单栏中的"绘图"→"建模"→"扫掠"命令。

➥　工具栏：单击"建模"工具栏中的"扫掠"按钮 。

➥　功能区：单击"三维工具"选项卡"建模"面板中的"扫掠"按钮 。

扫一扫，看视频

动手学——水杯

源文件：源文件\第 21 章\水杯.dwg

本实例创建如图 21-20 所示的水杯。

图 21-20　水杯

操作步骤

（1）在命令行中输入 ISOLINES，设置对象上每个曲面的轮廓线数目为 10。

（2）将当前视图方向设置为西南等轴测视图。单击"三维工具"选项卡"建模"面板中的"圆柱体"按钮 ，绘制底面中心点在原点，直径为 35、高度为 35 的圆柱体，结果如图 21-21 所示。

（3）单击"三维工具"选项卡"建模"面板中的"圆柱体"按钮 ，绘制底面中心点在原点（0,0,3），直径为 30、高度为 35 的圆柱体。

（4）单击"三维工具"选项卡"实体编辑"面板中的"差集"按钮 ，将外形圆柱体轮廓和内部圆柱体轮廓进行差集处理，结果如图 21-22 所示。

图 21-21　绘制圆柱体

图 21-22　差集运算

（5）将视图切换到前视图。单击"默认"选项卡"绘图"面板中的"样条曲线拟合"按钮
⌁，绘制如图 21-23 所示的样条曲线。

（6）将视图切换到西南等轴测视图。在命令行中输入 UCS 命令，将坐标系移动到样条曲线的
上端点。重复 UCS 命令，将坐标系绕 Y 轴旋转 90°，结果如图 21-24 所示。

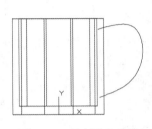

图 21-23　绘制样条曲线

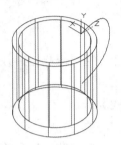

图 21-24　移动坐标系

（7）单击"默认"选项卡"绘图"面板中的"椭圆"按钮 ⊙，在坐标原点处绘制长半轴为
4，短半轴为 2 的椭圆，如图 21-25 所示。

（8）单击"三维工具"选项卡"建模"面板中的"扫掠"按钮 🗗，将椭圆沿样条曲线扫掠成
杯把。选择该选项，命令行提示与操作如下。

```
命令：_SWEEP
当前线框密度：ISOLINES=4，闭合轮廓创建模式 = 实体
选择要扫掠的对象或 [模式(MO)]：（选择椭圆）
选择要扫掠的对象或 [模式(MO)]：
选择扫掠路径或 [对齐(A)/基点(B)/比例(S)/扭曲(T)]：（选择样条曲线）
```

将视图切换到东南等轴测视图，扫掠结果消隐后如图 21-26 所示。

图 21-25　绘制椭圆

图 21-26　创建杯把

✍ 技巧：

> 　　使用"扫掠"命令，可以通过沿开放或闭合的二维或三维路径扫掠开放或闭合的平面曲线（轮廓）来创建
> 新实体或曲面。"扫掠"命令用于沿指定路径以指定轮廓的形状（扫掠对象）创建实体或曲面。可以扫掠多个对
> 象，但是这些对象必须在同一平面内。如果沿一条路径扫掠闭合的曲线，则生成实体。

【选项说明】

（1）对齐(A)：指定是否对齐轮廓以使其作为扫掠路径切向的法向，在默认情况下，轮廓是对
齐的。选择该选项，命令行提示与操作如下。

```
扫掠前对齐垂直于路径的扫掠对象[是(Y)/否(N)] <是>:输入"n"，指定轮廓无须对齐；按 Enter 键，指
    定轮廓将对齐
```

（2）基点(B)：指定要扫掠对象的基点。如果指定的点不在选定对象所在的平面上，则该点将被投影到该平面上。选择该选项，命令行提示与操作如下。

指定基点：指定选择集的基点

（3）比例(S)：指定比例因子以进行扫掠操作。从扫掠路径的开始到结束，比例因子将统一应用到扫掠的对象上。选择该选项，命令行提示与操作如下。

输入比例因子或 [参照(R)/表达式(E)] <1.0000>：指定比例因子，输入 R，调用参照选项；按 Enter 键，选择默认值

其中，"参照(R)"选项表示通过拾取点或输入值来根据参照的长度缩放选定的对象；"表达式(E)"选项表示通过表达式来缩放选定的对象。

（4）扭曲(T)：设置正被扫掠对象的扭曲角度。扭曲角度指定沿扫掠路径全部长度的旋转量。选择该选项，命令行提示与操作如下。

输入扭曲角度或允许非平面扫掠路径倾斜 [倾斜(B)/表达式(EX)] <0.0000>：指定小于 360°的角度值，输入 B，打开倾斜；按 Enter 键，选择默认角度值

其中，"倾斜(B)"选项指被扫掠的曲线是否沿三维扫掠路径（三维多线段、三维样条曲线或螺旋线）自然倾斜（旋转）；"表达式(EX)"选项指扫掠扭曲角度根据表达式来确定。

图 21-27 所示为扭曲扫掠示意图。

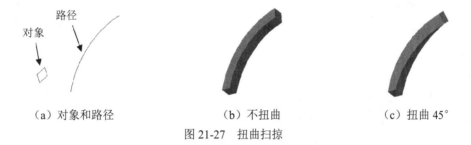

（a）对象和路径　　　　　　（b）不扭曲　　　　　　（c）扭曲 45°

图 21-27　扭曲扫掠

21.2.4　放样

通过指定一系列横截面来创建三维实体或曲面，横截面定义了实体或曲面的形状，必须至少指定两个横截面。

【执行方式】

↘　命令行：LOFT。

↘　菜单栏：选择菜单栏中的"绘图"→"建模"→"放样"命令。

↘　工具栏：单击"建模"工具栏中的"放样"按钮 。

↘　功能区：单击"三维工具"选项卡"建模"面板中的"放样"按钮 。

【操作步骤】

命令：LOFT↙
当前线框密度：ISOLINES=4，闭合轮廓创建模式 = 实体
按放样次序选择横截面或 [点(PO)/合并多条边(J)/模式(MO)]：（依次选择图 21-28 中 3 个截面）
按放样次序选择横截面或 [点(PO)/合并多条边(J)/模式(MO)]：
输入选项 [导向(G)/路径(P)/仅横截面(C)/设置(S)] <仅横截面>：S

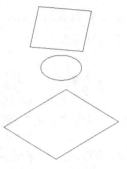

图 21-28　选择截面

【选项说明】

（1）导向(G)：指定控制放样实体或曲面形状的导向曲线。导向曲线是直线或曲线，可通过将其他线框信息添加至对象来进一步定义实体或曲面的形状，如图 21-29 所示。选择该选项，命令行提示与操作如下。

选择导向曲线：选择放样实体或曲面的导向曲线，然后按 Enter 键

（2）路径(P)：指定放样实体或曲面的单一路径，如图 21-30 所示。选择该选项，命令行提示与操作如下。

选择路径：指定放样实体或曲面的单一路径

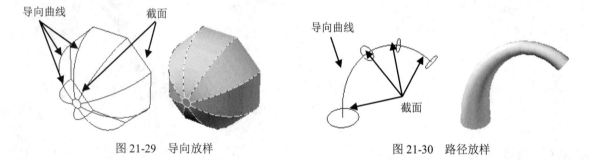

图 21-29　导向放样　　　　　　　　　　图 21-30　路径放样

✍ 技巧：

路径曲线必须与横截面的所有平面相交。

（3）仅横截面(C)：根据选取的横截面形状创建放样实体。

（4）设置(S)：选择该选项，系统打开"放样设置"对话框，如图 21-31 所示。其中有 4 个单选按钮，图 21-32（a）所示为选中"直纹"单选按钮的放样结果示意图，图 21-32（b）所示为选中"平滑拟合"单选按钮的放样结果示意图，图 21-32（c）所示为选中"法线指向"单选按钮并选择"所有横截面"选项的放样结果示意图，图 21-32（d）所示为选中"拔模斜度"单选按钮并设置"起点角度"为 45°、"起点幅值"为 10、"端点角度"为 60°、"端点幅值"为 10 的放样结果示意图。

图 21-31　"放样设置"对话框

（a）选中"直纹"单选按钮　　　　　　　（b）选中"平滑拟合"单选按钮

（c）选中"法线指向"单选按钮和　　　（d）选中"拔模斜度"单选按钮，设置"起点角度"为45°、"起点幅
　　　"所有横截面"选项　　　　　　　　值"为10、"端点角度"为60°、"端点幅值"为10

图 21-32　放样示意图

21.2.5　拖曳

"拖曳"命令是指通过拉伸和偏移动态修改对象。

【执行方式】

↳　命令行：PRESSPULL。

↳　工具栏：单击"建模"工具栏中的"按住并拖动"按钮。

↳　功能区：单击"三维工具"选项卡"实体编辑"面板中的"按住并拖动"按钮。

【操作步骤】

```
命令：PRESSPULL✓
选择对象或边界区域：
指定拉伸高度或 [多个(M)]：
指定拉伸高度或 [多个(M)]：
已创建 1 个拉伸
```

选择有限区域后，按住鼠标左键并拖动，相应的区域就会进行拉伸变形。图 21-33 所示为选择圆台上表面，按住并拖动的结果。

（a）圆台　　　　　　　　（b）向下拖动　　　　　　　　（c）向上拖动

图 21-33　按住并拖动

动手练——绘制茶几

绘制如图 21-34 所示的茶几。

图 21-34 茶几

📋 **思路点拨：**

> 源文件：源文件\第 21 章\茶几.dwg
> （1）利用"圆柱体"命令绘制茶几腿。
> （2）利用"长方体"命令绘制茶几面。
> （3）利用"绘图"命令绘制隔断截面。
> （4）利用"拉伸"命令拉伸隔断。

21.3 三维操作功能

三维操作主要是对三维物体进行操作，包括三维镜像、三维阵列、对齐对象、三维移动以及三维旋转等。

21.3.1 三维镜像

使用"三维镜像"命令可以以任意空间平面为镜像面，创建指定对象的镜像副本，源对象与镜像副本相对于镜像面彼此对称。其中镜像平面可以是与当前 UCS 的 XY、YZ 或 XZ 平面平行的平面或者由 3 个指定点所定义的任意平面。

【执行方式】

➥ 命令行：MIRROR3D。

➥ 菜单栏：选择菜单栏中的"修改"→"三维操作"→"三维镜像"命令。

【操作步骤】

```
命令：_MIRROR3D
选择对象：选取要镜像的实体
选择对象：
指定镜像平面（三点）的第一个点或 [对象(O)/最近的(L)/Z 轴(Z)/视图(V)/XY 平面(XY)/YZ 平面
(YZ)/ZX 平面(ZX)/三点(3)] <三点>：选取镜像平面
```

【选项说明】

（1）三点：输入镜像平面上点的坐标。该选项通过 3 个点确定镜像平面，是系统的默认选项。

（2）最近的(L)：相对于最后定义的镜像平面对选定的对象进行镜像处理。

（3）Z 轴(Z)：利用指定的平面作为镜像平面。选择该选项后，出现如下提示：

在镜像平面上指定点：（输入镜像平面上一点的坐标）
在镜像平面的 Z 轴（法向）上指定点：（输入与镜像平面垂直的任意一条直线上任意一点的坐标）
是否删除源对象？[是(Y)/否(N)]：（根据需要确定是否删除源对象）

（4）视图(V)：指定一个平行于当前视图的平面作为镜像平面。

（5）XY（YZ、ZX）平面：指定一个平行于当前坐标系 XY（YZ、ZX）平面的平面作为镜像平面。

21.3.2　三维阵列

利用该命令可以在三维空间中按矩形阵列或环形阵列的方式创建指定对象的多个副本。

【执行方式】

- 命令行：3DARRAY。
- 菜单栏：选择菜单栏中的"修改"→"三维操作"→"三维阵列"命令。
- 工具栏：单击"建模"工具栏中的"三维阵列"按钮。

扫一扫，看视频

动手学——井字梁

源文件：源文件\第 21 章\井字梁.dwg
本实例绘制的井字梁如图 21-35 所示。

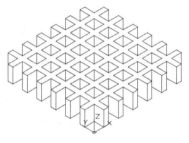

图 21-35　井字梁

操作步骤

（1）在命令行中输入 ISOLINES 命令，设置线框密度为 10。

（2）将当前视图设置为西南等轴测视图。单击"三维工具"选项卡"建模"面板中的"长方体"按钮，以（20,0,0）为角点，创建长为 10、宽为 200、高为 30 的长方体，结果如图 21-36 所示。

（3）选择菜单栏中的"修改"→"三维操作"→"三维阵列"命令，将第（2）步创建的长方体进行阵列，命令行提示与操作如下。

```
命令：_3DARRAY
选择对象：找到 1 个
选择对象：
输入阵列类型 [矩形(R)/环形(P)] <矩形>:R
输入行数 (---) <1>:
输入列数 (|||) <1>: 6
输入层数 (...) <1>:
指定列间距 (|||): 30
```

结果如图 21-37 所示。

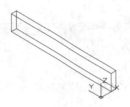

图 21-36　创建长方体

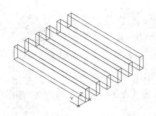

图 21-37　阵列处理

（4）将当前视图设置为西南等轴测视图。单击"三维工具"选项卡"建模"面板中的"长方体"按钮，以（0,20,0）为角点，创建长为200、宽为10、高为30的长方体，结果如图 21-38 所示。

（5）选择菜单栏中的"修改"→"三维操作"→"三维阵列"命令，将第（4）步创建的长方体进行阵列，行数为6，列数为1，行间距为30，结果如图 21-39 所示。

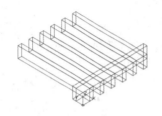

图 21-38　创建长方体

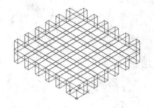

图 21-39　阵列处理

（6）单击"三维工具"选项卡"实体编辑"面板中的"并集"按钮，将所有的图形进行合并，消隐后结果如图 21-35 所示。

【选项说明】

（1）矩形(R)：对图形进行矩形阵列复制，是系统的默认选项。

（2）环形(P)：对图形进行环形阵列复制。

21.3.3　对齐对象

在二维和三维空间中将对象与其他对象对齐，在要对齐的对象上指定最多三点，然后在目标对象上指定最多三个相应的点。

【执行方式】

➥　　命令行：3DALIGN。

➥　　菜单栏：选择菜单栏中的"修改"→"三维操作"→"三维对齐"命令。

➥　　工具栏：单击"建模"工具栏中的"三维对齐"按钮。

【操作步骤】

执行上述操作后，命令行提示与操作如下。

```
命令：3DALIGN↙
选择对象：（选择对齐的对象）
选择对象：（选择下一个对象或按Enter键）
指定源平面和方向...
指定基点或 [复制(C)]：（指定点2）
指定第二点或 [继续(C)] <C>：（指定点 1）
指定第三个点或 [继续(C)] <C>：
```

```
指定目标平面和方向...
指定第一个目标点: (指定点 2)
指定第二个目标点或 [退出(X)] <X>:
指定第三个目标点或 [退出(X)] <X>:  ↙
```

21.3.4 三维移动

在三维视图中，显示三维移动小控件以帮助在指定方向上按指定距离移动三维对象。使用三维移动小控件，可以自由移动选定的对象和子对象，或将移动约束到轴或平面。

【执行方式】

- ↘ 命令行：3DMOVE。
- ↘ 菜单栏：选择菜单栏中的"修改"→"三维操作"→"三维移动"命令。
- ↘ 工具栏：单击"建模"工具栏中的"三维移动"按钮 ⬦。

【操作步骤】

```
命令: _3DMOVE
选择对象: 选取要移动的对象
选择对象:
指定基点或 [位移(D)] <位移>:指定基点
指定第二个点或 <使用第一个点作为位移>: 指定第二点
```

【选项说明】

其操作方法与"二维移动"命令类似。

21.3.5 三维旋转

利用该命令可以把三维实体模型围绕指定的轴在空间中进行旋转。

【执行方式】

- ↘ 命令行：3DROTATE。
- ↘ 菜单栏：选择菜单栏中的"修改"→"三维操作"→"三维旋转"命令。
- ↘ 工具栏：单击"建模"工具栏中的"三维旋转"按钮 ⊕。

动手学——两人沙发

源文件：源文件\第 21 章\两人沙发.dwg

本实例绘制如图 21-40 所示的两人沙发。

图 21-40 两人沙发

操作步骤

1. 绘制沙发的主体结构

（1）设置绘图环境。在命令行中输入 LIMITS 命令设置图幅为：297×210。在命令行中输入 ISOLINES 命令，设置对象上每个曲面的轮廓线数目为 10。

（2）将视图方向设定为西南等轴测视图。单击"三维工具"选项卡"建模"面板中的"长方体"按钮，以（0,0,5）为角点，创建长为 150、宽为 60、高为 10 的长方体；重复"长方体"命令，以（0,0,15）和（@75,60,20）为角点创建长方体；重复"长方体"命令，以（75,0,15）和（@75,60,20）为角点创建长方体，结果如图 21-41 所示。

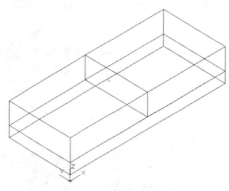

图 21-41　创建长方体

2. 绘制沙发的扶手和靠背

（1）单击"三维工具"选项卡"建模"面板中的"长方体"按钮，以（0,0,5）和（@-10,60,40）为角点绘制长方体；重复"长方体"命令，以（0,0,45）和（@-20,60,10）为角点绘制长方体，结果如图 21-42 所示。

（2）单击"三维工具"选项卡"实体编辑"面板中的"并集"按钮，把第（1）步创建的长方体合并，结果如图 21-43 所示。

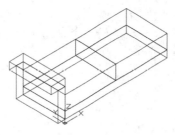

图 21-42　创建长方体

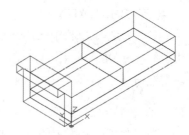

图 21-43　并集处理

（3）单击"默认"选项卡"修改"面板中的"圆角"按钮，将合并后实体的棱边进行圆角处理，圆角半径为 5，结果如图 21-44 所示。

（4）单击"三维工具"选项卡"建模"面板中的"长方体"按钮，以（0,60,5）和（@75,–10,75）为角点创建长方体，结果如图 21-45 所示。

（5）在命令行中输入 3DROTATE 命令，将第（4）步绘制的长方体旋转-10°。命令行提示与操作如下。

```
命令：3DROTATE
UCS 当前的正角方向： ANGDIR=逆时针  ANGBASE=0
选择对象：找到 1 个
选择对象：(后选取上步创建的长方体)
指定基点：(捕捉上步创建的长方体左前下端点)
拾取旋转轴：(拾取 x 轴)
指定角的起点或键入角度：-10
正在重生成模型。
```

结果如图 21-46 所示。

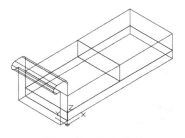

图 21-44 圆角处理

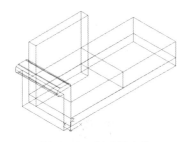

图 21-45 创建长方体

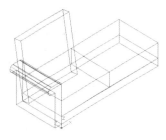

图 21-46 三维旋转处理

（6）在命令行中输入 MIRROR3D 命令，将合并后的实体和旋转后的长方体以过（75,0,15）、（75,0,35）、（75,60,35）三点的平面为镜像面，进行镜像处理，结果如图 21-47 所示。

（7）单击"默认"选项卡"修改"面板中的"圆角"按钮，进行圆角处理。坐垫的圆角半径为 10，靠背的圆角半径为 3，结果如图 21-48 所示。

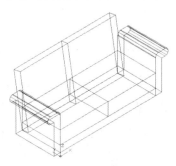

图 21-47 三维镜像处理

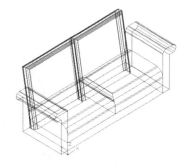

图 21-48 圆角处理

3. 绘制沙发脚

（1）单击"三维工具"选项卡"建模"面板中的"圆锥体"按钮，创建沙发脚。命令行提示与操作如下。

```
命令：_CONE
指定底面的中心点或 [三点(3P)/两点(2P)/切点、切点、半径(T)/椭圆(E)]：11,9,-9
指定底面半径或 [直径(D)] <32.4482>：5
指定高度或 [两点(2P)/轴端点(A)/顶面半径(T)] <6.0000>：T
指定顶面半径 <0.0000>：3
指定高度或 [两点(2P)/轴端点(A)] <6.0000>：15
```

结果如图 21-49 所示。

（2）在命令行中输入 3DARRAY 命令，将创建的圆锥体进行矩形阵列，阵列行数为 2，列数为 2，行间距为 42，列间距为 128，结果如图 21-50 所示。

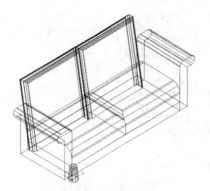

图 21-49　创建圆锥体

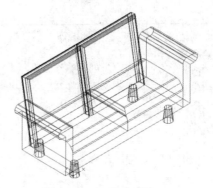

图 21-50　三维阵列处理

动手练——绘制旋转门

绘制如图 21-51 所示的旋转门。

图 21-51　旋转门

📋 **思路点拨：**

> **源文件**：源文件\第 21 章\旋转门.dwg
> （1）利用"圆柱体"和"差集"命令绘制主体。
> （2）利用"长方体"和"差集"命令创建内部门。
> （3）利用"阵列"命令完成门的创建。
> （4）利用"三维阵列"命令阵列滚子。

21.4　剖切视图

在 AutoCAD 中，可以利用剖切功能对三维造型进行剖切处理，这样便于用户观察三维造型内部结构。

21.4.1　剖切

可以使用指定的平面或曲面对象剖切三维实体对象，仅可以通过指定的平面剖切曲面对象，不能直接剖切网格或将其用作剖切曲面。

【执行方式】

- 命令行：SLICE（快捷命令：SL）。
- 菜单栏：选择菜单栏中的"修改"→"三维操作"→"剖切"命令。
- 功能区：单击"三维工具"选项卡"实体编辑"面板中的"剖切"按钮 。

动手学——衣橱

源文件：源文件\第 21 章\衣橱.dwg
本实例绘制的衣橱如图 21-52 所示。

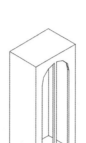

图 21-52　衣橱

操作步骤

（1）在命令行中输入 LIMITS 命令设置图幅为 297×210。在命令行中输入 ISOLINES 命令，设置对象上每个曲面的轮廓线数目为 10。

（2）将视图切换到西南等轴测视图。单击"三维工具"选项卡"建模"面板中的"长方体"按钮 ，以(100,100,0)为角点，创建长为 760、宽为 480、高为 100 的长方体。重复"长方体"命令，以长方体左下角的顶点为角点，创建长为 30、宽为 520、高为 1800 的长方体，结果如图 21-53 所示。

（3）选择菜单栏中的"修改"→"三维操作"→"三维镜像"命令，捕捉第一个长方体沿 X 轴方向的三个中点将第二个长方体进行镜像，结果如图 21-54 所示。

（4）单击"三维工具"选项卡"建模"面板中的"长方体"按钮 ，以（100,580,0）为角点，创建长为 760、宽为 40、高为 1800 的长方体，结果如图 21-55 所示。

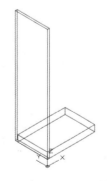

图 21-53　创建长方体　　　　图 21-54　镜像处理　　　　图 21-55　创建长方体

（5）将视图切换到前视图。单击"默认"选项卡"绘图"面板中的"圆"按钮 ，在图中适当位置绘制半径为 260 的圆。单击"默认"选项卡"绘图"面板中的"矩形"按钮 ▢，捕捉圆的左端象限点为角点，绘制长为 520、宽为 1370 的矩形，如图 21-56 所示。

（6）单击"三维工具"选项卡"建模"面板中的"拉伸"按钮 ▮，将圆和矩形分别进行拉伸，拉伸高度为 30，单击"三维工具"选项卡"实体编辑"面板中的"并集"按钮 ▰，将拉伸后的实体进行合并，结果如图 21-56 所示。

✍ 技巧：

> 此步骤可以先将圆和矩形修剪并创建成面域后再拉伸，得到图 21-52 所示的图形。

（7）在命令行中输入 ucs 命令，将坐标系恢复到世界坐标系。

（8）单击"三维工具"选项卡"建模"面板中的"长方体"按钮 ▰，在图中适当位置创建长为 760、宽为 30、高为 1700 的长方体。

（9）单击"默认"选项卡"修改"面板中的"移动"按钮 ✛，将并集后的实体移动，使其底面中心点与长方体的底面中心点对齐。单击"三维工具"选项卡"实体编辑"面板中的"差集"按钮 ▱，将长方体和移动后的实体进行差集运算，结果如图 21-57 所示。

（10）单击"三维工具"选项卡"实体编辑"面板中的"剖切"按钮 ▤，将差集后的实体进行剖切处理，命令行提示与操作如下。

```
命令：_SLICE
选择要剖切的对象：选取差集后的实体
选择要剖切的对象：
指定切面的起点或 [平面对象(O)/曲面(S)/z 轴(Z)/视图(V)/xy(XY)/yz(YZ)/zx(ZX)/三点(3)]
<三点>：
指定平面上的第二个点：
指定平面上的第三个点：（在实体上选择中点）
在所需的侧面上指定点或 [保留两个侧面(B)] <保留两个侧面>：
```

结果如图 21-58 所示。

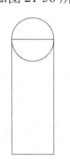
图 21-56　绘制矩形和圆

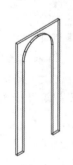
图 21-57　差集运算

图 21-58　剖切实体

（11）单击"三维工具"选项卡"建模"面板中的"长方体"按钮 ▰，创建长为 40、宽为 30、高为 1630 的长方体。单击"默认"选项卡"修改"面板中的"移动"按钮 ✛，将长方体移动到实体的对称轴处，结果如图 21-59 所示。

（12）单击"默认"选项卡"修改"面板中的"移动"按钮 ✛，选择长方体和剖切的实体移动，使长方体底边中点与衣橱底座上棱中点重合，结果如图 21-60 所示。

（13）单击"三维工具"选项卡"建模"面板中的"长方体"按钮 ▰，以（70,100,1800）和（890,620,1840）为角点绘制长方体，如图 21-61 所示。

图 21-59 创建并移动长方体

图 21-60 移动处理

图 21-61 绘制长方体

（14）单击"三维工具"选项卡"实体编辑"面板中的"并集"按钮 ，将所有实体进行合并，消隐后结果如图 21-52 所示。

【选项说明】

（1）平面对象(O)：将所选对象的所在平面作为剖切面。

（2）曲面(S)：将剪切平面与曲面对齐。

（3）z 轴(Z)：通过平面指定一点与在平面的 Z 轴（法线）上指定另一点来定义剖切平面。

（4）视图(V)：以平行于当前视图的平面作为剖切面。

（5）xy(XY)/yz(YZ)/zx(ZX)：将剖切平面与当前用户坐标系（UCS）的 XY 平面/YZ 平面/ZX 平面对齐。

（6）三点(3)：根据空间的 3 个点确定的平面作为剖切面。确定剖切面后，系统会提示保留一侧或两侧。

21.4.2 剖切截面

通过剖切截面功能可使用平面或三维实体、曲面或网格的交点创建二维面域对象。

【执行方式】

命令行：SECTION（快捷命令：SEC）。

【操作步骤】

执行上述命令后，命令行提示与操作如下。

```
命令：SECTION✓
选择对象：（选择要剖切的实体）
指定截面上的第一个点，依照 [对象(O)/Z 轴(Z)/视图(V)/XY/YZ/ZX/三点(3)] <三点>：
```

21.4.3 截面平面

通过截面平面功能可以创建实体对象的二维截面平面或三维截面实体。

【执行方式】

➷ 命令行：SECTIONPLANE。

➷ 菜单栏：选择菜单栏中的"绘图"→"建模"→"截面平面"命令。

➷ 功能区：单击"三维工具"选项卡"截面"面板中的"截面平面"按钮 。

【操作步骤】

命令：_SECTIONPLANE 类型 = 平面
选择面或任意点以定位截面线或 [绘制截面(D)/正交(O)/类型(T)]：

【选项说明】

（1）选择面或任意点以定位截面线：选择绘图区的任意点（不在面上）可以创建独立于实体的截面对象。第一点可创建截面对象旋转所围绕的点，第二点可创建截面对象。

（2）绘制截面(D)：定义具有多个点的截面对象以创建带有折弯的截面线。选择该选项，命令行提示与操作如下。

指定起点：指定点 1
指定下一点：指定点 2
指定下一个点或按 Enter 键完成：指定点 3 或按 Enter 键
按截面视图的方向指定点：指定点以指示剪切平面的方向

（3）正交(O)：将截面对象与相对于 UCS 的正交方向对齐。选择该选项，命令行提示与操作如下。

将截面对齐至 [前(F)/后(B)/顶部(T)/底部(B)/左(L)/右(R)]：

选择该选项后，以相对于 UCS（不是当前视图）的指定方向创建截面对象，并且该对象包含所有三维对象。该选项创建处于截面边界状态的截面对象，并且活动截面打开。

（4）类型(T)：在创建截面平面时，指定平面、切片、边界或体积作为参数。选择该选项，命令行提示与操作如下。

输入截面平面类型 [平面(P)/切片(S)/边界(B)/体积(V)] <平面(P)>：

① 平面：指定三维实体的平面线段、曲面、网格或点云并放置截面平面。
② 切片：选择具有三维实体深度的平面线段、曲面、网格或点云以放置截面平面。
③ 边界：选择三维实体的边界、曲面、网格或点云并放置截面平面。
④ 体积：创建有边界的体积截面平面。

☞ **教你一招：**

> 剖切和剖切截面的区别。
>
> "剖切"命令是把实体切成两部分（也可以只保留其中一部分），两部分均为实体。
>
> "剖切截面"命令是生成实体的截面图形，但原实体不受影响。

动手练——绘制闹钟

绘制如图 21-62 所示的闹钟。

图 21-62 闹钟

思路点拨：

> **源文件：**源文件\第 21 章\闹钟.dwg
>
> （1）利用"长方体""剖切""圆柱体"和"并集"命令创建闹钟主体。
>
> （2）利用"圆柱体""三维阵列"和"长方体"命令绘制时间刻度和指针。
>
> （3）利用"长方体""圆柱体""复制""并集"和"差集"命令创建闹钟底座。

21.5　实体三维操作

21.5.1　圆角边

为实体对象边建立圆角。

【执行方式】

➘　命令行：FILLETEDGE。

➘　菜单栏：选择菜单栏中的"修改"→"三维编辑"→"圆角边"命令。

➘　工具栏：单击"实体编辑"工具栏中的"圆角边"按钮 。

➘　功能区：单击"三维工具"选项卡"实体编辑"面板中的"圆角边"按钮 。

动手学——玻璃茶几

源文件：源文件\第 21 章\玻璃茶几.dwg

本实例绘制如图 21-63 所示的玻璃茶几。

扫一扫，看视频

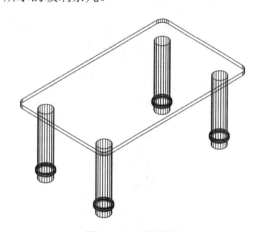

图 21-63　玻璃茶几

操作步骤

（1）在命令行输入 ISOLINES 命令，将其值设置为 20。

（2）将视图设置为西南等轴测视图，单击"默认"选项卡"绘图"面板中的"圆"按钮 ，在坐标原点处绘制两个半径分别为 20 和 25 的同心圆，如图 21-64 所示。

（3）单击"默认"选项卡"修改"面板中的"移动"按钮✛，将半径为25的圆向上移动20，如图21-65所示。

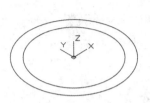

图21-64　绘制圆

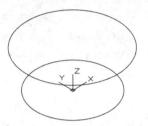

图21-65　移动圆

（4）单击"三维工具"选项卡"建模"面板中的"拉伸"按钮，将半径为20的圆拉伸成高度为200的圆柱体，将半径为25的圆拉伸成高度为8的圆柱体，如图21-66所示。

（5）单击"三维工具"选项卡"实体编辑"面板中的"并集"按钮，将拉伸后的图形合并为一个实体。

（6）单击"三维工具"选项卡"实体编辑"面板中的"圆角边"按钮，对半径25的圆柱体的上下两边进行圆角处理，圆角半径为2，命令行提示与操作如下。

```
命令：_FILLETEDGE
半径 = 1.0000
选择边或 [链(C)/环(L)/半径(R)]: R
输入圆角半径或 [表达式(E)] <1.0000>: 2
选择边或 [链(C)/环(L)/半径(R)]: （选取如图21-67所示的两条边）
选择边或 [链(C)/环(L)/半径(R)]:
选择边或 [链(C)/环(L)/半径(R)]:
已选定 2 个边用于圆角。
按 Enter 键接受圆角或 [半径(R)]:
```

结果如图21-68所示。

图21-66　拉伸图形

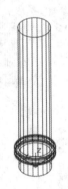

图21-67　选取圆角边

图21-68　圆角处理

（7）选择菜单栏中的"修改"→"三维操作"→"三维阵列"命令，将图中的实体进行矩形阵列，行数和列数都为2，行间距为200，列间距为400，结果如图21-69所示。

（8）在命令行中输入UCS命令，将坐标系平移到左前方腿的上圆心。

（9）单击"三维工具"选项卡"建模"面板中的"长方体"按钮，以（-40，-40，0）和（460，260，10）为角点绘制长方体，结果如图21-70所示。

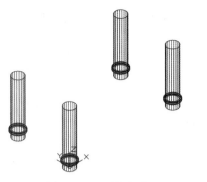

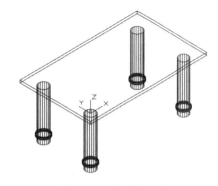

图 21-69　三维阵列　　　　　　　　　　图 21-70　绘制长方体

（10）单击"三维工具"选项卡"实体编辑"面板中的"圆角边"按钮，对长方体的四条竖直棱边进行圆角处理，圆角半径为 20，命令行提示与操作如下。

```
命令：_FILLETEDGE
半径 = 2.0000
选择边或 [链(C)/环(L)/半径(R)]：R
输入圆角半径或 [表达式(E)] <2.0000>：20
选择边或 [链(C)/环(L)/半径(R)]：（选取长方体的四条竖直棱边）
选择边或 [链(C)/环(L)/半径(R)]：
选择边或 [链(C)/环(L)/半径(R)]：
选择边或 [链(C)/环(L)/半径(R)]：
已选定 4 个边用于圆角。
按 Enter 键接受圆角或 [半径(R)]：
```

【选项说明】

选择"链(C)"选项，表示与此边相邻的边都被选中，并进行圆角处理，如图 21-71 所示。

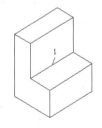
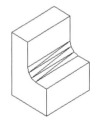
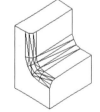

（a）选择边"1"进行圆角处理　　　　（b）边圆角处理结果　　　　（c）链圆角处理结果

图 21-71　对实体棱边进行圆角处理

21.5.2　倒角边

为三维实体边和曲面边建立倒角。

【执行方式】

- 命令行：CHAMFEREDGE。
- 菜单栏：选择菜单栏中的"修改"→"实体编辑"→"倒角边"命令。
- 工具栏：单击"实体编辑"工具栏中的"倒角边"按钮。

➥ 功能区：单击"三维工具"选项卡"实体编辑"面板中的"倒角边"按钮 。

动手学——手柄

源文件：源文件\第 21 章\手柄.dwg

绘制如图 21-72 所示的手柄立体图。

图 21-72　手柄

操作步骤

（1）利用 ISOLINES 命令，设置线框密度为 10。

（2）单击"默认"选项卡"绘图"面板中的"圆"按钮 ⊙，绘制半径为 13 的圆。

（3）单击"默认"选项卡"绘图"面板中的"构造线"按钮 ↗，过 R13 圆的圆心绘制竖直与水平辅助线，绘制结果如图 21-73 所示。

（4）单击"默认"选项卡"修改"面板中的"偏移"按钮 ⊏，将竖直辅助线向右偏移 83。

（5）单击"默认"选项卡"绘图"面板中的"圆"按钮 ⊙，捕捉最右边竖直辅助线与水平辅助线的交点，绘制半径为 7 的圆，绘制结果如图 21-74 所示。

（6）单击"默认"选项卡"修改"面板中的"偏移"按钮 ⊏，将水平辅助线向上偏移 13。

（7）单击"默认"选项卡"绘图"面板中的"圆"按钮 ⊙，绘制与 R7 圆及偏移水平辅助线相切、半径为 65 的圆，继续绘制与 R65 圆及 R13 相切、半径为 R45 的圆，绘制结果如图 21-75 所示。

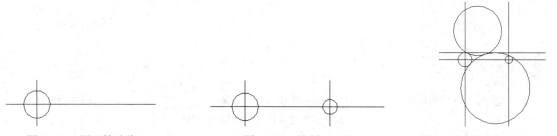

图 21-73　圆及辅助线　　　　图 21-74　绘制 R7 圆　　　　图 21-75　绘制 R65 及 R45 圆

（8）单击"默认"选项卡"修改"面板中的"修剪"按钮 ✂，对所绘制的图形进行修剪，修剪结果如图 21-76 所示。

（9）单击"默认"选项卡"修改"面板中的"删除"按钮 ✎，删除辅助线。单击"默认"选项卡"绘图"面板中的"直线"按钮 ╱，绘制直线。

（10）单击"默认"选项卡"绘图"面板中的"面域"按钮 ▣，选择全部图形创建面域，结果如图 21-77 所示。

（11）单击"三维工具"选项卡"建模"面板中的"旋转"按钮 ⬤，以水平线为旋转轴，旋转创建的面域。单击"视图"选项卡"视图"面板中的"西南等轴测"按钮 ，切换到西南等轴测图，如图 21-78 所示。

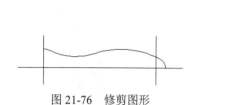

图 21-76　修剪图形　　　　　图 21-77　手柄把截面　　　　　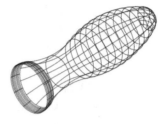

图 21-78　柄体

（12）单击"视图"选项卡"视图"面板中的"左视"按钮 ，切换到左视图。在命令行输入 UCS，命令行提示如下。

```
命令：UCS↙
当前 UCS 名称：*世界*
指定 UCS 的原点或 [面(F)/命名(NA)/对象(OB)/上一个(P)/视图(V)/世界(W)/X/Y/Z/Z 轴(ZA)]
<世界>：捕捉左端圆心
```

（13）单击"三维工具"选项卡"建模"面板中的"圆柱体"按钮 ，以坐标原点为圆心，创建高为 15、半径为 8 的圆柱体。单击"视图"选项卡"视图"面板中的"西南等轴测"按钮 ，切换到西南等轴测图，结果如图 21-79 所示。

（14）单击"三维工具"选项卡"实体编辑"面板中的"倒角边"按钮 ，对圆柱体进行倒角。倒角距离为 2，命令行提示与操作如下。

```
命令：CHAMFEREDGE↙
距离 1 = 0.0000, 距离 2 = 0.0000
选择第一条边或[环(L)/距离(D)]：D↙
指定距离 1 或[表达式(E)]<1.0000>：2↙
指定距离 2 或[表达式(E)]<1.0000>：2↙
选择一条边或[环(L)/距离(D)]：（选择圆柱体要倒角的边）↙
选择同一个面上的其他边或[环(L)/距离(D)]：↙
按 Enter 键接受倒角或[（距离(D)]：↙
```

倒角结果如图 21-80 所示。

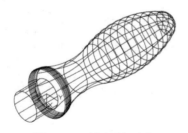　　　　　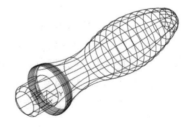

图 21-79　创建手柄头部　　　　　图 21-80　倒角

（15）单击"三维工具"选项卡"实体编辑"面板中的"并集"按钮 ，将手柄头部与手柄把进行并集运算。

（16）单击"三维工具"选项卡"实体编辑"面板中的"圆角边"按钮 ，将手柄头部与柄体的交线柄体端面圆进行圆角处理，圆角半径为 1。命令行提示与操作如下。

```
命令：FILLETEDGE↙
```

半径 ＝ 1.0000
选择边或［链(C)/环(L)/半径(R)］：（选择圆角处理的一条边）
选择边或［链(C)/环(L)/半径(R)］：R↙
输入圆角半径或［表达式（E）］<1.0000>:1↙
选择边或［链(C)/环(L)/半径(R)］：↙
按 Enter 键接受圆角或［半径（R）］：↙

（17）选取菜单命令"视图"→"视觉样式"→"概念"命令，最终效果如图 21-72 所示。

【选项说明】

（1）选择一条边：选择建模的一条边，此选项为系统的默认选项。选择某一条边以后，边就变成虚线。

（2）环(L)：如果选择"环(L)"选项，对一个面上的所有边建立倒角，命令行继续出现如下提示。

选择环边或［边（E）距离（D）］：（选择环边）
输入选项［接受（A）下一个（N）］<接受>:
选择环边或［边（E）距离（D）］：
按 Enter 键接受倒角或［（距离（D）］：

（3）距离(D)：如果选择"距离(D)"选项，则是输入倒角距离。

动手练——绘制马桶

绘制如图 21-81 所示的马桶。

图 21-81　马桶

思路点拨：

源文件：源文件\第 21 章\马桶.dwg
（1）利用二维绘图命令绘制底座截面，利用"拉伸"和"圆角边"命令创建底座。
（2）利用"长方体"和"圆角"命令创建主体。
（3）利用"长方体""圆柱体""差集"和"交集"命令创建水箱。
（4）利用"椭圆"和"拉伸"命令创建马桶盖。

21.6　模拟认证考试

1. 可以将三维实体对象分解成原来组成三维实体的部件的命令是（　　　）。

　　A．分解　　　　　　　B．剖切　　　　　　　C．分割　　　　　　　D．切割

2. 两个圆球，半径为200，球心相距 250，则两球相交部分的体积为（　　　）。

   A．6185010.5368   B．6184452.712

   C．6254999.712   D．6125899.712

3. 用 EXTRUDE 命令生成三维实体时，可设定拉伸斜度，关于拉伸角度，下列说法正确的是（　　　）。

   A．必须大于零或小于零

   B．只能大于零

   C．在 0°～90°内变化

   D．数值可正可负，拉伸高度越大相应的角度越小

4. SLICE 和 SECTION 的区别是（　　　）。

   A．用 SLICE 能够将实体截开，看到实体内部结构

   B．用 SECTION 不仅能够将实体截开，而且能够将实体的截面移出来显示

   C．SLICE 和 SECTION 选取剖切面的方法截然不同

   D．SECTION 能够画上剖面线，而 SLICE 却不能画上剖面线

5. "三维镜像"和"二维镜像"命令的不同之处是（　　　）。

   A "三维镜像"命令只能镜像三维实体模型

   B．"二维镜像"命令只能镜像二维对象

   C．"三维镜像"命令定义镜像面，"二维镜像"命令定义镜像线

   D．可以通用，没有什么区别

6. 绘制如图 21-82 所示的图形。

7. 绘制如图 21-83 所示的图形。

8. 绘制如图 21-84 所示的图形。

图 21-82

图 21-83

图 21-84

第 22 章　三维造型编辑

内容简介

三维造型编辑是指对三维造型的结构单元本身进行编辑，从而改变造型形状和结构，是 AutoCAD 三维建模中最复杂的一部分内容。

内容要点

- ➥ 实体边编辑
- ➥ 实体面编辑
- ➥ 实体编辑
- ➥ 夹点编辑
- ➥ 干涉检查
- ➥ 模拟认证考试

案例效果

22.1　实体边编辑

尽管实际建模过程中实体边的应用相对较少，但其对实体编辑操作来说，是不可或缺的一部分。常用命令包括复制边、着色边和压印边。

22.1.1　着色边

"着色边"命令用于更改三维实体对象上各条边的颜色。

【执行方式】

- ➥ 命令行：SOLIDEDIT。
- ➥ 菜单栏：选择菜单栏中的"修改"→"实体编辑"→"着色边"命令。
- ➥ 工具栏：单击"实体编辑"工具栏中的"着色边"按钮 ⊞。

➥　功能区：单击"三维工具"选项卡"实体编辑"面板中的"着色边"按钮 。

【操作步骤】

```
命令： _SOLIDEDIT
实体编辑自动检查： SOLIDCHECK=1
输入实体编辑选项 [面(F)/边(E)/体(B)/放弃(U)/退出(X)] <退出>： _edge
输入边编辑选项 [复制(C)/着色(L)/放弃(U)/退出(X)] <退出>： _color
选择边或 [放弃(U)/删除(R)]：（选择要着色的边）
选择边或 [放弃(U)/删除(R)]：（继续选择或按 Enter 键结束选择）
```

选择好边后，AutoCAD 将打开如图 22-1 所示的"选择颜色"对话框，根据需要选择合适的颜色作为要着色边的颜色。

图 22-1　"选择颜色"对话框

22.1.2　复制边

将三维实体上的选定边复制为二维圆弧、圆、椭圆、直线或样条曲线。

【执行方式】

➥　命令行：SOLIDEDIT。

➥　菜单栏：选择菜单栏中的"修改"→"实体编辑"→"复制边"命令。

➥　工具栏：单击"实体编辑"工具栏中的"复制边"按钮。

➥　功能区：单击"三维工具"选项卡"实体编辑"面板中的"复制边"按钮。

动手学——电脑桌

源文件：源文件\第 22 章\电脑桌.dwg

本实例绘制如图 22-2 所示的电脑桌。

图 22-2　电脑桌

操作步骤

1. 创建电脑桌主体

（1）单击快速访问工具栏中的"打开"按钮，打开上一节绘制的"电脑桌平面图"，然后单击"另存为"按钮，将其另存为"电脑桌立体图"。

（2）单击"默认"选项卡"图层"面板中的"图层特性"按钮，打开"图层特性管理器"对话框，将 0 图层设置为当前图层，然后关闭"尺寸"图层，使"尺寸"图层不可见，将侧立面图以外的其他视图删除。

（3）单击"默认"选项卡"修改"面板中的"打断于点"按钮，将最右端的竖直线在图 22-3 的点 1 处打断。单击"默认"选项卡"绘图"面板中的"面域"按钮，选取图 22-3 中区域 2 创建为面域。

（4）将视图切换到西南等轴测视图，单击"三维工具"选项卡"建模"面板中的"拉伸"按钮，将第（3）步创建的面域进行拉伸，拉伸距离为 900，如图 22-4 所示。

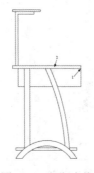

图 22-3　打断直线　　　　　　　　　　　图 22-4　创建拉伸体

（5）将视图切换到俯视图，单击"默认"选项卡"绘图"面板中的"直线"按钮，绘制如图 22-5 所示的直线。单击"默认"选项卡"绘图"面板中的"面域"按钮，选取刚创建的封闭区域将其创建为面域。

（6）将视图切换到西南等轴测视图，单击"三维工具"选项卡"建模"面板中的"拉伸"按钮，将第（5）步创建的面域进行拉伸，拉伸距离为 20。单击"默认"选项卡"修改"面板中的"移动"按钮，将拉伸体沿 Z 轴方向移动，移动距离为 280。在命令行中输入 MIRROR3D，选取移动后的拉伸体为镜像对象，选取第一个拉伸体在 Z 轴方向上的边线中点（3 点）作为镜像平面，结果如图 22-6 所示。

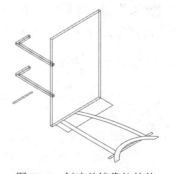

图 22-5　绘制直线　　　　　　　　　　　图 22-6　创建并镜像拉伸体

（7）为了便于观察，在命令行中输入 3DROTATE，将视图中的所有图形绕 X 轴旋转 90°，然后再绕 Z 轴旋转-90°，结果如图 22-7 所示。

（8）将视图切换到左视图，单击"默认"选项卡"绘图"面板中的"面域"按钮◉，选取最上端的矩形将其创建为面域，如图 22-8 所示。

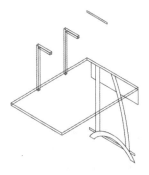

图 22-7　旋转图形

图 22-8　创建面域

（9）将视图切换到西南等轴测视图，单击"三维工具"选项卡"建模"面板中的"拉伸"按钮▉，将第（8）步创建的面域进行拉伸，拉伸距离为 500。单击"默认"选项卡"修改"面板中的"移动"按钮✛，将拉伸体沿 Z 轴方向移动，移动距离为 200。结果如图 22-9 所示。

（10）将视图切换到左视图，单击"默认"选项卡"绘图"面板中的"直线"按钮╱，绘制如图 22-10 所示的直线。单击"默认"选项卡"绘图"面板中的"面域"按钮◉，选取刚绘制的封闭区域将其创建为面域，如图 22-10 所示。

（11）将视图切换到西南等轴测视图，单击"三维工具"选项卡"建模"面板中的"拉伸"按钮▉，将第（10）步创建的面域进行拉伸，拉伸距离为 16。单击"默认"选项卡"修改"面板中的"移动"按钮✛，将拉伸体沿 Z 轴方向移动，移动距离为 75。单击"默认"选项卡"修改"面板中的"复制"按钮╬，将移动后的拉伸体以右下端点为基点，复制到坐标（@0,0,734）处，结果如图 22-11 所示。

图 22-9　创建并移动拉伸体

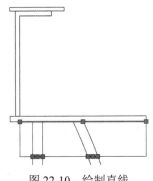

图 22-10　绘制直线

图 22-11　创建并复制拉伸体

（12）在命令行中输入 UCS 命令，将坐标系移动到图 22-11 所示的点 1 处。在命令行中输入 PLAN 命令，将视图切换到当前 UCS 视图。

（13）单击"默认"选项卡"绘图"面板中的"直线"按钮╱，单击"默认"选项卡"修改"面板中的"偏移"按钮⬚和"修剪"按钮⊁等，绘制如图 22-12 所示的图形。单击"默认"选项卡

"绘图"面板中的"面域"按钮◎，选取刚绘制的封闭区域将其创建为面域。

（14）将视图切换到西南等轴测视图，单击"三维工具"选项卡"建模"面板中的"拉伸"按钮◼，将第（13）步创建的面域进行拉伸，拉伸距离为–718，结果如图 22-13 所示。

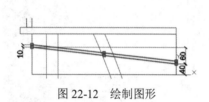

图 22-12　绘制图形

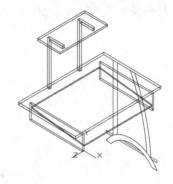

图 22-13　创建拉伸体

2．创建桌腿

（1）将视图切换到左视图，单击"默认"选项卡"绘图"面板中的"面域"按钮◎，选取电脑桌下端圆弧封闭区域将其创建为面域，如图 22-14 所示。

（2）将视图切换到西南等轴测视图，单击"三维工具"选项卡"建模"面板中的"拉伸"按钮◼，将第（1）步创建的面域进行拉伸，拉伸距离为 44。单击"默认"选项卡"修改"面板中的"移动"按钮✛，将拉伸体沿 Z 轴方向移动，移动距离为 25，结果如图 22-15 所示。

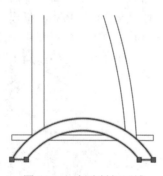

图 22-14　创建封闭区域

图 22-15　创建并移动拉伸体

（3）单击"三维工具"选项卡"实体编辑"面板中的"抽壳"按钮◼，选取第（2）步创建的拉伸体为要抽壳的实体，选取图 22-15 中的面 1 为删除面，输入抽壳偏移距离为 2，完成抽壳操作，结果如图 22-16 所示。

（4）切换视图到左视图，单击"三维工具"选项卡"实体编辑"面板中的"复制边"按钮▢，复制图 22-16 中的边线 1，以此边线的前下端点为基点，复制到（@0,0，–25）处。

```
命令：_solidedit
实体编辑自动检查：SOLIDCHECK=1
输入实体编辑选项 [面(F)/边(E)/体(B)/放弃(U)/退出(X)] <退出>：_edge
输入边编辑选项 [复制(C)/着色(L)/放弃(U)/退出(X)] <退出>：_copy
选择边或 [放弃(U)/删除(R)]:选择边或 [放弃(U)/删除(R)]:
```

指定基点或位移：（选择边线 1）
指定位移的第二点：@0,0，-25
输入边编辑选项 [复制(C)/着色(L)/放弃(U)/退出(X)] <退出>：
实体编辑自动检查：SOLIDCHECK=1
输入实体编辑选项 [面(F)/边(E)/体(B)/放弃(U)/退出(X)] <退出>：

（5）将 0 图层关闭，将粗实线层设置为当前图层。单击"默认"选项卡"修改"面板中的"延伸"按钮 →|，将腿部的直线和圆弧线延伸至复制边线；单击"默认"选项卡"修改"面板中的"修剪"按钮 ，修剪多余的线段；单击"默认"选项卡"绘图"面板中的"直线"按钮 ／，绘制直线使腿部图形封闭；单击"默认"选项卡"绘图"面板中的"面域"按钮 ，分别选取两个封闭区域创建成面域，如图 22-17 所示。

图 22-16　抽壳处理

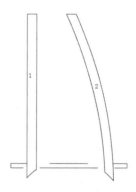

图 22-17　创建面域

（6）打开 0 图层并将其设置为当前图层，将视图切换到西南等轴测视图，单击"三维工具"选项卡"建模"面板中的"拉伸"按钮 ，将第（5）步创建的面域进行拉伸，拉伸距离为 40。单击"默认"选项卡"修改"面板中的"移动"按钮 ，将拉伸体沿 Z 轴方向移动，移动距离为 27，结果如图 22-18 所示。

（7）在命令行中输入 MIRROR3D，选取腿部拉伸体为镜像对象，选取第一个拉伸体在 X 轴方向上的边线中点（3 点）作为镜像平面，结果如图 22-19 所示。

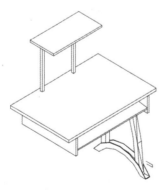

图 22-18　创建并移动拉伸体

图 22-19　镜像腿部图形

（8）切换视图到左视图，单击"默认"选项卡"绘图"面板中的"直线"按钮 ／，绘制如图 22-20 所示的直线。单击"默认"选项卡"绘图"面板中的"面域"按钮 ，选取刚绘制的封闭区域创建成面域，如图 22-20 所示。

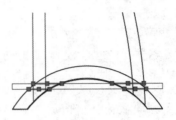

图 22-20　绘制直线

（9）将视图切换到西南等轴测视图，单击"三维工具"选项卡"建模"面板中的"拉伸"按钮 ，将第（8）步创建的面域进行拉伸，拉伸距离为 766。单击"默认"选项卡"修改"面板中的"移动"按钮 ，将拉伸体沿 Z 轴方向移动，移动距离为 65，结果如图 22-21 所示。

（10）在命令行中输入 UCS 命令，将坐标系移动到图 22-21 中的点 1 处。单击"三维工具"选项卡"建模"面板中的"长方体"按钮 ，以坐标系原点为第一角点，绘制第二角点为（@-535,20,220）的长方体，结果如图 22-22 所示。

图 22-21　创建并移动拉伸体

图 22-22　绘制长方体

22.2　实体面编辑

在实体编辑中，面的编辑操作即实体面编辑占有重要部分。其中，主要包括拉伸面、移动面、偏移面、删除面、旋转面、倾斜面、复制面及着色面等。

22.2.1　拉伸面

"拉伸面"命令可在 X、Y、Z 方向上延伸三维实体面，可以通过移动面来更改对象的形状。

【执行方式】

➥　命令行：SOLIDEDIT。

➥　菜单栏：选择菜单栏中的"修改"→"实体编辑"→"拉伸面"命令。

➥　工具栏：单击"实体编辑"工具栏中的"拉伸面"按钮 。

➥　功能区：单击"三维工具"选项卡"实体编辑"面板中的"拉伸面"按钮 。

【执行方式】

```
命令：_SOLIDEDIT
实体编辑自动检查：SOLIDCHECK=1
输入实体编辑选项 [面(F)/边(E)/体(B)/放弃(U)/退出(X)] <退出>：_FACE
输入面编辑选项[拉伸(E)/移动(M)/旋转(R)/偏移(O)/倾斜(T)/删除(D)/复制(C)/颜色(L)/材质(A)/
放弃(U)/退出(X)] <退出>：_EXTRUDE
选择面或 [放弃(U)/删除(R)]：（选取要拉伸的面）
选择面或 [放弃(U)/删除(R)/全部(ALL)]：
指定拉伸高度或 [路径(P)]：输入拉伸高度
指定拉伸的倾斜角度 <0>:输入倾斜角度
```

【选项说明】

（1）指定拉伸高度：按指定的高度值来拉伸面。指定拉伸的倾斜角度后，完成拉伸操作。

（2）路径(P)：沿指定的路径曲线拉伸面。

图 22-23（a）所示为拉伸前的长方体，图 22-23（b）所示为拉伸长方体的顶面和侧面的结果。

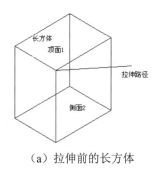

（a）拉伸前的长方体

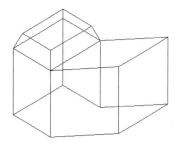

（b）拉伸后的三维实体

图 22-23　拉伸长方体

22.2.2　移动面

"移动面"命令可以沿指定的高度或距离移动选定的三维实体对象的面，一次可以选择多个面。

【执行方式】

- 命令行：SOLIDEDIT。
- 菜单栏：选择菜单栏中的"修改"→"实体编辑"→"移动面"命令。
- 工具栏：单击"实体编辑"工具栏中的"移动面"按钮✛₈。
- 功能区：单击"三维工具"选项卡"实体编辑"面板中的"移动面"按钮✛₈。

【操作步骤】

```
命令：_SOLIDEDIT
实体编辑自动检查：SOLIDCHECK=1
输入实体编辑选项 [面(F)/边(E)/体(B)/放弃(U)/退出(X)] <退出>：_FACE
输入面编辑选项 [拉伸(E)/移动(M)/旋转(R)/偏移(O)/倾斜(T)/删除(D)/复制(C)/颜色(L)/材质(A)/
放弃(U)/退出(X)] <退出>：_MOVE
选择面或 [放弃(U)/删除(R)]：选择要进行移动的面
选择面或 [放弃(U)/删除(R)/全部(ALL)]：继续选择移动面或按Enter键结束选择
指定基点或位移：输入具体的坐标值或选择关键点
指定位移的第二点：输入具体的坐标值或选择关键点
```

各选项的含义在前面介绍的命令中都有涉及，如有问题，请查询相关命令（拉伸面、移动等）。图 22-24 所示为移动三维实体的前后对比。

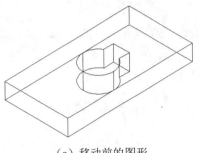 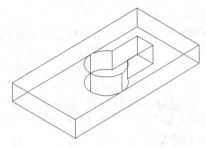

（a）移动前的图形　　　　　　　　　　　　　　（b）移动后的图形

图 22-24　移动三维实体

22.2.3　偏移面

偏移面命令可以按指定的距离或通过指定的点，将面均匀地偏移。

【执行方式】

- ➤ 命令行：SOLIDEDIT。
- ➤ 菜单栏：选择菜单栏中的"修改"→"实体编辑"→"偏移面"命令。
- ➤ 工具栏：单击"实体编辑"工具栏中的"偏移面"按钮⬚。
- ➤ 功能区：单击"三维工具"选项卡"实体编辑"面板中的"偏移面"按钮⬚。

扫一扫，看视频

动手学——调整哑铃手柄

调用素材：*初始文件\第 22 章\哑铃.dwg*

源文件：*源文件\第 22 章\调整哑铃手柄.dwg*

本实例利用前面学习的偏移面功能对哑铃的圆柱面进行偏移。

操作步骤

（1）打开初始文件\第 22 章\哑铃.dwg 文件，如图 22-25 所示。

（2）单击"三维工具"选项卡"实体编辑"面板中的"偏移面"按钮⬚，对哑铃的手柄进行偏移。命令行提示与操作如下。

```
命令：_SOLIDEDIT
实体编辑自动检查：SOLIDCHECK=1
输入实体编辑选项 [面(F)/边(E)/体(B)/放弃(U)/退出(X)] <退出>：_FACE
输入面编辑选项 [拉伸(E)/移动(M)/旋转(R)/偏移(O)/倾斜(T)/删除(D)/复制(C)/颜色(L)/材质(A)/
放弃(U)/退出(X)] <退出>：_OFFSET
选择面或 [放弃(U)/删除(R)]：选取哑铃的手柄
选择面或 [放弃(U)/删除(R)/全部(ALL)]：
指定偏移距离：10
已开始实体校验。
已完成实体校验。
```

结果如图 22-26 所示。

图 22-25 打开文件

图 22-26 调整哑铃手柄

☞ **教你一招：**

拉伸面和偏移面的区别

拉伸面是把面域拉伸成实体的效果，被拉伸的面可以给倾斜度，偏移面则不能。

偏移面是把实体表面偏移一个距离，偏移正值会使实体的体积增大，偏移负值则缩小。一个圆柱体的外圆面可以偏移，但不能拉伸。

22.2.4　删除面

使用"删除面"命令可以删除圆角和倒角，并在稍后进行修改。如果更改生成无效的三维实体，将不能删除面。

【执行方式】

↘　命令行：SOLIDEDIT。

↘　菜单栏：选择菜单栏中的"修改"→"实体编辑"→"删除面"命令。

↘　工具栏：单击"实体编辑"工具栏中的"删除面"按钮 🖙。

↘　功能区：单击"三维工具"选项卡"实体编辑"面板中的"删除面"按钮 🖙。

【操作步骤】

```
命令: _SOLIDEDIT
实体编辑自动检查: SOLIDCHECK=1
输入实体编辑选项 [面(F)/边(E)/体(B)/放弃(U)/退出(X)] <退出>: _FACE
输入面编辑选项[拉伸(E)/移动(M)/旋转(R)/偏移(O)/倾斜(T)/删除(D)/复制(C)/颜色(L)/材质(A)/
放弃(U)/退出(X)] <退出>: _DELETE
选择面或 [放弃(U)/删除(R)]: 选择删除面
选择面或 [放弃(U)/删除(R)/全部(ALL)]:
```

22.2.5　旋转面

"旋转面"命令可以绕指定的轴旋转一个或多个面或实体的某些部分，可以通过旋转面来更改对象的形状。

【执行方式】

↘　命令行：SOLIDEDIT。

↘　菜单栏：选择菜单栏中的"修改"→"实体编辑"→"旋转面"命令。

↘　工具栏：单击"实体编辑"工具栏中的"旋转面"按钮 🖙。

↘　功能区：单击"三维工具"选项卡"实体编辑"面板中的"旋转面"按钮 🖙。

【操作步骤】

```
命令：SOLIDEDIT✓
实体编辑自动检查:SOLIDCHECK=1
输入实体编辑选项 [面(F)/边(E)/体(B)/放弃(U)/退出(X)] <退出>：F✓
输入面编辑选项[拉伸(E)/移动(M)/旋转(R)/偏移(O)/倾斜(T)/删除(D)/复制(C)/颜色(L)/材质(A)/
放弃(U)/退出(X)] <退出>：R✓
选择面或 [放弃(U)/删除(R)]:（选择要选中的面）
选择面或 [放弃(U)/删除(R)/全部(ALL)]:
指定轴点或 [经过对象的轴(A)/视图(V)/X 轴(X)/Y 轴(Y)/Z 轴(Z)] <两点>：选择旋转轴
指定旋转原点 <0,0,0>:指定旋转原点
指定旋转角度或 [参照(R)]：输入旋转角度
```

22.2.6 倾斜面

"倾斜面"命令用来以指定的角度倾斜三维实体上的面。倾斜角的旋转方向由选择基点和第二点的顺序决定。

【执行方式】

- ↳ 命令行：SOLIDEDIT。
- ↳ 菜单栏：选择菜单栏中的"修改"→"实体编辑"→"倾斜面"命令。
- ↳ 工具栏：单击"实体编辑"工具栏中的"倾斜面"按钮 。
- ↳ 功能区：单击"三维工具"选项卡"实体编辑"面板中的"倾斜面"按钮 。

扫一扫，看视频

动手学——小水桶

源文件：源文件\第 22 章\小水桶.dwg

本实例主要绘制如图 22-27 所示的小水桶。

图 22-27 小水桶

操作步骤

（1）单击"视图"选项卡"视图"面板中的"视图"下拉列表中的"西南等轴测"按钮 ，调整视图方向。

（2）单击"三维工具"选项卡"建模"面板中的"长方体"下拉列表中的"圆柱体"按钮 ，以（0,0,0）为底面的中心点绘制半径为 125、高度为-300 的圆柱体。

（3）单击"三维工具"选项卡"实体编辑"面板中的"倾斜面"按钮 ，将刚绘制的直径为 250 的圆柱体外表面倾斜 8°。根据命令行的提示完成倾斜面操作如下。

```
命令：_SOLIDEDIT✓
实体编辑自动检查：SOLIDCHECK=1
```

```
输入实体编辑选项 [面(F)/边(E)/体(B)/放弃(U)/退出(X)] <退出>：_FACE↙
输入面编辑选项[拉伸(E)/移动(M)/旋转(R)/偏移(O)/倾斜(T)/删除(D)/复制(C)/颜色(L)/材质(A)/
放弃(U)/退出(X)] <退出>：_TAPER↙
选择面或 [放弃(U)/删除(R)]：(选择圆柱体)↙
选择面或 [放弃(U)/删除(R)/全部(ALL)]：↙
指定基点：(选择圆柱体的顶面圆心)
指定沿倾斜轴的另一个点：(选择圆柱体的底面圆心)
指定倾斜角度：8↙
已开始实体校验
已完成实体校验
输入面编辑选项[拉伸(E)/移动(M)/旋转(R)/偏移(O)/倾斜(T)/删除(D)/复制(C)/颜色(L)/材质(A)/
放弃(U)/退出(X)] <退出>：X↙
实体编辑自动检查： SOLIDCHECK=1
输入实体编辑选项 [面(F)/边(E)/体(B)/放弃(U)/退出(X)] <退出>：X↙
```

（4）单击"视图"选项卡"视觉样式"面板中的"消隐"按钮，对实体进行消隐，结果如图 22-28 所示。

图 22-28　圆柱体倾斜

22.2.7　复制面

"复制面"命令可将面复制为面域或体。如果指定两个点，使用第一个点作为基点，并相对于基点放置一个副本。如果指定一个点，然后按回车键，则将使用此坐标作为新位置。

【执行方式】

➥ 命令行：SOLIDEDIT。
➥ 菜单栏：选择菜单栏中的"修改"→"实体编辑"→"复制面"命令。
➥ 工具栏：单击"实体编辑"工具栏中的"复制面"按钮。
➥ 功能区：单击"三维工具"选项卡"实体编辑"面板中的"复制面"按钮。

动手学——转椅

源文件：源文件\第 22 章\转椅.dwg
绘制如图 22-29 所示的转椅。

扫一扫，看视频

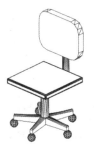

图 22-29　转椅

操作步骤

1. 绘制支架和底座

（1）单击"默认"选项卡"绘图"面板中的"多边形"按钮，绘制中心点为（0,0），外切圆半径为 30 的五边形。

（2）单击"三维工具"选项卡"建模"面板中的"拉伸"按钮 ▋，拉伸五边形，设置拉伸高度为 50。将当前视图设为西南等轴测视图，结果如图 22-30 所示。

（3）单击"三维工具"选项卡"实体编辑"面板中的"复制面"按钮 ▣，复制如图 22-31 所示的阴影面，命令行提示与操作如下。

```
命令：_SOLIDEDIT
实体编辑自动检查：SOLIDCHECK=1
输入实体编辑选项 [面(F)/边(E)/体(B)/放弃(U)/退出(X)] <退出>：_FACE
输入面编辑选项 [拉伸(E)/移动(M)/旋转(R)/偏移(O)/倾斜(T)/删除(D)/复制(C)/颜色(L)/材质(A)/
放弃(U)/退出(X)] <退出>：_COPY
选择面或 [放弃(U)/删除(R)]（选择如图 22-31 所示的阴影面）
选择面或 [放弃(U)/删除(R)/全部(ALL)]：
指定基点或位移：（在阴影位置处指定一端点）
指定位移的第二点：（继续在基点位置处指定端点）
输入面编辑选项 [拉伸(E)/移动(M)/旋转(R)/偏移(O)/倾斜(T)/删除(D)/复制(C)/颜色(L)/材质(A)/
放弃(U)/退出(X)] <退出>：
```

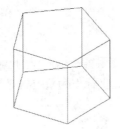

图 22-30　绘制五边形并拉伸

图 22-31　复制阴影面

（4）单击"三维工具"选项卡"建模"面板中的"拉伸"按钮 ▋，选择复制的面进行拉伸，设置倾斜角度为 3°，拉伸高度为 200，结果如图 22-32 所示。

重复步骤（3）、（4），将其他 5 个面也进行复制拉伸，如图 22-33 所示。

图 22-32　拉伸面

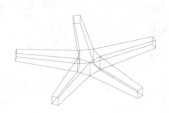

图 22-33　拉伸面

（5）在命令行中输入 UCS 命令，将坐标系统 X 轴旋转 90°。

（6）单击"默认"选项卡"绘图"面板中的"圆弧"下拉列表中的"圆心、起点、端点"按钮 ⌒，捕捉办公室底座一个支架界面上一条边的中点做圆心，捕捉其端点为半径，绘制一段圆弧。绘制结果如图 22-34 所示。

（7）单击"默认"选项卡"绘图"面板中的"直线"按钮 ╱，绘制直线，选择如图 22-35 所示的两个端点。

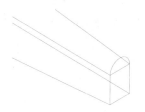

图 22-34　绘制圆弧

图 22-35　绘制直线

（8）单击"三维工具"选项卡"建模"面板中的"直纹曲面"按钮，绘制直纹曲线，结果如图 22-36 所示。

（9）单击"三维工具"选项卡"坐标"面板中的"世界"按钮，将坐标系还原为原坐标系。

（10）单击"三维工具"选项卡"建模"面板"长方体"下拉列表中的"球体"按钮，以（0，-230，-19）为中心点绘制半径为 30 的球体，绘制结果如图 22-37 所示。

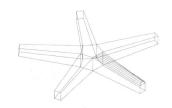

图 22-36　绘制直纹曲线

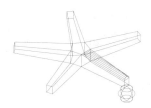

图 22-37　绘制球体

（11）单击"默认"选项卡"修改"面板中的"环形阵列"按钮，选择上述直纹曲线与球体为阵列对象，阵列总数为 5，中心点为（0，0），绘制结果如图 22-38 所示。

（12）单击"三维工具"选项卡"建模"面板中的"长方体"下拉列表中的"圆柱体"按钮，以（0,0,50）为底面的中心点绘制半径为 30、高度为 200 的圆柱体，继续利用"圆柱体"命令绘制底面中心点为（0,0,250）、半径为 20、高度为 80 的圆柱体，结果如图 22-39 所示。

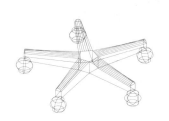

图 22-38　阵列处理

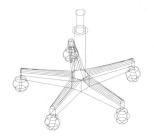

图 22-39　绘制圆柱体

2. 椅面和椅背

（1）单击"三维工具"选项卡"建模"面板中的"长方体"按钮，以（0,0,350）为中心点，绘制长为 400、宽为 400、高为 40 的长方体，如图 22-40 所示。

（2）在命令行中输入 UCS 命令，将坐标系统 X 轴旋转 90°。

（3）单击"默认"选项卡"绘图"面板中的"多段线"按钮，以（0,330）、（@200,0）、（@0,300）为坐标点绘制多段线。

（4）在命令行中输入 UCS 命令，将坐标系统 Y 轴旋转 90°。

（5）单击"默认"选项卡"绘图"面板中的"圆"按钮⊙，以（0,330,0）为圆心，绘制半径为 25 的圆。

（6）单击"三维工具"选项卡"建模"面板中的"拉伸"按钮，将圆沿多段线路径拉伸图形，绘制结果如图 22-41 所示。

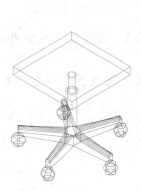

图 22-40　绘制长方体

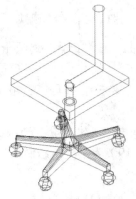

图 22-41　拉伸图形

（7）单击"三维工具"选项卡"建模"面板中的"长方体"按钮，以（0,630,175）为中心点，绘制长为 400、宽为 300、高为 50 的长方体。

（8）单击"三维工具"选项卡"实体编辑"面板中的"圆角边"按钮，将长度为 50 的棱边进行圆角处理，圆角半径为 80。再将座椅的椅面做圆角处理，圆角半径为 10，绘制结果如图 22-29 所示。

22.2.8　着色面

"着色面"命令用于修改面的颜色，着色面可用于亮显复杂三维实体模型内的细节。

【执行方式】

- ↳　命令行：SOLIDEDIT。
- ↳　菜单栏：选择菜单栏中的"修改"→"实体编辑"→"着色面"命令。
- ↳　工具栏：单击"实体编辑"工具栏中的"着色面"按钮。
- ↳　功能区：单击"三维工具"选项卡"实体编辑"面板中的"着色面"按钮。

【操作步骤】

```
命令:SOLIDEDIT↙
实体编辑自动检查: SOLIDCHECK=1
输入实体编辑选项 [面(F)/边(E)/体(B)/放弃(U)/退出(X)] <退出>: F↙
[拉伸(E)/移动(M)/旋转(R)/偏移(O)/倾斜(T)/删除(D)/复制(C)/颜色(L)/材质(A)/放弃(U)/退出
(X)] <退出>: L↙
选择面或 [放弃(U)/删除(R)/全部(ALL)]: (选择面)
选择面或 [放弃(U)/删除(R)/全部(ALL)]:↙
```

此时弹出"选择颜色"对话框（见图 22-42），根据需要选择合适的颜色作为要着色面的颜色。

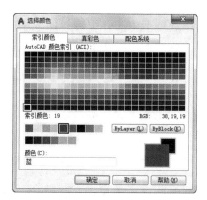

图 22-42 "选择颜色"对话框

动手练——绘制回形窗

绘制如图 22-43 所示的回形窗。

图 22-43 回形窗

📋 **思路点拨：**

> **源文件：** 源文件\第 22 章\回形窗.dwg
> （1）利用"矩形""拉伸"和"倾斜面"命令绘制外部主体。
> （2）利用"矩形""拉伸"和"倾斜面"命令绘制内部主体。
> （3）利用"长方体""复制"和"三维旋转"命令绘制窗棂。

22.3 实 体 编 辑

完成三维建模后，需要对三维实体进行后续操作，如压印、抽壳、清除、分割等。

22.3.1 压印

"压印"命令用于在选定的对象上压印一个对象，被压印的对象必须与选定对象的一个或多个面相交。

【执行方式】

↘ 命令行：SOLIDEDIT。
↘ 菜单栏：选择菜单栏中的"修改"→"实体编辑"→"压印"命令。
↘ 工具栏：单击"实体编辑"工具栏中的"压印"按钮回。

➡ 功能区：单击"三维工具"选项卡"实体编辑"面板中的"压印"按钮回。

【操作步骤】

```
命令：SOLIDEDIT
实体编辑自动检查：SOLIDCHECK=1
输入实体编辑选项 [面(F)/边(E)/体(B)/放弃(U)/退出(X)] <退出>：B
输入体编辑选项[压印(I)/分割实体(P)/抽壳(S)/清除(L)/检查(C)/放弃(U)/退出(X)] <退出>：I
选择三维实体：
选择要压印的对象：
是否删除源对象[是(Y)/否(N)]<N>
```

依次选择三维实体、要压印的对象和设置是否删除源对象。图 22-44 所示为将五角星压印在长方体上。

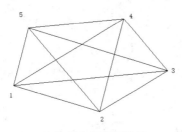

（a）五角星和五边形

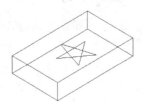

（b）压印后的长方体和五角星

图 22-44　压印对象

22.3.2　抽壳

"抽壳"命令是用指定的厚度创建一个空的薄层，可以为所有面指定一个固定的薄层厚度。通过选择面可以将这些面排除在壳外。一个三维实体只能有一个壳，通过将现有面偏移出其原位置来创建新的面。

【执行方式】

➡ 命令行：SOLIDEDIT。

➡ 菜单栏：选择菜单栏中的"修改"→"实体编辑"→"抽壳"命令。

➡ 工具栏：单击"实体编辑"工具栏中的"抽壳"按钮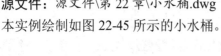。

➡ 功能区：单击"三维工具"选项卡"实体编辑"面板中的"抽壳"按钮。

动手学——完成小水桶

源文件：源文件\第 22 章\小水桶.dwg

本实例绘制如图 22-45 所示的小水桶。

图 22-45　小水桶

操作步骤

（1）打开源文件\第22章\小水桶.dwg文件，如图22-46所示。

（2）单击"三维工具"选项卡"实体编辑"面板中的"抽壳"按钮 ，对倾斜后的实体进行抽壳，抽壳距离是5。用鼠标单击实体编辑工具栏中的抽壳图标，根据命令行的提示完成的抽壳操作如下。

```
命令：SOLIDEDIT↙
实体编辑自动检查：SOLIDCHECK=1
输入实体编辑选项 [面(F)/边(E)/体(B)/放弃(U)/退出(X)] <退出>：_BODY
输入体编辑选项 [压印(I)/分割实体(P)/抽壳(S)/清除(L)/检查(C)/放弃(U)/退出(X)] <退出>：
_shell
选择三维实体：（选择倾斜后的实体）↙
删除面或 [放弃(U)/添加(A)/全部(ALL)]：↙
输入抽壳偏移距离：5↙
已开始实体校验
已完成实体校验
输入体编辑选项
[压印(I)/分割实体(P)/抽壳(S)/清除(L)/检查(C)/放弃(U)/退出(X)] <退出>：X↙
实体编辑自动检查：SOLIDCHECK=1
```

（3）单击"视图"选项卡"视觉样式"面板中的"消隐"按钮 ，对实体进行消隐。此时结果如图22-47所示。

（4）单击"三维工具"选项卡"建模"面板中的"长方体"下拉列表中的"圆柱体"按钮 ，以（0,0,0）为底面的中心点分别绘制半径为120与150、高度为10的圆柱体。

（5）单击"三维工具"选项卡"实体编辑"面板中的"差集"按钮 ，计算直径为240和300两个圆柱体的差集。

（6）单击"视图"选项卡"视觉样式"面板中的"消隐"按钮 ，对实体进行消隐。此时图形如图22-48所示。

图22-46　小水桶　　　　图22-47　抽壳后的实体　　　　图22-48　水桶边缘

（7）单击"三维工具"选项卡"建模"面板中的"长方体"按钮 ，以（0,0,0）为中心点，绘制长为18、宽为20、高为30的长方体。

（8）单击"三维工具"选项卡"建模"面板中的"长方体"下拉列表中的"圆柱体"按钮 ，绘制底面中心点为(2,0,0)、半径为5、轴端点为(-10,0,0)的圆柱体。

（9）单击"三维工具"选项卡"实体编辑"面板中的"差集"按钮 ，对长方体和直径为10的圆柱体求差集。此时图形如图22-49所示。

（10）单击"默认"选项卡"修改"面板中的"移动"按钮 ，将求差集所得的实体从(0,0,0)移动到(130,0,-10)。

（11）单击"视图"选项卡"视图"面板中的"视图"下拉列表中的"前视"按钮 ，此时图形如图 22-50 所示。

（12）单击"默认"选项卡"修改"面板中的"镜像"按钮◢◣，对刚移动的实体镜像。

命令：MIRROR✓
选择对象：(选择刚移动的小孔实体) ✓
选择对象：✓
指定镜像线的第一点：0,0✓
指定镜像线的第二点：0,-40✓
是否删除源对象？[是(Y)/否(N)] <N>：✓

（13）单击"视图"选项卡"视图"面板中的"视图"下拉列表中的"西南等轴测"按钮◈，调整视图方向。

（14）单击"三维工具"选项卡"实体编辑"面板中的"并集"按钮🔷，将上面所有的实体合并在一起。

（15）单击"可视化"选项卡"渲染"面板中的"渲染到尺寸"按钮🫖，对实体进行渲染，结果如图 22-51 所示。

图 22-49　求差集后实体

图 22-50　前视图

图 22-51　渲染后的实体

（16）单击"视图"选项卡"视图"面板中的"视图"下拉列表中的"前视"按钮🔲，改变视图方向。

（17）单击"默认"选项卡"绘图"面板中的"多段线"按钮⌐⊃，绘制提手的路径曲线。

命令：PLINE✓
指定起点：-130,-10✓
当前线宽为 0.0000
指定下一个点或 [圆弧(A)/半宽(H)/长度(L)/放弃(U)/宽度(W)]：@-30,0✓
指定下一点或 [圆弧(A)/闭合(C)/半宽(H)/长度(L)/放弃(U)/宽度(W)]：@0,-10✓
指定下一点或 [圆弧(A)/闭合(C)/半宽(H)/长度(L)/放弃(U)/宽度(W)]：A✓
指定圆弧的端点或[角度(A)/圆心(CE)/闭合(CL)/方向(D)/半宽(H)/直线(L)/半径(R)/第二个点(S)/放弃(U)/宽度(W)]：CE✓
指定圆弧的圆心：0,-20✓
指定圆弧的端点或 [角度(A)/长度(L)]：A✓
指定包含角：180✓
指定圆弧的端点或[角度(A)/圆心(CE)/闭合(CL)/方向(D)/半宽(H)/直线(L)/半径(R)/第二个点(S)/放弃(U)/宽度(W)]：L✓
指定下一点或 [圆弧(A)/闭合(C)/半宽(H)/长度(L)/放弃(U)/宽度(W)]：@0,10✓
指定下一点或 [圆弧(A)/闭合(C)/半宽(H)/长度(L)/放弃(U)/宽度(W)]：@-30,0✓
指定下一点或 [圆弧(A)/闭合(C)/半宽(H)/长度(L)/放弃(U)/宽度(W)]：✓

此时窗口中图形如图 22-52 所示。

（18）单击"视图"选项卡"视图"面板中的"视图"下拉列表中的"左视"按钮🔲，改变视图方向。

（19）用画圆命令（SPHERE）在左视图的（0，-10）点处画一个半径为 4 的圆。

（20）单击"视图"选项卡"视图"面板中的"视图"下拉列表中的"西南等轴测"按钮◈，调整视图方向。

（21）单击"默认"选项卡"修改"面板中的"移动"按钮✛，移动绘制的半径为 4 的圆到提手最左端。

（22）单击"三维工具"选项卡"建模"面板中的"拉伸"按钮▥，拉伸半径为 4 的圆。

```
命令:EXTRUDE↙
当前线框密度: ISOLINES=4
选择要拉伸的对象: (选择半径为 4 的圆) ↙
选择要拉伸的对象: ↙
指定拉伸的高度或 [方向(D)/路径(P)/倾斜角(T)]: P↙
选择拉伸路径或 [倾斜角]: (选择路径曲线)↙
```

（23）单击"视图"选项卡"视图"面板中的"视图"下拉列表中的"左视"按钮▣，改变视图方向。

（24）单击"默认"选项卡"修改"面板中的"旋转"按钮↻，旋转提手。

```
命令:ROTATEV↙
UCS 当前的正角方向: ANGDIR=逆时针 ANGBASE=0
选择对象: (选择提手) ↙
选择对象: ↙
指定基点: (选择提手孔的中心点)↙
指定旋转角度, 或 [复制(C)/参照(R)] <0>: 50↙
```

此时窗口中图形如图 22-53 所示。

图 22-52　提手路径曲线

图 22-53　旋转提手

22.3.3　清除

"清除"命令可以删除共享边以及那些在边或顶点具有相同表面或曲线定义的顶点。删除所有多余的边、顶点以及不使用的几何图形，不删除压印的边。在特殊情况下，"清除"命令可以删除共享边或那些在边的侧面或顶点具有相同曲面或曲线定义的顶点。

【执行方式】

↳　命令行：SOLIDEDIT。

↳　菜单栏：选择菜单栏中的"修改"→"实体编辑"→"清除"命令。

↳　工具栏：单击"实体编辑"工具栏中的"清除"按钮▢。

↳　功能区：单击"三维工具"选项卡"实体编辑"面板中的"清除"按钮▢。

【操作步骤】

```
命令：_SOLIDEDIT
实体编辑自动检查：SOLIDCHECK=1
输入实体编辑选项 [面(F)/边(E)/体(B)/放弃(U)/退出(X)] <退出>：_BODY
输入体编辑选项 [压印(I)/分割实体(P)/抽壳(S)/清除(L)/检查(C)/放弃(U)/退出(X)] <退出>：_CLEAN
选择三维实体：（选择要删除的对象）
```

22.3.4　分割

"分割"命令可以用不相连的体将一个三维实体对象分割为几个独立的三维实体。

【执行方式】

- 命令行：SOLIDEDIT。
- 菜单栏：选择菜单栏中的"修改"→"实体编辑"→"分割"命令。
- 工具栏：单击"实体编辑"工具栏中的"分割"按钮。
- 功能区：单击"三维工具"选项卡"实体编辑"面板中的"分割"按钮。

【操作步骤】

```
命令：_SOLIDEDIT
实体编辑自动检查：SOLIDCHECK=1
输入实体编辑选项 [面(F)/边(E)/体(B)/放弃(U)/退出(X)] <退出>：_BODY
输入体编辑选项 [压印(I)/分割实体(P)/抽壳(S)/清除(L)/检查(C)/放弃(U)/退出(X)] <退出>：_SPERATE
选择三维实体：（选择要分割的对象）
```

动手练——绘制台灯

绘制如图 22-54 所示的台灯。

图 22-54　台灯

思路点拨：

> 源文件：源文件\第 22 章\台灯.dwg
> （1）利用"圆柱体""差集""圆角"和"移动"命令绘制台灯底座。
> （2）利用"旋转""多段线""圆"和"拉伸"命令绘制支撑杆。
> （3）利用"旋转""多段线"和"旋转"命令绘制灯头主体。
> （4）利用"抽壳"命令对灯头进行抽壳。

22.4　夹点编辑

利用夹点编辑功能可以很方便地对三维实体进行编辑，与二维对象夹点编辑功能相似。

其方法很简单，单击要编辑的对象，系统显示编辑夹点，选择某个夹点，按住鼠标拖动，则三维对象随之改变；选择不同的夹点，可以编辑对象的不同参数，深色夹点为当前编辑夹点，如图 22-55 所示。

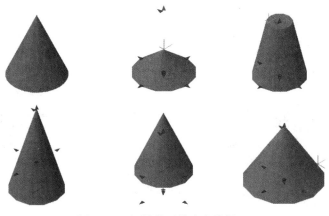

图 22-55　圆锥体及其夹点编辑

22.5　干涉检查

干涉检查常用于检查装配体立体图是否干涉，从而判断设计是否正确。在绘制三维实体装配图中有很大应用。

干涉检查主要通过对比两组对象或一对一地检查所有实体来检查实体模型中的干涉（三维实体相交或重叠的区域）。系统将在实体相交处创建和亮显临时实体。

【执行方式】

❧ 命令行：INTERFERE（快捷命令：INF）。

❧ 菜单栏：选择菜单栏中的"修改"→"三维操作"→"干涉检查"命令。

❧ 功能区：单击"三维工具"选项卡"实体编辑"面板中的"干涉"按钮🔲。

【操作步骤】

```
命令：INTERFERE✓
选择第一组对象或 [嵌套选择(N)/设置(S)]：
选择第一组对象或 [嵌套选择(N)/设置(S)]：✓
选择第二组对象或 [嵌套选择(N)/检查第一组(K)] <检查>：
选择第二组对象或 [嵌套选择(N)/检查第一组(K)] <检查>：✓
对象未干涉
因此装配的两个零件没有干涉
```

如果存在干涉，则弹出"干涉检查"对话框，显示检查结果，如图 22-56 所示。同时装配图上会亮显干涉区域，这时就要检查装配是否到位，调整相应的装配位置，直到不发生干涉为止。

【选项说明】

（1）嵌套选择(N)：选择该选项，用户可以选择嵌套在块和外部参照中的单个实体对象。

（2）设置(S)：选择该选项，系统打开"干涉设置"对话框，可以设置干涉的相关参数，如图 22-57 所示。

图 22-56 "干涉检查"对话框

图 22-57 "干涉设置"对话框

22.6 模拟认证考试

1. 实体中的"拉伸"命令和实体编辑中的"拉伸"命令有什么区别？（　　）
   A．没什么区别
   B．前者是对多段线拉伸，后者是对面域拉伸
   C．前者是由二维线框转为实体，后者是拉伸实体中的一个面
   D．前者是拉伸实体中的一个面，后者是由二维线框转为实体

2. 比较表面模型和实体模型，下列说法正确的是（　　）。
   A．数据结构相对简单　　　　　　　B．无法显示出遮挡效果
   C．没有体的信息　　　　　　　　　D．A 和 C

3. 下面不能进行实体编辑的选项是（　　）。
   A．实体　　　　　　B．边　　　　　　C．面　　　　　　D．点

4. 绘制如图 22-58 所示的石桌。

5. 绘制如图 22-59 所示的靠背椅。

图 22-58 石桌

图 22-59 靠背椅